大庆市文化广电新闻出版局资助出版

第十五届中国古脊椎动物学学术年会论文集

Proceedings of the Fifteenth Annual Meeting of the Chinese Society of Vertebrate Paleontology

董 为 主编

海洋出版社

2016年·北京

内 容 简 介

本书选录了 31 篇参加中国古脊椎动物学第十五届学术年会及中国第四纪古人类—旧石器专业委员会第六次年会的学术论文。这些论文观点新颖,内容丰富,从不同角度反映了最近几年我国各地的科研人员在古脊椎动物学、生物地层学、古人类学、史前考古学、第四纪地质学和古环境学等方面的现状及进展,同时也呈现了"百花齐放,百家争鸣"的欣欣向荣局面。其中有些论文是对化石材料的最新研究成果,有些是对研究成果、学术观点和方法的总结和评论,有些是对争议较大的课题进行的探讨。本书可作为古脊椎动物学、生物地层学、古人类学、史前考古学、第四纪地质学和古环境学等相关学科的科研人员、博物馆与文化馆工作人员及大专院校的教师与学生从事科研、科普与教学的参考资料。

图书在版编目(CIP)数据

第十五届中国古脊椎动物学学术年会论文集 / 董为主编. -- 北京:海洋出版社,2016.8
 ISBN 978-7-5027-9542-9

Ⅰ.①第… Ⅱ.①董… Ⅲ.①古动物-脊椎动物门-动物学-学术会议-文集 Ⅳ.①Q915.86-53

中国版本图书馆 CIP 数据核字(2016)第 166393 号

责任编辑:方　菁
责任印制:赵麟苏

海洋出版社 出版发行

http://www.oceanpress.com.cn
北京市海淀区大慧寺路 8 号　邮编:100081
北京朝阳印刷厂有限责任公司印刷　新华书店发行所经销
2016 年 8 月第 1 版　2016 年 8 月北京第 1 次印刷
开本:787 mm × 1092 mm　1/16　印张:23
字数:600 千字　定价:78.00 元
发行部:62132549　邮购部:68038093　总编室:62114335
海洋版图书印、装错误可随时退换

目　次

宁夏中卫石炭纪鱼类化石……………………………卢立伍　谭　锴　陈晓云　(1)
山东诸城恐龙化石群研究进展………………………陈树清　张艳霞　孙佳凤　(15)
记四川梓潼早白垩世巨齿龙的一枚牙齿化石………杨春燕　刘　建　朱利东等　(23)
大兴安岭北部及邻区早白垩世脊椎动物化石和地层：分布、特征和意义………
　　…………………………………………………………………………李晓波　(37)
内蒙古化德土城子化石地点2014–2015年发掘简报………………………………
　　……………………………………………………董　为　王胜利　刘文晖等　(53)
泥河湾盆地钱家沙洼象头山地点2014年发掘简报…………………………………
　　……………………………………………………赵文俭　李凯清　刘文晖等　(69)
河北泥河湾盆地晚新生代的长鼻类化石……………李凯清　赵文俭　岳　峰等　(87)
泥河湾盆地红崖扬水站地点2014年考察与发掘简报………………………………
　　……………………………………………………刘文晖　董　为　张立民等　(97)
中国南方第四纪的犀科化石…………………………严亚玲　朱　敏　秦大公等　(117)
泥河湾盆地红崖扬水站化石地点2015年发掘简报…………………………………
　　……………………………………………………赵文俭　李凯清　刘文晖等　(133)
云南祥云发现早更新世哺乳动物化石………………………高　峰　张谷甲　(151)
湖北建始杨家坡洞晚更新世哺乳动物群之大熊猫…………陆成秋　刘绪斌　(163)
东汉洛阳南郊刑徒墓地出土人骨创伤研究…………张雯欣　赵惠杰　熊叶洲　(167)
泥河湾盆地黑土沟遗址考古地质勘探………………………………………卫　奇　(175)
本溪门坎哨西山发现的旧石器研究…………………陈全家　李　霞　赵清坡等　(191)
山西陵川麻吉洞遗址石制品综合研究………………………………………任海云　(203)
贵州省瓮安县黑洞史前洞穴遗址的调查……………张改课　王新金　张兴龙等　(213)
渭水流域手斧研究……………………………………………………………石　晶　(227)
湖南道水上游伞顶盖旧石器遗址石制品的初步研究………………………李意愿　(235)
江西省新发现的旧石器材料…………………………崔　涛　李超荣　徐长青等　(249)
广西革新桥遗址打制石制品研究……………………陈晓颖　林　强　谢光茂　(255)
泥河湾盆地象头山科普走廊构想……………………岳　峰　刘佳庆　李凯清等　(265)
中国科学院古脊椎动物与古人类研究所标本馆馆史…………马　宁　邱中郎　(277)
现生标本搬迁保护初探………………………………李东升　马　宁　娄玉山　(293)
天津自然博物馆前身北疆博物院的创建与发展……………………………高渭清　(299)
关于生命的阴阳大年生灭论…………………………………………………徐钦琦　(309)
二元相似性系数在动物群研究中的应用……………………………………董　为　(317)
中国紧齿犀研究回顾与现状…………………………………………孙博阳　陈　瑜　(327)

i

贵州威宁大岩洞发掘简报……………………………张立召　赵凌霞　杜抱朴等 (335)
桑干河盆地庄洼化石地点 2016 年发掘简报…………刘文晖　张立民　董　为 (345)
蓬勃发展的大庆博物馆………………………………………………………张凤礼 (351)
编后记……………………………………………………………………………… (359)

CONTENTS

ON THE CARBONIFEROUS FISHES FROM ZHONGWEI, NINGXIA
....LU Li-wu TAN Kai CHEN Xiao-yun (1)

ADVANCEMENT IN THE RESEARCH OF DINOSAURS FROM ZHUCHENG, SHANDONG PROVINCE...
........................CHEN Shu-qing ZHANG Yan-xia SUN Jai-feng (15)

A TOOTH FOSSIL OF MEGALOSAURIDAE (DINOSAUR: CARNIVOROUS) FROM EARLY CRETACEOUS OF ZITONG, SICHUAN.......................
........................YANG Chun-yan LIU Jian ZHU Li-dong, et al. (23)

THE EARLY CRETACEOUS VERTEBRATE FOSSILS AND STRATIGRAPHY IN NORTHERN GREATER KHINGAN AREAS: DISTRIBUTION, CHARACTERISTICS, AND SIGNIFICANCE.........................LI Xiao-bo (37)

PRELIMINARY REPORT ON 2014—2015'S EXCAVATIONS AT TUCHENZI FOSSIL LOCALITY IN HUADE, NEI MONGOL..
........................DONG Wei WANG Sheng-li LIU Wen-hui, et al. (53)

PRELIMINARY REPORT ON 2014'S EXCAVATION AT XIANGTOUSHAN FOSSIL LOCALITY IN QIANJIASHAWA VILLAGE, NIHEWAN BASIN............
........................ZHAO Wen-jian LI Kai-qing LIU Wen-hui, et al. (69)

REVIEW OF LATE CENOZOIC PROBOSCIDEAN FOSSILS FROM NIHEWAN BASIN, HEBEI PROVINCE..
........................LI Kai-qing ZHAO Wen-jian YUE Feng, et al. (87)

PRELIMINARY REPORT ON 2014'S INVESTIGATION AND EXCAVATION AT HONGYA YANGSUIZHAN FOSSIL LOCALITY IN NIHEWAN BASIN......
........................LIU Wen-hui DONG Wei ZHANG Li-min, et al. (97)

THE QUATERNARY RHINOCEROTIDAE FOSSILS FROM SOUTHERN CHINA.............................YAN Ya-ling ZHU Min QIN Da-gong, et al. (117)

PRELIMINARY REPORT ON 2015'S EXCAVATION AT HONGYA YANGSUIZHAN FOSSIL LOCALITY IN NIHEWAN BASIN..................
........................ZHAO Wen-jian LI Kai-qing LIU Wen-hui, et al. (133)

NEW MATERIALS OF THE EARLY PLEISTOCENE MAMMALS FROM XIANGYUN, YUNNAN........................GAO Feng ZHANG Gu-jia (151)

THE LATE PLEISTOCENE GIANT PANDA FROM YANGJIQPO CAVE AT
  JIANSHI, HUBEI PROVINCE......................LU Cheng-qiu LIU Xu-bin (163)
TRAUMATIC RESEARCH ON SLAVES FOUND IN THE GRAVEYARD ON THE
  SOUTH OF LUOYANG CITY IN THE EASTERN HAN DYNASTY).........
  ....ZHANG Wen-xin ZHAO Hui-jie XIONG Ye-zhou (167)
ARCHAEOGEOLOGICAL EXPLORATION OF HEITUGOU SITE IN
  NIHEWAN BASIN..WEI Qi (175)
ANALYSIS OF THE STONE ARTIFACTS FROM PALEOLITHIC LOCALITY AT
  THE WESTERN MOUNTAIN OF MENKANSHAO, BENXI.................
  ....CHEN Quan-jia LI Xia ZHAO Qing-po, et al. (191)
COMPREHENSIVE STUDY ON THE LITHIC ARTIFACTS FROM MAJIDONG
  SITE IN SHANXI PROVINCE.......................................REN Hai-yun (203)
INVESTIGATION OF HEIDONG PREHISTORIC CAVE SITES IN WENG'AN
  COUNTY OF GUIZHOU PROVINCE..
  ....ZHANG Gai-ke WANG Xin-jin ZHANG Xing-long, et al. (213)
THE HANDAXES FROM WEISHUI VALLEY.............................SHI Jing (227)
PRELIMINARY STUDY ON THE LITHIC ARTIFACTS FROM SANDINGGAI
  PALEOLITHIC SITE IN THE UPPER REACHES OF DAOSHUI RIVER,
  HUNAN PROVINCE..LI Yi-yuan (235)
THE STONE ARTIFACTS OF NEW FIND IN JIANGXI PROVINCE................
  ....CUI Tao LI Chao-rong XU Chang-qing, et al. (249)
A STUDY OF THE CHIPPED STONE ARTIFACTS FROM GEXINQIAO
  NEOLITHIC SITE............CHEN Xiao-ying LIN Qiang XIE Guang-mao (255)
AN IDEA OF SCIENCE CORRIDOR IN NIHEWAN BASIN..................
  ....YUE Feng LIU Jia-qing LI Kai-qing, et al. (265)
HISTORY OF SPECIMEN COLLECTION MUSEUM OF INSTITUTE OF
  VERTEBRATE PALEONTOLOGY AND PALEOANTHROPOLOGY,
  CHINESE ACADEMY OF SCIENCES............MA Ning QIU Zhong-lang (277)
PROTECTION OF EXTANT ANIMAL AND HUMAN'S SKELETONS IN
  RELOCATION........................LI Dong-sheng MA Ning LOU Yu-shan (293)
THE ESTABLISHMENT AND DEVELOPMENT OF MUSÉE HONGHO PAIHO,
  THE PREDECESSOR OF TIANJIN NATURAL HISTORY MUSEUM.........
  ....GAO Wei-qing (299)
ON THE LIVING AND EXTINCTION THEORY WITH THE GREAT YEAR OF
  YIN AND YANG IN THE LIFE SCIENCES.............................XU Qin-qi (309)
APPLICATION OF BINARY SIMILARITY COEFFICIENTS TO THE FAUNA
  ANALYSES...DONG Wei (317)

A REVIEW ON HISTORY AND STATUS OF RESEARCH OF CHINESE
    EGGYSODONTIDS..................................SUN Bo-yang   CHEN Yu (327)
A PRELIMINARY REPORT ON THE EXCAVATION OF DAYANDONG CAVE,
    WEINING, GUIZHOU...
    ....ZHANG Li-zhao   ZHAO Ling-xia   DU Bao-pu, et al. (335)
PRELIMINARY REPORT ON 2016'S EXCAVATION AT ZHUANGWA LOCALITY
    IN SANGGANHE BASIN......LIU Wen-hui   ZHANG Li-min   DONG Wei (345)
AN INTRODUCTION OF THE BOOMING DAQING MUSEUM, HEILONGJIANG
    PROVINCE...ZHANG Feng-li (351)
POSTSCRIPT... (359)

宁夏中卫石炭纪鱼类化石*

卢立伍　谭锴　陈晓云

(中国地质博物馆，北京　100034)

摘　要　本研究小结了宁夏中卫石炭纪地层中已发现的鱼类化石，首次报道了肉鳍鱼类 *Strepsodus* sp.和软骨鱼类原端齿鲨（种未定）（*Protacrodus* sp.）在宁夏石炭纪地层中的发现。前者也是该类化石在东亚大陆的首次发现。宁夏石炭纪的含鱼层位是晚石炭世土坡组上部。发现的鱼类化石分硬骨鱼类和软骨鱼类两大类。硬骨鱼类包括了辐鳍鱼类的黄河鳕属（*Huanghelepis*）、宁夏扁体鱼属（*Ningxiaplatysomus*），及肉鳍鱼类的 *Strepsodus* sp. 和一些未能确定类别的肉鳍鱼类鳞片。软骨鱼类包括了棘鳞鲨属（*Listracanthus*），石鳞鲨属（*Petrodus*）和原端齿鲨（种未定）（*Protacrodus* sp.）等。其中以黄河鳕和棘鳞鲨属，石鳞鲨属最为丰富，可以构成一个鱼类化石组合，时代为晚石炭世纳缪尔期晚期。

关键词　鱼类化石；晚石炭世；宁夏

1　前言

宁夏地区的石炭纪地层露头较好，广泛出露于贺兰山、卫宁北山、香山等地，是宁夏地区的主要煤系地层。其中晚石炭世地层分布面积最为广泛，属于海陆交互相。许多老一辈地质学家如斯行健、李星学等以及宁夏地质矿产局、中国科学院南京地质古生物研究所等许多研究单位均曾对该套地层进行过研究[1-4]，取得了大量有成效的古生物学和地层学研究成果。

宁夏中卫地区在大地构造上处于北祁连加里东褶皱带与华北地台西缘的过渡地带。与华北地台主体地层序列稍有不同的是：本区不仅晚石炭世地层发育良好，早石炭世地层亦在很多地点可以观察到。已发现的化石门类众多，包括大量的动、植物化石，是中国石炭纪研究的重要地区之一。近十多年来，我们研究小组在宁夏中卫的黄河边上，对上、下河沿村一带出露的一套序列完整的石炭纪含煤地层开展了较详细的野外地质工作（图1）。这套以泥页岩为主、夹钙质砂岩的海陆交互相沉积中，在过去已发现无脊椎动物化石和植物化石[2,4]。新的工作表明，在相当于纳缪尔期的地层中，新发现大量的昆虫化石的同时，还新发现了较多的鱼类化石[5-9]。这增加了中国石炭纪生物群的多样，并且也为石炭纪鱼类和昆虫类的起源进化和迁移研究提供了丰富的材料。

---

*基金项目：国家重点基础研究发展规划项目（2012CB821900）.
　卢立伍：男，52岁，研究员，从事古鱼类及其生物地层学研究.

中卫地区的石炭系沉积,自下而上分为4个组,即臭牛沟组、土坡组（C_{2t}）和羊虎沟组（C_{2y}）和太原组（C_{2t}）[5]。产鱼化石层位为土坡组。

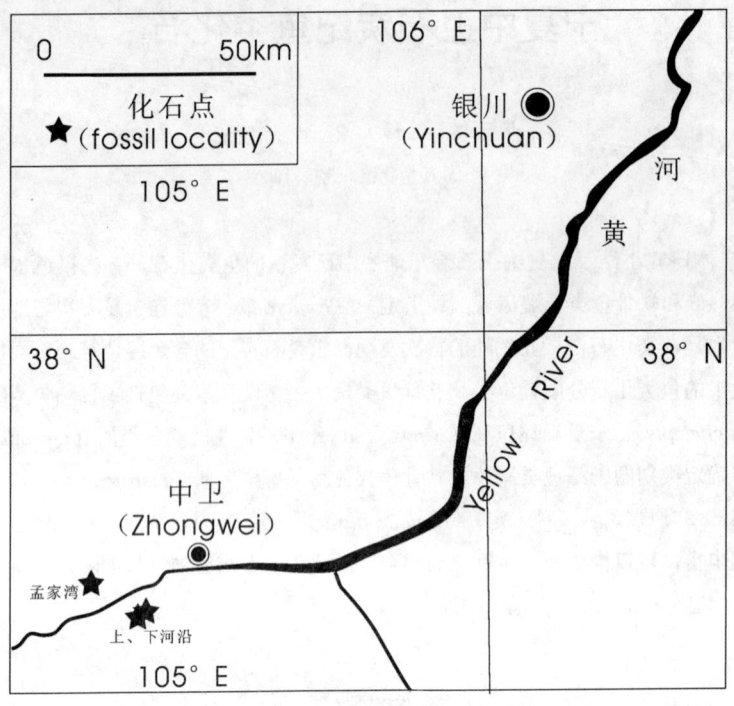

图1　中卫石炭纪鱼化石产地位置

Fig. 1　Locations of Carboniferous fossil sites in Zhongwei

土坡组一名来自斯行健[1]的"土坡煤系",层型剖面在宁夏中卫红泉乡。顾其昌[10]将其定义为中卫地区臭牛沟组之上、太原组之下所含的一套灰白色、粗粒-细粒石英砂岩与深灰-灰黑色粉砂岩、页岩、泥岩互层或者相夹的一套地层,在层位上相当于西北地区的靖远组、红土洼组和羊虎沟组之和。卢立伍等[5]通过对中卫上、下河沿、大柳树等地区石炭纪地层的调查,结合新发现的鱼类化石和昆虫化石组合特征,认为顾其昌等所定义的土坡组上部地层特征明显,且在区域上可区分于其下的地层,建议将上部地层仍划归羊虎沟组。这样中卫地区的土坡组在层位上只相当于甘肃靖远地区的靖远组和红土洼组之和,有利于区内外地层的划分和对比。本研究仍沿用土坡组的这一定义。在中卫上、下河沿和孟家湾等地,土坡组上段以泥页岩,局部为粉砂岩,下段以黑色泥岩与钙质砂岩互层,底部还有1层巨厚的灰白色砂岩与臭牛沟组相接。鱼类化石主要见于其上部的黑色泥、页岩中(图2)。

本研究将依据近十多年在宁夏石炭纪地层的野外工作中所收集到的化石材料,简要整理了该区石炭系中已发现的鱼类化石,并对一些新发现的材料进行了简单的记述。

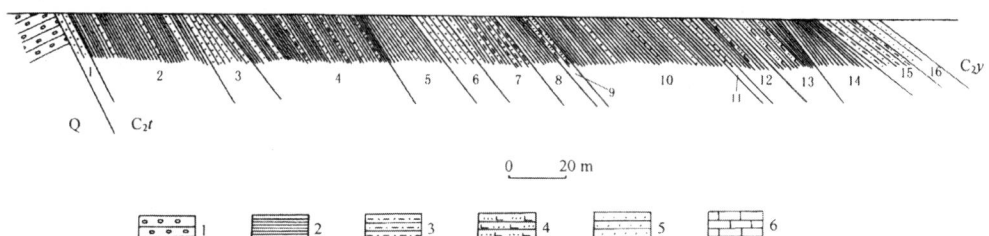

图 2 中卫上河沿晚石炭世地层剖面[5]

Fig. 2 Section of Late Carboniferous in Shanheyan, Zhongwei[5]

2 古生物学记述

硬骨鱼纲 Class Osteichthyes Huxley, 1880

辐鳍鱼亚纲 Subclass Actinopterygii Cope, 1887 (Sensu Rosen et al., 1981)

古鳕目 Palaeonisciformes Berg, 1940

黄河鳕 *Huanghelepis* Lu, 2002

潘氏黄河鳕 *Huanghelepis pani* Lu, 2002

描述 黄河鳕全长可达 30 cm，头长约为全长的 1/6。鳃盖骨窄长，下鳃盖骨近方形。下鳃盖骨大于鳃盖骨，上、下颌均具有尖锐的小齿，全身体覆硬鳞，体侧有一列特别高的侧线鳞[6]（图 3）。

黄河鳕的正型标本仍远谈不上保存完整，但其是在宁夏，也是在中国石炭系地层中发现的第一条较完整鱼类个体。宁夏地区的石炭系属于海陆交互相地层，脊椎动物化石的保存条件普遍不好，较难找到更多完整的个体化石。而在卢立伍[6]原文描述中提到，正型标本中较重要的上颌骨特征等不清楚，只是将其暂放在古鳕类中。近些年在该套地层中，另外发现了较多单独保存的上颌骨化石和其他一些单独保存的骨片，个体大小类似，且保存层位大多与黄河鳕典型的长条状侧线鳞同层产出，同属于黄河鳕的可能性极大。从特征看，其上颌骨形状与大多数古鳕类似，呈前细窄后高宽的菜刀状，在下缘的前中部具有牙齿。显示其具有典型的古鳕类特征。限于篇幅，有关黄河鳕这一鱼类的进一步描述和系统位置探讨，笔者将在后续其他文章中叙述。

产地与层位 宁夏中卫市常乐乡上河沿、下河沿村。晚石炭世土坡组上部。

扁体鱼亚目 Suborder Platysomoidei Berg, 1937

宁夏扁体鱼 *Ningxiaplatysomus* Tan, Wang et Lu, 2015

小型宁夏扁体鱼 *Ningxiaplatysomus pavus* Tan, Wang et Lu, 2015

描述 个体较小扁体鱼类，身长与身高近相似。眼眶大，前下眶骨长条状。鳃盖骨大致呈长条形，上、下鳃盖骨大小相近，前鳃盖骨呈椭圆状。匙骨粗壮，锁骨保存于匙骨前上部。鳞列数为 17。匙骨前叶下方具有 1 枚异常大的鳞片。背、腹脊鳞发育。胸鳍小，背鳍中等长，起点位于身体后半部，尾鳍呈外形对称的歪型尾[9]。正型标本全长不到 4 cm（图 4）。

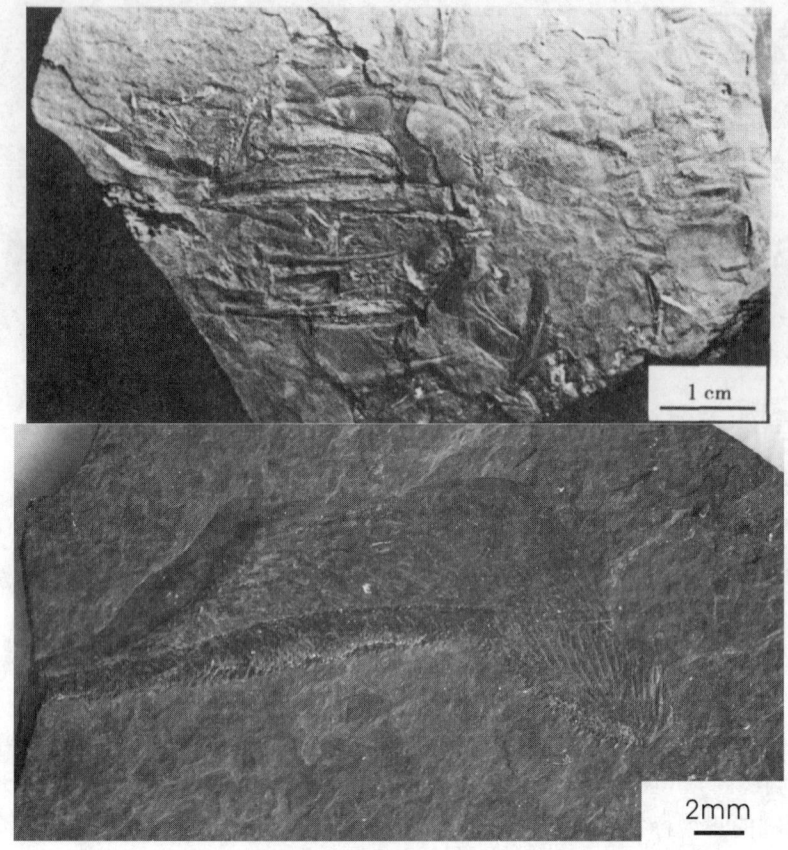

图3 黄河鳕的化石标本

Fig. 3 Specimens of *Huanghelepis pani* Lu, 2002

上图：正型标本的头部（V2026）；下图：上颌骨（V2539）．

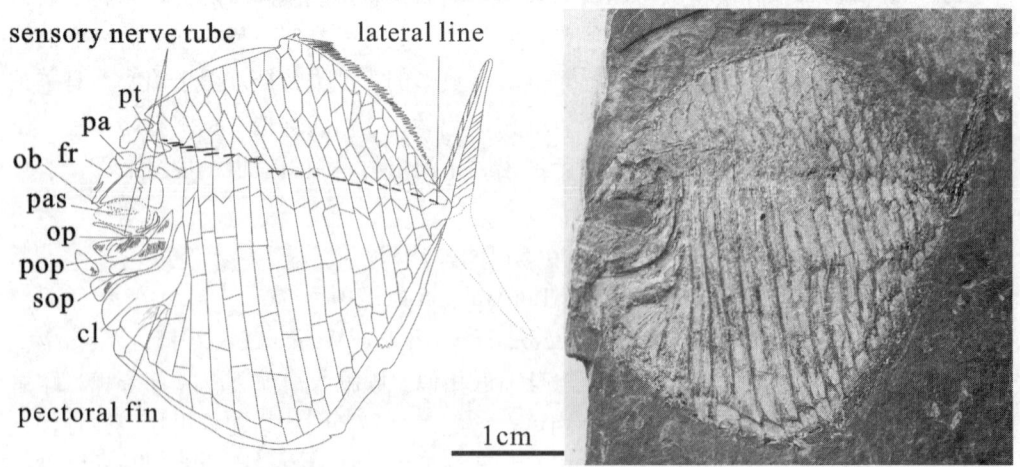

图4 宁夏扁体鱼（正型标本 GMC V2445）[9]

Fig. 4 *Ningxiaplatysomus parvus* Tan et al, 2015 (holotype)[9]

该鱼类由谭锴等[9]于 2015 年建立。这是国内已发现扁体鱼类的第三个属，也是时代最老的扁体鱼类，产于石炭纪地层。国内的其他扁体鱼类目前均发现于二叠纪地层，宁夏扁体鱼比国外产于石炭纪的扁体鱼亦小很多，已发现的两件标本全长均在 4 cm 左右。

产地与层位　宁夏中卫市常乐乡大柳树村。晚石炭世土坡组上部。

肉鳍鱼亚纲 Sarcopterygii Romer, 1955
　根齿鱼目 Rhizodontida Andrews et Westoll，1970
　　扭齿鱼属 *Strepsodus* Huxley
　　　扭齿鱼 *Strepsodus* sp.

材料　两件牙齿，基部未保存。中国地质博物馆标本编号 GMC V2533, 2534。

描述　齿呈细长尖锥状，在距末端约 1/3 处急剧变尖。外形略呈弧形，在基部呈内凹（凸向舌面），顶部略有外凹（凸向唇面），故锥体的外形整体上略呈 S 形（图 5）。

现描述的两件标本均为外模，牙体本身没有保存。V2533 保存了部分基部，牙齿较高，保存高度约为 16 mm，保存最大宽度为 4 mm。V2534 的基部没有保存。保存高度为 14 mm，保存最宽处约为 4 mm。

从标本侧面观察，牙齿基部的横切面略呈椭圆形。

牙体在各个面上均具有密集的纵脊条纹，舌面的脊条稍弱一些。脊条沿牙身纵向分布，近平行于齿两侧，并随着牙身的 S 形弯曲而曲，大多直达齿边缘。横向上在牙齿靠近基部位置每毫米有 3 根脊条。V2533 暴露出来的牙面上脊条数达 24 条，估计整个牙齿上的脊条可能多达 50 条。V2534 暴露出来的牙面上脊条近 30 根，全牙上应有近 60 根脊条。

比较与讨论　Andews, S. M.[11]和 Jeffery[12]曾对石炭纪的肉鳍鱼类化石作过系统比较。Jeffery[12]还对石炭纪肉鳍鱼类中几类以牙齿和鳞片作为主要材料建立的属种 *Archichthys*，*Strepsodus* 等进行了详细的讨论和分析，并给出了区别特征。

与这些特征相对比，本研究描述的宁夏材料更相似于 *Strepsodus*，主要表现在以下几点：①齿的外形呈 S 形。②齿上的脊状纹饰呈连续脊状，可直达齿尖，不具有 *Archichthys* 所特有的织状纹饰（woven texture）[12]。稍有区别是 *Strepsodus* 的舌面缺少脊状纹饰，而从本研究描述的两件标本来看，虽然看不到完整的舌面，但可以肯定舌面纹饰虽然弱一些，但确定是有纹饰的。

显见，宁夏新发现的这一鱼类虽然很相近于属型种 *Strepsodus sauroides*，但也稍有区别，有可能属于一个新的类型，但限于目前化石材料仅有几枚牙齿，建新种依据不充分，故先以未定种在此记述一下。

Jeffery[12]还曾指出 *Strepsodus* 这类牙齿仅发现于欧洲、美洲和澳洲，相当于分布在冈瓦纳东北部到劳亚大陆西南部的区域，尚未见于东亚地区的石炭纪地层。从这个意义上说，现在这类化石在宁夏海陆交互相地层的发现，填补了古地理区域上的空白。

产地与层位　宁夏中卫市常乐乡上河沿村。晚石炭世土坡组上部。

图 5　扭齿鱼（未定种）的两枚牙齿（左为 V2533，右为 V2534）

Fig. 5　*Strepsodus* sp. Two teeth（left: V2533, right: V2534）

肉鳍鱼类（类别未定）Sarcopterygii　unindeterminted

材料　3 件近完整鳞片，中国地质博物馆标本编号 GMC V2535, 2536, 2537。

描述　已发现多种属于肉鳍鱼类的圆形鳞片，鳞片保存完好，结构清楚（图 6）。

鳞片 1(V2535)整体呈椭圆形，长约 8 mm，宽约 8 mm。属于科司美式硬鳞（cosmoid ganoid）由科司美层（似齿质）、管质层（具辐射状齿小管和髓腔）和内骨层组成，缺少硬鳞质层（似珐琅质）。后半部分顶区具有科司美层，表面纹饰为大致平行、两侧稍向中心辐射的细纹。前半部分基区缺少科司美层，管质层直接裸露，由髓腔构成的较粗的纹饰微向中部聚拢，前侧则较为发散。除了髓腔纹以外，基区也有浅显的放射状纹饰。在鳞片周围有三道左右的波浪形褶皱，基区的比顶区的明显，应为这种硬鳞的生长纹，算上最外层一圈，鳞龄可能为 4 龄。此外基区的最前端有 30~40 根很明显的棘突，为髓腔末端的延伸。

鳞片 2（V2536）整体呈椭圆形，大小与 V2535 差不多。总体来说与 V2535 属于同一类鱼的鳞片，区别是 V2536 基区的科司美层保留的较多，表面细纹饰掩盖下，管质层的髓腔管道颜色区别不是很明显，但是可以看到髓腔管道的明显凸起。三圈生长纹和基区顶端的髓腔末端棘突都和 V2535 很像。

鳞片 3（V2537）整体呈椭圆形，基区长约 4 mm，宽约 5 mm。也属于科司美式硬鳞（cosmoid ganoid），但是和前两件鳞片特征不同，有可能不是同一类鱼的鳞片。其顶区保存不完整。基区科司美层保留。管质层的髓腔凸起形成了同心的半菱形纹饰，纹饰的最中心为鳞片中心靠近基区的位置，由此处向前方和两侧，发散出同心的半菱形纹饰。在基区的顶端纹饰尖锐，两侧平缓扩散，但是由于顶区保存不好，只能看到基区这一半的菱形纹饰。此外基区顶端的棘突也不明显。

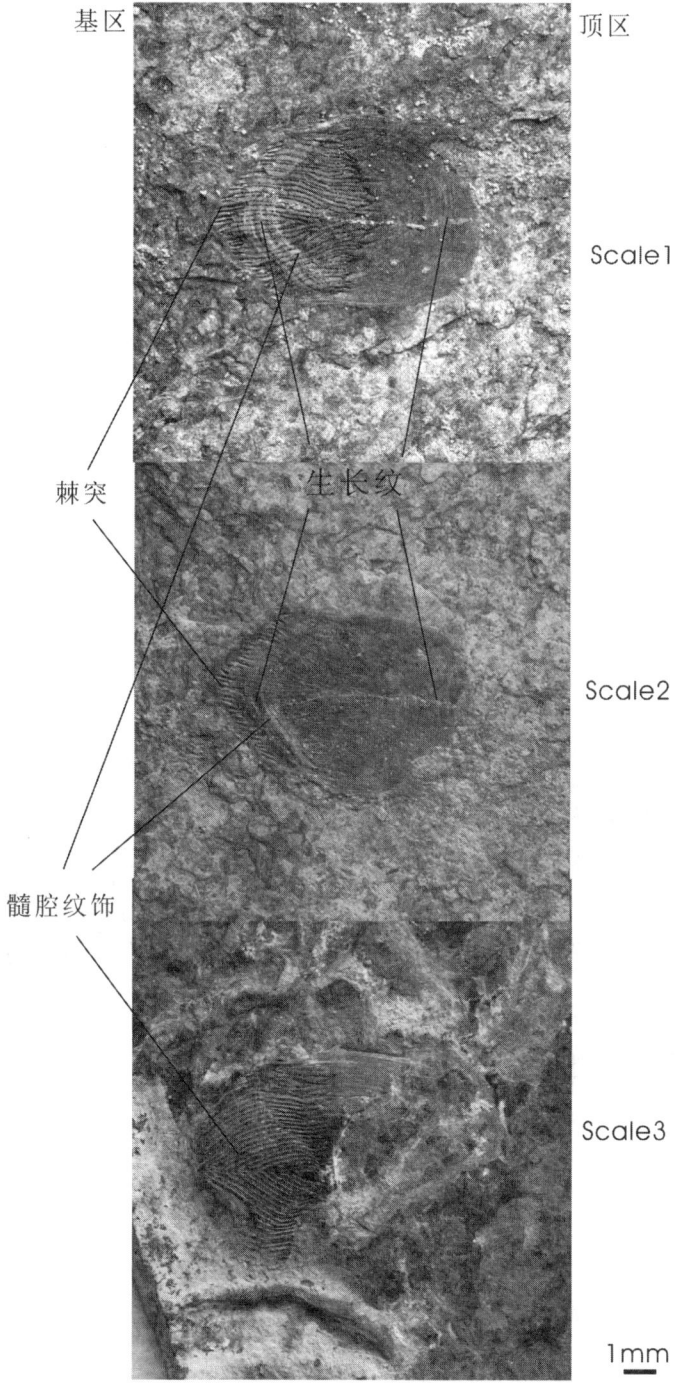

图 6 3件肉鳍鱼类鳞片

Fig. 6 Scales of sarcopterygian fishes

(Scale 1, V2535; Scale 2, V2536; Scale 3, V2537)

比较与讨论 上述鳞片外形均略呈圆形或者椭圆形，均显示有清楚的科司美式硬鳞（cosmoid ganoid）结构，与同层发现的大量古鳕类硬鳞鳞片（多为菱形状）区别明显，应属于肉鳍鱼类。我国的石炭纪地层有关肉鳍鱼类的报道很少。刘晓峰等[13]曾报道辽宁东部地区本溪组地层中发现过类似肉鳍鱼类的鳞片和骨片，但标本保存不好，描述亦极简单，故无法与本研究描述的鳞片化石进行对比。

本研究描述的鳞片保存良好，虽然有可能属于一个新的类型，但对定属种鉴定却远显不够，因此这儿仅作为一个肉鳍鱼类在华北地台西缘的发现作一个报道，以待以后更多的发现。

产地与层位 宁夏中卫市常乐乡上河沿、下河沿村。晚石炭世土坡组上部。

软骨鱼纲 Chondrichthyes Huxley 1880

科目未定

棘鳞鲨属 *Listracanthus* Newberry et Worthen 1870

棘鳞鲨（种未定） *Listracanthus* sp.

2005, *Listracanthus* sp.　Lu et al.[8]　Fig.1

描述 这一鱼类仅保存形状似棘刺的鳞（图 7A），较多见于黄河鳕层位之上 3 m 处。鳞的外形呈前边缘前凸的三角形状，表面沿纵向分布有数量不等的脊，少数脊在棘鳞的后缘呈钩状突。棘鳞的高度约为宽度的 4 倍，最高可达 2 cm 以上[8]。

图 7　棘鳞鲨和石鳞鲨属

Fig. 7　*Listracanthus* sp. and *Petrodus* sp.

A (GMC V2098-4); B (GMC V2099-1)

产地与层位 宁夏中卫市常乐乡上河沿、下河沿村。晚石炭世土坡组上部。

石鳞鲨属 *Petrodus* M'Coy 1848

石鳞鲨（种未定）*Petrodus* sp.

2005, *Petrodus* sp. Lu et al. [8]　Fig. 2

描述 鳞片呈扁锥形(图 7B)，基部呈圆形或椭圆形，向上呈锥状，远端锥顶处较钝。锥侧边上对称分布有数量不等的脊状纹饰。鳞基部直径最大可达 4 mm [8]。

这一化石经常与棘鳞鲨 *Listracanthus* 同层产出，甚至在同一块手标本上。

产地与层位 宁夏中卫市常乐乡上河沿、下河沿村。晚石炭世土坡组上部。

板鳃亚纲 Elasmobranchii
原端齿鲨超科 Protacrodontoidea
原端齿鲨属 *Protacrodus* Jaekel, 1925
模式种 *Protacrodus vetustus* Jaekel, 1925
原端齿鲨（种未定） *Protacrodus* sp.

材料 1 件牙齿的正模和负模。中国地质博物馆标本编号 GMC V2538.

描述 齿冠低矮，多齿头型，以主齿突为最大，侧齿头呈连绵的山峰状排列于主齿头两侧。各齿头上放射状发育较粗的棱嵴。

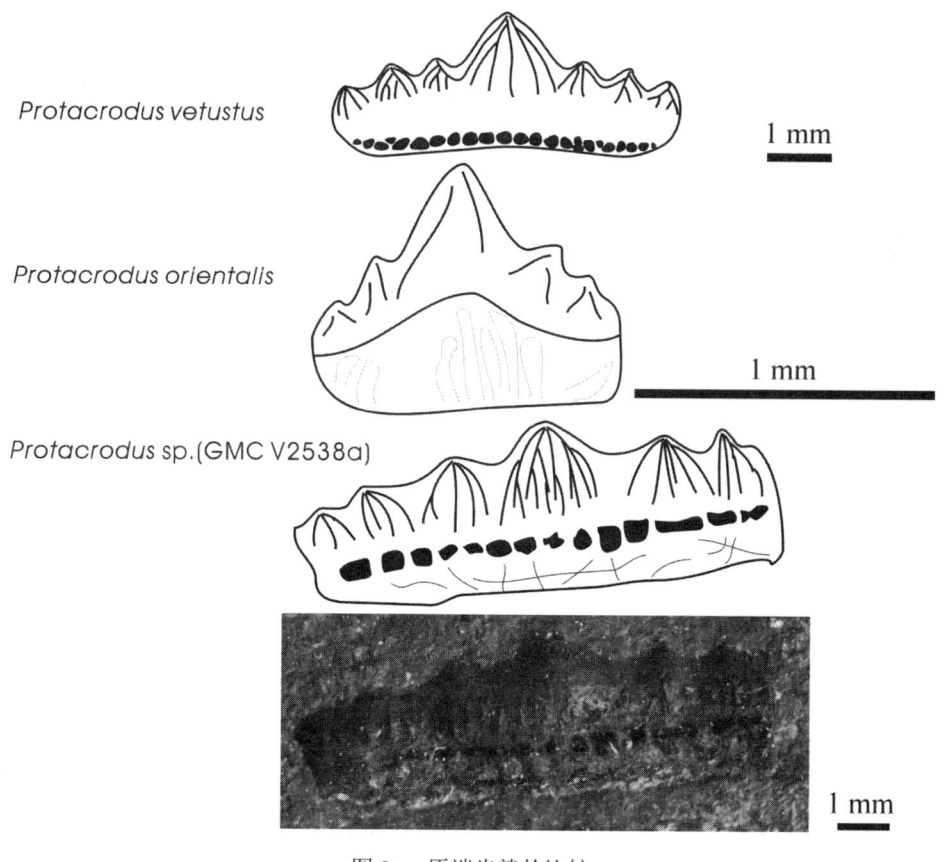

图 8　原端齿鲨的比较

Fig. 8　Comparison of *Protacrodus*

注：*Protacrodus orientalis* 据李国青[14]

描述和讨论 GMC V 2538 是一个完整的牙齿内凹印痕，包含正模 a 和负模 b。牙齿本身已溶蚀，只剩下两块外模。牙齿宽 8 mm，齿冠高度和齿根差不多，均为 1.2 mm 左右。从唇侧面观呈连绵的山峰状，一共 6 个齿头，正模 a 从左往右第 4 个齿头为主齿头，比其他齿突略大，向两侧的侧齿头依次渐小。各齿头上放射状向下方发出棱嵴，主齿头最为发达，棱嵴基部部分有分叉。齿根下侧较平，表面粗糙，不规则的分布着大约 14 个血管神经的通孔，通孔下面还有少许丝状裂痕。各齿尖上均存在长条状纹饰，其中舌面一侧的纹饰要显著于唇面。

V2538 总体形态上与原端齿鲨相似，应该属于该类。与原端齿鲨属其他种相对比后，发现宁夏标本与德国上泥盆统发现的 *Protacrodus vetustus* 很相似，反而在外形上与我国苏北油田中石炭统发现的东方原端齿鲨 *Protacrodus orientalis* 有区别[14]。德国的 *Protacrodus vetustus* 略小于 *Protacrodus vetustus*，齿宽约 5 mm，高约 1.7 mm。东方原端齿鲨比 *Protacrodus vetustus* 小很多，齿宽不到 1 mm，但主齿头比侧齿头要大很多，主齿头的尖部离齿根底部约 0.6 mm，而侧齿头的离齿根底部不到 0.4 mm，齿宽约 1 mm，从而使得齿冠高度几乎达到齿冠宽的一半。此外，东方原端齿鲨的血管神经向齿根底部延伸形成条状的髓腔。V2538 的主齿头的突出程度与德国的 *Protacrodus vetustus* 相当，齿根下的血管神经通孔也与 *Protacrodus vetustus* 相似。这反映了晚泥盆世至石炭纪原端齿鲨从欧洲向亚洲迁徙和演变的过程中，有一类留在了亚洲中部并保存其西欧祖先的大部分身体特征。

由于目前仅发现一件标本，暂不建立新种，以原端齿鲨(未定种)（*Protacrodus* sp.）在此作一简要报道。

原端齿鲨表面无类珐琅质，齿冠低矮，齿头钝尖，不适合切割动作，而适于碾压动作，所以推测其可能主要在浅海营底栖生活，以带壳的软体动物或者腕足动物为食，而主齿头不突出的 V2538 代表的类群比 *Protacrodus orientalis* 更适合这种生活。

产地与层位：宁夏中卫市常乐乡下河沿村，晚石炭世土坡组上部。

3 结语

通过对宁夏中卫石炭纪鱼类化石及相关地层的综合整理和分析，有如下几点看法：

（1）中卫地区的石炭系沉积，自下而上分为 4 个组，即臭牛沟组、土坡组、羊虎沟组和太原组，为典型的海陆交互相含煤地层，产有丰富的动物、植物化石。产鱼类化石的层位为土坡组上部。已发现的鱼化石完整个体较少，大多呈零散保存，且多与昆虫化石共生出现，显示有被搬运的迹象。

（2）本研究记述了在宁夏石炭纪地层中新发现的肉鳍鱼类 *Strepsodus* 和一些未能鉴定类别的肉鳍鱼类鳞片，以及原端齿鲨 *Protacrodus* sp.。其中 *Strepsodus* 是该鱼类在东亚大陆石炭纪地层中的首次报道。

（3）迄今为止，本区已发现的鱼类化石包括了硬骨鱼、软骨鱼两大类。硬骨鱼类有辐鳍鱼类的黄河鳕、宁夏扁体鱼和及肉鳍鱼类的 *Strepsodus* sp.。软骨鱼类包括了棘鳞鲨属（*Listracanthus*），石鳞鲨属（*Petrodus*）和原端齿鲨（种未定）*Protacrodus* sp.。

（4）黄河鳕是本区脊椎动物组合中个体数量最多的，以个体和鳞片的方式大量出现。其次是软骨鱼类的刺鳍鲨等，以棘鳞保存为主。这里笔者命名其为黄河鳕－刺鳍鲨鱼类组合（*Huanghelepis-Listracanthus*）。黄河鳕是国内目前时代最老的古鳕类化石，刺鳍鲨、石鳞鲨等是欧洲和北美晚石炭世的常见化石。故此这一组合代表晚石炭世。

致谢 感谢方晓思、张志军、姬书安、任东、靳悦高、王曦、郭子光、庞其清、顾其昌诸位先生在历年的野外工作中给予的帮助。

参 考 文 献

1 斯行健. 宁夏上泥盆统鳞木状植物的发现和讨论. 古生物学报, 1954, 2(2): 183-186.

2 宁夏地质矿产局. 中国科学院南京地质古生物研究所. 宁夏纳缪尔期地层和古生物. 南京: 南京大学出版社, 1987. 1-188.

3 李星学, 吴秀元, 沈光隆, 等. 北祁连山东段纳缪尔期地层和生物群. 济南: 山东科学技术出版社, 1993. 1-482.

4 霍福臣, 潘行适, 尤国林, 等. 宁夏地质概论. 北京: 科学出版社, 1989. 1-302.

5 卢立伍, 方晓思, 姬书安, 等. 宁夏纳缪尔期含鱼地层新知. 地球学报, 2002, 23(2): 165-168.

6 卢立伍. 宁夏中卫纳缪尔期古鳕类化石一新属. 古脊椎动物学报, 2002, 40(1): 1-8.

7 张志军, 洪友崇, 卢立伍, 等. 中国纳缪尔期巨脉科蜻蜓化石新属种. 自然科学进展, 2005, 15(10): 1262-1265.

8 卢立伍, 张志军, 方晓思. 石炭纪 *Listracanthus* 和 *Petrodus* (软骨鱼类)在中国的发现. 地质通报, 2005, 24(6): 499-500.

9 谭锴, 王曦, 卢立伍. 记宁夏石炭纪扁体鱼类化石一新属. 古生物学报, 2015, 54(2): 174-183.

10 顾其昌主编. 全国地层多重划分对比研究(64)-宁夏回族自治区岩石地层. 武汉: 中国地质大学出版社, 1996. 1-132.

11 Andews S M. Rhizodont Crossopterygian Fish from the Dinantian of Foulden, Berwickshire, Scotland, with a Re-evaluation of this group. Transactions of the Royal Society of Edinburgh: Earth Sciences, 1985, 76:67-95.

12 Jeffery J E. The Carboniferous Fish Genera *Strepsodus* and *Archichthys* (Sarcopterygii: Rhizodontida): Clarifying 150 Years of Confusion. Paleontology, 2006, 49(1):113-132.

13 刘晓峰, 范国清. 辽宁本溪群鱼化石的发现及其意义. 辽宁地质, 1993 (1): 16-20.

14 李国青. 原端齿鲨在中国的发现. 古脊椎动物学报, 1988, 26(2): 101-106.

ON THE CARBONIFEROUS FISHES FROM ZHONGWEI, NINGXIA

LU Li-wu   TAN Kai   CHEN Xiao-yun

(*The Geological Museum of China*, Beijing 100034)

SUMMARY

The Carboniferous fossil fishes discovered in Zhongwei City, Ningxia Hui Autonomous Region, Northwest China, has been summarized here, with some new materials added, including the first report on sarcopterigian *Strepsodus* in China, and a new chondrichthyes *Protacrodus* in Ningxia.

Since 2002, fossil fishes were discovered in the Upper part of Late Carboniferous Tupo Fm. Up to now, this fish assemblages include actinopterygian *Huanghelepis*, *Ningxiaplatyomus*, Sarcopterigian *Strepsodus*, and Chondrichthyes *Listracanthus*, *Petrodus*, *Protacrodus* and some other unidentified fish scales. Together with many fossil invertebrates and plants, they were probably lived in a coastal alluvial environment, Late Carbonferous Namurian C in age.

Subclass   Sarcopterygii   Romer, 1955

Superfamily   Rhizodontida   Andrews et Westoll, 1970

Genus   *Strepsodus* Huxley 1865

Type species   *Strepsodus sauroides*（Binney, 1841）

Strepsodus sp.

(Fig.5)

Material   2 coned teeth (GMC V2533, V2534)

Description   The tooth is slender, with a coned tip. It is sigmoid shape that is recurred at the base, and reverse-curved at about 1/3 length to the tip. The regular, well-defined striate, about 3 pieces in 1 mm, are seen in all face of the tooth, though a little weak in its lingual face (the convex face) in the middle part of the tooth.

The very root of the tooth is not preserved. The tooth GMC V2533 has a preserved length about 16 mm, and a widest breath about 4 mm, with about 50 pieces of striae, while in GMCV2534, the numbers are about 14 mm, 4 mm and 60 pieces respectively.

Comparison and discussion   The new materials are clearly belonging to rhizodontid fishes, especially similar to *Archichthys* and *Strepsodus* in the tooth's shape and ornamentation in tusk.

Jeffery (2006) had done detailed comments on the *Archichthyes* and *Strepsodus* that were erected mainly on limited materials such as teeth and scales, and given out a series of difference of the two genera mentioned-above.

The ningxia materials described here are much similar to *Strepdodus* in: 1) the tooth is sigmoid shape. 2) The striae lines in the tusk are continuous delicate ridges, reaching to the margin of the tooth, without woven structure found in *Archichthys*. Slightly different to the type species of *Strepdodus* is in the ornament in the lingual face of the tooth which is only a little weaken in the new materials, while it is devoid of ridges in *Strepsodus sauroides*. So, the new materials may belong to a new type, but here we only have assigned it to *Strepodus* sp., since it's wanting of more fossil materials.

Locality and Horizon Shanheyan Village of Zhongwei City, Ningxia. Namurian C, Late Carboniferous, Upper part of Tupo Formation.

Sarcopterygii undetermined
(Fig. 6)

Specimen: 3 well-preserved scales (GMCV2535, 2536, 2537)

Description: Several sarcopterygii scales have been found together with actinopterygian *Huanghelepis* and *Ningxiaplatymous* and chondrichthyes *Listrachthus*, *Petrodus*. They are oval in shape having cosmine structure, clearly belong to sarcopterygii fishes, quite different from the same bed widely-discovered palaeoniscoid ganoid scales which are rhombus in shape.

Locality and Horizon: Shanheyan and Xiaheyan villages of Zhongwei City, Ningxia. Namurian C, Late Carboniferous, Upper part of Tupo Formation.

Subclass Elasmobranchii
Superfamily Protacrodontoidea
Genus *Protacrodus* Jaekel, 1925
Type species *Protacrodus vetustus* Jaekel, 1925
Protacrodus sp.
(Fig. 8)

Material a tooth with counterpart (GMC V2539a, b)

Description and discussion The tooth has a low crown, orodontid type, having a main cone flanked by 5 smaller conules. All the conules have strongly ridges radiating from the conule tip, and the ridges is stronger in the lingual face than that of the labial face. There are 14 poles irregularly distributed along the tooth base, which may be the vessel canal of the tooth.

The shape of the new materials is quite similar to *Protacrodus*. It is different from the *Protacrodus orientalis* found in the Carboniferous bed of Jiangsu, south China in the size of the tooth, the number of the conules and the relative size change between the main conule and the other conules. But it is much similar to *Protacrodus vetustus* (Jackel, 1925) from Germany, though a little difference in size and the arrangement of the conules. Since up to now, only one tooth has been discovered, so tentatively, here we assigned the new materials to *Protacrodus* sp.

Locality and Horizon   Xiaheyan villages of Zhongwei City, Ningxia. Namurian C, Late Carboniferous, Upper part of Tupo Formation.

Key words   Fossil fishes, Carboniferous, Ningxia

山东诸城恐龙化石群研究进展

陈树清　张艳霞　孙佳凤

(诸城市恐龙文化研究中心，山东　诸城 262200)

摘　要　诸城是中国最重要的晚白垩世恐龙化石产地之一，发现有世界上规模最大的恐龙化石群，不仅如此，这里还发现了丰富的早白垩世恐龙足迹化石及恐龙蛋化石，其中皇龙沟恐龙足迹化石群在数量方面是世界上最大的恐龙足迹化石群之一，这些罕见的化石点都具有重大的科研价值。随着大规模化石群的发现，诸城成为国内外恐龙研究人员的关注焦点。本研究系统总结和归纳了诸城重要的恐龙骨骼与恐龙足迹、恐龙蛋化石埋藏点，介绍了近年来这几个化石埋藏点在恐龙骨骼化石和足迹化石的分类学、埋藏学、古环境学等方面取得的研究成果。

关键词　诸城；恐龙；白垩纪；化石

1　前言

诸城位于胶莱盆地东部，是中国重要的以大型鸭嘴龙类为代表的晚白垩世恐龙化石产地，因发现大规模恐龙骨骼化石而闻名于世。诸城全市 13 处镇（街道），共发现恐龙骨骼化石埋藏点达 40 多处，埋藏总面积逾 1 500 m²，是国内罕见地拥有恐龙骨骼化石、恐龙蛋化石和恐龙足迹化石的化石产地之一。其中诸城市东南龙都街道的恐龙涧、臧家庄等地，发育了世界罕见地晚白垩世恐龙骨骼集群埋藏化石点。而在诸城北部张祝河湾[1]、棠棣戈庄地区的大盛群和南部皇龙沟地区的莱阳群中均发现了恐龙足迹化石[2]，其中以皇龙沟地区规模最大。

2008 年 3 月以来，在对全市恐龙化石点进行全面细致的普查、试掘的基础上，诸城市政府和有关科研单位分别对石桥子镇、枳沟镇、皇华镇、和龙都街道等 4 处镇街的恐龙涧、库沟、臧家庄、皇龙沟等化石点进行了保护性发掘。截至 2010 年年底，发掘面积近 2 万 m²，暴露化石近两万件，发现了世界上规模最大的恐龙化石埋藏集群，包括恐龙涧恐龙化石长廊、恐龙涧恐龙化石隆起带、臧家庄恐龙化石层叠区。化石埋藏量巨大、富集程度高、个体巨大。已发现恐龙类化石主要包括鸭嘴龙、角龙、暴龙、甲龙和虚骨龙，还包括鳄类牙齿和甲片、龟鳖类甲片等，其中以鸭嘴龙占绝大多数（90%以上）。1964 年首次在诸城的恐龙涧发现了鸭嘴龙类恐龙骨骼化石，2009 年以来，国内外知名恐龙专家、地质专家从恐龙骨骼化石的属种、化石类型、化石埋藏学

---

*陈树清：男，44 岁，工程师，近年致力于诸城恐龙化石的研究.

和足迹化石的形态学、分类学、埋藏学等方面进行了研究,确定了诸城中国角龙、意外诸城角龙、巨型诸城暴龙、东方百合强壮足迹等多个恐龙新属种和足迹新属种;揭示了大批量恐龙骨骼化石被集中埋藏的原因,搬运机制,恐龙死亡原因,为恢复当时的古地理、古环境、古生态提供了系统资料和科学依据。

诸城作为我国白垩系发育最为齐全的地区之一,保存有大量恐龙骨骼,其时代集中在晚白垩世[3-9],而早白垩世恐龙足迹的发现则弥补了骨骼化石缺乏所带来的不足。山东恐龙足迹化石的正式研究始于 2000 年,由李日辉和张光威首先报道了早白垩世莱阳群龙旺庄组足迹化石,并命名为 *Paragrallator ichnogen*[10]。随后,在沂沭断裂带及以东地区发现了大量早白垩世足迹[11-15]。山东诸城发现有皇龙沟、棠棣戈庄、张祝河湾三处恐龙足迹化石点,对三处恐龙足迹化石的种类、数量及古环境、古地理、古生态等方面进行了深入研究。

该文归纳和总结了近些年来诸城代表性化石点的位置、层位、化石分布特点、化石种类、形成机制以及古环境、古地理等多方面的研究成果。

2 地质背景

胶莱盆地位于华北克拉通东部,沂沭断裂带东侧的鲁东地区,为典型的晚中生代伸展断陷盆地[16-17]。盆地东南部为胶南隆起,西北部为胶北隆起。西界 NNE 向郯庐断裂和东侧 NNE 向牟平—即墨断裂右旋走滑拉分活动共同控制着盆地的形成和发展[18-20]。盆地基底为太古界胶东群、下元古界荆山群、粉子山群和上元古界蓬莱群,沉积盖层为白垩系、古近系和第四系,二者之间为角度不整合接触。诸城地区位于胶莱盆地南部,属于诸城凹陷,白垩系发育齐全,受控于百尺河断裂和五莲断裂[17]。诸城莱阳群沉积厚度较大,最大厚度可超过 2 500 m,为莱阳期胶莱盆地的沉降中心[17, 21]。盆地内主要发育白垩纪至新生代地层[16-17]。白垩系由下至上为下白垩统莱阳群河流和湖相碎屑岩,青山群中、酸性火山岩与火山碎屑岩以及产于青山群之中由河湖相沉积组成的大盛群;上白垩统王氏群包括辛格庄组和红土崖组,以紫、杂色洪、冲积相沉积为主。辛格庄组顶部为滨湖湘砂岩、粉砂岩及似古土壤(灰质土)的韵律,红土崖组下部、中部为冲积扇辫状河相砂岩、砾岩互层,顶部夹零星出露的玄武岩[22],Ar-Ar 年龄为 73.5 Ma[23-24]。

3 恐龙骨骼化石埋藏点

诸城恐龙骨骼化石埋藏点均产于晚白垩世地层,最主要的两处恐龙骨骼化石点为恐龙涧与臧家庄,近年来,前人对这里进行了大量的、多方面的研究,新发现了 9 种恐龙新种及一龟类新种,在古环境的复原及化石的埋藏机制方面取得了一定的进展。

3.1 恐龙涧骨骼化石埋藏点

3.1.1 层位

化石主要是埋藏于王氏群辛格庄组的洪泛平原粉砂岩、细砂岩、灰质土韵律沉积,以及红土崖组底部冲积扇、泥石流、洪泛平原和辫状河等沉积亚、微相。

3.1.2 恐龙种类

诸城恐龙涧发现的化石数量巨大，达 7 900 多块，其中大部分为鸭嘴龙骨骼化石。恐龙化石数量大、种类丰富是这里的一大特点，鸭嘴龙、暴龙、纤角龙、虚骨龙、龟鳖类、双壳类等化石均有发现。其中巨型山东龙 *Shantungosaurus giganteus*（鸭嘴龙）[5-6, 25]、巨大诸城龙 *Zhuchengosaurus maximus*（鸭嘴龙）[7, 26]、意外诸城角龙 *Zhuchengceratops inexpectus*（纤角龙）[27]、诸城坐角龙 *Ischioceratops zhuchengensis*（纤角龙）[28]、东武山东龟 *Shandongemys dongwuican* [29]均是新发现的新种。

3.2 臧家庄骨骼化石埋藏点

3.2.1 层位

化石主要赋存于王氏群红土崖组底部洪泛平原沉积相中，化石层之上巨厚的洪泛平原钙质砂泥岩序列中就发育废弃的巨型辫状河道，底部为明显的冲刷面构造。

3.2.2 恐龙种类

该地厚度不足 50 cm 厚、3 500 m² 范围洪泛平原埋藏相中就集中出露化石 2 000 多块，大部分为鸭嘴龙骨骼化石，还有暴龙、角龙、甲龙等。巨大华夏龙 *Huaxiaosaurus aigahtens*（鸭嘴龙）[30]、巨型诸城暴龙 *Zhuchengtyrannus magnus*（暴龙科恐龙）[9]、诸城中国角龙 *Sinoceratops zhuchengensis*（角龙科恐龙）[1]均是新发现的新种。其中诸城中国角龙的发现填补了亚洲的空白，也是北美以外地区首次发现的大型尖角龙颈盾化石，是亚洲真正意义上的角龙化石。巨型诸城暴龙是中国确切无疑首次发现的暴龙科恐龙。

3.3 古环境

诸城早白垩世莱阳群以河流及湖泊相沉积物为主；青山群为中酸性火山岩、火山碎屑岩，间夹沉积岩。晚白垩世王氏群下部以冲积扇、泥石流和辫状河道相的沉积物和岩石组合为主；中部则为滨浅湖与河流粉砂岩-细砂岩-泥页岩-灰质土（古土壤）韵律沉积；上部和顶部为冲积扇泥石流、辫状河和洪泛平原粉砂泥质砾岩-砂岩-砾岩的韵律序列，局部夹玄武岩。这说明早白垩世中晚期的诸城地区地理环境渐趋恶劣，火山活动频繁，温度不断升高，气候变得炎热、干旱，晚白垩世末期古地理、古沉积环境已从早白垩世相对湿润和温热的冲积、湖泊环境转变为燥热、干旱的冲积环境[32]。

晚白垩世晚期的王氏群主要由以冲积扇为主体的红色砂砾岩组成，缺乏黄绿灰等表征湖泊或三角洲的沉积物特征，这与早白垩世湖泊三角洲广布的胶莱盆地相比也大相径庭，湖泊面积已大大缩小甚至缺乏；冲积扇发育、红层遍布、红色粉砂岩或泥岩中钙质结核发育及水质咸化等宣告了干旱气候的存在[2]。

通过对诸城晚白垩世恐龙骨骼化石研究发现，晚白垩世诸城恐龙化石群化石围岩及骨骼化石中 Sr、Ba 含量极高。在干旱的气候下，物源中的 Sr 得不到很好的稀释和迁移转化，使水体和土壤中的 Sr、Ba 含量越来越高。由此可知，晚白垩世诸城地区气候干旱[33-34]。

3.4 死亡原因

诸城上白垩统红土崖组的下部不到 100 m 厚的地层中，恐龙化石集群埋藏层多次出现，在库沟化石点附近还存在有西见屯、龙骨涧与臧家庄 3 个化石集群埋藏点，这些化石点的化石并不是分布在同一层位上，由下至上是库沟、西见屯、龙骨涧与臧家庄。这表明诸城恐龙的集群死亡与埋藏不是一个孤立事件，而是多次发生的重复事件，并持续了较长一段时间[33-34]。

前人研究认为诸城晚白垩世王氏群中数量庞大、集群埋藏的恐龙骨骼化石，主要赋存于王氏群中上部的泥石流沉积相中，该埋藏相是干旱-半干旱大陆环境冲积扇沉积产物，并且岩层中钙质古土壤与钙质结核发育，表明到了晚白垩世，诸城地区的气候变得炎热而干燥[32]。围岩及化石层中缺少植物化石，说明植被稀少。晚白垩世诸城恐龙的生存环境十分恶劣，湖泊水域变小，水质变差，淡水匮乏，植物变少，恐龙越来越难以获得干净、安全而充足的食物。此外，摄入过多的 Sr、Ba 对恐龙也是十分有害的。这对喜好在水边生活、嬉水游泳的鸭嘴龙们来说，自然环境无疑已给它们的生存带来了极大的威胁。在这样的困顿之下，恐龙开始批量死亡[33-34]。

3.5 埋藏机制

对诸城恐龙化石埋藏学的分析表明，诸城盆地晚白垩世时期处于干旱气候下，自然环境逐渐恶化，变得不适于恐龙生存；当恐龙批量死亡后，在荒野中暴露了一段时间，遗体腐烂；之后古地震导致季节性洪流或稀性泥石流[35-36]，骨骼在泥石流等的搬运作用下，被汇聚在山谷冲积平原或季节性湖泊区，与冲积扇相的泥石流和漫流沉积物杂乱堆积在一起，并被迅速掩埋；在长时期的浅埋藏成岩作用过程中，骨骼中有机质被氧化分解，骨骼的空隙中被方解石充填，而其他钙质和磷质物质也转变成为磷灰石和方解石。随着地壳抬升，这些化石层暴露到地表，成为我们今天所见的罕见地质奇观[34]。

4 恐龙足迹化石埋藏点

诸城发现的三处恐龙足迹化石埋藏点皇龙沟、张祝河湾、棠棣戈庄均产于早白垩世地层，近年来，前人在恐龙足迹的种类、古环境的复原等方面进行了深入研究，取得了一定的成果。

4.1 皇龙沟恐龙足迹化石埋藏点

4.1.1 层位

诸城市皇华镇皇龙沟足迹化石点，是目前已发现规模较大的恐龙足迹动物群之一，足迹赋存于早白垩世早期莱阳群龙旺庄组砂岩中[37]。

4.1.2 恐龙足迹的数量及种类

该地厚度不足 50 cm，3 500 m² 范围洪泛平原埋藏相中就集中出露化石。

4.1.3 古环境

通过诸城皇龙沟足迹点大比例尺实测剖面观察发现，足迹层由杨庄组浅湖相泥质粉砂岩、粉砂岩逐渐由过渡为龙旺庄组滨湖—三角洲相砂岩，足迹层位之上则被三角洲相砂岩所覆盖，整体反应了水体逐渐变浅，气候变干旱的演化趋势[37]。足迹层及其邻近层位波痕、泥裂发育，根据波脊线恢复的古岸线方向为 WE 向，波浪运动方向呈现出 N-NW 周期性变化，表明可能存在季节性风向变化。泥裂以及恐龙分布特征显示足迹点以 N/EN 为湖岸方向，以 S/WS 为湖心方向[37]。

4.2 张祝河湾恐龙足迹化石埋藏点
4.2.1 层位
张祝河湾恐龙足迹化石点距离棠棣戈庄恐龙足迹化石点仅仅 1 km，埋藏足迹化石的沉积物为细砂岩与粉砂岩的韵律，足迹化石位于在莱阳群杨家庄组成熟度很高深灰色泥岩或页岩夹钙质粉砂岩之上，此处发现了蜥脚类、鸟脚类及鸟类的足迹化石[31]。
4.2.2 恐龙足迹的数量及种类
2009 年 3 月，诸城旅游局在张祝河湾发现了两处足迹群化石。这些足迹化石包含有小到中等大小的蜥脚类、大型鸟脚类和鸟类足迹化石[31]。

4.3 棠棣戈庄恐龙足迹化石埋藏点
4.3.1 层位
山东诸城西北棠棣戈庄下白垩统大盛群发现恐龙足迹化石，其赋存于大盛群田家楼组紫红色细砂岩、泥质粉砂岩、粉砂质泥岩和黄绿色粉砂岩韵律层中[38]。
4.3.2 恐龙足迹的数量及种类
棠棣戈庄恐龙足迹化石埋藏点共发现 29 个恐龙足迹化石，均为蜥脚类恐龙足迹。其中有 23 个构成 1 条 180°恐龙拐弯的半圆形行迹，是世界上首例研究的 180°恐龙拐弯足迹[39]。之前已发现的多为恐龙直行的足迹化石，只在极少数国家发现过存在转弯的足迹，比如摩洛哥、瑞士以及西班牙的个别足迹点。恐龙造迹者在此处转了一个弯，这可能表明恐龙遇到了一定的地理阻隔，比如水体或者一些难以跨越的障碍。初步研究确定造迹者为蜥脚类恐龙，个体较小，身长 3~4 m，处于漫步状态[38]。
4.3.3 古环境
根据岩层中共生发育的小型槽状交错层理、板状交错层理、爬升波纹层理、水平层理、雨痕、泥裂等沉积构造，王宝红等认为研究区下白垩统大盛群为滨浅湖沉积，恐龙足迹化石产在砂质滩坝微相细砂岩、粉砂岩层面上。河湖相细砂岩、粉砂岩有利于恐龙足迹化石赋存，也暗示蜥脚类恐龙喜好在湖岸边活动，表明生活习性与生存环境具有一定的相互制约关系。早白垩世晚期，胶莱盆地为一巨大湖盆，棠棣戈庄地区为胶莱盆地西北边缘的滨浅湖环境，进一步说明此时期沂沭裂谷盆地水系发育，植被繁茂，生态环境良好，蜥脚类恐龙适宜在此生活[38]。

5 结语
诸城恐龙化石群是一批不可多得的宝贵财富，目前化石群的研究取得了重要成果，特别是一些恐龙新种的发现，具有重大意义，但是还有很多问题需要深入研究，比如各个化石点的化石发育层的具体时代，恐龙骨骼化石的精确来源等。对诸城恐龙化石群开展更为深入的调查和研究，对于了解白垩纪恐龙的生物性，重建白垩纪的生物群落、复原古气候、古地理、古环境等具有重要价值。

参 考 文 献

1. Xing L D, Harris J D, Wang K B, et al. An Early Cretaceous non-avian dinosaur and bird footprint assemblage from the Laiyang Group in the Zhucheng basin, Shandong Province, China. Geological Bulletin of China, 2010, 29 (8): 1105-1112.

2. 柳永清, 旷红伟, 彭楠, 等. 山东胶莱盆地白垩纪恐龙足迹与骨骼化石埋藏沉积相与古地理环境. 地学前缘, 2011, 18(4): 9-24.

3. 杨钟健. 山东莱阳恐龙化石. 中国古生物志 (新丙种), 1958, 142(16): 1-138.

4. 甄朔南, 王存义. 山东莱阳恐龙及蛋化石采集简报. 古脊椎动物与古人类, 1959, 1(1): 55-57.

5. 胡承志. 山东诸城巨型鸭嘴龙化石. 地质学报, 1973 (2):179-206.

6. 胡承志, 程政武, 庞其清, 等. 巨型山东龙. 北京: 地质出版社, 2001. 1-139.

7. 赵喜进, 李敦景, 韩岗, 等. 山东的巨大诸城龙. 地球学报, 2007, 28(2): 111-122.

8. Xing L D, Harris J D, Gierliński G D, et al. Early Cretaceous pterosaur tracks from a "buried" dinosaur track site in Shandong Province, China. Palaeoworld, 2012, 21(1): 50-58.

9. Hone D W E, Wang K B, Sullivan C, et al. A new, large tyrannosaurine theropod from the upper Cretaceous of China. Cretaceous Research, 2011, 32(3): 495-503.

10. 李日辉, 张光威. 莱阳盆地莱阳群恐龙足迹化石的新发现. 地质论评, 2000, 46(6): 605-610.

11. Li R H, Lockley M G, Liu M W. A new ichnotaxon of fossil bird track from the Early Cretaceous Tianjialou Formation (Berremian-Albian), Shandong Province, China. Chinese Science Bulletin, 2005, 50(11): 1149-1154.

12. Li R H, Lockley M G, Matsukawa M, et al. An unusual theropod track assemblage from the Cretaceous of the Zhucheng area, Shandong Province, China. Cretaceous Research, 2011, 32(3): 422-432.

13. 李日辉, 刘明渭, Lockley M G. 山东莒南后左山恐龙公园早白垩世恐龙足迹化石初步研究. 地质通报, 2005, 24（3）: 277-280.

14. 李日辉, Lockley M G, 刘明渭. 山东莒南早白垩世新类型鸟类足迹化石. 科学通报, 2005, 50(8): 783-787.

15. 李日辉, Lockley M G, Matsukawa M, 等. 山东莒南地质公园发现小型兽脚类恐龙足迹 Minisauripus. 地质通报, 2008, 27(1): 121-125.

16. 施炜, 张岳桥, 董树文, 等. 山东胶莱盆地构造变形及行程演化—以王氏群和大盛群变形分析为例. 地质通报, 2003, 22(5): 325-334.

17. 张岳桥, 李金良, 张田, 等. 胶莱盆地及其邻区白垩纪-古新世沉积构造演化历史及其区域动力学意义. 地质学报, 2008, 82(9): 1229-1257.

18. 戴俊生, 陆克政, 宋全友, 等. 胶莱盆地的运动学特征. 石油大学学报（自然科学版）, 1995, 19: 1-6.

19. 张岳桥, 李金良, 张田, 等. 胶东半岛牟平-即墨断裂带晚中生代运动学转换历史. 地质论评, 2007, 53(3): 289-300.

20. Zhu G, Jiang D Z, Zhang B L, et al. Destruction of the eastern North China Craton in a back-arc setting: Evidence from crustal deformation kinematics. Gondwana Research, 2012, 22(1): 86-103.

21. 陆克政, 戴俊生. 胶莱盆地的形成和演化. 东营: 石油大学出版社, 1994. 1-174.

22. 山东省第四地质矿产勘查院. 山东省区域地质. 济南: 山东省地图出版社, 2003. 1-965.

23. 闫峻, 陈江峰, 谢智, 等. 鲁东晚白垩世玄武岩中的幔源捕掳体：对中国东部岩石圈减薄时间制约的新证据. 科学通报, 2003, 48(14): 1570-1574.

24	闫峻, 陈江峰, 谢智, 等. 鲁东晚白垩世玄武岩及其幔源包体的岩石学和地球化学研究. 岩石学报, 2005, 21(1): 99-112
25	胡承志, 程政武. 巨型山东龙再研究的新进展. 中国地质科学院院报, 1986, 14: 163-170.
26	赵喜进, 李敦景. 巨大诸城龙. 北京: 北京艺术与科学电子出版社, 2008. 1-222.
27	Xing X, Kebai W, Xijin Z, et al. A new leptoceratopsid (Ornithischia: Ceratopsia) from the Upper Cretaceous of Shandong, China and its implications for neoceratopsian evolution. Plos One, 2010, 5(11):122-122.
28	He Y, Makovicky P J, Wang K, et al. A New Leptoceratopsid (Ornithischia, Ceratopsia) with a Unique Ischium from the Upper Cretaceous of Shandong Province, China. Plos One, 2015, 10(12): 1-25.
29	Li L, Tong H, Wang K, et al. Lindholmemydid turtles (Cryptodira: Testudinoidea) from the Late Cretaceous of Shandong Province, China. Annales De Paléontologie, 2013, 99(3): 243-259.
30	赵喜进, 王克柏, 李敦景. 巨大华夏龙. 地质通报, 2011, 30(11): 1671-1688.
31	Xing X, Wang K B, Zhao X J, et al. First ceratopsid dinosaur from China and its biogeographical implications. Chinese Science Bulletin, 2010, 55(16): 1631-1635.
32	柳永清, 旷红伟, 彭楠, 等. 鲁东诸城地区晚白垩世恐龙集群埋藏地沉积相与埋藏学初步研究. 地质论评, 2010, 56(4): 457-468.
33	旷红伟, 许克民, 柳永清, 等. 胶东诸城晚白垩世恐龙骨骼化石地球化学及埋藏学研究. 地质论评, 2013, 59(6): 1001-1023.
34	旷红伟, 柳永清, 董超, 等. 山东诸城晚白垩世恐龙化石埋藏学研究. 地质学报, 2014(8): 1353-1371.
35	何碧竹, 乔秀夫, 田洪水, 等. 山东诸城晚白垩世古地震事件与恐龙化石埋藏. 古地理学报, 2011, 13(6): 615-626.
36	He B, Qiao X, Zhang Y, et al. Soft-sediment deformation structures in the Cretaceous Zhucheng Depression, Shandong Province, East China; their character, deformation timing and tectonic implications. Journal of Asian Earth Sciences, 2014, 110: 101-122.
37	许欢, 柳永清, 旷红伟, 等. 山东诸城早白垩世中期超大规模恐龙足迹群及其古地理与古生态. 古地理学报, 2013, 15(4):467-488.
38	王宝红, 柳永清, 旷红伟, 等. 山东诸城棠棣戈庄早白垩世晚期恐龙足迹化石新发现及其意义. 古地理学报, 2013, 15(4): 454-466.
39	Xing L, Marty D, Wang K, et al. An unusual sauropod turning trackway from the Early Cretaceous of Shandong Province, China. Palaeogeography, Palaeoclimatology, Palaeoecology, 2015, 437: 74-84.

ADVANCEMENT IN THE RESEARCH OF DINOSAURS FROM ZHUCHENG, SHANDONG PROVINCE

CHEN Shu-qing   ZHANG Yan-xia   SUN Jai-feng

(Research Center of Dinosaur and Culture of Zhucheng, Zhucheng 262200, Shandong)

ABSTRACT

Zhucheng is one of the most important areas with dinosaur fossils of Upper Cretaceous in China. The largest group of dinosaur fossils had been found here, and a wealthy of dinosaur footprint fossils and dinosaur eggs of Early Cretaceous had also been found, among which, Huanglonggou dinosaur footprint fossils is one of the world's largest group of footprints in terms of quantity. These rare fossil sites are of great scientific value. With the discovery of massive dinosaur fossils, Zhucheng has become the focus of researchers at home and abroad. This paper systematically summarizes the important buried sites of dinosaur bones and footprints in Zhucheng, introduces the recent research results of these buried sites in terms of dinosaur fossils and footprints taxonomy, taphonomy, palaeoenvironment science and other aspects.

Key words   Zhucheng, dinosaur, Cretaceous, fossil

记四川梓潼早白垩世巨齿龙的一枚牙齿化石*

杨春燕　刘建　朱利东　杨文光　胡芳　张华英

(成都理工大学，四川成都，邮编：610059)

摘要　在四川省梓潼县宝石乡发现一枚牙齿化石，化石层位属白垩系剑门关组（K_1j）。牙齿化石保存了齿冠部分，呈匕首状，齿冠长为 65 mm。表面发育环纹，前后缘发育栅状锯齿，前边缘锯齿密度 15 个/5 mm，后边缘锯齿密度为 13 个/5 mm。牙齿侧扁，前后长大于内外宽，近根部断面呈椭圆状，中部断面呈中部圆、两端尖的短柳叶状。经过对比分析，该牙齿化石应属于巨齿龙化石，但因保存材料过少，仅为一颗牙齿的齿冠部分，无法与已知的巨齿龙各属种做较为全面的比较，故暂定为巨齿龙未定属种。该巨齿龙未定属种化石，是首次在四川盆地白垩系发现的肉食龙化石，也是梓潼县首次发现的恐龙化石，填补了梓潼县的恐龙空白和四川白垩系肉食龙空白。

关键词　四川梓潼；巨齿龙；早白垩世

1　前言

四川盆地中生代地层发育，且层位连续，并产出大量的恐龙化石[1-4]。而肉食龙类的科学发现始于 1915 年。1915 年，四川荣县就发现了巨齿龙类化石[5-6]。近 100 年来，四川地区的永川、开江等地陆续发现了肉食龙次亚目化石，包括：四川龙属 *Szechuanosaurus* 和剑阁龙属 *Chienkosaurus*[7]、永川龙属 *Yangchuanosaurus*[8]、开江龙 *Kaijiangosaurus*[9]、宣汉龙属 *Xuanhanosaurus*[10]、气龙属 *Gasosaurus*[11]、乐山龙 *Leshansaurus*[12]，共计有 7 属 11 种，全部在侏罗系出土。

2014 年初，四川省绵阳市梓潼县一户村民在建设房屋，用挖掘机挖掘地基的时候，采得一枚牙齿化石。同年 10 月，一位不愿透露姓名的先生将这颗牙齿化石送至成都理工大学博物馆请求鉴定，下文记述之。

2　地质概述

化石点位于四川省梓潼县宝石乡（图 1），经过分析岩性及对比 1:20 万地质图，化石层位为下白垩统的剑门关组（K_1j）（图 2）。

---

* 基金项目：自然科学基金项目（编号：40572016、41002055）、成都理工大学青年研究基金项目（编号：2012QJ01）。
　杨春燕：女，32 岁，博士，助理研究员，从事古脊椎动物学的科研、教学和科普工作. ycy-y@163.com.

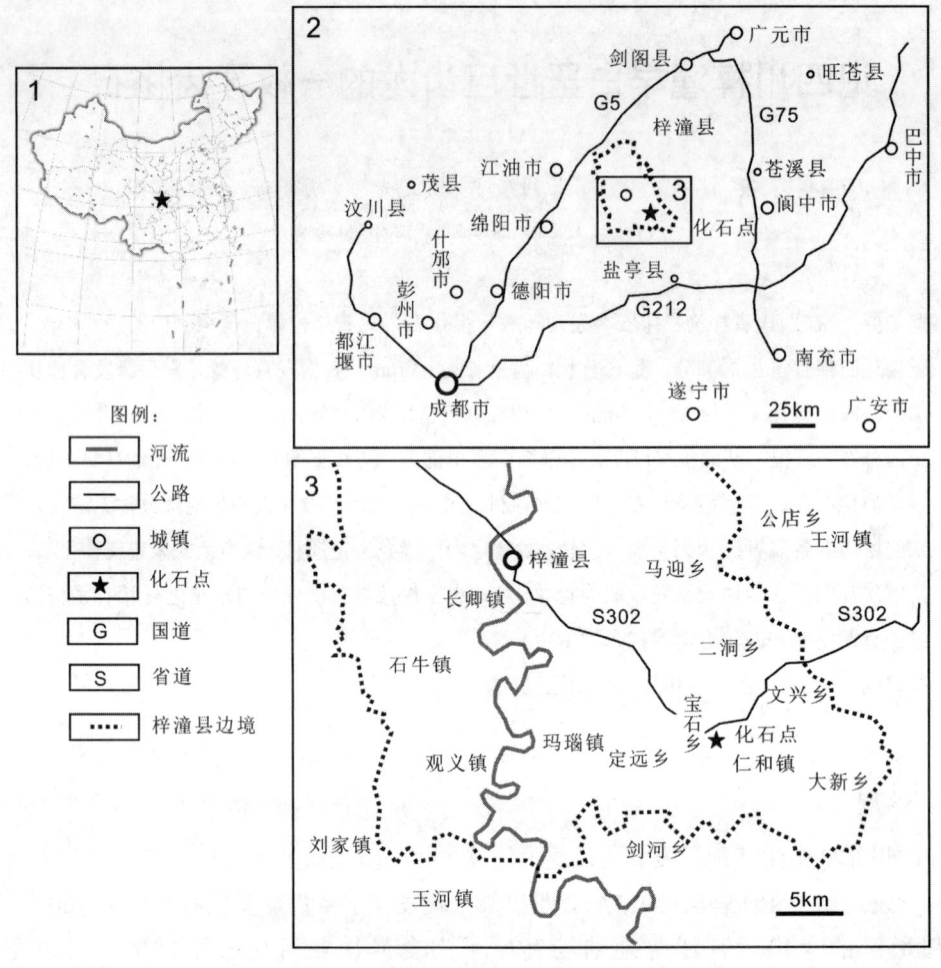

图 1 化石点地理位置示意图

Fig. 1 Geographic location of fossil locality

1：化石点在中国地图上的位置；2：化石点与成都的相对位置；3：化石点在梓潼的位置

围岩为棕红色的粉砂质泥岩，如图 3 所示，颗粒较细，泥质成分含量多，沉积环境水动力较弱或者搬运距离短。围岩含有少量呈黑色的泥砾，多数泥砾粒径约为 0.5~2 mm，有一粒呈多边形，最大径为 10 mm，泥砾总含量小于 2%。局部有灰白色细粒薄层泥岩。

剑门关组由侯德封、王现珩于 1939 年命名，与城墙岩层同物异名。下部块状砾岩夹砂、泥岩凸镜体，中上部为紫红色长石石英砂岩与粉砂岩、泥岩互层，夹石英质砾石。含少量介形类等。下与莲花口组整合或平行不整合接触；上与汉阳铺组整合接触。厚 550 m 左右，分布在四川龙门山山前地带[13-16]。化石层位应为剑门关组的中上部。

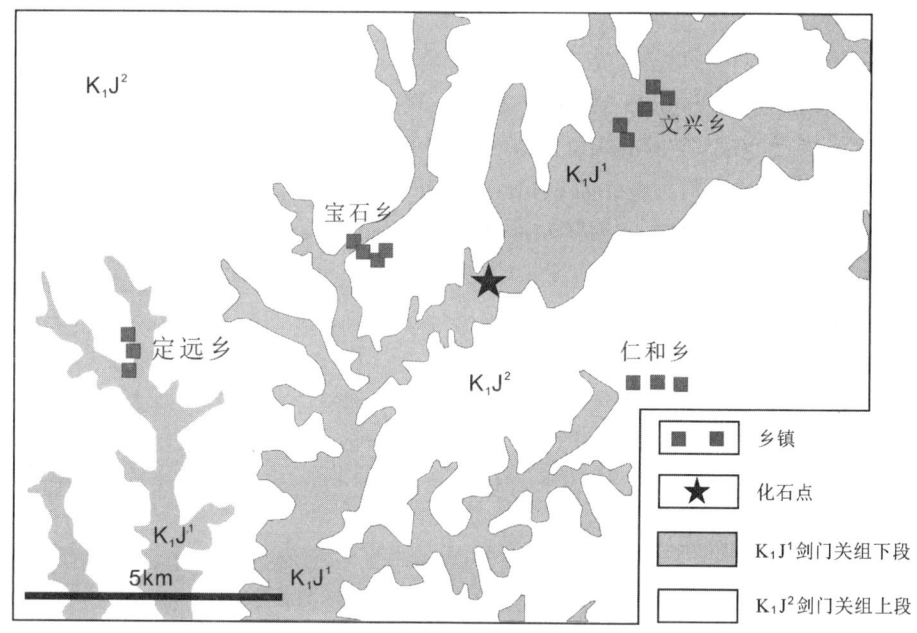

图 2　化石点地层出露状况

Fig. 2　Exposed strata at fossil locality

图 3　化石围岩示意

Fig. 3　Matrix around fossils

□泥砾；○灰白色泥岩

3 化石记述

3.1 化石记述

兽脚亚目Theropoda Marsh，1881

肉食龙超科Carnosaura Huene，1920

巨齿龙科Megalosauridae Huxley，1869

巨齿龙未定属种Megalosauridae gen. et sp. indet.

材料 一枚牙齿化石，保存了齿冠部分（图3）。

描述 牙齿尖端尚埋藏在围岩中，露出部位的前边缘曲高约42 mm，后边缘曲高约为43 mm。估计保存部分至少高65 mm（表1）。标本具有巨齿龙的特点，即牙齿齿冠侧扁，呈匕首状，前后缘均具有栅状锯齿。近根部断面的前后长为24 mm，内外宽最大值为12 mm，前后长大于内外宽，前后长与内外宽的比值为2。前边缘比后边缘略厚。牙齿表面光滑，珐琅质发育。近根部表面灰白色和棕色，局部呈黄色和红色，至齿尖部位渐变成黑褐色。

表1 梓潼巨齿龙（属种未定）标本测量数据

Table 1 Measurements of specimen of Megalosauridae gen. et sp. indet. from Zitong   mm

测量项目	数据	测量项目	数据
齿冠高度	65	前边缘锯齿密度	15个/5
露出部位的前曲长	42	后边缘锯齿密度	13个/5
露出部位的后曲长	43	齿冠高度/基部断面前后长	2.7
基部断面前后长	24	断面2前后长	18
基部断面内外最大宽	12	断面2内外宽	8
基部断面前后长/内外宽	2	断面2前后长/内外宽	2.25
基部断面外层厚度	1.5~2	断面2外层厚度	1.2~1.5

纹饰：肉眼可见粗而浅的环状纹，位于断裂纹的上下两侧（图4），在侧面中部较为明显，靠近前后边缘难以辨认。在显微镜下，可见竖纹。而在断面2至齿尖部位，可见横向、纵向和斜向细纹，横向细纹细而密，纵向细纹不连续。在牙齿舌面有几处灰白色类似磨痕的斑块，较浅，面积较小，靠近前缘。从齿冠表面磨蚀迹的发育程度判断，该牙齿应为使用齿。

锯齿：牙齿前后边缘发育细密而整齐的锯齿，为典型的巨齿龙的栅状齿（图5）。前边缘锯齿小于后边缘锯齿，锯齿密度反之。后边缘锯齿密度为13个/5 mm，最大锯齿长度可达0.1 mm。前边缘锯齿密度为15个/5 mm，单个锯齿宽度相对窄，长度短。靠近齿根的锯齿比中上部更为密集，难以用肉眼辨别，前后缘均如此。肉眼看锯齿无磨蚀痕迹，显微镜下后缘中部有两个锯齿表面磨蚀，颜色较浅。从锯齿的磨蚀程度判断，该牙齿应为使用齿。

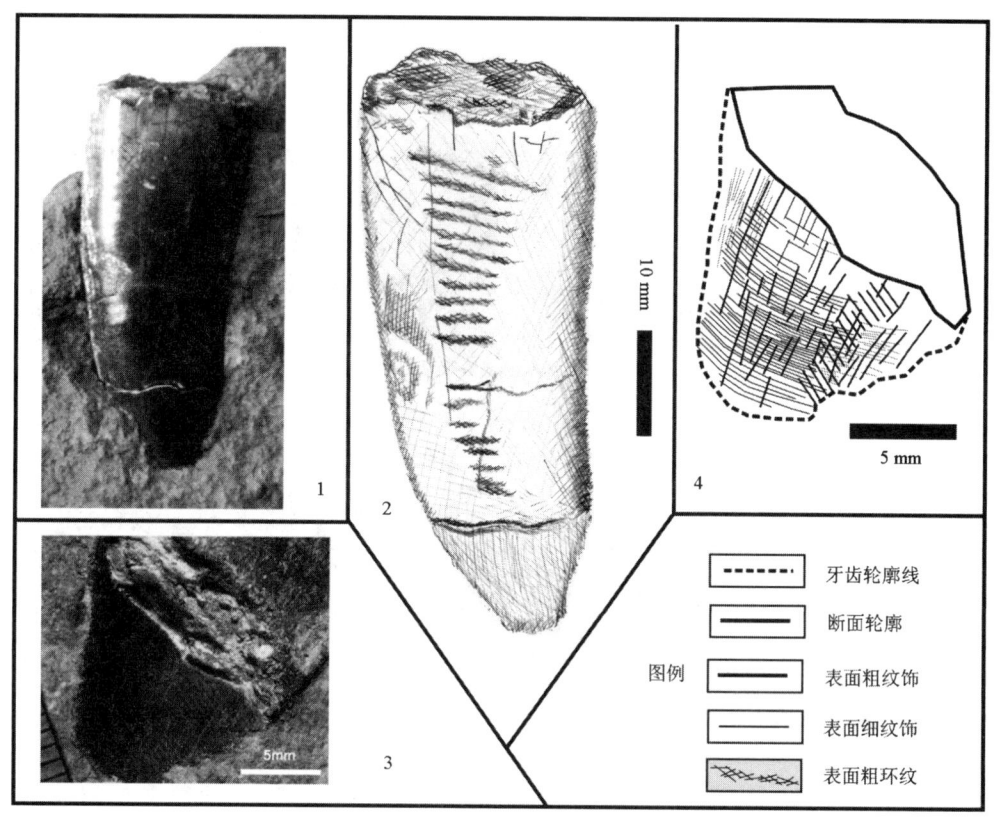

图 4 牙齿化石及其纹饰

Fig. 4 Tooth and its ornaments

1：牙齿照片；2：牙齿素描及粗环纹示意图；3：断面至埋藏线的近牙尖部分照片；

4：断面至埋藏线的近牙尖部分表面的细纹饰.

裂纹和断面：该化石上有两组裂纹（图6）：①三条横向裂纹，属后生裂纹，其成因可能是：人们在化石点建房用挖土机挖掘地基，围岩被机械敲击导致化石被震裂。②交错裂纹，聚集在牙齿近根部。上文通过围岩分析可知，化石沉积环境为湖泊，且围岩颗粒很细，化石保存完好。因此，牙齿脱落后受到的外部应力较小，不致产生裂纹，交错裂纹应在牙齿脱落过程中产生，从而推测该牙齿为非正常脱落，导致在近根部断裂处产生了大量裂纹。近牙根的断面呈长椭圆形（图6：a），近牙尖的断面呈中间圆、两端尖的短柳叶状。断面均有明显的分层现象。

牙齿位置的判断：①通常肉食龙的牙齿的舌面平滑而唇面（或者颊面）凸出（图7：1）。牙齿靠近有围岩的侧面略显平滑，推断该牙齿可能为左上侧或右下侧的牙齿。②近根部断面呈椭圆形，其前边缘和后边缘厚度基本一致，故应为前颌齿或者前部的颊齿。③牙齿的唇面（颊面）和舌面只有一面有磨蚀迹时，因咬合时上牙外包下牙，故上牙的舌面和下牙的唇面（颊面）先有磨蚀迹（图7：2）。梓潼标本的舌面有磨蚀迹，为上牙的可能性较大。④与梓潼标本地理位置很近的永川龙已有3个种，永川龙的前上颌齿基部长厚相等，断面呈近圆形，而上颌齿基部长大于厚（表2），比值大于2，而梓潼标本齿冠基部的长厚比也为 2，因此该牙齿极有可能是上颌齿。综上所述，该牙齿应为左上颌齿。

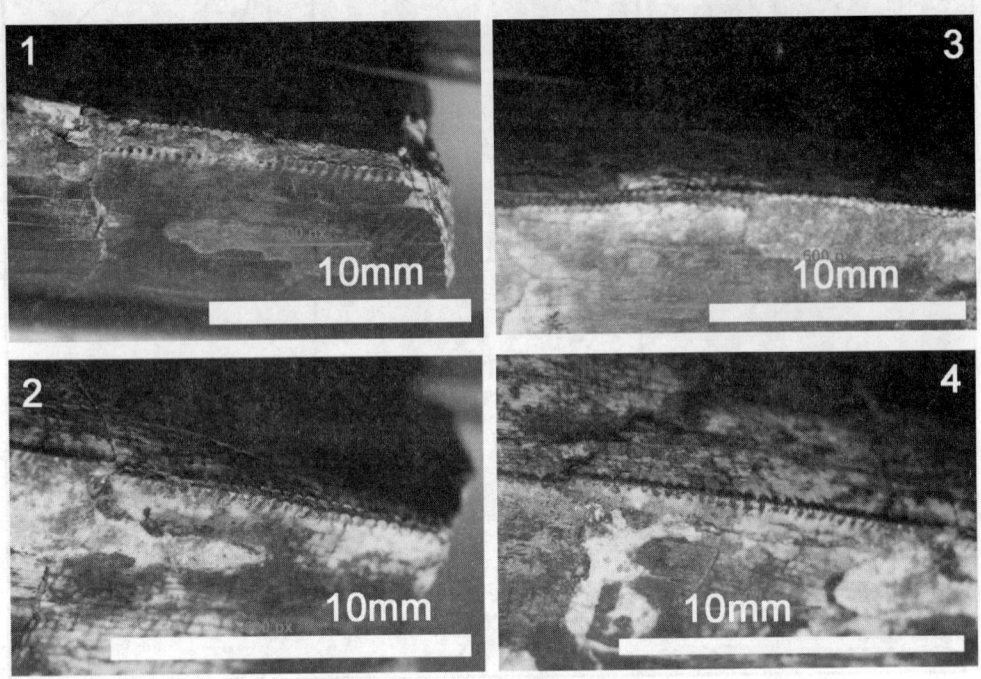

图 5　牙齿化石前后边缘的锯齿

Fig. 5　Serration on both anterior and posterior edges of the tooth

1：后边缘近中部锯齿；2：后边缘近中根锯齿；3：前边缘近中部锯齿；4：前边缘近根部锯齿

表 2　梓潼标本与永川龙属的牙齿特征比较

Table 2　Character comparison between Zitong tooth and those of *Yangchuanosaurus*　　mm

	齿冠高度	基部 长	基部 厚	长/厚	锯齿密度 /（个/5 mm）	齿冠高度/基部长	备注
梓潼标本	65	24	12	2	15（前）13（后）	2.71	
上游永川龙	33	12	12	1	—	2.75	前上颌齿
	56	21	—	—	12	2.67	上颌齿
巨型永川龙	50	15	15	1	—	3.3	前上颌齿
	75	—	—	—	—	—	上颌齿
和平永川龙	60	22	22	1	—	2.73	前上颌齿
	61	28	13	2.15	—	2.18	上颌齿

注：基部长指齿冠基部的前后长，基部厚指齿冠基部的唇齿长厚度；

"—"表示该部位未保存，数据无法测量或者未测量.

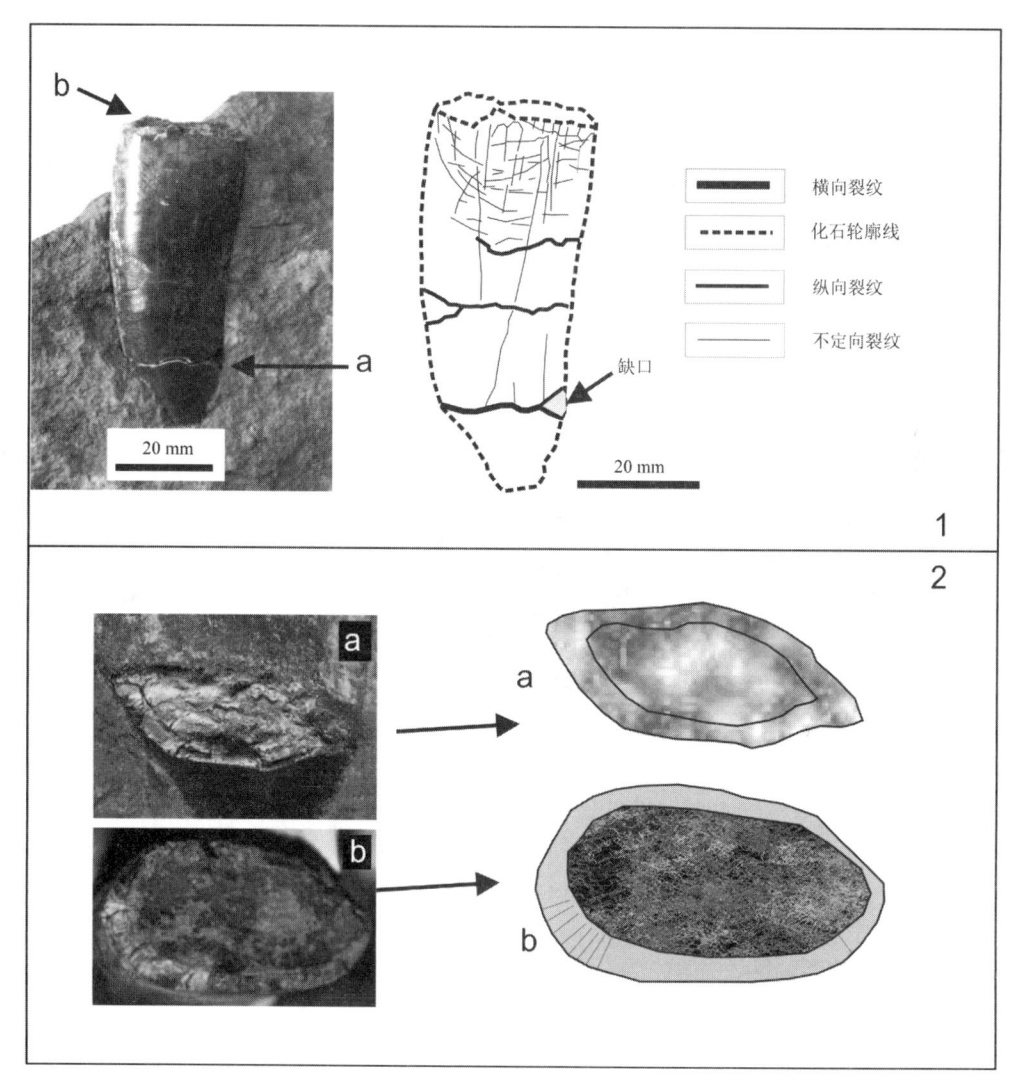

图 6 牙齿化石的裂纹及断面

Fig. 6 Fissures and sections of Zitong tooth

1：裂纹照片及素描图：a.断裂处断面的位置，b.近根部的断面位置；

2：断面照片及素描图：a.断裂处断面，b.近跟部断面

3.2 埋藏学分析

牙齿上磨痕较少而浅，锯齿完好，该牙齿应为使用齿，靠近根部有大量裂纹，推测该牙齿为非正常脱落。

牙齿化石表面光滑、坚硬，呈黑灰色。牙齿表面的裂痕、环纹、磨痕及锯齿等构造，在印模上清晰可见。说明了化石沉积时水动力较弱。

围岩颗粒较细，泥质含量多，应为湖相沉积环境。围岩中的泥砾为短距离搬运沉积产物，表明搬运距离十分局限，灰白色泥岩是局部还原环境产物，表明牙齿被埋藏

时，沉积环境的水较深。据泥砾和灰白色薄层泥岩推测，围岩应为深水湖相沉积环境产物。

该化石点只有单个牙齿保存，而牙齿化石保存状况良好，微细结构清晰，未见埋藏前的次生破坏痕迹。

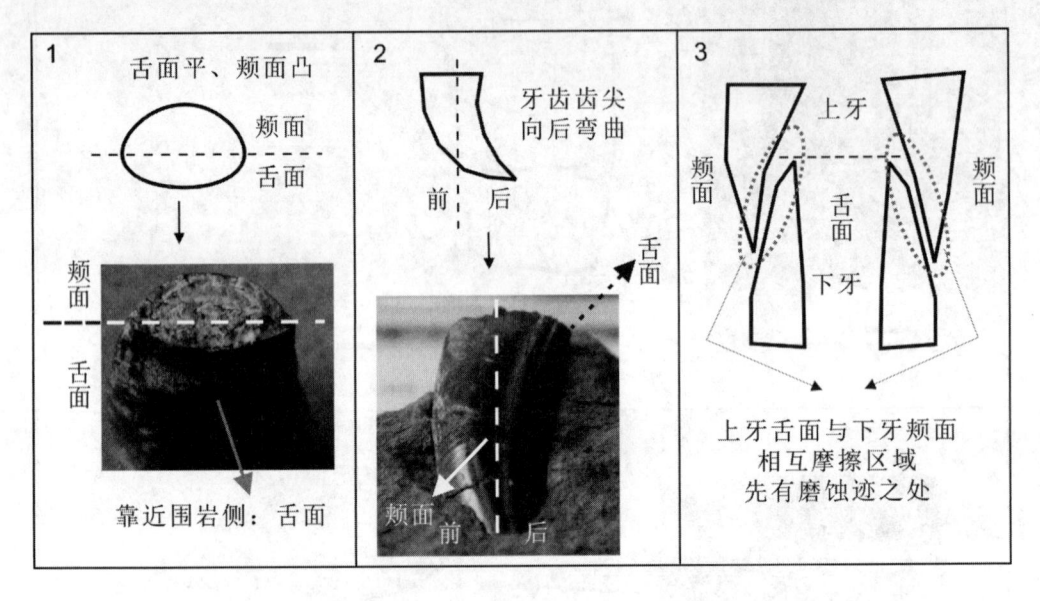

图 7　肉食龙牙齿化石的位置判断依据

Fig. 7　Criteria indentifying the position of carnivorous dinosaurs

1：牙齿的舌面、颊面判断依据；2：牙齿前后缘判断依据；3：牙齿的上下位置判断依据.

印模化石与实体化石关节保存，保存非常完好，与化石高度一致，且表面黑而硬，应为长期共同保存而致。

结合以上几点分析，该牙齿化石应为原地埋藏。

4　比较与讨论

4.1　与巨齿龙和主要肉食龙的比较

首先将上文记述的标本（简称梓潼化石）与四川盆地出土的巨齿龙进行比较分析（表3）。最早在四川发现的巨齿龙科（属种未定）Megalosauridae gen.et sp. indet.（简称荣县标本）保存了一颗破碎的牙齿，层位为沙溪庙组(J_2s)。与梓潼标本相似的特点有：牙齿侧扁，发育栅状锯齿，后边缘锯齿比前边缘锯齿略大，且两者均有近齿尖的断面非常相似，断面前后较尖。两者相异之处为：梓潼标本表面具有肉眼可见环纹，而荣县标本未述及，两者不应为同属种。

四川龙[7]有两个种：自贡大山铺沙溪庙组下段（J_2s）的自贡四川龙 *S. zigongensis* Gao, 1993 和四川广元县城郊广元群的甘氏四川龙 *S. camp* Young, 1942。

表3 国内巨齿龙和主要肉食龙标本与梓潼标本的不同特征

Table 3 Different characters between Zitong specimens and other carnivorous dinosaurs

属种	与梓潼标本的不同特征	产地与层位
Megalosauridae gen. et sp. indet.	未具粗而浅的环纹	四川荣县，沙溪庙组(J_2s)
自贡四川龙 S. zigongensis	齿冠强烈向后弯曲	四川自贡大山铺，沙溪庙组下段（J_2s）
甘氏四川龙 S. camp	齿冠强烈向后弯曲，前缘锯齿比后缘锯齿明显，基部锯齿消失	四川广元，侏罗系（J_3）
上游永川龙 Y. shangyouensis	前上颌齿较小，而上颌齿大小、形态与梓潼标本相似	重庆永川上游水库，沙溪庙组上段（J_2s）
巨型永川龙 Y. magnus	细长，齿冠截面圆形	重庆永川上游水库，沙溪庙组上段（J_2s）
和平永川龙 Y. hepingensis	齿冠横切面圆形，牙齿长与基部	四川自贡和平乡，沙溪庙组上段（J_2s）
建设气龙 Gasosaurus constructus	齿冠基部横切面呈亚圆形	四川自贡，沙溪庙组下段（J_2s）
吉兰泰龙 Chilantaisaurus	齿冠基部为圆形	内蒙古巴彦卓尔盟下白垩统（K_1）
林氏开江龙 Kaijiangosaurus lini	牙齿侧扁程度较弱，锯齿密度大，齿冠基部无锯齿	四川省开江县沙溪庙组下段（J_2s）
单嵴龙 Monolophosaurus	斑龙科 Megalosauridae	新疆准噶尔盆地五彩湾组（J_3w）
中华盗龙 Sinraptor	中华盗龙科 Sinraptoridae	新疆准噶尔盆地石树沟组（J_{2-3}s）
乐山龙 Leshansaurus	中华盗龙科 Sinraptoridae，牙齿小，且牙齿前边缘锯齿比后边缘锯齿个体大	四川乐山沙溪庙组上段（J_2s）
克拉玛依龙 Kelmayisaurus	侧扁，具有小锯齿，为未出齿	新疆乌尔禾吐鲁番群（K_1t）
鄯善龙 Shanshanosaurus	个体小，牙齿细小，属暴龙科 Tyrannosauridae	新疆吐鲁番上白垩统（K_2）
南雄龙 Nanshiungosaurus	属镰刀龙科 Therizinosauroidea	广东南雄、甘肃白垩系（K）
敏捷龙 Phaedrolosaurus	属于驰龙 Dromaesauridae。牙齿粗短，厚实，非刀状，锯齿密度大，达18个/5mm	新疆乌尔禾吐鲁番群（K_1t）

自贡四川龙的牙齿化石包括参考标本 ZDM 9015 右上颌骨牙槽内保存的 12 枚牙齿和 ZDM 9013 两枚牙齿齿冠化石[6, 17]，牙齿侧扁，前后缘有锯齿。甘氏四川龙的牙齿侧扁，前后缘均有锯齿，且前缘锯齿比后缘锯齿明显，齿冠强烈向后弯曲，前后缘不对称[6-7, 9, 17-18]。甘氏四川龙的层位为广元群（J_3），但近年来本群名已废弃不用，其地层相当于现在的千佛崖组（J_2q）、沙溪庙组（J_2s）、遂宁组（J_3s）的范围[15]。梓潼标本向后弯曲程度不及四川龙，且四川龙化石点层位为侏罗系，比梓潼标本的层位低。

剑阁龙仅有一种，即似角形剑阁龙 *Chienkosaurus ceratosauroides* Young, 1942，在甘氏四川龙化石点出土，正型标本为 4 枚牙齿。一颗牙齿厚实而尖锐，前后两侧均有细小的锯齿，前缘在牙齿基部向舌面倾斜，前后径略大于唇舌径[7]；另外 3 颗为未长成牙齿。董枝明认为这批标本中，大的牙齿应属于四川龙属，而另外 3 颗属西蜀鳄，因此"剑阁龙"应该废弃[18]。剑阁龙的牙齿厚实，横截面近圆形，从而与梓潼标本区别。

永川龙属（表 2）目前有 3 个种，层位均在为中侏罗统沙溪庙组上段，分别为：产自重庆永川县上游水库的上游永川龙 *Y. shangyouensis* Dong et al., 1978[8]和巨型永川龙 *Y.magnus* Dong et al., 1983[18]，以及在自贡和平乡出土的和平永川龙 *Y. hepingensis* Gao, 1992[19]。梓潼标本与永川龙的相似之处：齿冠高度为 50~70 mm，牙齿侧扁，向后弯曲，齿冠基部前后宽与唇齿厚之比大于 2，前边缘略比后边缘厚，锯齿密度约为 20~30 个/10 mm。但不同特点也较为明显：上游永川龙较小，最大的牙齿齿冠仅长 33 mm，巨型永川龙的牙齿细长，和平永川龙牙齿横切面圆形到亚圆形，且梓潼标本的层位在剑门关组（K_1j），比永川龙的层位沙溪庙组上段（J_2s）高。因此，梓潼标本无法归入永川龙属。

建设气龙 *Gasosaurus constructus*[11]产自四川自贡大山铺沙溪庙组下段（J_2s），保存了 3 颗化石。牙齿化石并未与正型标本关节保存，且大小不一，作者对 3 颗牙齿作为参考标本存在一定的怀疑。其中两颗为上颌齿，侧扁，前后缘具密集的栅状小锯齿（标本 V7265-1 每 5 mm 有 14~15 个小锯齿）；另一颗为前颌齿，齿冠基部呈亚圆形[6]。由于描述不详细，无法将梓潼标本归入气龙属。

宣汉龙属仅有一种，即七里峡宣汉龙 *Xuanhanosaurus qilixiaensi* 产自四川省宣汉县七里峡，层位为中侏罗统沙溪庙组下段，未保存牙齿[10]。

开江龙属仅有一种，为林氏开江龙 *Kaijiangosaurus lini*，产自四川省开江县中侏罗统沙溪庙组下段[9]。牙齿侧扁，但牙齿较小，最大者齿冠高 35 mm，前后长 14.7 mm，唇齿厚 8.2 mm，长与厚比为 1.79，断面较梓潼标本（其断面长与厚之比为 2）更接近圆形，且前缘锯齿密度达 21 个/5 mm。

犍为乐山龙 *Leshansaurus qianweiensis*[12]，产自四川乐山沙溪庙组上段（J_2s），牙齿化石侧扁呈匕首状，但牙齿前边缘锯齿个体大，数量少，与梓潼标本牙齿前边缘锯齿个体小，数量多呈明显区别。

除了上述四川地区的巨齿龙类化石外，我国还出土了巨齿龙未定属种、金刚口龙 *Chingkankousaurus* Young, 1958 和吉兰泰龙 *Chilantaisaurus* Hu, 1964 等巨齿龙类化石。在新疆库车盆地发现的巨齿龙未定属种牙齿全长 45 mm，侧扁，微向后弯，前后缘具有栅状锯齿[20]，该牙齿比梓潼标本略小。金刚口龙在山东王氏群（K_3）出土，仅有一个肩胛骨保存，没有牙齿化石[21]。吉兰泰龙共有 3 个种，其中有两种产自内蒙古白垩系：大水沟吉兰泰龙 *Chilantaisaurus tashuikouensis* Hu, 1964 在内蒙古阿拉善旗上白垩统出土，牙齿侧扁，前后长（20 mm）与唇齿宽（11 mm）之比为 1.82，扁平程度较梓潼标本弱；前后缘均有锯齿，但前边缘基部锯齿消失[22]；毛尔图吉兰泰龙 *Chilantaisaurus maortuensis* Hu, 1964 在内蒙古巴彦卓尔盟下白垩统出土，保存 12 个细小牙齿，前后缘均具有锯齿[22]，齿冠基部为圆形，且前边缘基部没有锯齿，因此与梓潼标本相区别。浙江衢江盆地白垩系出土的浙江吉兰泰龙 *Chilantaisaurus zhejiangensis*[23]保存了部分肢骨，没有牙齿保存。

近年来，在黑龙江嘉荫地区发现了晚白垩世兽脚类恐龙牙齿，共有 6 种类型[24]，与梓潼标本的主要区别为：类型 I 的舌面平滑而唇面强烈凸出，前边缘锯齿构成纵向凹面，横截面呈 D 字形；类型 II 牙齿表面具有纵向褶曲；类型 III 锯齿前面少而后面多；类型 IV 牙齿较为宽短；类型 V 牙齿表面发育皱褶；类型 VI 牙齿粗而短，呈圆锥形。

在新疆侏罗系出土了将军庙单嵴龙 *Monolophosaurus jiangi* [25]、董氏盗龙 *Sinraptor dongi*[26]、石油克拉玛依龙 *Kelmayisaurus petrolicus*、艾里克敏捷龙 *Phaedrolosaurus ilikensis*[27]、火焰山鄯善龙 *Shanshanosaurus huoyanshanensis*、阿乐斯台阿拉善龙 *Ornitholestes hermanni*[25]，在广东南雄出土了短棘南雄龙 *Nanshiungosaurus brevispinus*[23]。这些恐龙均与梓潼标本有不同之处（表 2）。

巨齿龙科（Megalosauridae）的化石在中生代地层中广泛分布，国外较好的材料包括：异龙 *Allosaurus*（也常被写为 *Antrodemus*）、角齿龙 *Ceratosaurus*、斑龙 *Megalosaurus* 等[28-30]，均产自侏罗系。这些恐龙与梓潼标本的区别为：异龙牙齿的横截面呈"D"字形，唇面比舌面鼓出[29]；角齿龙的牙齿齿冠末端强烈向后弯曲[31]；斑龙的牙齿相对更为粗短，横截面略呈圆形，纵向纹饰粗大[32]。因此，梓潼标本不应归于上述国外巨齿龙的属种。

综上所述，梓潼标本应归于巨齿龙科Megalosauridae Huxley, 1869，但无法归入上述任何一个已有的属种。

4.2　结论

梓潼标本是首次在梓潼县境内发现的恐龙化石，同时也是第一次在四川盆地白垩系（剑门关组）发现肉食龙的化石，在地理和地史上均具有重大意义。遗憾的是，该标本仅保存一颗牙齿的齿冠部分，未能鉴定至属种，有待新化石的发现和研究。

致谢　牙齿化石由一位吴姓先生提供研究，部分照片由成都理工大学博物馆陈志刚先生拍摄，研究过程得到成都理工大学沉积地质研究院的刘欣春老师和胡作维老师对岩性分析给予了帮助、中国科学院古脊椎动物与古人类研究所徐星研究员对恐龙牙齿的专业问题不遗余力地给予指导、自贡恐龙博物馆江山先生、高玉辉先生对四川盆地恐龙牙齿的相关问题给予耐心解释和解答，在此一并致以诚挚的谢意！

参 考 文 献

1 董枝明.中国恐龙动物群及其层位. 地层学杂志, 1980, 4(4): 256-263.

2 李奎，谢卫，张玉光. 四川侏罗纪恐龙化石. 大自然探索, 1997, 16(1): 66-70.

3 李奎. 中国的蜥脚类恐龙化石及其层位. 成都理工学院学报, 1998, 25 (1): 53- 60.

4 汪筱林. 中国恐龙研究历史与现状. 世界地质, 1998, 17(1): 8-21

5 Camp C L. Dinosaur remains from the province of Szechuan, China. University of California Publications in Geological Sciences, 1935, 23(14): 467-469.

6 彭光照, 叶勇, 高玉辉, 等. 自贡地区侏罗纪恐龙动物群. 成都：四川出版社, 2005. 1-236.

7 Young C C. Fossil Vertebrates from Kuangyuan, N. Szechuan, China. Bull Geol Soc China, 1942, 22(3-4): 293-309.

8 董枝明, 张奕宏, 李宣民, 等. 四川永川发现的新肉食龙. 科学通报, 1978, 290(5): 302-304.

9 何信禄. 四川脊椎动物化石. 成都：四川科技出版社, 1984. 1-163.

10 董枝明. 四川盆地中侏罗世一肉食龙. 脊椎动物学报, 1984, 22(3): 213-218.

11 董枝明, 唐治路. 四川自贡大山铺蜀龙动物群简报 IV 兽脚类. 脊椎动物学报, 1985, 23(1): 77-83.

12 李飞, 彭光照, 叶勇, 等. 四川犍为晚侏罗世一新的肉食龙类. 地质学报, 2009, 83(9): 1203-1213.

13 张守信. 中国地层名称, 北京：科学出版社. 2000. 1-635.

14 中国地质调查局地层古生物研究中心. 中国各地质时代地层划分与对比. 北京：地质出版社, 2004. P470.

15 高振家等. 中国岩石地层辞典. 武汉：中国地质大学出版社, 2000. 1-209.

16 汪啸风. 白垩系. 见：《中国地层典》编委会. 中国地层典. 北京：地质出版社, 2000. 52-53.

17 高玉辉. 四川自贡大山铺中侏罗世肉食龙一新种. 脊椎动物学报, 1993, 31(4): 308-314.

18 董枝明, 周世武, 张奕宏. 四川盆地侏罗纪恐龙化石. 中国古生物志(新丙种), 1983, 23: 1-145.

19 高玉辉. 四川自贡肉食龙一新种. 脊椎动物学报, 1992, 30(4): 313-324.

20 董枝明. 新疆库车一肉食龙牙齿. 古脊椎动物学报, 1973, 10(2): 217.

21 Young C C. The Dinosaurian Remains of Laiyang, Shantung. Palaeontol Sin (C), 1958, 16: 53-138.

22 胡寿永. 内蒙古阿拉善旗肉食龙类化石, 古脊椎动物与古人类, 1964, 8(1): 42-63.

23 董枝明. 华南白垩系恐龙化石. 见：中国科学院古脊椎动物与古人类研究和南京地质古生物研究所编. 华南中、新生代红层. 北京：科学出版社, 1979. 342-350.

24 吕君昌, 韩建新. 黑龙江嘉荫地区晚白垩世兽脚类恐龙牙齿的发现及其意义. 地质学报, 2011, 86(3): 363-370.

25 Russull D A, Dong Z. The affinities of a new theropod from the Alxa Desert, Inner Mongolia, P. R. China. Can J Earth Sci, 1993, 30(10-11): 2107-2127.

26 Zhao X, Currie P J. A new large crested theropod from the Jurassic of Xinjiang, P. R. China. Can J Earth Sc, 1993, 30(10-11): 2027-2036.

27 董枝明. 乌尔禾恐龙化石. 中国科学院古脊椎动物与古人类研究所甲种专刊, 1973, 11: 45-52.

28 Oliver W M, Claderaa R G, Vickers-Rich P, et al. Dinosaur remains from the Lower Cretaceous of the Chubut Group, Argentina. Cretaceous Research, 2003, 24(2003): 487-497.

29 Cobos A, Lockley M G, Gascó F, et al. Megatheropods as apex predators in the typically Jurassic ecosystems of the Villar del Arzobispo Formation (Iberian Range, Spain). Palaeogeography, Palaeoclimatology, Palaeoecology, 2014, 399: 31-41.

30 Canudo J I, Ruiz-Omeñaca J I, Aurell M, et al. A megatheropod tooth from the late Tithonian–middle Berriasian (Jurassic–Cretaceous transition). N Jb Geol Paläont, 2006, 239: 77-99.

31 Novas F E, Agnolín F L, Ezcurra M D, et al. Evolution of the carnivorous dinosaurs during the Cretaceous-The evidence from Patagonia. Cretaceous Research, 2013, 45: 174-215.

32 Delair J B, William A, Sarjeant S. The earliest discoveries of dinosaurs: the records re-examined. Original Research Article Proceedings of the Geologists' Association, 2002, 113(3): 185-197.

33 Currie P J, Zhao X. A new carnosaur(Dinosaurla, Theropoda)from the Jurassic of Xinjiang, P R China. Can J Earth Sci, 1993, 30(10-11): 2037- 2081.

A TOOTH FOSSIL OF MEGALOSAURIDAE (DINOSAUR: CARNIVOROUS) FROM EARLY CRETACEOUS OF ZITONG, SICHUAN

YANG Chun-yan   LIU Jian   ZHU Li-dong   YANG Wen-guang   HU Fang
ZHANG Hua-ying

(*Chengdu University of Technology* Chengdu 610059, Sichuan)

ABSTRACT

A dinosaur fossil tooth was found from Jianmenguan Formation of early Cretaceous (K1j) in Baoshi Village, Zitong County, Sichuan Province. The crown of this tooth fossil is preserved, in the shape of dagger. The cusp is still buried in matrix. The curved height of the exposed anterior edge of the tooth is about 42 mm, and that of the rear edge is about 43 mm. The full height of the teeth crown is estimated to be 65 mm. The tooth surface develops ring patterns. Both anterior and posterior edges are serrated. The sawteeth are in the typical shape of fence, and those of the anterior edge are small and serried. This tooth is broad and flat. Its front-to-back length is greater than its inside-to-outside width. Its fracture surface which is close to the dedendum is elliptical, and that of the middle part is in the shape of short salix leaf which is round in the middle part and pointed at the two ends. According to comparison and analysis, this tooth fossil should belong to the family of Megalosauridae

Huxley, 1869. But as it has difference with other each known number of Megalosauridae and carnivorous one, it's in a higher position (which is of Cretaceous System, while other Megalosauridae members unearthed in Sichuan are from Jurassic System), and there is few fossil material, it doesn't belong to any known genus and species. This tooth is the first dinosaur fossil record at Zitong County and the first carnivorous dinosaur fossil record from the Cretaceous (The Jianmenguan Formation (K1j)) of Sichuan Basin. It is therefore of great significance in geographic and geologic history.

Key words   Zitong County,   Sichuan Province,   Megalosauridae, Early Cretaceous

大兴安岭北部及邻区早白垩世脊椎动物化石和地层：分布、特征和意义*

李晓波

(吉林大学地球科学学院，吉林 长春 130061)

摘　要　中国东北大兴安岭北部及邻近的俄罗斯外贝加尔地区是典型热河生物群化石产出区域。该区下白垩统发育与中国辽西地区类似的陆相火山—沉积序列，湖相沉积夹层中产出热河生物群标志性的 EEL（*Eosestheria-Ephemeropsis trisetalis-Lycoptera*）组合，以及一些研究程度较低的脊椎动物化石。目前大兴安岭北部发现有 5 种鱼类（Palaeoniscoids，*Peipiaosteus*，*Yanosteus*，*Sinamia*，*Lycoptera*）和一种爬行类（可能属于翼龙类），主要分布在阿荣旗、阿尔山、满洲里以及塔河等地。俄罗斯外贝加尔地区的早白垩世地层不但产出 EEL 化石组合，还有丰富的昆虫、脊椎动物和植物化石。其中鱼类化石（*Lycoptera*，*Stichopterus*）分布较广，在 Baissa，Krasnyi Yar 和 Mogoito 三处产出两栖类、龟类、离龙类、恐龙类、鸟类、哺乳类等四足动物化石。研究大兴安岭北部及邻区早白垩世脊椎动物群的组成，对于扩大热河生物群研究的区域，以及增加了解热河生物群在核心区（冀北-辽西）以外的多样性和环境背景都有重要意义。

关键词　大兴安岭；外贝加尔；早白垩世；鱼化石；热河生物群

1　前言

早白垩世是陆地脊椎动物多样性演化的关键时期，辐鳍鱼类、鸟类、哺乳动物等的数量、分布区域以及分支谱系都是在这一时期显著增加，现代生态系统的格局初现端倪[1-2]。早白垩世的陆地脊椎动物群在除了格陵兰岛、南极洲的各个大陆都有重要代表，具有显著的古生态和古生物地理意义，而且时代集中在 Barremian-Albian（125 Ma ~110 Ma）这一地球构造活跃时期，其演化伴随着众多异常地质事件的影响。东北亚地区在早白垩世发育广泛的伸展裂陷盆地[3-6]，其湖相地层中盛产热河生物群化石，部分化石记录揭示了鸟类、哺乳类以及被子植物的早期起源过程，因此成为古生物学界的热点领域[1-2, 7]。然而，热河生物群最具生物地层和古生物地理意义的化石组合—EEL 组合（*Eosestheria-Ephemeropsis trisetalis-Lycoptera* 组合），仍然是定义和理解热河生物群生态组成和时空分布重要依据。燕辽地区（冀北—辽西）是热河生物群分布的核

---

* 基金项目：中央高校基本科研业务费—早白垩世部分陆地脊椎动物群的比较古生态学研究.
李晓波：男，34 岁，讲师，古生物学与地层学. lixiaobo@jlu.edu.cn；li-xiaobo@live.cn

心区域，古生物学、地层学及区域构造等方面已经有了较高的研究程度。越来越多的研究资料表明热河生物群在不同分布区域有一定的差异性，华北北部的固阳盆地、西北地区的酒泉盆地、东南沿海的闽、浙、赣地区所产生物类型和核心产地（燕辽地区）不完全一致[8-9]。这些差异性可能受古生态环境的控制，或者是经历复杂生物地理演化的体现，也有可能是演化阶段和时代不完全一致的原因。大兴安岭北部也是热河生物群化石典型分子（EEL 组合）产出区域（图 1）[10-12]，但长期以来基础的古生物学研究非常薄弱，大部分化石记录来自 20 世纪 50-80 年代区域地质调查过程中获得的有限资料，且很少经过系统的古生物学研究。根据已有的资料和本文作者的野外实地调查，大兴安岭北部以及相邻的俄罗斯外贝加尔地区热河生物群化石的特征与燕辽地区的非常接近，已经发现的鱼类、两栖类、哺乳类和恐龙类等是热河生物群中的常见类型[13-15]。此外，它们的地质环境背景也很相似，均处在晚中生代强烈火山—构造活动区域，因此其潜在的化石产出质量和意义对于深入研究热河生物群的起源、分布和多样性有重要意义。

　　大兴安岭（Great Xing'an Range / Da Khinan Ling Mts）是中国东部的巨大山系（图 1），北起黑龙江畔，南至西拉木伦河上游谷地，全长逾 1 200 km，宽 200~300 km，海拔 1 100~1 400 m，其北部的东南坡较陡，西北坡向内蒙古高原平缓倾斜，总体呈北北东向（NNE）延展，分隔了西侧的蒙古高原（海拔一般 600~700 m）和东侧的松辽平原（平均海拔 200 m 左右）。大兴安岭的区域大地构造位置位于前中生代形成及演化的兴蒙造山带（古亚洲造山区的一部分）东部。大兴安岭的主体由侏罗纪（燕山期）花岗岩（主脊）和晚中生代（主要是中侏罗世—早白垩世）火山岩地层（西坡和东坡）组成，其次还有少量的侏罗纪陆相河湖相地层（局部还有一些三叠系）和前中生代地层。山脉两侧分布有一些早白垩世含油、气、煤断陷盆地，盆地发育早期火山岩沉积夹层中的湖相沉积是主要生油岩系（含热河生物群化石），盆地发育后期形成河、湖、沼相的含煤碎屑岩地层（含阜新生物群化石）。现今的大兴安岭主要从中新世开始隆升（差异性升降）[16]；也有一些研究者认为大兴安岭地区中生代广泛发育的岩浆岩代表一种可能的陆内造山机制，提出中生代"古大兴安岭"的意见[17]；王鸿祯等[18]的《中国古地理图集》中，大兴安岭所在的位置在早白垩世早、中期（热河生物群繁盛时期）被标注为"兴安火山盆地区"，至早白垩世晚期该区标注为"古兴安岭"。对大兴安岭北部及邻区早白垩世热河生物群化石的类型、分布，及其赋存地层特征和区域对比的系统研究，将有益于了解热河生物群不同区域生物群的多样性，探讨控制其演化的古环境背景。

2　地层特征和脊椎动物概况

2.1　地层划分及特征

　　中国东北、朝鲜半岛、蒙古国东部和俄罗斯外贝加尔等地区在晚中生代（主要是早白垩世）发生强烈的裂陷作用，形成一系列由地堑、半地堑或复式地堑组成的 NE、NNE 向展布的断陷盆地群，李思田等[3]曾将其称为"东北亚晚中生代断陷盆地系"。这些地区在自中侏罗世至早白垩世中期发生大规模断裂活动和火山岩喷发，形成了分布广泛的火山-沉积地层，在大兴安岭和燕辽地区分别为"兴安岭群"以及"金岭寺群"和"热河群（张家口组、大北沟组、义县组、九佛堂组）"，地层中产著名的燕辽生物群和热河生物群化石。其上部还发育早白垩世晚期的含煤碎屑岩建造（大兴安岭地区的大磨拐河组、伊敏组、霍林河组，辽西地区的沙海组、阜新组）。具有相同

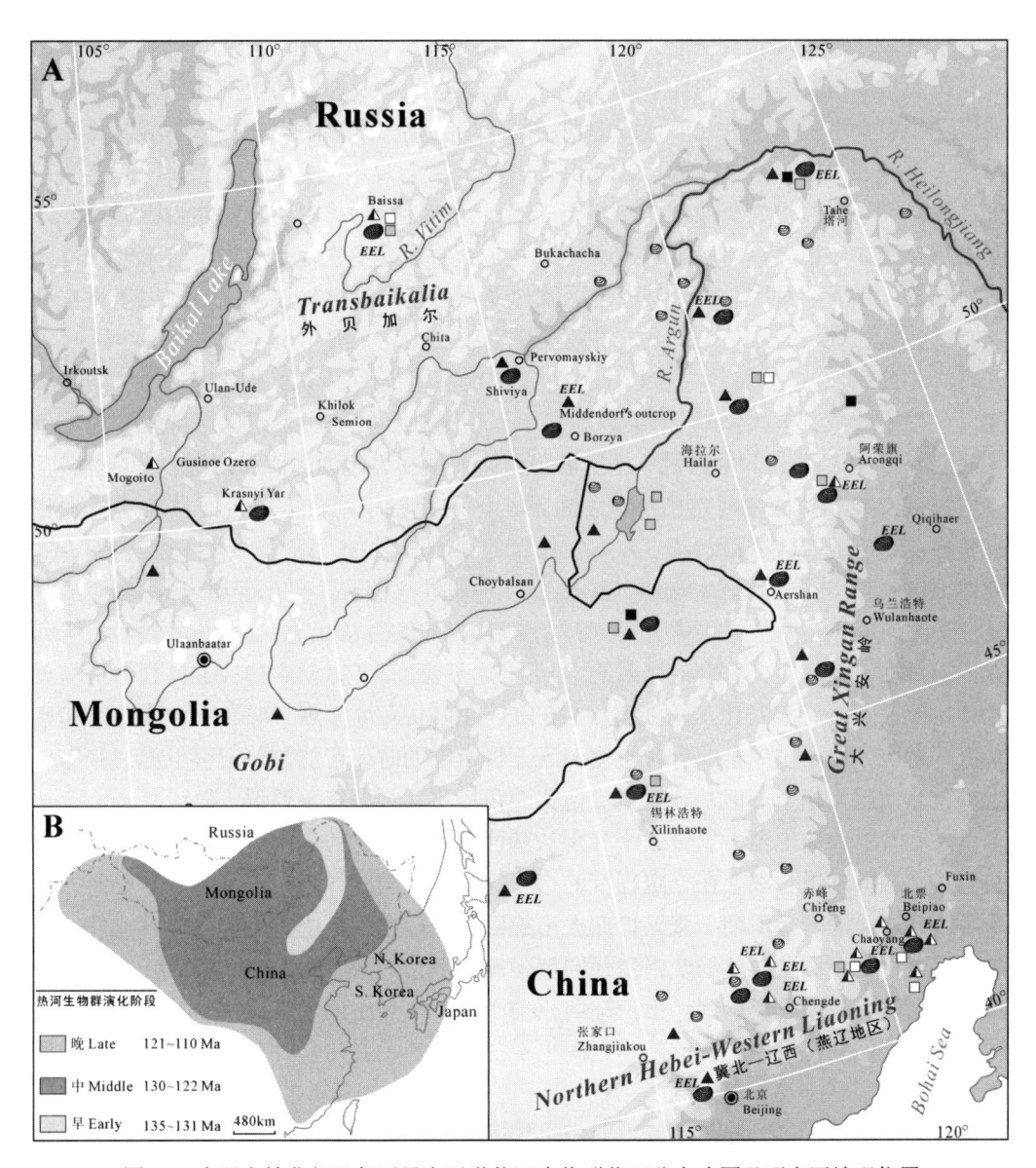

图 1 大兴安岭北部及邻区早白垩世热河生物群化石分布略图及研究区地理位置

Fig. 1 Map showing geographic locations of Early Cretaceous Jehol Biota in Greater Khingan area

▲热河生物群化石点；▲含四足动物的热河生物群化石点；◐ *Nestoria* 组合（热河生物群早期）；● *Eosestheria* 组合（热河生物群中期）；□油页岩；■煤炭；□湖相碳酸盐岩. 图 A 化石产出位置据文献[9, 12, 19]以及作者前期工作资料。煤、油页岩、碳酸盐等产出位置根据区域地质资料，所选取材料的产出时代均在热河生物群生存限之内。图 B 所示热河生物群发展阶段及分布范围据文献[20].

或类似特征的同期火山—沉积地层分还分布在大兴安岭西侧的俄罗斯外贝加尔地区[21-23]、中国二连盆地[5]、跨越中蒙的海拉尔—塔木察格盆地[24]、蒙古国东戈壁盆地[4, 24]，以及东侧的松辽盆地深层[25]、俄罗斯阿穆尔（布列亚）-结雅盆地[26]，这些火山岩地层的总体特征、时代、含化石情况等均可横向对比。所以，大兴安岭地区分布的火山岩可能不是沿 NNE 向区域构造线分布的线型火山岩带[27]，一些学者提出的"陆内面型区"[28]和"面型环状火山岩带"[29]等分布形式的认识可能更为全面。

作者对"兴安岭群"的理解如下：分布在大兴安岭及邻区的晚中生代火山—沉积地层，不整合于晚侏罗世之前形成的地层之上，为早白垩世晚期扎赉诺尔群及相当煤系地层整合或平行不整合覆盖。其使用范围限于整个大兴安岭地区（包括隆起区和部分盆地：大杨树盆地、海拉尔-塔木查格盆地、二连盆地），向西、向北为国界所限，向东至松辽盆地边界，向南至西拉木伦河并与燕—辽晚中生代火山岩带的金岭寺群、热河群等可以横向对比。大兴安岭地区晚侏罗世—早白垩世地层（主要适用于兴安岭群）的区划为：①龙江—呼玛小区（大兴安岭北部东坡），②阿尔山—额尔古纳小区（大兴安岭北部西坡），③海拉尔盆地小区，④二连盆地小区，⑤翁牛特旗—乌兰浩特小区（大兴安岭南部）。各小区的组级地层单元使用独立的地层系统以保持岩石地层单元的区域特性（表1），尽量避免地层名称跨区使用易引起的争议和混乱。

大兴安岭北部西坡阿尔山—额尔古纳小区的地层序列较为齐全而且地层格架相对完善，可作为对比的标尺（表1），本文厘定的地层序列为：下亚群—塔木兰沟组(J_{2-3}，基性火山岩）、吉祥峰组+木瑞组（J_3-K_1？，中酸性火山岩、火山碎屑岩），上亚群—瓦拉干组（K_1，中基性火山岩）、上库力组（K_1，中酸性火山岩、火山碎屑岩）、伊列克得组（K_1，中基性火山岩夹煤系地层）。上述下亚群（160 Ma~131 Ma）总体可与冀北—辽西的金岭寺群对比，上亚群（130 Ma~110 Ma）可与热河群（不含沙海组和阜新组）对比，但不是完全的等时对比。下亚群上部的时代可能与热河群下部（张家口组、大北沟组）相当，但从岩石地层格架的角度将其划分在下亚群。

兴安岭群纵向上至少发育3个分别从基性到酸性演化的火山作用旋回，每一个旋回的基性和酸性组合都存在一定程度的指状穿插（或同时异相）关系。第一旋回相当于冀北—辽西的髫髻山期—张家口期火山旋回，所以也存在进一步划分的可能性，分别对应蒙古国东戈壁盆地的晚中生代同裂陷旋回最初的两个（SR1 和 SR2）；第二旋回相当于辽西义县期火山旋回；第三旋回相当于辽西大兴庄期火山旋回以及松辽盆地营城期火山旋回。每两个顺次的旋回之间也不是截然的关系，有时有一定过渡性。根据近期公开发表的兴安岭群火山岩高精度同位素年龄统计分析的结果表明其地质时代主要为 160 Ma ~ 110 Ma[30-31]，下亚群时代主要在 160 Ma ~ 140 Ma，上亚群集中在 130 Ma ~ 120 Ma，两个亚群分别对应但不绝对限定于晚侏罗世和早白垩世。兴安岭群的时代与整个中国东部的火成岩活动时代特征基本一致，整体在 125 Ma 左右达到高峰[32]，这一期火山岩在全区分布较广。

兴安岭群下亚群上部产热河生物群早期组合 *Nestoria-Sentestheria*（相当于冀北-辽西的 *Nestoria-Keratestheria* 叶肢介动物群），上亚群产热河生物群中期和晚期组合，

表 1 大兴安岭北部及邻区晚侏罗世—早白垩世地层划分对比

Table 1 Stratigraphic correlation of Late Jurassic and Early Cretaceous in Greater Khingan area

均是与热河生物群分布核心区域（燕辽地区）非常相似的类型。龙江-呼玛小区的九峰山组下部火山岩夹火山碎屑岩、油页岩地层中产典型的热河生物群中期组合：*Eosesthria-Ephemeropsis trisetalis-Lycoptera* 组合。阿尔山-额尔古纳小区的上库力组产热河生物群中期组合中的 *Arguniella*，*Lycoptera* 等化石。伊列克得组产软骨硬鳞鱼类北票鲟科的 *Yanosteus* sp.和弓鳍鱼类中华弓鳍鱼科的 *Sinamia* sp.，这一鱼类组合与辽西九佛堂组的鱼类组合相当，地层时代也相符。

俄罗斯外贝加尔地区的热河生物群化石组合 *Lycoptera*－*Ephemeropsis trisetalis*－*Ephemeropsis* 广泛分布于下白垩统图尔加组及其相当的地层中，其中昆虫动物群的特点是衍蜓科占有较大比重[33]，结合其他化石可知与辽西的义县组相当。在额尔古纳河左岸河额尔古纳组中有 *Nestoria* 叶肢介群，应属热河生物群早期；西外贝加尔也存在一套陆内裂陷背景下形成的晚中生代火山岩地层，被称之为"Khambin volcanotectonic complex"[34]，地质时代为 159 Ma~117 Ma。其形成分为三个阶段：第一阶段（159 Ma~156 Ma）形成了巨厚的粗玄岩、粗面安山岩、粗面岩、英安岩、流纹岩、碱流岩等；第二阶段（127 Ma~124 Ma）形成的是粗玄岩、基性粗安岩、碱玄岩、碱性粗面岩。第三阶段（122 Ma~117 Ma）主要是岩脉（次火山岩）侵入活动。这一套火山岩地层与兴安岭群的时代一致，岩性组合也基本可以对比，第二、三阶段的火山活动间歇期形成的河湖相沉积中产有丰富的脊椎动物化石，层位是 Murtoi 组、Khilok 组和 Zaza 组。

蒙古国东部普遍发育有相当义县组的火山岩及相当于九佛堂组至阜新组的沉积地层和煤系。其下部的查干查布组为火山岩系夹沉积层，大致相当义县组下部沉积层。新呼达格组为一套湖相泥页岩沉积含有火山岩，其岩相或化石群均可与九佛堂组对比，其中有较多的鱼化石。呼德格组主要岩性为砂砾岩夹砂页岩，局部夹基性火山岩层及煤系，所含化石群已不见 *EEL* 组合，化石群面貌与沙海组类似[35]。Graham 等[4]详细研究了蒙古国东部东隔壁盆地的地层序列，将晚中生代地层总体称为同裂陷巨旋回，进一步划分为 3 个旋回（SR1，SR2，SR3）[4]，其中 SR1 和 SR2 与兴安岭群下亚群可以对比，SR3 可以与兴安岭群上亚群及扎赉诺尔群对比。

2.2 大兴安岭北部地区脊椎动物化石概况

大兴安岭北部发现的脊椎动物化石数量和种类还很少，且不超过 10 个化石点，但它们展现出的基本面貌显示是与冀北-辽西地区非常相似的典型热河生物群化石组合。已知的脊椎动物化石属于 5 种鱼类和 1 种爬行类（图 2），鱼类化石包括软骨硬鳞鱼类的鲟形目和古鳕鱼类、全骨鱼类的弓鳍鱼目以及属于早期真骨鱼类的骨舌鱼超目。爬行类目前仅有一孤立的牙齿化石发现于阿荣旗，其特征类似翼龙类的牙齿。

鲟形目（Acipenseriformes）只有很少量的化石材料，属于北票鲟科。其一为产自伊列克得组的 *Yanosteus* sp.；其二为 1:20 万区域地质调查工作在满洲里附近阿日哈沙特剖面木瑞组发现的 *Peipiaosteus* sp.[27]。古鳕鱼类仅有极少的材料见于阿荣旗那克塔九峰山组的下部（相当于伊列克的组）。弓鳍鱼目（Amiiformes）发现有 *Sinamia* sp.，产自塔河县二十三站地区下白垩统伊列克得组，与该地区发现的 *Yanosteus* 在同一层

图 2　大兴安岭北部的脊椎动物化石

Fig. 2　Vertebrate fossils from north Grater Khingan

A~B：*Lycoptera* sp.，罕达盖，上库力组，比例尺 1 cm；C~E：爬行类牙齿、*Lycoptera davidi*、古鳕鱼类，那克塔，九峰山组，比例尺 0.5 cm（C），1 cm（D~E）；F~M，*Yanosteus* sp.（F~G）、*Sinamia* sp.（H~M），三连河煤矿，伊列克得组，比例尺 1 cm.

位。硬骨鱼类骨舌鱼超目（Osteoglossomorphs）狼鳍鱼 *Lycoptera* 分布广泛，见于阿荣旗、阿尔山、室韦等地。*Lycoptera* 是在热河生物群中最为普遍的，它最早在热河生物群中期组合开始出现。在大兴安岭地区，露头区以及盆地钻孔中都曾发现过 *Lycoptera* 化石。九峰山组的下部产丰富的鱼化石，刘宪亭等的研究认为属于 *Lycoptera davidi*[13]。化石富集的油页岩层鱼类化石密集排列、相互叠亚，显示为集群死亡事件成因。阿尔山北罕达盖牧场附近的上库力组纸片状凝灰质页岩中也产较多的化石，但是化石化过程中损失细节太多，只能鉴定到 *Lycoptera* 属[13]。*Lycoptera* 鱼化石的产地还有室韦吉拉林煤矿和黑龙江龙江县。

大兴安岭北部的鱼类化石总体上构成 3 个组合，自下而上为：*Peipiaosteus* 组合（140 Ma~130 Ma），*Lycoptera davidi*-Palaeoniscoids 组合（130 Ma~120 Ma），*Yanosteus-Sinamia* 组合（120 Ma~110 Ma）。

3 主要化石产地介绍

3.1 大兴安岭北部

大兴安岭地区与俄罗斯外贝加尔、蒙古国东部、燕辽地区，以及松辽盆地相连（图 3）。这一区域经常被表示为热河生物群典型分子（*Eosestheria-Ephemeropsis trisetalis-Lycoptera* 组合）产出地区[1~2, 8, 12, 19~20]。但是直到现在，区内正式的古生物学研究论文和报告还比较少。刘宪亭等、王思恩、陈丕基和沈炎彬的论著中涉及了大兴安岭中部和南部所产的一些叶肢介和狼鳍鱼类化石[13, 19, 36]。主要脊椎动物化石产地的特征如下。

3.1.1 阿荣旗那克塔

大兴安岭东坡阿荣旗那克塔乡石油矿剖面为九峰山组的次层型剖面（表 1），该剖面岩性为一套基性火山岩夹湖相沉积，含油页岩，富产狼鳍鱼、东方叶肢介等典型热河生物群中期组合化石。这套地层早在 20 世纪早期就已经被发现，宁奇生等将其归入"下兴安岭火山岩组"，且认为其与博克图北上房山剖面的一套中基性火山岩（80 年代被划分为伊列克得组）为同一套地层[10]。火山岩的沉积夹层中有黑色油页岩和薄层灰黄、黄白色凝灰岩，产丰富的叶肢介化石，与 *Lycoptera* 和昆虫化石共生。该剖面产出了热河生物群的标准组合 *Eosestheria middendorfii-Ephemeropsis trisetalis-Lycoptera*，刘宪亭等根据其中的 *Lycopteris davidi* 认为其时代与辽西九佛堂组相当[13]。有一种观点认为，狼鳍鱼属在辽西未延续至九佛堂组，曾经命名的长头狼鳍鱼应被归入吉南鱼属[37~38]。据前人研究结果和本文作者的观察，那克塔剖面的鱼化石符合狼鳍鱼属的特征。所以，不排除那克塔剖面地层的时代略早与义县组部分相当。作者于 2015 年秋季在该剖面发现了古鳕鱼类不完整的躯干和部分鳞片化石，以及一只可能属于翼龙的爬行类牙齿化石。

3.1.2 塔河县三连河煤矿

塔河县沿江林场（二十三站）附近三连河煤矿产丰富的陆相化石，产出层位伊列克得组是一套中基性火山岩地层，覆于下白垩统上库力组和中侏罗统额木尔河组及上侏罗统开库康组之上。韩振哲等首次报道了该剖面及其中的化石[39]，作者于 2005 年和 2006 年在尚未了解到他们文章的情况下在大兴安岭北部进行地质考察，也在此煤矿发现了鱼类化石并做了初步报道[15]，确认了 *Yanosteus* 和 *Sinamia* 这两种热河生物群典型鱼类的存在，该剖面还有丰富的无脊椎动物（叶肢介和昆虫）和植物化石。

伊列克得组虽然以中基性火山岩为主，但在拉布达林煤田、额尔古纳河右岸吉拉林（室韦镇）北南芦沟煤田、塔河县沿江林场胜利煤矿等地本组均具湖相沉积夹层，含油页岩及煤等，地层厚度 36~300 m。额尔古纳河右岸吉拉林（室韦镇）北南芦沟煤矿火山岩夹层（相当于本组地层）中产 *Lycoptera davidi* 及植物化石，其赋存的地层以中基性火山岩为主，位于大磨拐河组煤系地层之下，化石也是产于火山岩的含油页岩湖相沉积夹层中。

3.1.3 阿尔山罕达盖牧场

在内蒙古兴安盟阿尔山北罕达盖附近，下古生界的变质岩上覆盖有一套喷发—沉积相火山岩地层，属于下白垩统上库力组一段。底部为薄层凝灰砾岩，除变质岩的砾石外，还见有新相流纹岩的砾石，向上为灰白色凝灰砂岩、页岩及酸性凝灰岩，夹有薄层灰色具微层理的页岩。凝灰质页岩中富产鱼化石 *Lycoptera davidi*，还有叶肢介及植物化石，地层厚度不超过 300 m。

3.2 俄罗斯外贝加尔

外贝加尔地区发现的早白垩世脊椎动物化石的产地要比大兴安岭地区多，数量接近 40 个，但是大多数也仅仅产鱼化石（主要是狼鳍鱼类）。产四足动物的化石点较少，只有 Baissa，Krasnyi Yar 和 Mogoito 3 个化石点的研究程度较高[14, 40~41]，化石层位和时代分别为：Zaza 组（Aptian 期），Khilok 组（Aptian 期），Murtoi 组（Barremian 期-Aptian 中期）。

3.2.1 Baissa

Baissa（Bajsa）化石点位于外贝加尔 Vitim 河上游西岸，属于俄罗斯布里亚特共和国 Bauntovo 地区，是整个外贝加尔地区早白垩世化石保存最精美，数量最丰富的化石产地[40]。Baissa 化石点所在地区的下白垩统自下而上为 Endondin 组、Khysekha 组以及 Zaza 组，分别为粗碎屑岩、火山-沉积地层，以及砂岩和纸片状页岩。Baissa 化石点已经产出超过两万件的昆虫化石，还有丰富的脊椎动物和植物化石均产自下白垩统 Zaza 组。Baissa 化石点位于外贝加尔西部的 Buryatia（布里亚特）地区，这一地区早白垩世地层中的化石以昆虫类 *Ephemeropsis melanurus-Coptoclava* 组合为特色，而外贝加尔东部的 Chita（赤塔）地区则是 *Ephemeropsis trisetalis-Coptoclava*。上述昆虫类组合的共生化石有骨舌鱼类 *Lycoptera*，叶肢介 *Bairdestheria*，以及介形类 *Lycopterocypris eggeri* 和 *Cypridea foveolata*。该化石点的脊椎动物包括鱼类（*Lycoptera*，*Stichopterus*）、四足动物骨骼和羽毛化石[40, 42]，化石保存的特点是异常精美，甚至保存了羽毛的颜色模式，另外纹层状碳酸盐是主要的化石埋藏介质。

3.2.2 Krasnyi Yar

Krasnyi Yar 位于希洛克河的南岸，属于俄罗斯布里亚特共和国 Bichura 地区。脊椎动物化石主要保存在 Khilok 组的黄色和灰色砂岩中。根据 Averianov 和 Skutschas 的资料[14]，脊椎动物群的组成主要是：鱼类（鲨类 *Hybodus* sp., 古鳕鱼，弓鳍鱼，真骨鱼）；四足动物主要是两栖类无尾目（？Discoglossidae indet.），龟类（*Kirgizemys* sp. 和海龟？），离龙类，蜥蜴类（Scincomorpha indet.），翼龙类（Ornithocheiridae indet.），恐龙类（蜥脚类：巨龙类，兽脚类（'*Prodeinodon* sp.'和 dromaeosaurids），鸟臀目角龙类：*Psittacosaurus* sp.）。该化石点所产的（？Discoglossidae indet.是俄罗斯首次发现的中生代无尾目化石[43]。

3.2.3 Mogoito

Mogoito 位于 Gusinoe 湖的附近，属于俄罗斯布里亚特共和国 Selenga 地区。脊椎动物化石保存在 Murtoi 组（late Barremian-middle Aptian）Mogoito 段的灰色和黄色砂岩中。根据 Averianov 和 Skutschas 的资料[14]，脊椎动物化石的组成是：鱼类（*Stichopterus* sp., Paleonisciformes indet, cf. *Irenichthys* sp.），两栖类，龟类（*Kirgizemys dmitrievi*），离龙类（*Khurendukhosaurus* sp.），蜥蜴类（Paramacellodidae indet.），翼龙类（Ornithocheiridae indet.），恐龙类（theropoda: *Richardoestesia* sp., Therizinosauroidea indet., Ornithomimosauria indet., Dromaeosauridae indet.; Sauropoda: Titanosauriformes indet.; ?Sauropoda: cf. *Mongolosaurus* sp.; Ornithopoda: Ornithopoda indet.; Ceratopsian: *Psittacosaurus* sp.），鸟类（Aves indet.）；哺乳类（*Murtoilestes abramovi*）。

4 动物群比较和研究意义

4.1 动物群分布和比较

已经发现的鱼类、无脊椎动物以及植物等化石证明中国东北和俄罗斯外贝加尔地区的早白垩世生物群十分相似，属于同一个生物群——热河生物群[12, 41, 44]。燕辽地区（冀北—辽西）是热河生物群起源、演化、迁移的核心区域[12, 19, 45]，而外贝加尔和大兴安岭北部可视为热河生物群的北部分布区（图3）。目前对上述3个地区的脊椎动物群进行对比是非常困难的，因为近些年燕辽地区发现的四足动物化石非常丰富，而外贝加尔地区同时代地层中的四足动物则少的多，大兴安岭北部甚至只有零星的线索。3个地区的鱼类化石比较丰富，均属于早白垩世狼鳍鱼群常见分子。

北部区和核心区的鱼类组合中均有北票鲟科鱼类，而此科在两者之外的其他热河生物群分布区（西部和东、南部）中都未见踪迹，仅仅在甘肃酒泉盆地似乎有软骨硬鳞鱼类的线索[46]，但还很难判断它是否属于北票鲟科。而在外贝加尔以及蒙古国东部，早白垩世地层中产有北票鲟科 *Stichopterus* 的 3 个种；大兴安岭北部目前在两个地点分别发现了 *Yanosteus* 和可能的 *Peipiaosteus*。参考现生鲟形目的分布情况推测，目前已知的北票鲟科各属种应当是在同一水系生存，有可能是前人所称的古黑龙江水系[12]。

目前热河生物群的西部分布区（甘肃、新疆）和东部分布区（韩国南部、日本南部）的脊椎动物化石研究都已经取得了较多成果[47-49]。南部区（中国东南沿海地区）主要是鱼类化石[50]。这些地区虽然位于广义热河生物群的分布范围，但脊椎动物群的组成与核心区有一定差异。比如西部分布区的鱼群以酒泉鱼群和西域鱼群为主而不是狼鳍鱼类；东部分布区和中国东南地区的鱼群属于中鲚鱼群，呈现比核心区以狼鳍鱼和北票鲟类为主的更进步特征，虽然存在共有分子 *Sinamia*；此外，它们无脊椎动物化石群的组成在总体相似之外也是各有特色。

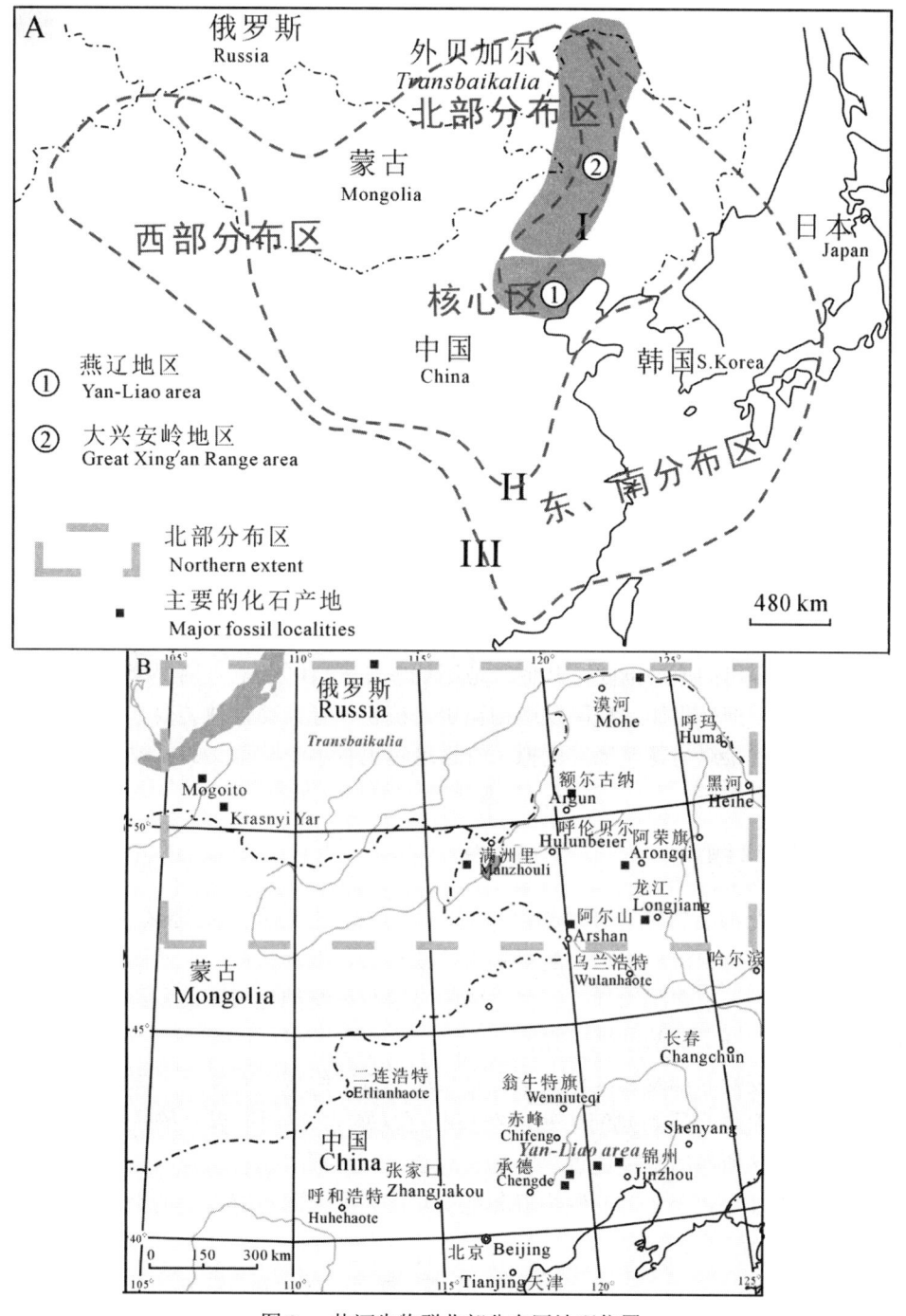

图 3 热河生物群北部分布区地理位置

Fig. 3 Geographic distributions of northern Jehol Biota

4.2 动物群环境背景

中华弓鳍鱼科和北票鲟科化石在大兴安岭最北部的产出，以及俄罗斯外贝加尔地区北票鲟科化石的存在，说明热河生物群北部分布区和核心分布区的脊椎动物组合最为接近（比较中国西北、东南沿海、日本、韩国等其它分布区）[15]。当然，大兴安岭北部和外贝加尔地区的狼鳍鱼群组合中经常见到古鳕鱼说明与燕辽地区的动物群也有部分差异。北部分布区到核心区的空间距离超过前述西部和东部至核心区的距离（图3），具有更相似的生物群可能是因为它们具有更接近的古地理和古气候条件。比如它们都位于前人划分的"兴安火山盆地区"[18]，温带—温暖带植物群分布区[51]，亚热带-暖温带半潮湿叶肢介动物地理区[52]，而其他分布区则不属于上述古地理-古气候区域内。

4.3 动物群化石发掘

燕辽地区大量热河生物群珍稀化石的发现得益于大规模的发掘，尽管实际过程中存在大量非专业且非法的盗采行为。热河生物群化石采集的经验可以为其他湖相埋藏生物群的发掘提供借鉴。热河生物群中的四足动物化石在20世纪90年代之前还比较少，主要都是日本人在20世纪初就已经发现的个别爬行类化石。直至20世纪90年代辽西地区鸟类化石的发现，导致了这一地区的发掘活动大量开展，众多珍稀化石逐渐被发现。这说明大面积的发掘对于发现鸟类、小型恐龙、翼龙、哺乳类等珍稀化石是很有必要的。

大兴安岭北部的脊椎动物化石点目前均未经历规范和有一定规模的发掘工作，目前产出化石最丰富的阿荣旗那克塔和塔河三连河煤矿脊椎动物化石的发现均是源于矿业开采所揭露出的地层剖面，其他产地则基本是来自区域地质调查中发现的天然露头。邻近的俄罗斯外贝加尔地区发现的昆虫、植物、脊椎动物种类很丰富，昆虫化石的数量和保存质量堪与辽西地区比拟，脊椎动物也有不少有意义的材料，但化石的采集和研究力度比较弱。

5 结论与展望

大兴安岭北部及邻区脊椎动物群总貌类似于热河生物群核心地区（燕辽地区）。化石保存方式有火山沉积序列中的凝灰岩、油页岩、纸片状页岩以及湖相纹层状碳酸盐岩等多种类型。现在制约相关研究进展的是缺少系统的化石采集发掘，以及古生物学描述、鉴定、分类等基础性研究。

研究大兴安岭北部及邻区早白垩世脊椎动物群的组成，有助于扩大热河生物群的研究区域，并且增加了解热河生物群在核心区（冀北-辽西）以外的生态多样性和环境背景。研究区所在的地理位置决定了它对于进行热河生物群跨境（中国东北、俄罗斯外贝加尔以及蒙古国东部）生物群和地层对比研究方面也有一定的衔接意义。

参 考 文 献

1　Chang M M, Chen P J, Wang Y Q, et al. The Jehol Biota: The Emergence of Feathered Dinosaurs, Beaked Birds and Flowering Plants. Shanghai: Shanghai Scientific & Technical Publishers, 2003. 1-209.

2　Zhou Z, Barrett P M, Hilton J. An exceptionaly preserved Lower Cretaceous ecosystem. Nature, 2003, 421: 807-814.

3　李思田, 杨士恭, 吴冲龙, 等. 中国东北部中生代裂陷作用和东北亚断陷盆地系. 中国科学（B 辑）, 1987 (2): 185-195.

4　Graham S A, Hendrix M S, Johnson C L, et al. Sedimentary record and tectonic implications of Mesozoic rifting in southeast Mongolia. Geological Society of America Bulletin, 2001, 112: 1560-1579.

5　Ren J Y, Tamaki K, Li S T, et al. Late Mesozoic and Cenozoic rifting and its dynamic setting in Eastern China and adjacent areas. Tectonophysics, 2002, 344: 175-205.

6　Meng Q R. What drove late Mesozoic extension of the northern China-Mongolia tract? Tectonophysics, 2003, 369: 155-174.

7　Benton M J, Zhou Z H, Orr P J, et al. The remarkable fossils from the Early Cretaceous Jehol Biota of China and how they have changed our knowledge of Mesozoic life. Proceedings of the Geologists' Association, 2008, 119: 209-228.

8　陈丕基. 热河生物群的分布与扩展. Palaeoworld, 1999, (Special Issue)11: 1-6.

9　Pan Y H, Sha J G, Zhou Z H, et al. The Jehol Biota: Definition and distribution of exceptionally preserved relicts of a continental Early Cretaceous ecosystem. Cretaceous Research, 2013, 44: 30-38.

10　宁奇生, 唐克东, 曹从周, 等. 大兴安岭区域地层//黑龙江省地质局. 大兴安岭及其邻区区域地质与成矿规律. 北京: 地质出版社, 1959. 6-41.

11　俞建章等（中国科学院黑龙江流域综合考察队）. 黑龙江流域及其毗邻地区地质. 第二卷: 大兴安岭北部地质. 北京: 科学出版社, 1963. 1-154.

12　陈丕基. 热河动物群的分布与迁移-兼论中国陆相侏罗-白垩系界线划分. 古生物学报, 1988, 27(6): 659-683.

13　刘宪亭, 苏德造, 黄为龙, 等. 华北的狼鳍鱼. 中国科学院古脊椎动物与古人类研究所－甲种专刊第六号. 北京: 科学出版社, 1963. 1－53.

14　Averianov A O, Skutschas P P. Additions to the Early Cretaceous dinosaur fauna of Transbaikalia, eastern Russia. Proceedings of the Zoological Institute RAS, 2009, 313: 363-378.

15　Li X B, Zhang M S, Wang Y N. Two Early Cretaceous Fishes Discovered from the most Northern Area of China: implications for the Palaeobiogeography of the Jehol Biota. Geological Journal, 2011, 46: 323-332.

16　王锡魁, 张庸. 大兴安岭新生代隆升与现代沉降.见: M—SGT地质课题组编. 中国满洲里—绥芬河地学断面域内岩石圈结构及其演化的地质研究. 北京: 地震出版社, 1994. 38-45.

17　绍济安, 张履桥, 肖庆辉, 等. 中生代大兴安岭的隆起——一种可能的陆内造山机制. 岩石学报, 2005, 21(3): 789-794.

18　王鸿祯, 楚旭春, 刘本培等. 中国古地理图集. 北京: 地质出版社, 1985. 1-85.

19　王思恩. 热河动物群的起源、演化与机制. 地质学报, 1990, 64(4): 350-360.

20　Zhou Z. Evolutionary radiation of the Jehol Biota: chronological and ecological perspectives. Geological Journal, 2006, 41: 377-393.

21　Москвин М М. Стратиграфия СССР. Меловая система. Всесоюзный Ордена Ленина научно-исследовательский геологический инсти-тут им. А. П. Карпинского (ВСЕГЕИ), 1987. 79-92.

22　Vorontsov A A, Yarmolyuk V V. The Evolution of Volcanism in the Tugnui–Khilok Sector of the Western Transbaikalia Rift Area in the Late Mesozoic and Cenozoic. Journal of Volcanology and Seismology, 2007, 1(4): 3-28.

23　Sorokin A A, Sorokin A P, Ponomarchuk V A, et al.. Late Mesozoic Volcanism of the Eastern Part of the Argun Superterrane (Far East): Geochemistry and $^{40}Ar/^{39}Ar$ Geochronology. Stratigraphy and Geological Correlation, 2007, 17(6): 645-658.

24　Erdenetsogt B, Lee I, Bat-erdene D, et al. Mongolian coal-bearing basins: Geological settings, coal characteristics, distribution, and resources. International Journal of Coal Geology, 2009, 80: 87-104.

25　Wang P J, Liu W Z, Wang S, et al. ^{40}Ar/^{39}Ar and K/Ar dating on the volcanic rocks in the Songliao basin, NE China: constraints on stratigraphy and basin dynamics. Int J Earth Sci (Geol Rundsch), 2002, 91: 331-340.

26　Sorokin A A, Sorokin A P, Ponomarchuk V A, et al. Aptian basaltic andesites in the Amur-Zeya depression: first geochemical ^{40}Ar/^{39}Ar geochronological data. Doklady Earth Sciences, 2008, 421A(6): 946-949.

27　赵国龙, 杨桂林, 王忠, 等. 大兴安岭中南部中生代火山岩. 北京: 北京科学技术出版社, 1989. 1-92.

28　李锦铁. 中国东北及邻区若干地质构造问题的新认识. 地质论评, 1998, 44(4): 339-347.

29　林强, 葛文春, 孙德有, 等. 东北亚中生代火山岩的地球动力学意义. 地球物理学报, 1999, 42(增刊): 75-84.

30　Wang F, Zhou X H, Zhang L C, et al. Late Mesozoic volcanism in the Great Xing'an Range (NE China): Timing and implications for the dynamic setting of NE Asia. Earth and Planetary Science Letters, 2006, 251: 179-198.

31　Zhang J H, Ge W C, Wu F Y, et al. Large-scale Early Cretaceous volcanic events in the northern Great Xing'an Range, Northeastern China. Lithos, 2008, 102: 138-157.

32　Wu F Y, Lin J Q, Wilde S A, et al. Nature of significance of the Early Cretaceous giant igneous event in eastern China. Earth Planet Sci Lett, 2005, 233: 103-119.

33　Vasilenko D V. New Damselflies (Odonata: Synlestidae, Hemiphlebiidae) from the Mesozoic Transbaikalian Locality of Chernovskie Kopi. Paleontological Journal, 2005, 39(3): 280-283.

34　Andryushchenko S V, Vorontsov A A, Yarmolyuk V V. Evolution of Jurassic–Cretaceous magmatism in the Khambin volcanotectonic complex (western Transbaikalia). Russian Geology and Geophysics, 2010, 51: 734-749.

35　王五力, 郑少林, 张立君, 等. 辽宁西部中生代地层古生物 1. 北京: 地质出版社, 1989. 1-168.

36　陈丕基, 沈炎彬. 叶肢介化石. 北京: 科学出版社, 1985. 1-241.

37　张江永, 金帆, 周忠和. 长头狼鳍鱼 (Lycoptera longicephalus) 的重新认识. 古脊椎动物学报, 1994, 32(1): 41-59.

38　金帆, 张江永, 周忠和. 辽宁西部晚中生代鱼群. 古脊椎动物学报, 1995, 33(3): 169-193.

39　韩振哲, 李振德, 孙广瑞, 等. 黑龙江省西部首次发现中生代鱼化石及其意义. 黑龙江地质, 2000, 11(3): 8-14.

40　Zherikhin V V, Mostovski M B, Vrsansky P, et al. The unique Lower Cretaceous locality Baissa and other contemporaneous fossil insect sites in North and West Transbaikalia. AMBAlAMlPFICM98/1, 1999, 99: 185-191.

41　Bugdaeva E V, Markevich V S. The Age of Lycoptera Beds (Jehol Biota) in Transbaikalia (Russia) and Correlation with Mongolia and China. In: Godefroit P, eds. Bernissart Dinosaurs and Early Cretaceous Terrestrial Ecosystems. Bloomington: Indiana University Press, 2012. 453-464.

42　Kurochkin E N. A True Carinate Bird from Lower Cretaceous Deposites in Mongolia and Other Evidence of Early Cretaceous Birds in Asia. Cretaceous Research, 1985 (6): 271-278.

43　Skutschas P P. Anuran Remains From the Early Cretaceous of Transbaikalia, Russia. Russian Journal of Herpetology, 2003, 10(3): 213-216.

44　顾知微. 中国的侏罗系和白垩系. 北京: 科学出版社, 1962. 1-84.

45　洪友崇. 东亚古陆中生代晚期热河生物群的起源、发展、鼎盛与衰亡. 现代地质, 1993, 7(4): 373-383.

46　马凤珍. 甘肃酒泉盆地鱼化石及沉积环境. 北京: 海洋出版社, 1993. 1-118.

47　Evans S, Manabe M, Cook E, et al. An Early Cretaceous Assemblage from Gifu Prefecture, Japan. Lower and Middle Cretaceous Terrestrial Ecosystems. New Mexico Museum of Natural History and Science Bulletin, 1998, 14: 183-186.

48　Lee Y N, Yu K M, Wood C B. A review of vertebrate faunas from the Gyeongsang Supergroup (Cretaceous) in South

Korea. Palaeogeography, Palaeoclimatology, Palaeoecology, 2001, 165: 357-373.

49 You H L, O'Connor J, Chiappe L M. A new fossil bird from the Early Cretaceous of Gansu Province, northwestern China. Historical Biology, 2005, 17: 7-14.

50 张弥曼, 周家健. 浙江中生代晚期鱼化石. 中国科学院古脊椎动物与古人类研究所甲种专刊, 1977, 12: 1-59.

51 陈芬. 中国及邻区早白垩世植物地理分区. 见: 王鸿祯, 杨森楠, 刘本培, 等编. 中国及邻区构造古地理和生物古地理. 武汉: 中国地质大学出版社, 1990. 336-347.

52 王五力. 中国侏罗—白垩纪叶肢介古地理分区和古气候初步研究. 见: 王五力, 郑少林, 张立君, 等编. 中国东北环太平洋带构造地层学. 北京: 地质出版社, 1995. 237-254.

THE EARLY CRETACEOUS VERTEBRATE FOSSILS AND STRATIGRAPHY IN NORTHERN GREATER KHINGAN AREAS: DISTRIBUTION, CHARACTERISTICS, AND SIGNIFICANCE

LI Xiao-bo

(College of Earth Sciences, Jilin University, Changchun 130061, Jilin)

ABSTRACT

The Northern Great Xing'an Range of NE China and adjacent areas in Trans-baikalia in Russian are places yielding typical fossils of Jehol Biota. The Lower Cretaceous developed similar continental volcano-sedimentary successions like that in Western Liaoning of China, with *EEL* (*Eosestheria-Ephemeropsis trisetalis-Lycoptera*) assemblages yielding in the lacustrine sediments, and a few poorly understood vertebrate fossils. There are five kinds of fishes (Palaeoniscoids, *Peipiaosteus*, *Yanosteus*, *Sinamia*, *Lycoptera*) and a kind of reptilian (probably the pterosaur) had been discovered in the Northern Great Xing'an Range, distributed mainly in Arongqi, Arshan, Manchouli, and Tahe etc. The Lower Cretaceous fossils in Transbaikalia of Russia yield not only the *EEL* assemblages, but also abundant insects, vertebrates, and plants. The fish fossils (*Lycoptera*, *Stichopterus*) are widely distributed in the area, and the tetrapods of amphibians, tutles, Choristodera, dinosaurs, birds, and mammals are discovered in Baissa, Krasnyi Yar and Mogoito. Research on the composition of Early Cretaceous vertebrate fauna in Northern Great Xing'an Range and adjacent areas, is significant for expanding the research area of Jehol Biota and understanding more about the fauna diversity and environmental background.

Key words   Greater Khingan Range, Transbaikalia, Early Cretaceous, Fish fossil, Jehol Biota

内蒙古化德土城子化石地点 2014–2015 年发掘简报*

董 为[1] 王胜利[2] 刘文晖[1,3] 张立民[1]

(1 中国科学院古脊椎动物与古人类研究所，中国科学院脊椎动物演化与人类起源重点实验室，北京 100044；
2 内蒙古化德国土资源局，化德 013350；3 中国科学院大学，北京 100049)

摘 要 继 2013 年在内蒙古化德土城子化石地点进行了试掘后，作者于 2014 年和 2015 年再次来到土城子化石地点进行野外发掘，重点针对寻找小哺乳动物化石。2014 年的发掘采集到不少大哺乳动物化石，小哺乳动物化石有少量的收获。2015 年的发掘同样采集到较多的大哺乳动物化石，小哺乳动物化石有有所增加。同时还在土城子化石地点采集了古地磁样品用来测定土城子化石层位的年代。

关键词 内蒙古；化德；晚中新世；哺乳动物群

1 前言

继安德森等于 1917 年 7 月在化德发现了二登图和哈尔敖包等几处化石地点，并在当年和次年进行了化石发掘和采集工作[1-2]、20 世纪 50 年代末中苏联合考察队在华北和西北的考察中于 1959 年在化德的土城子和黑沙图一带采集到不少哺乳动物化石[3-4]、1978 年和 1980 年邱占祥和邱铸鼎研究员等在化德的毕力克和二登图及哈尔敖筛洗到很多小哺乳动物化石[2, 5~8]后，董为与内蒙古国土资源厅地质矿产勘查院、内蒙古龙昊古生物研究所的谭琳、谭庆伟等于 2009–2010 年间在化德地区的土城子、二登图、大毕力克和小毕力克等处进行了考察并采集到一些哺乳动物化石[9]。在实施中国科学院古脊椎动物与古人类研究所重点部署项目"晚新生代哺乳动物的迁徙与环境变化"的框架内，同时作为国家自然科学基金项目"内蒙古化德上猿类的系统学和年代地层学研究"的前期工作，本项研究的作者于 2013 年 8 月在化德土城子化石地点进行了野外发掘工作[10]。"内蒙古化德上猿类的系统学和年代地层学研究"项目于 2014 年正式启动，并于 2014 年和 2015 年夏季在土城子化石地点进行了野外发掘工作。现将这两次野外发掘工作汇报如下。

2 2014 年的野外发掘

2.1 土城子化石地点的地理位置及发掘区域概况

土城子化石点在北京的西北方向，呼和浩特东侧偏北的方向；距离北京的直线距

---

* 基金项目：国家自然科学基金项目（编号 41372027）和"中国科学院古生物化石发掘与修理专项"．
　董 为：男，57 岁，研究员，从事晚新生代古哺乳动物研究．

离约为 282 km，距离呼和浩特的直线距离约为 222 km。土城子化石地点属内蒙古自治区化德县朝阳镇土城子乡，在化德县城南侧偏东的方向，距离化德县城的直线距离约为 19 km。化石点东侧距离 S208 省道的直线距离约 4.9 km，西北距离大湾子村约 777 m，沿公路至化德市政府的距离约 21 km。发掘区位于内蒙古化德县朝阳镇土城子村北部的山坡上，山坡处于土城子村与大湾子村之间，当地村民称此山坡为龙骨山，与山下河滩间的相对高度约为 15 m。有关土城子化石地点的地理地质概况在 2013 年的发掘简报中已有介绍[10]，在此不再赘述。

2.2 发掘准备工作

在北京收集好相关资料配备好相关用具后于 2014 年 7 月 29 日上午从北京出发，于当天下午抵达化德县城并与化德县国土资源部门的领导联系讨论发掘计划，并在县城补充采购了一些发掘工具及耗材。次日安排交通工具并赴化石地点规划发掘范围、在大湾子村招募民工、租用筛洗晾晒化石的场地及水源、在发掘点清理表面覆盖。当天清理了 1 号坑北部未发掘区表层覆盖堆土，并向下清理了 0.8 m 左右的原生地层（图 1，上）。发掘区域并不十分规则，以测距仪裁弯取直，大致东西长 5.7 m、南北宽 1.7 m，深 1.6 m，发掘区位于山坡上，北高南低，测量北壁剖面，上覆堆土最厚处约 0.8 m。使用 GPS 测量了 1 号坑的坐标，测点位于 1 号坑南部 3 m 左右，具体坐标为：41°44.083′ N，114°06.211′ E，海拔 1400 m ± 6 m。

2.3 正式发掘过程

自 7 月 31 日起至 8 月 17 日止，在土城子化石地点 1 号坑进行了为期 16 d（扣除两天雨天停工）的正式发掘工作。发掘方法基本上沿用 2013 年的方法[10]，但在小哺乳动物的筛洗方面增加了土样的浸泡法和干晒法。前者是将土样浸泡在水里，将黏土泡软后再筛洗；而后者是先将土样晒干，然后放到水中浸泡筛洗。

第 1 天上午向下清理了约 0.3 m。依 2013 年的发掘情况，已经到化石层的上部。下午打算按照水平层逐层向下清理。每层土都分别装袋，拉到大湾子村浸泡以便筛洗小哺乳动物化石。上午在发掘区中部最深处已达 1.963 m，其中原生地层向下清理约 1.089 m。下午发掘时在 1 号坑北壁出现一宽约 1.2 m（上）~1.3 m（下）的扰动堆积坑，应为本地村民 20 世纪 80 年代私自挖龙骨时留下的遗迹。在 1 号坑东部取土样 7 袋，取样深度为 1.7~2.15 m。含部分化石，因夹杂有大量结核碎末，土色发白。至收工时发掘区东西长约 5.521 m，南北宽约 2.06 m，深约 2 m。

第 2 天（8 月 1 日）在 1 号坑东部发现两段肢骨，中间已被压断。在其周围慢慢掏挖，在其西、南、北 40 cm 范围内，发现一些散碎的骨片、牙齿等，深度为 2.15~2.3 m。在化石周围取走土样 8 袋，深度均为 2.15~2.3 m。自上午出土的化石以下，至少 20 cm 几乎不见结核，土质为红褐色黏土，含砂量较小，较湿。此层下午又出残破的鹿下颌、小动物股骨、远端残破的肩胛骨等。在此层装土样 1 袋，深 2.3~2.4 m。收工时发掘区最深处已达 2.4 m，基本处于同一平面。

图 1 化德土城子化石地点 2014 年发掘现场

Fig. 1 Excavations in 2014 at Tuchengzi fossil locality

依据近两天发掘情况，观察剖面如下：

最上部为 0.8~0.4 m 的褐红色砂质黏土，破碎的钙质结核散布其中。此层系以往发掘周围化石时所翻堆上来的下层土（此处主要是去年我们挖 1 号和 4 号坑的堆土，其他地方主要是老乡挖龙骨堆的），属于次生堆积，与下部原生地层界限清楚。

原生地层自上而下目前可分为两层（图 2）。

第一层，约 0.2 m，厚度不均，为厚黑褐色砂质黏土，表面有植物茎叶等，应为下部地层风化形成的土壤层。

第二层，仅清理约 1 m，实际深度暂时不明。为褐红色砂质黏土，夹有大量钙质结核，但钙质结核较酥碎。按照去年的发掘经验，此层即为化石层的上部。上部 0.5 m 左右，黏土中仅包含少量小块酥碎的结核，0.5 m 以下为成片大块钙质结核。

第 3 天的野外工作分为两个部分，一部分在大湾子村将浸泡软化的土样进行筛洗（图 3），另一部分仍然在 1 号坑发掘。发掘方面在 1 号坑东部黏土层中清理出一段下颌，带几枚臼齿，尺寸较小，可能为麝。在该层位细细掏挖，发现犀牛齿列、大段股骨、小偶蹄类距骨、鹿类下颌、肋骨、椎体等，其中肋骨与椎体紧附于东壁上。上午天气不佳，担心大雨时刻会落下，抽调人员，对此化石区域加紧工作，至中午收工时，所有化石已经全部提取。这部分化石胶结叠压在一起，较难分离。在化石周围取土样两袋，深度为 2.4~2.6 m。下午继续清理 1 号坑中部和西部，基本与东部上午的化石坑底平。在中部靠近扰坑位置（在扰坑下），出两段羊下颌骨。在附近取走土样 1 袋，深度亦为 2.4~2.6 m。至收工时，1 号坑发掘深度已至 2.6 m。

图 2　土城子化石地点 2014 年实测地层剖面

Fig. 2　Measuring stratigraphic section at Tuchengzi fossil locality in 2014

依目前所见，以扰坑为界，东西部均可划分为 7 层。
①地表堆土，褐红色砂质黏土，夹杂大量白色结核碎块和粉末，厚 0.4~0.8 m；
②土壤层，黑褐色砂质黏土，厚约 0.2 m；
③含少量白色结核粉末的褐红色砂质黏土；
④大块钙质结核层（西）或大面积粉状结核（东），为第一结核层；
⑤褐红色砂质黏土或黏土；
⑥钙质结核层，为第二结核层；
⑦褐红色黏土层。

东西部层位差不多可以对比，区别在于：第④层，西部为大块结核，东部为大块粉状钙质团，并不固结成岩；第③层，西部粉状结核分布较东部密集；目前仅东部和中部产化石，西部尚未有化石出土；东部地层略高于西部，地层有东北向西南倾斜。

第 4 天继续向下清理 1 号坑。第⑦层褐红色黏土层下，又是一层块状结核，续编为第⑧层，这是第三结核层。在坑中部（扰坑偏西位置）第三结核层中的红褐色黏土中发现两段鹿角和三段下颌骨及两块上颌残块，深度为 2.6~2.8 m。上午装 6 袋土，深度为 2.6~2.9 m。下午天气骤变，狂风大作，乌云密布，时不时还下几滴雨。遮阳棚中间也被扯开了个大口子。下午仅在 1 号坑东南部发现若干碎骨片，又装了两袋土，深度亦为 2.6~2.9 m。至收工时，1 号坑发掘深度达 2.9 m，第三结核层基本清理完毕。

图 3　化德土城子化石地点 2014 年筛洗小哺乳动物化石

Fig. 3　Screen washing for small mammals during 2014's excavations at Tuchengzi

第 5 天因雨天停止发掘，进行室内的标本及资料整理工作。

第 6 天上午继续向下清理 1 号坑。先修整了 1 号坑西边的台阶，以方便作业。修整后，台阶由原来的自西南向东北斜伸向 1 号坑中部，变成了紧贴西壁。从西壁的几个剖面（一部分是台阶）看，大致可见三层结核（图4）。向下清理时，在 1 号坑东南角，紧邻去年发掘区的北壁发现了一块肱骨近端，尺寸很大。在东南角化石附近取土样 4 袋，深度为 2.9~3.15 m。所取出的土样于中午筛洗完毕。由于 1 号坑已经发掘至化石层，需要精细工作，所以在 1 号坑西边新开一个探方，编号为 6 号坑。下午 1 号坑继续清理东部，在上午的肱骨近端北边，又出土一块肱骨远端，与上午的肱骨近端系同一块，埋藏时被压断。在化石附近取土两袋，深度亦为 2.9~3.15 m。至收工时，1 号坑以中部扰坑为界，西部仍然是前一天的 2.9 m 深，东部向下清理 0.25 m，至 3.15 m 左右。6 号坑南北长 2.3 m，东西长 1.5 m，南部发掘较深，达 1.2 m，北部仅深 0.5 m。

第 7 天上午继续向下清理 1 号坑。6 号坑的发掘暂停。在 1 号坑东北角发现鹿角尖，缓慢向下发掘，发现为较完整的鹿角（图1，左下图）。慢慢扩大清理范围，在西边发现另一只角，均有多个分叉。再慢慢扩大，在西边发现另一只鹿角，其角尖被东上部粗壮的桡尺骨叠压，桡尺骨疑似与昨天的肱骨为同一个体。在桡尺骨的东部还发现另一角尖。桡尺骨向南延伸，在其西南部还有另外的残破小肢骨。筛洗工作因土样有限而仅在上午进行。经过一天紧张工作，提取了鹿角上叠压的桡尺骨；西部后发现的鹿角被证明与桡尺骨东部角尖属于同一个体，鹿头在偏西部，提取鹿头及鹿角；东北壁下最早发现的鹿角及鹿头，由于时间关系，仅提取了鹿角，鹿头还留在坑内。鹿角分叉较多，在地层中叠压关系复杂，还有部分交汇于结核中，推测可能存在3个个体。收集土样4袋，深度为3.2~3.4 m。至收工时，1号坑西部清理至3.15~3.2 m深。1号坑东部为了暴露和提取化石，被清理成不规则的坑，东西宽约1.2 m，深0.2 m。化石均产于第⑧层（第三结核层）下褐红色黏土中，化石周围土质较软，较纯净，含零星结核。

图 4　化德土城子化石地点2014年清理出的地层剖面

Fig. 4　Stratigraphic profile Cleaned up during 2014's excavations at Tuchengzi

第 8 天继续清理 1 号坑。上午的发掘将 1 号坑东北部整体向下推至 3.4 m 深。在 1 号坑东南角又发现一段鹿角，从角环处至角尖，共分三支，保存较好，深度为 3.3~3.4 m。鹿角周围还有若干肢骨残块、趾骨及爪尖骨，其中 3 枚爪尖骨非常小，似属古麝。在 1 号坑中部稍偏西位置，在北壁第三层结核下掏出一个啮齿类头骨，已经挤压变形，门齿和若干白齿可见。在此处用自封袋装了一带土样。1 号坑中西部仅发现若干碎骨片，又装了两袋土，深度亦为 3.3~3.4 m。东北角的堆积较松软，土色较杂，红褐色土中除咋有白色结核粉末外，还有部分灰土。至收工时，1 号坑发掘深度达

3.3~3.4 m，南边稍深，北壁下较浅。所发掘的层位，均为红褐色黏土，较硬，含少量结核。

第 9 天将之前晒干的土样全部重新过水筛洗。在 1 号坑东南角，紧邻去年发掘区的北部，又发现一鹿角，角环在西，角尖向东北延伸，与前一天出土的鹿角基本在同一位置，推测二者为同一个体。鹿角所在层位亦为较硬的红褐色黏土，深度为约 3.5~3.6 m。取土样两袋，深度为 3.4~3.5 m。下午在中西部没有化石发现。清理东部时，又装了 3 袋土，深度为 3.4~3.5 m。东北角的土质土色异常区域，已经可以判断为盗洞（图 4）。至收工时，1 号坑发掘深度整体已达 3.5 m，东南角取鹿角处稍深，达 3.7 m。

第 10 天继续清理 1 号坑。至深度约为 3.7 m 处的堆积均为红褐色黏土，略发黄，土质较硬，较湿，较纯净，仅在偏东部见到 1 个结核，几乎未见化石。至 10:30 左右在 1 号坑东南部紧邻东南壁发现一列犀牛牙齿，再扩大清理范围，又发现另一列犀牛牙和完整的头骨，犀牛头侧置于地层中，斜向后延伸至东南壁。东南壁上部为一盗洞，尽为回填的虚土（图 4）。经过紧张的发掘，至 11:40 时犀牛头骨的上部已几乎全部暴露，东壁下还发现一对稍小的犀牛下颌直立于犀牛头后，旁边还叠压着一段鹿角和肢骨，鹿角还继续往东壁里边延伸。下午将犀牛头骨包裹石膏（图 5），然后数人合力将其从坑底抬上山坡。由于石膏质量不好，刚从坑内取出就从中断成两段。经考虑，决定将其置于山坡高处，用塑料布盖上，次日再买新石膏重新包裹，以免路上颠簸损坏。在犀牛头骨附近取土样 7 袋，深度为 3.7~4.3 m。至收工时 1 号坑整体发掘深度（西部）为 3.7 m，东南部因为取犀牛头骨，发掘出一个约 1.5 m 见方、0.5~0.7 m 深大坑。地层为红褐色略发黄的黏土，较硬，较纯净，仅在犀牛头坑部见少量钙质结核。

第 11 天一面处理前一天从发掘坑内取出的石膏包，最终包裹成两个石膏包；另一面继续向下清理 1 号坑，向下清理了约 30 cm，达到 4 m 深，土质土色无变化。西壁下由于留台阶，发掘区已向东退缩了约 0.5 m。上午提取土样 4 袋，深度为 3.7~4 m。下午继续向下发掘 1 号坑和 6 号坑。筛洗工作暂停。至收工时 1 号坑中西部大部分地区又向下清理了 15 cm，深度达 4.15 m。

第 12 天主要清理从四周洒落下来的堆积。由于发掘深度增加，从坑内往外清理堆积的工作量增加，因此进度逐渐下降。

第 13 天下雨暂停发掘，在室内整理标本和发掘资料。

第 14 天上午继续清理洒落的堆积，至上午收工时完成清理。下午继续向下发掘 1 号坑，堆积为红褐色黏土，略发黄，较硬，较纯净，少见结核，未见化石。下午收集土样 5 袋，深度为 4.2~4.5 m。至收工时，1 号坑深度达 4.5 m 左右。由于西部留台阶，发掘区域东西向缩小，由上部的 5.5 m 缩小至 4.7 m。不过南北向由于发掘至去年发掘区底部及塌方原因，有所扩大，增加至 2.2 m。

第 15 天上午继续向下发掘多，地层与前一天，仍为红褐色黏土，较硬，较纯净，含水量较高，较湿。未见结核和化石。收集土样 6 袋，深度为 4.5~5.1 m。至收工时 1 号坑清理深度已达 5.1~5.2 m。

第 16 天继续发掘 1 号坑及筛洗前一天收集的土样。地层几乎没有变化，仍为红褐色黏土，较硬，较纯净，含水量较高，较湿。未见结核和化石。随着深度增加，出土越来越不方便，要通过中转才能把清理出的堆积物搬运到坑外。收集土样 5 袋，深度为 5.2~5.6 m。至收工时 1 号坑清理深度已达 5.1~5.6 m，未见化石。由于 6 号坑未见化石，本期发掘时间将近结束，所以将它回填。

图 5　化德土城子化石地点 2014 年发掘采集的大哺乳动物化石
Fig. 5　Large mammal fossils excavated in 2014 at Tuchengzi

第 17 天继续发掘 1 号坑同时筛洗前一天收集的土样。地层几乎没有变化，仍为红褐色黏土，较硬，较纯净，未见结核和化石。收集土样 4 袋，深度为 5.6~6 m。至收工时，1 号坑清理深度已达 6 m，中部稍深，有 6.05 m。

第 18 天继续发掘 1 号坑同时筛洗前一天收集的土样。坑太深，不好出土。只好在东西各留台阶，在中部稍偏西位置集中向下发掘，以避开中部的扰坑，留下完整的剖面。即在中部偏西位置开了个东西宽 1.5 m，南北长 2 m 的探槽，一方面寻找化石，另一方面为下一年度的古地磁测年采样做试探。地层几乎没有变化，仍为红褐色黏土，较硬，较纯净。向下发掘 10 cm 左右，见到结核，但未见化石。至收工时 1 号坑中西部探槽内最深处达 6.4 m，发掘工作到此结束。

第 19 天（8 月 18 日）先拆除了遮阳网，然后根据当地农田管理及防治水土流失的规定开始将 1 号坑回填。上午回填至 2.5 m 深，下午将 1 号坑完全回填。

2.4　2014 年发掘成果

2014年的野外发掘所采集到的化石主要是大哺乳动物，包括1件犀类的头骨，许多鹿角及鹿科的齿列。所采集到的化石的种类基本上在2013年发掘成果[10]的范围内。尽管采用了新的筛洗方法，但是小哺乳动物化石仍然很少。

3 2015年的野外发掘

3.1 发掘准备工作

为了保证发掘工作顺利进行，于2015年年初向内蒙古国土资源厅申请了在化德土城子化石地点进行古生物化石的发掘证，并于当年4月在化德县城举行了专家论证会。根据项目的计划，在北京收集好相关资料配备好相关用具后课题组于2015年7月8日上午从北京出发，于当天下午抵达化德县城。次日赴化德县国土局通报发掘计划并向内蒙古国土资源厅有关领导致谢他们对本项目的支持。下午在县城补充采购了一些发掘用品及野外物资、安排交通工具、联系招募民工、租用筛洗晾晒化石的场地及水源等事宜。

3.2 正式发掘工作

自7月10日起至8月6日止，在土城子化石地点2号坑进行了为期27 d的正式发掘工作。发掘方法基本上沿用2013年[10]和2014年的方法（图6和图7）。

第1天（7月10日）上午布方发掘，在2014年1号坑的西北方布方，所布探方命名为2号坑，其东侧为一小榆树。探方南北长约7 m，东西长约3 m。至收工时发掘深度北侧0.2 m，南侧0.4 m。所发掘的地层均为此前村民挖私自龙骨翻上来的花土，南部局部已经清理到表土（耕土）。在山坡上村民所堆花土中，采集到一些祖鹿上下颌骨残段，另有啮齿类下颌骨2件。

第2天发掘深度为北侧0.95 m，南侧0.8 m。上层花色覆土和耕土清理完毕。布方范围内均为生土。在东南角留0.7 m宽台阶。发掘所见地层如下：

①西南角花色覆土较厚，约0.55 m，西中部最薄，为0.2 m，其余大部分深度为0.3 m，平均深度约0.3 m。

②耕土为灰褐色粉砂，夹大量石英颗粒，含植物根茎等，厚0.2 m，随山体地势由北向南倾斜。

③灰白色钙质结核粉末及碎块，夹红褐色或黄褐色砂质黏土。东南部和西南部较厚，似透镜体。

第3天修正所布探方。南北长7.5 m，东西宽3.4 m。探方方向为北偏东15°。第③层（灰白色钙质结核粉末及碎块，夹红褐色或黄褐色砂质黏土）基本清理完毕，南部较厚，且存在透镜体深1.3 m。东南角厚0.73 m，西南角厚0.33 m，东北角厚0.58 m，西北角厚0.38 m。北部已见第④层，为黄褐色砂质黏土，较纯净。西北角厚0.27 m，下部出露0.35 m厚钙质结核。东北角第④层厚0.38 m，下可见0.12 m厚结核，未见底。第④层装土样10袋，准备筛洗。西南角发现数个鼠洞，充填有灰色砂土。

第4天发掘深度约0.4 m，东北角1.9 m深，西北1.7 m，西南1.5 m。主要清理第④层及下伏第⑤层结核。第⑤层结核分布不规律，东北角较集中，余较零散，直径0.3~0.45 m，扁长或圆形，敲碎可见中部空心，有方解石晶簇生长。东北部已可见第⑥层，出露0.15 m，土质土色同第④层。西南角鼠洞下发现化石，为大型肢骨，风化严重。探方东南角41°44.095′ N，114°06.200′ E，海拔高度（1 465±3） m。筛洗的土样取自第④层。

图 6 化德土城子化石地点 2015 年发掘现场

Fig. 6 Excavations in 2015 at Tuchengzi fossil locality

第 5 天向下发掘深度 0.2 m，为第⑥层红褐色砂质黏土。在探方西壁下，发现一啮齿类门齿。筛洗的土样取自第④和第⑤层（各结核之间）。

第 6 天上午清理第⑥层 0.18 m 后，在探方中南部发现一盗洞。缩小发掘范围，仅发掘盗洞北部。发掘所见为第⑥层褐色砂质黏土。第⑦层钙质结核层也已暴露，直径多在 0.25 m 以上，最大可达 0.55 m。在探方东北角的耕土层下固定钉子，作为测量标志点。至收工时，耕土下已经发掘 2.2 m 深。筛洗的土样取自第⑤和第⑥层。

第 7 天因雨停工，室内整理标本及资料。

第 8 天上午出土探方西南角的化石，为一大型动物（犀？）肱骨，编号为 2015HTD001。化石风化严重，质地疏松，仅保留骨皮在结核上。取出后碎成许多 1 cm × 2 cm 小块，拼合难度较大。探方北部发掘区南北长约 3.2 m，向下清理约 0.5 m。仅清理第⑥层黏土，将第⑦层结核完整暴露。该结核层由西北向东南倾斜，直径 0.25～0.55 m，多在 0.35~0.45 m 之间。上午在探方中部第⑦层结核之间的红褐色（或黄褐色）黏土中发现一啮齿类下颌，距地表 1.95 m（东北测量标志点下）；在探方西部同样层位发现小哺乳动物肢骨和跟骨（脱层），统一编号为 2015HTD002。下午结核层基本清理完毕。第⑦层结核层，在东北稍偏低，距地表 2.24 m，东中部为 1.86 m，西北部距地表最近，仅 1.53 m。下午在取出第⑦层结核时，在北中部结核中所夹黏土中发现集中分布的啮齿类上颌及部分肢骨，编号为 2015HTD003。结核层下发现多处化石。测距仪测量原生层（含耕土）深 2.9 m。皮尺东北角深 2.55 m，西北角 2.42 m。

图 7 化德土城子化石地点 2015 年筛洗小哺乳动物化石

Fig. 7 Screen washing for small mammals during 2015's excavations at Tuchengzi

第 9 天上午清理化石周围的围岩，使化石基本暴露。化石集中分布在东南角和西壁下。下午拍照、取化石，化石以犀的头后骨骼为主（也可能是古麟或萨摩麟），多为肢骨，部分包夹在结核中，较难辨认。探方西壁下偏南发现一完整的犀下颌骨，决定次日包裹石膏提取。至收工时南部和东部发掘深度达 2.65~3 m，取土样 20 袋。

第 10 天上午取标本 2015HTD018 ~ 2015HTD030—9。中午、下午打石膏包，取犀头骨（叠压在下颌下部，应与下颌为同一个体，一块儿打包），编号为 2015HTD029。下午取标本 2015HTD031 ~ 2015HTD034。之后清理地层，深约 3.1 m。所见地层为红褐色或黄褐色砂质黏土，较疏松，含黑色颗粒，不粘手，略染色，疑似铁锰富集。

第 11 天发掘探方地层，除东南角和西北角化石区外，余地层发掘至 3.45 m 深，为红褐色或黄褐色砂质黏土，柱状节理，较松软，偶见碎骨片，含黑色铁锰质颗粒。几乎不见结核。石膏包返潮未干，继续筛洗，检查此前筛洗所得土样，有部分碎骨，但啮齿类标本少见。

第 12 天上午往下清理地层，化石区外往下发掘约 0.3 m，所见地层与昨天基本一致。加固石膏包。下午因雨停工。

第 13 天出土西北角的化石。地层为红棕色砂质黏土，柱状节理，较松软。装土筛洗。至收工时发掘深度为 3.6 m。

第 14 天上午在东南角的化石区清理地层，红棕色黏土，较松软，含铁锰质颗粒，有少量小哺乳碎骨，装袋重点筛洗，土样的深度为 3~3.6 m。下午清理东北角地层，向下 0.25~0.3 m，土色稍发黄，较硬，较纯净。至收工时发掘深度为西部及南部 3.65 m，东北角 3.95 m。

第 15 天继续清理地层，整体清理至 4.2 m 深，为黄褐色砂质黏土，较硬较纯净，湿度增大。

第 16 天上午发掘地层至 4.4 m 深，土质土色与前一天的相同。西部发现结核，中等大小。探方西南发现小哺乳动物下颌及部分肢骨。下午清理探方东部的下部地层，至 4.65 m 深。出土东南角的化石。探方面积向下缩小，东西长 2.53~2.6 m，南北长 2.5 m（西部测量），拟在次日打掉台阶。

第 17 天打掉北部发掘区内的台阶，向南扩方。出土东部挂壁的鹿角，鹿角下发现疑似粪化石，编号为 2015HTD069。

第 18 天继续清理地层，东部清理 4.65~4.9 m，西部清理 4.4~4.9 m。化石层以下 2.1 m 处发现两小层结核，直径 0.1~0.3 m，两层结核之间土质较硬，化石丰富，有小哺乳动物。

第 19 天上午倪喜军、李强和冯文清 3 位老师来发掘现场考察并在老乡挖龙骨翻出的堆积中采集到仓鼠等颌骨残段，另发现两枚爪尖，似灵长类。他们还提出了一些发掘建议。全天向西扩方 1.5 m，南北长 3.1 m，专门用来取筛洗土样。共发掘 1.6 m 深，其中耕土下 1.1 m 深。耕土 1 m 以下为盗洞。（深度未从东北测量标志点计算，比该处低约 0.5 m）。

第 20 天西部扩方往南再扩，挖掉盗洞上部地层，以避免塌方。下午新扩探方深度达 1.7 m。上午在扩方东部边缘原生地层中发现完整啮齿类下颌 1 件，编号为 2015HTD066。拟取地表覆土筛洗，因前一天下雨地层较湿，待天气好转晒干后再取筛洗土样。下午中国科学院地质与地球物理研究所孙蕗等 5 人按照项目规划到达化德，准备采集古地磁测年样品。

第 21 天继续清理西部扩方，发掘深度达 2.5 m。2.2 m 以下为原生地层。另外在老乡挖龙骨翻出的堆积中取土样 50 袋回村筛洗。暂停从原生地层取出的土样的筛洗工作，将它们带回北京处理。另外，地质地物所孙蕗一行来到发掘现场及周边考察，寻找合适剖面，确定古地磁采样位置。准备在山坡西部顶上（最高）、西部半山腰（低于化石探坑）、西南部山脚（河边冲沟）新开挖 3 个探坑或探槽。现有化石发掘探方尽可能深挖，以连接剖面。

第 22 天上午清理扩方地层。在探方北壁下发现一完整犀牛头骨（图 8），部分向东延伸悬空，深度为 2.15~2.65 m（西部表土下测量，与东部测量标志点低 0.5 m）。地质地物所几个古地磁取样探坑开工发掘。山顶探坑长 1.8 m，宽 0.8 m，北壁"凸"字形以方便取样，深度约 0.8 m，至耕土下白色结核碎块夹花土层。山腰探槽长 3 m，宽 0.5 m，仅开挖表土。山脚断崖（河边冲沟）只需清理出新鲜面即可，速度较快。

图 8　化德土城子化石地点 2015 年发掘采集的化石

Fig. 8　Collected fossil materials during 2015's excavations

第 23 天上午和中午清理犀牛头骨周围围岩，提取犀牛头骨周围化石，缩小体积，准备打石膏包，因雨未果。在探方底部（东北角 4.9 m 深）开一探槽以方便古地磁取样。探槽南北长 2 m，东西宽 1 m，距探方东壁 0.7 m。今日发掘深度 0.6~0.8 m。所见地层与上部一致为黄褐色砂质黏土，不见结核。地质地物所上午用连通管测量几个探坑之间的高差。下午在河边冲沟和化石探方取古地磁样。化石探方已取上部 2.5 深。其中前 2 m 在西南壁盗洞南侧，后 0.5 m 在东部台阶上。均风化严重，较难取出成块样品。

第 24 天上午将发掘坑内的积水抽尽，继续清理探槽。所见地层与前一天一致。至下午收工时，清理深度 1.9~2 m。中午和下午打石膏包，编号为 2015HTD070，石膏包巨大，重量可能超过 200 kg。地质地物所上午至二登图地点考察，寻找古地磁采样剖面，准备在该处采样，来跟土城子对比。土城子地点三个采样坑继续采集古地磁样品。下午地质所至化石探方取样，从 2.5~6.5 m，其中 2.5~5 m，采样位置在东部台阶上，5~6 m 在下部探槽东南角（图 9）。

第 25 天今天翻石膏包，打底。晾晒。取西部扩方筛洗土样直至 4.4 m 深平台。探槽发掘深度达 2.6 m，探方总深度达 7.5 m。地质地物所上午至二登图采古地磁样，下午至土城子地点采山脚和山腰古地磁样，山腰处下部探槽至粗粒砂层，无法采样。

第26天上午取西部扩方土样至4.9 m深。西部扩方处共取筛洗土样约130袋。地质地物所取6.5~7.5 m深古地磁样。下午回填探方。至下午收工时，化石探方整体距地表约3.5 m。明日回填完毕。地质所回填山顶古地磁取样探方。

第27天继续回填发掘坑。下午3:00多开始下雨，只好收工。至收工时，距地表约1 m。地质地物所古地磁取样探方回填完毕。联系回京车辆。查询得知化德县乃至乌兰察布市无政采车辆定点供应商。土样、石膏包、标本重量可能超过5 t，需要一辆稍微大点的卡车，因此联系相关部门租用托运车辆。

第28天上午继续回填发掘坑，至中午回填完毕。野外发掘至此结束。地质地物所一行于这天返京。

第29天早晨租用卡车将土样及标本运送回京，放置在小汤山工作站。

图9　2015年在化德土城子化石地点及附近地区进行古地磁样品采集
Fig. 9　Paleomagnetic sampling at Tuchengzi locality and its vicinity

3.3　2015年发掘成果

发掘出土的化石标本主要是大型哺乳动物化石，也有一些小哺乳动物化石。采集到的所有化石标本如表1所示。

表 1 2015年土城子化石地点野外发掘出土的化石标本清单

Table 1 List of fossil specimens unearthed in 2015's excavation at Tuchengzi

野外编号	野外鉴定	野外编号	野外鉴定	野外编号	野外鉴定
HTD001	食草类肢骨	HTD025	犀类牙	HTD049	鹿角
HTD002	小哺乳动物下颌等	HTD026	食草类髂骨？碎	HTD050	食草类胫骨近端
HTD003	小哺乳动物肢骨	HTD027	鹿类下颌	HTD051	食草类胫骨近端？
HTD004	食草类尺骨近端	HTD028	鹿类上颌	HTD052	食草类肢骨
HTD005	犀牛？桡骨	HTD029	犀类头骨（石膏包）	HTD053	食草类胫骨
HTD006	犀牛？肱骨近端	HTD030	犀类头骨碎块	HTD054	食草类肢骨
HTD007	食草类肩胛骨	HTD031	鹿角	HTD055	食草类肢骨多块
HTD008	食草类肢骨	HTD032	鹿类下颌	HTD056	食草类桡尺骨远端
HTD09	食草类肱骨	HTD033	食草类肢骨	HTD057	食草类肢骨
HTD010	食草类肢骨	HTD034	鹿类牙碎块	HTD058	食草类肢骨
HTD011	食草类肢骨	HTD035	食草类髂骨，肢骨	HTD059	食草类肢骨
HTD012	食草类腓骨	HTD036	鹿角	HTD060	食草类掌骨远端
HTD013	食草类肢骨段	HTD037	犀类肱骨	HTD061	鹿角
HTD014	肢骨叠压下颌骨	HTD038	犀类肢骨	HTD062	食草类肱骨
HTD015	食草类肢骨	HTD039	食草类肢骨	HTD063	偶蹄类距骨
HTD016	食草类肢骨	HTD040	食草类肢骨	HTD064	食草类关节头
HTD017	鹿下颌碎块	HTD041	犀类肢骨	HTD065	鹿角及粪化石
HTD018	偶蹄类牙齿	HTD042	鹿类椎体，鹿角	HTD066	小哺乳完整下颌
HTD019	食草类腕骨	HTD043	食草类肢骨	HTD067	食草类髂骨？
HTD020	食草类肢骨	HTD044	犀类肢骨	HTD068	食草类肩胛骨？
HTD021	食草类髂骨？	HTD045	犀类肢骨	HTD069	犀类头骨（石膏包）
HTD022	洞角类角心	HTD046	鹿类肢骨	HTD070	食草类肢骨
HTD023	食草类肢骨	HTD047	鹿类下颌		
HTD024	犀类上颌	HTD048	食草类肢骨等		

致谢 在2014年的野外工作中内蒙古化德县国土资源局的李伏龙同志给予大力协助，在2015年的野外工作中内蒙古化德县国土资源局的领导给予大力支持，作者在此表示衷心感谢。

参 考 文 献

1 Andersson JG. Essays on the Cenozoic of northern China. Memoirs Geology Survey China, 1923, A3:1-152

2 Fahlbusch V, 邱铸鼎, Storch G. 内蒙古化德县二登图和哈尔敖包新第三纪哺乳动物群. 中国科学 B, 1983, 13(1):75-86

3 翟人杰. 奇氏中华马补记. 古脊椎动物与古人类，1963，7(2): 168-172

4 邱铸鼎. 华北几个地点的上新世哺乳动物化石. 古脊椎动物学报,1979,17(3): 222-235

5 Qiu Z, Storch G. The early Pliocene Micromammalian Fauna of Bilike, Inner Mongolia, China (Mammalia: Lipotyphla, Chiroptera, Rodentia, Lagomorpha). Senckenbergiana lethaea, 2000, 80(1): 173-229

6 李传夔, 吴文裕, 邱铸鼎. 中国陆相新第三系的初步划分与对比. 古脊椎动物学报, 1984, 22 (3) : 163-178

7 邱占祥, 邱铸鼎. 中国晚第三纪地方哺乳动物群的排序及其分期. 地层学杂志, 1990, 14 (4) : 241-260

8 Qiu Z D, Wang X M, Li Q. Faunal succession and biochronology of the Miocene through Pliocene in Nei Mongol (Inner Mongolia). Vert PalAsiat, 2006, 44(2): 164-181.

9 董为. 内蒙古化德新近纪化石地点 2009−2010 年考察简报. 见: 董为主编. 第十四届中国古脊椎动物学学术年会论文集. 北京: 海洋出版社, 2014. 19-28.

10 董为, 蔡保全, 张立民, 等. 内蒙古化德土城子化石地点 2013 年试掘简报. 见: 董为主编. 第十四届中国古脊椎动物学学术年会论文集. 北京: 海洋出版社, 2014. 29-36.

PRELIMINARY REPORT ON 2014−2015'S EXCAVATIONS AT TUCHENZI FOSSIL LOCALITY IN HUADE, NEI MONGOL

DONG Wei[1]   WANG Sheng-li[2]   LIU Wen-hui[1,3]   ZHANG Li-min[1]

(1 *Key Laboratory of Vertebrate Evolution and Human Origins of Chinese Academy of Sciences*, *IVPP*, Beijing 100044;
2 *Department of Land Resources of Huade, Nei Mongol*, Huade 013350;
3 *University of Chinese Academy of Sciences*, Beijing 100049)

ABSTRACT

After the test excavation in 2013 at Tuchengzi fossil locality at Huade County in Nei Mongol, renewed systematic excavations were carried out in 2014 and 2015. Many large mammal and a few small mammal specimens were collected during 2014's excavation. The excavations in 2015 yielded also many large mammal specimens, and the specimens of small mammals were increased compared with those in the previous excavations. Paleomagnetic sampling was also carried out in 2015 for dating the age of the fossiliferous layers at Tuchengzi.

Key words   Nei Mongol, Huade, Late Miocene, mammalian fauna

泥河湾盆地钱家沙洼象头山地点 2014 年发掘简报*

赵文俭[1]　李凯清[1]　刘文晖[2,3]　张立民[2]
董　为[2]　王　元[2]　岳　峰[1]　刘佳庆[1]

(1 河北省泥河湾国家级自然保护区管理处，河北　张家口市 075000；
2 中国科学院古脊椎动物与古人类研究所，中国科学院脊椎动物演化与人类起源重点实验室，北京 100044；
3 中国科学院大学，北京 100049)

摘　要　2014 年夏在钱家沙洼象头山地点发掘出土一件几乎完整的早更新世猛犸象头骨化石。在此详细记述了猛犸象头骨化石的发现和发掘经过，系统梳理了泥河湾盆地近百年来象类化石的发现和研究概况，初步揭示了此头骨化石的重要研究意义。这次发掘为完整提取大型脊椎动物化石提供了有益经验，为管理部门与科研院所合作提供了成功案例。另外，根据象头山象化石的发现和发掘过程，初步形成了"加强宣传教育与完善保护机制同步，依靠科学研究与创新管理方式并举，有序开发，动态保护"的新思路。

关键词　泥河湾盆地；早更新世；猛犸象；头骨；化石保护

1　前言

2014 年 6-8 月，河北省泥河湾国家级自然保护区管理处（下文简称泥河湾管理处）与中国科学院古脊椎动物与古人类研究所（下文简称古脊椎所）董为课题组合作，在钱家沙洼象头山地点发掘出土一件几乎完整的早更新世猛犸象头骨化石（古脊椎所金昌柱、王元，台湾自然科学博物馆张钧翔鉴定）。

象头山地点位于钱家沙洼村的大水沟北支叉狐沟西部象头山东坡中部，在钱家沙洼村至官厅小长梁旅游惠民公路的中段南侧，距钱家沙洼村东（稍偏南）约 1 km（图 1），GPS 坐标为 40°11′48.1″N，114°39′29.0″E，海拔 882 m。该地点的山包过去被称为官梁或苏家梁。

在此作者将对猛犸象头骨化石的发现和发掘经过，及其在泥河湾盆地象类化石发现和研究中的重要意义做一报道和总结，生物系统学研究成果将另文发表。

2　泥河湾象类化石发现与研究简史

泥河湾盆地的象类化石的发现与研究最早可追溯至 20 世纪 20 年代，迄今已有近百年的历史。1921 年，泥河湾天主教神父 P. E. Vincent 响应桑志华为筹建北疆博物院

---

* 基金项目：河北省国土资源厅地质遗迹保护专项资金。
赵文俭：男，55 岁，河北省泥河湾国家级自然保护区管理处主任，从事自然遗迹的保护和研究工作。

提供动物化石标本的号召，将自己收藏的化石送桑志华研究，其中包括1件猛犸象牙齿[1]。1923–1929年，巴尔博、桑志华和德日进等人，数次到泥河湾盆地考察和发掘，发掘和采集到大量哺乳动物化石[2]。1927年，巴尔博等将发现象类化石初步鉴定为 *Elephas* cf. *trogontherii*[3]。1930年德日进等进行系统学研究，归入 *Elephas namadicus*，材料较破碎，主要是牙齿化石和一些肢骨[4]，现在一般认为所属时代为早更新世。

图1　钱家沙洼象头山地点的位置

Fig. 1　Location of Xiangtoushan fossil locality at Qianjiashawa village

A: 象头山地点与钱家沙洼村的相对位置（由东北向西南）；B: 象头山地点在大水沟北支岔的位置（由东南向西北）

1924年，日本学者H. Matsumoto 以 *Elephas namadicus naumanni* 为属型种，建立古菱齿象亚属 *Palaeoloxodon*，置于非洲象属 *Loxodonta* 之下；1936年，Osborn 将

古菱齿象 *Palaeoloxodon* 由亚属提升为属[5-7]。所以，德日进等描述的 *Elephas namadicus* 相应变动为 *Palaeoloxodon namadicus*。后来在泥河湾层中新发现的象类化石，大部分都被归入纳玛古菱齿象 *Palaeoloxodon namadicus* 或古菱齿象 *Palaeoloxodon* sp.。

1972 年，王正明在阳原化稍营公社大渡口村桑干河边打井时从井下挖出一枚象的第三臼齿，1974 年该标本被刘冠邦带到南京大学地质系，贾兰坡等认为和丁家堡水库的象化石是同一时代地层里的产物，应为全新世[8]。此标本的属种，贾兰坡等未明确说明，似乎默认为亚洲象 *Elephas maximus*。

1972 年 6 月，古脊椎所盖培、卫奇在泥河湾村西约 1 km 的上沙咀村（72120 地点）粗砂层中，发现 1 具相当完整的纳玛古菱齿象头骨 *Palaeoloxodon namadicus*，该层位距地表 6.5 m，与 1 块石器共生[9]，卫奇对此头骨进行了系统学研究[10]。该地点最初报道为泥河湾层早更新世，因为伴生石器的缘故，其地层和时代问题被学界广泛质疑[11-12]。1980 年前后被修改为晚更新世[8, 13]，2015 年卫奇等再次确定为早更新世[14]。

1973 年春夏之交，古脊椎所泥河湾新生代地层小组在井儿沟发现纳玛象 *Palaeoloxodon namadicus* 化石，产于泥河湾组，属早更新世晚期[15]，具体材料不详。

1973 年，盖培等在西水地村大西湾（虎头梁 73102 地点西侧）的桑干河第二级阶地砂质黄土中发现纳玛象牙齿和肢骨化石，时代为更新世晚期之末[16]。

1976 年，阳原县丁家堡水库施工过程中，从桑干河河床底部全新统地层中发现一批动物化石，贾兰坡等将其中的象类右上第三臼齿和右下第三前臼齿及一些肢骨鉴定为亚洲象 *Elephas maximus*，认为是我国当时已知的亚洲象分布最北的纪录。他们同时指出，该牙齿化石与诺氏古菱齿象和纳玛象的牙齿非常相似，只凭零星牙齿来区分确实存在一定困难[8]。

1976 年，阳高许家窑人类遗址出土象类化石，1978 年卫奇首次披露，当时鉴定为象科属种未定 Elephantidae gen. et sp. indet.[13]；1979 年，贾兰坡等明确许家窑遗址 73113 地点和 74093 两地点发现的是瑙曼古棱齿象 *Palaeoloxodon* cf. *naumanni*（诺氏古菱齿象）[17]。不过，也有说是纳玛古菱齿象 *Palaeoloxodon namadicus*[18]。具体材料不详。从此发现的报道过程可知，材料应不是很容易鉴定，可能与人类遗址出土的化石材料较破碎有关。

1976−1977 年，山西大同青瓷窑遗址两次发掘，出土古菱齿象 *Palaeoloxodon* sp.，材料较破碎，根据伴生动物群推测时代为中更新世晚期[19]。

1977−1978 年，古脊椎所汤英俊等在蔚县东窑子头大南沟东陡壁第 3 层发现轭齿象 *Zygolophodon* sp. 右上第三臼齿后半部，汤英俊研究认为，该标本同山西轭齿象 *Zygolophodon shansiensis* 有些相似。在大南沟东陡壁剖面邻近的沟内，在"大致相当的地层"（指相当于东陡壁 1-4 层）内，还发现象的齿板碎块，属种未定 Elephantidae gen. et sp. indet.[20-21]。郑绍华透露，在大南沟相邻的牛头山南沟"同一层位"（东陡壁 1-4 层？）发现一块真象齿板及真马掌骨、牛牙等[22]，不知是否是汤英俊所说的象属种未定材料。产轭齿象的层位曾与东窑子头其他两个化石层位一起，被命名为"东窑子头组"，为上新世−更新世过渡时期[23]，后多被置于稻地组的顶界，属泥河湾组，早更新世[24-26]。

1978年，古脊椎所第四纪组在官厅发现早更新世小长梁旧石器遗址，遗址第7层和第10层[21]产象化石，其中的左上臼齿被鉴定为古菱齿象 Palaeoloxodon sp.[11-12, 27]。后来，魏光飚等将这枚臼齿归入草原猛犸象 Mammuthus trogontherii[28-29]。

1978年，山西石油队在蔚县铺路剖面发现脊椎动物化石，经邱占祥鉴定，有 Palaeoloxodon tokunagai 等，产于黄宝玉等划分的铺路第8层，林永洲划分的铺路第13层和第16层，他们认为该层位在蔚县东窑子头大南沟化石层之下，为早更新世[30-31]。具体材料不详。将德永象的时代归入早更新世，主要依据当时流行的"真马—真象—真牛"标准。杜恒俭等认为德永象产出层位为稻地组，则其时代为晚上新世[25]。

1981年5-6月，卫奇等在阳原县大田洼乡东谷坨村西北侧的许家坡泥河湾层中发现东谷它遗址，当年即进行了试掘[32]，与石制品共生的有象类右上第二臼齿的后部分等，被鉴定为古菱齿象 Palaeoloxodon sp.[33]，后被魏光飚归入草原猛犸象 Mammuthus trogontherii[28-29]。

1979-1982年，中国地质科学院天津地质矿产研究所陈茅南等在小渡口（郝家台）剖面厚层砂中上部发现古菱齿象 Palaeoloxodon sp.，认为其层位属中更新世[34]，王云生等详细报道其层位为小渡口剖面第28层，为"中更新统泥河湾组"，化石由黄为龙鉴定[35]。此外，天津地质矿产研究所还在小长梁剖面第10层（下更新统泥河湾组）发现石器与 Palaeoloxodon sp. 等，在大南沟剖面第5层（下更新统泥河湾组）发现 Zygolophodon sp. 等化石[35]。具体材料不详，且描述模糊，难以去除是将前人发现归入相应层位的可能。

1982年，刘锡清、卫奇等在熊耳山洪塘河支沟辛窑子剖面上部发现大量哺乳动物化石，经卫奇鉴定，其中有纳玛象 Palaeoloxodon namadicus[36]。

1983年，中科院古脊椎所旧石器考古队在蔚县北水泉乡壶流河右岸发现短喙象地点两处，一处位于北水泉镇NE60°大约1.4 km的东沟右侧谷坡褐红色砂质黏土中，材料为一枚残破的左下第三臼齿，鉴定为五稜齿象未定种 Pentalophodon sp.，时代为上新世；一处位于东窑子头NE45°大约800 m的水库沟左侧谷坡砾石层中，材料为一枚残破的下第三臼齿，鉴定为质疑的？互稜齿象未定种（? Anancus sp.），时代为早更新世，宗冠福等对其进行了形态学研究[37]。

1984年初夏，蔡保全在稻地老窝沟筛洗到大量小哺乳动物化石，同时在该剖面第7层黄色砾石透镜体中发现象化石，属种未定 Elephantidae gen. et sp. indet.，时代为上新世[24-25]，具体材料不详。

1985年，河北省文物研究所发现西白马营旧石器遗址，同年和次年进行了两次发掘，出土大量石制品和部分脊椎动物化石，其中含象 Elephas sp. 门齿残块4件，产出层位可与桑干河的II级阶地对比，时代为晚更新世[38]。

1986年，河北省文物研究所谢飞等发掘了阳原县大田洼乡岑家湾遗址，除丰富的石制品外，还发现51件哺乳动物化石，其中有象的臼齿残片，但是该遗址内发现的哺乳动物化石较破碎，无法鉴定到种[39]。

1990年，古脊椎所卫奇等在阳原县大田洼乡马圈沟发现半山遗址，同年进行试掘，发现象类臼齿齿板碎片和一块臼齿齿根[40]。材料破碎，未鉴定属种。

1990 年，汤英俊在蔚县东窑子头大南沟东陡壁剖面东侧斜坡上采集的象类下颌骨等材料，后被同号文鉴定为草原猛犸象，并进行了系统学研究，时代为晚更新世[41]。

1991 年，刘清泗对泥河湾盆地此前发现的象化石做了初步总结，认为泥河湾盆地存在象类 3 属 5 种[36]。本研究之前所述部分材料，当时尚未发表。

1992 年春，河北省文物研究所再次对岑家湾遗址进行发掘，发现的动物遗骨"大部分为象的齿板碎片、头骨碎片，象和马的肢骨片较少"[42]。

1992–1993 年，河北省文物研究所堆马圈沟遗址进行了两次发掘，发现象类牙齿碎块等，保存差[43]。

1998 年夏，复旦大学陈淳等再次发掘小长梁遗址，发现古菱齿象（*Palaeoloxodon* sp.）等的牙齿化石[44]。魏光飚对小长梁遗址象类化石的再研究未包含这批材料。

2000 年春，河北省文物研究所确认马圈沟遗址第二三文化层，2001 年对两个层位进行了发掘，在第二文化层发现象类足迹，在第三文化层发现"原始人类进餐遗迹"，动物遗骨以象的骨骼为大宗，且属于同一个体，"可见众多的骨骼无序排列，有门齿一枚，较多完整或残断的肋骨、少量脊椎骨、肢骨和头骨碎片等"[45]。朱日祥、谢飞等将马圈第三文化层所出象化石作为 *Elephas* sp.，古地磁时代为距今 1.66 Ma，共生的有 *Equus sanmeniensis*、*Pachycrocuta* sp.、*Coelodonta antiquitatis*、*Cervus* sp.、*Gazella* sp.等[46]。2001 年，蔡保全、李强在马圈沟遗址（马圈沟第一文化层）同一剖面但低 8 m 的新文化层（沟底遗址，或马圈沟 III）筛洗哺乳动物化石，发现象上左第三臼齿一枚，初鉴定为猛犸象未定种（*Mammuthus* sp.）[47]。魏光飚等对马圈沟第三文化层发现的象类牙齿化石等进行了系统研究，将这些牙齿从 *Elephas* sp.和 *Mammuthus* sp.变更为草原猛犸象（*Mammuthus trogontherii*），并认为它们可能属于同一个体[28-29, 48]。魏光飚等的属种鉴定结果得到蔡保全等的认可[49]。

2005 年 7–11 月，河北省文物研究所在马圈沟遗址第三文化层底部布方发掘，发现了马圈沟第四、第五、第六文化层，出土象类等动物骨骼，并在 2006 年 1 月 13 日的《中国文物报》头版进行了报道[50]。详细研究未见发表。

2006 年，魏光飚等系统研究了中国北方的猛犸象化石，涉及泥河湾盆地的小长梁遗址、东谷它遗址、马圈沟遗址第三文化层、钱家沙洼四个地点。其中，钱家沙洼的南方猛犸象 *Mammuthus meridionalis* 化石系首次报道和研究，材料为一枚下第二或第三臼齿[29]。这是泥河湾盆地首次鉴定出南方猛犸象。

2006–2008 年，同号文等在山神庙咀化石点发现了大量哺乳动物化石，其中含有草原猛犸象 *Mammuthus trogontherii*，材料包括较完整的带乳齿的下颌骨及桡-尺骨、腕骨、胫骨及距骨等头后骨骼[51]。具体研究尚在进行中。

2006 年，卫奇在黑土沟遗址进行考古地质勘探，发现真象亚科属种未定 Elephantinae gen. et sp. indet 的臼齿齿板碎片，另在遗址探槽西侧覆盖于文化层之上的次生堆积中发现有轭齿象 *Zygolophodon* sp.[52]。

2010 年，同号文对泥河湾盆地的象类化石的发现与研究情况进行了总结，但只有概要发表[53]。

2014 年，迟振卿和卫奇认为，泥河湾村上沙嘴下更新统旧石器地点出土的典型纳

玛象 *Palaeoloxodon namadicus* 头骨化石证明纳玛象在泥河湾动物群中确实存在,同时也表明纳玛象在早更新世 1.7 Ma～1.6 Ma 前的桑干河盆地已经形成,它起源于中更新世印度纳巴达河谷的理论需要修正;马圈沟沟底遗址(马圈沟遗址第Ⅲ文化层)鉴定的"草原猛犸象",缺少头骨佐证,也缺少时间上演化路线和空间上扩散分布的解说,而且动物群的生态环境也缺乏分析,更何况,草原猛犸象第三臼齿的齿板数量(18 片)大的鉴定特征,却比上沙嘴纳玛象的(18.5 片和 19.5 片)还小;因此,上述问题解释清楚之前,将它作为纳玛象看待较为稳妥[54]。

已有的发现和研究表明,泥河湾盆地象类化石较为常见,而且属种多样,分布广泛,且延续时间长,是晚新生代象类演化、发展的重要地区。但是,以往发现的材料多较破碎,以零星的牙齿为主,制约了研究的深入。

3 地层概况

化石产于泥河湾组下部的河流相堆积中,时代为早更新世。探方剖面(图 2)由上往下依次为:

①坡积沙土层,夹零星砾石,生长杂草等植物,多根须。超覆于所有地层之上。厚约 0.2~0.4 m。

②砂砾石层,0.25~0.05 m,南部厚,北部薄。

③灰褐色细砂层,0.2~0 m,南部厚,在探方中北部尖灭。

④砾石层,具斜层理,中间夹多层薄层细沙,砾石磨圆度较高,圆状或次圆状,砾径 2~5 cm,发现较多蚌壳化石,具少量植物根系。探方中部砾石层稍变厚。本层可分为上下两层。北部渐变为红褐色黏土夹砾石。厚约 0.85~1.05 m。

⑤灰褐色细砂层,具交错层理,夹黄褐色水锈条带,偶夹砾石。北部突变为褐色黏土。象头骨化石叠压于此层下。厚 0.35~0.45 m。

⑥灰褐色细砂层,局部有交错层理,整体无层理。象头化石位于此层中。厚约 0.3~0.4 m。

⑦黄褐色砂砾石层,砾石圆状或次圆状,砾径 0.5~4 cm,以直径 0.5~1.5 cm 为主。此层产零星哺乳动物化石,有马、犀、鹿等,另发现疑似石器,象头化石主体位于此层层表。厚 0.25~0.3 m。

⑧灰白色细砂层,发掘约 0.4 m,未见底。

4 发现和发掘经过

4.1 象头山地点的发现

2007 年春夏,古脊椎所裴树文组织旧石器考古调查时发现此地点。当时,当地正在山坡上广植柠条以保护水土,部分象牙被民工刨碎(后来的发掘证明,被刨碎的是象右上门齿远端),碎片与土块杂砾一起就近培于柠条根部。考察队队员白瑞花和贾全珠经验丰富,认出了这些碎片,并报告给了考察队负责人裴树文。此次调查,历时 3 个月,新发现麻地沟等 16 处旧石器地点,并发表了调查报告[55]。象头山地点,当时没有发现石器等人工制品,所以仅被记录在档,没有报道。

4.2 象头山地点的试掘

2013 年 5 月 15 日,管理处根据卫奇的提示,曾经对化石进行过摸查,发现两边的门齿都存在,后面还有头骨。化石因为需要加固处理,所以暂时埋了起来。

2014年4月23日，董为课题组规划在泥河湾进行野外工作，拟组建由古脊椎所、泥河湾管理处等单位科研技术人员组成的发掘研究团队，对钱家沙洼和红崖扬水站两处哺乳动物化石地点进行发掘。红崖扬水站地点是2013年与泥河湾管理处合作发掘的地点[56]，2014年为继续工作；钱家沙洼地点则是卫奇提供的新线索。根据项目规划书，钱家沙洼地点"主要有疑似乳齿象头骨，可能连带部分肢骨及其他哺乳动物化石"，预计可发掘面积20 m^2，堆积厚度2 m，预期成果是"出土象头骨1具（可能是乳齿象）及伴生动物化石"。有此预期，是因为卫奇2006年在黑土沟遗址旁发现了轭齿象 *Zygolophodon* sp.化石[51]，钱家沙洼象化石地点与黑土沟同属岑家湾台地，二者海拔一致（黑土沟遗址 893.38~892.05 m），层位与时代相近，所以推测可能是同一属种。

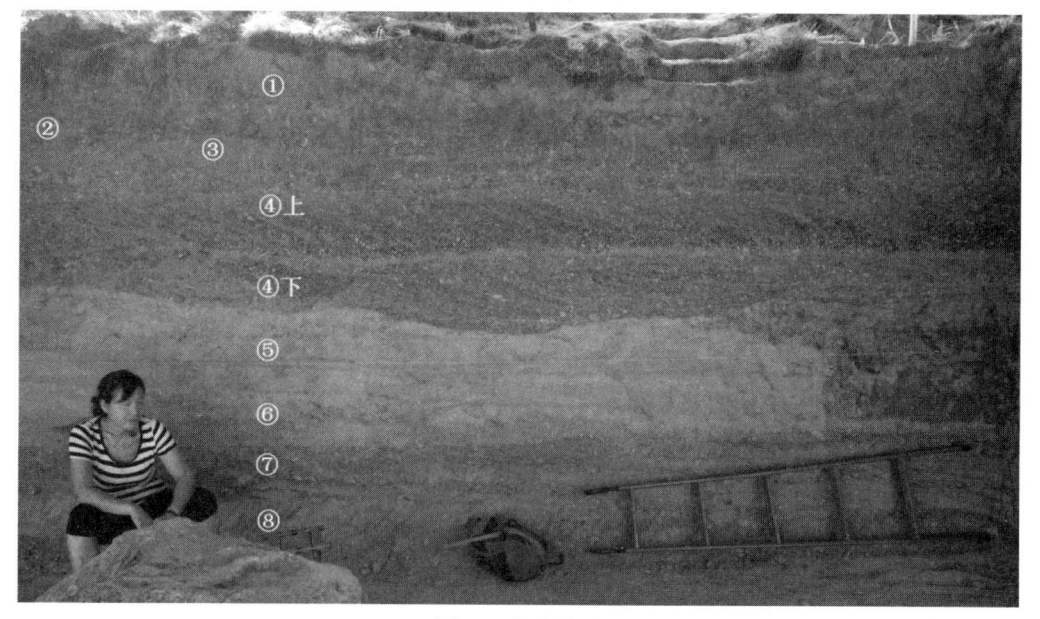

图 2　探方地层

Fig. 2　Stratigraphic profile of the pit

2014年6月初，考察队进驻泥河湾，并向管理处通报备案。董为赴法国参加德日进学术纪念会，前期野外工作交由卫奇代理主持。

2014年6月17日，卫奇、张立民等开始对钱家沙洼象化石地点进行发掘。因化石埋藏情况不明，经实地考察讨论，决定在当年发现象牙碎块的正后方（西部）布方，进行小规模试掘。

发掘非常顺利，当天就确定了化石的原生层位。化石最先出露在探方东缘。小心缓慢地清理探方内的坡积土壤（①层）和砾石层（④层）以后，已经可见下部的灰褐色细砂层（⑤层）。准备继续清理时，在探方东缘，发现黄褐色露头。小心清理，正是象的右上门齿，其前端大部已经被破坏，残存部分最尖端外圈层也已经开裂成小片（图3: A）。

之后，沿右上门齿向西追索，约0.5 m发现右门齿槽；再向后、向北清理，发现了额顶部和左门齿槽，二者均位于探方内。额顶部被挤压变形，整体呈亚腰三角形。左门齿槽紧挨右门齿槽，沿左门齿槽反头骨方向清理，整个左门齿也暴露出来。左门齿保存完整，远端扭转弯曲幅度较大，已经延伸至探方外（图 3: B）。左门齿尖部约 15 cm 长不慎被挖断，幸而保存完整，打胶后包好，留待以后修复。由于两根象牙呈黄褐色甚至深褐色，蜿蜒显著且尖部缺失，表面开裂，看起来颇像树根。

图 3　发掘场景

Fig. 3　Excavation at the locality

A: 初暴露的右上门齿；B: 加固化石；C: 掏挖右颊齿下部；D: 掩覆化石

化石表面风化严重，以门齿槽处为甚，部分位置甚至呈粉末状（图3: A）；门齿稍好，但外层多裂解成小片。发现右门齿之前，考察队最主要的任务是找到化石，确定其原生层位和分布范围；但是，从右门齿残部发现的那一刻起，最重要的工作就变成了对暴露化石及时保护。考察队员张立民、贾真岩发挥了重要作用，他们配置了大量不同浓度的烯胶随时对化石进行加固（图3: B），几乎是清理出一点，就加固一点，发掘与保护同步进行。

因阴雨天气等影响，发掘断断续续持续至 6 月 21 日上午。探方整体已经发掘至深约 1.8 m（探方西南角测）的细砂层（⑥层）中部平面，仅右侧颊齿处发掘至下部砂砾石层（⑦层）——在该处掏挖（图3: C），以鉴定属种。从暴露的颊齿来看，显然为真象而非乳齿象，但究竟是古菱齿象还是猛犸象，尚不能确定。至此，象头骨化石基本暴露，象头骨的分布范围已经明确（图3: B）。

但是，除了头骨，还没有下颌骨和头后骨骼，能不能像"黄河象"一样幸运地发现一头"泥河湾象"骨架？除了象化石，还有没有其他哺乳动物化石？如此庞大的化石，如何妥善得加固保护，起获运出？解决这些问题，无疑需要扩大发掘规模，吊运等环节无可避免需动用一些大型机械。所需经费已非古脊椎所发掘专项所能承担，也与现行脊椎动物化石保护条例"采集"的相关规定不符。

6月20日下午至7月10日，卫奇等人与管理处、阳原县文化局等单位在东谷它、化稍营和阳原县县城多次会面沟通，电话交流无数，最终达成"君子协议"：泥河湾管理处另行向河北省国土资源厅申请保护项目，接手发掘，董为课题组协助；出土化石材料交河北省国土资源厅有关部门保管，研究则由古脊椎所董为课题组负责（后来高星将研究工作纳入科技部泥河湾专项研究项目并交给古脊椎所青年象类专家王元负责）。

双方初步沟通后，试掘工作即告停止。6月21日中午，发掘队用塑料布将暴露化石覆盖，再用土掩覆（图 3: D）。此后，赵文俭、张立民等人不定时前往查看，确保化石安全，等待正式发掘。

4.3 象头山地点的大规模发掘

大规模发掘从2014年6月25日至8月20日，由泥河湾管理处主持，古脊椎所董为课题组协助。参加发掘的有赵文俭、李凯清、董为、卫奇、张立民、刘文晖、刘佳庆、岳峰、贾真岩、白瑞花，民工朱贵生、宁旭、白运富、王海清等。通过大规模发掘，清楚揭示了地层剖面，明确了象其他部位和其他属种动物化石的埋藏状况，采用了科学的加固和提取方法，成功将象头骨化石完整取出。

4.3.1 发掘过程

2014年6月25日，泥河湾管理处向河北省国土局申请地质遗迹保护专项资金，拟对钱家沙洼象化石地点进行继续发掘和后续保护。7月6日此申请获得批准。

2014年7月12日，再次在象头山地点动土发掘。

此次发掘，大大扩大了发掘面积。首先，在试掘探方南、北两侧分别扩方，先在南部扩方约 4 m，又在北部扩方约 2.5 m，整个探方南北全长达 8 m，发掘深度同试掘探方。之后，又整体向西扩方 1.5 m（图 4: A），为保护已经暴露的象头，采取了"南北分路向西，蚕食合流"的方法，使象头骨免受掉落土方砸击。扩大发掘的首要目的是探查象类头后骨骼和其他哺乳动物化石的埋藏情况。其次，是为加固、提取象头骨化石提供一个必须的工作平台。

探方平面布局完成后，又整体向下发掘约 0.7 m，仅保留象头及周围围岩成为台地（图4B）。既能查看下部地层状况和化石保藏情况，又可及时排水，保证化石干燥，还方便以后套箱或打石膏包提取化石。

发掘确认，此地仅有保存完整的象头一颗（图 4: C），下颌骨和头后骨骼没有原地保留；象头下方砂砾石层中，有零星哺乳动物化石，如马跟骨、犀牛牙皮等；在上下几层砾石层中，发现有几件似石器。发掘所见地层与试掘基本一致，但剖面更新鲜和完整（图2，图 4: A, D），容易观察。

此后，完整提取象头骨化石，成为发掘队的主要任务。为了保证化石的安全出土，发掘队广泛征求意见，特别邀请古脊椎所高级技师谢树华、孙文书和张丽芬到发掘现场指导工作，集思广益，设计了多种提取方案。概括来说，有打套箱和打石膏包两种。比较而言，打套箱需要保留更多围岩且围岩分为质地不同的多层，技术难度大且过于沉重，搬运困难，所以，此方案很快被放弃。

打石膏包方案也可分为两种。一种方案是拍照、测量、充分加固后，将两根突出的象牙从牙槽处锯断，单独取出，然后将剩余头骨打石膏包提取，室内修理时再将象牙无缝粘合。这个方案优点有三。一是通过主动锯短象牙实现了风险管控，提取几乎万无一失。锯断象牙后，头骨成为一个受力相对均匀的整体，且大大减小了石膏包的体积和重量，安全提取几乎没有问题。二是充分考虑了后期室内修理、测量、装架、翻模等工作的需要，降低了后续工作难度和发生再次破坏的可能。三是粘合技术已经发展成熟，对研究、展览基本无碍。此方案由古脊椎所三位资深专家现场考察后制定（图5: A），他们均有30年以上从事大型脊椎动物发掘、装架和制模工作的经历，有的甚至参加了20世纪70年代黄河象的发掘，所以能综合考虑各个环节、各种因素，提出的方案稳妥持重。只是锯象牙的作法，让发掘队在感情上难以接受。

图 4　发掘现场

Fig. 4　The excavation at the site

A：扩大发掘面积（向西扩方）；B：保留象头台地；C：仔细清理象头；D：头骨下地层

另一种方案是，不锯象牙，整体提取。整体提取风险较大，为了包住两根独立伸出1~2 m的象牙，石膏包的体积要扩大两倍不止，而且象牙和象头骨两处应力不同，在打石膏翻转、抬运和后期修理过程中，稍有不慎，就可能使象头散架，前功尽弃。针对这些疑虑，发掘队完善了方案。

（1）延长工期，充分加固。利用丙酮渗透性强的优势，配置不同浓度的烯胶，多遍加固，确保胶体深入化石内部，不急于求成。

（2）活用化石装架技术，在发掘现场用扁钢对化石支撑、箍套，用钢结构做龙骨支撑，使化石成为一个整体，之后再打石膏。

（3）修路，使用吊车吊运至公路。此地未来既然规划用于化石原地陈列展览，可以提早修路，使用吊车吊运，重量不是问题。

（4）用吊架等机械辅助完成室内修复、制模时的翻转。

经过研究讨论，这个方案技术上完全可行，只是所需时间较长，配套工作（修路等）动静较大。在国土资源部和河北省国土局的理解和支持下，此方案最终通过并得以实施（图5和图6）。2014年8月20日，猛犸象头骨化石完整提取，披红挂彩运送至张家口进行室内修复（图6），发掘工作顺利完成。

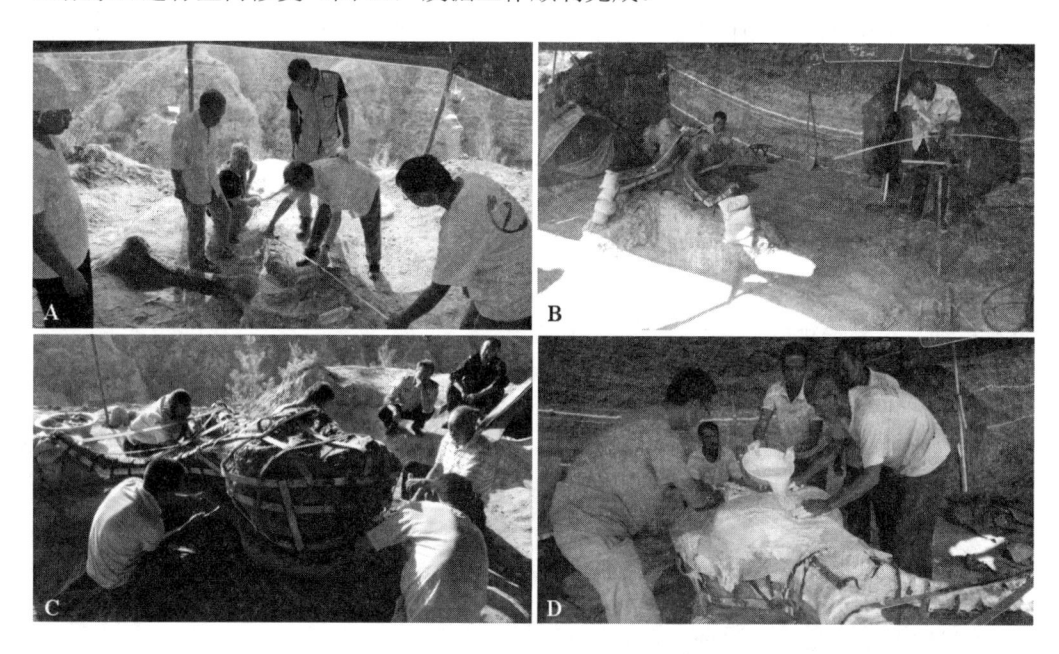

图 5 化石提取场景

Fig. 5 Scenes of removing bone from the surrounding rock

A: 讨论提取方案；B: 现场制作龙骨； C: 现场箍套、支撑； D: 制作石膏包

4.3.2 防晒、防雨和安保措施

发掘期间炎热多雨的天气状况对工作造成了很大的困扰。夏季气温高，又逢雨季：小雨、阵雨几乎天天有，大雨、暴雨隔三差五而至；放晴以后又有太阳暴晒，气温迅速回升，蒸发剧烈。抛开对工作效率和工作进度的迟滞不提，这样的天气对化石加固保护也有极大的影响：雨天潮湿，化石内部反潮；晴天暴晒，温度高，丙酮蒸发过快，无论晴、雨，都使烯胶难以深入化石内部，真正加固。

发掘队采取了一系列措施以减少不利影响。有的方法是泥河湾多年野外工作实践，有些自其他工程施工处借鉴。这些方法已经被证明行之有效，对泥河湾以后的夏季野外发掘，可能有参考作用，所以总结如下。

（1）调整工作时间以减少高温影响。夏季日出早，日落晚，早、晚温度适宜，仅需规避9:30–15:30之间的高温。通过"上午早出早归，下午晚出晚归"的方法就可以保证一定的适宜工作时间。这样调整，对后勤保障压力较大，三餐时间需要相应调整，专职厨师不可或缺。这种方法也无法应对早、晚的阴雨天气。

（2）在探方上架设黑色遮阳网（图7），遮烈日，挡小雨。利用遮阳网人为创造出较稳定的阴凉舒适的环境，大大提高了工作效率，保证了工作时间；也减少了暴晒和潮湿对化石保护的不利影响。架设遮阳网需要注意以下几点。太阳移动会使遮阳网阴影的位置、大小不停变化，雨点也会随风向变化而变化。因此，在探方正上方架设遮阳网是不可取的。为取得好的遮蔽效果，遮阳网需要有足够大的面积，其位置、倾向还需要根据中午的太阳位置、地形地貌、惯常风向等适当调整。另外，山坡上对流强烈，遮阳网容易兜风，要"深埋桩，多牵引"；东西南北不同方向的木桩可以有不同的倾向；牵引铁丝上最好系一些彩色布条或小彩旗，以防不小心绊到。这些工作看似繁琐，但是有经验的民工都可以做到，而且"一劳永逸"。遮阳网价格较低，镇上的五金杂货店均有出售，成本低，效果好。当然，对于大雨，遮阳网就无能为力了，必须配合塑料布遮蔽和畅通排水的方法。另外，架设遮阳网以后，不便于拍摄探方照和地层剖面照。过去，泥河湾发掘中还采用过遮阳伞遮蔽，虽然遮挡面积有限，但是灵活机动，也是一种好方法。

图6　化石吊运场景

Fig. 6　Scenes of Swinging the bone up

A：挖掘机修路；B：做好吊运准备；C：用挖掘机吊装至汽车；D：至张家口吊卸

（3）在探方上部山坡和探方内部开掘导流渠。如此，可以避免中到大雨时，山坡上的雨水灌入探方，或遮阳网上汇聚的雨水在探方内积蓄。探方内发掘导流渠，需要考虑地层倾向，以及避开重要标本、遗迹。

（4）还有如"中心留高，周围下挖"以及塑料布遮蔽等保持干燥的方法，前者不具有广泛适用性，后者操作简单，不再详述。

图 7　架设遮阳网

Fig. 7　Sunshade net

为保证化石的安全，发掘队在探方北侧搭建了简易帐篷（图8: A），安排民工和队员轮流看守，保证发现场24 h有人。发掘后期，发掘工作受到了阳原县政府的高度重视，大田洼镇政府和化稍营派出所分别派出人员在公路至发掘探方之间设置了几道防护线，保证标本安全(图8: B-D)。

图 8　安保措施

Fig. 8　Security measures

5 重要意义

象类化石在泥河湾盆地大部分哺乳动物化石产地和旧石器遗址中均有产出，但化石多为碎片或零星牙齿，完整头骨十分少见(表1)。此前，仅有1972年上沙咀发现的纳玛象头骨[10]。此次象头山发现的是泥河湾盆地内首个猛犸象头骨，对于厘清盆地内各地点象类化石的关系，研究南方猛犸象向草原猛犸象的进化发展，具有重要意义。

表 1 泥河湾盆地各遗址和地点发现象类化石一览
Table 1 Summary of the discoveries and researches of Proboscideans in Nihewan Basin

地点	属种	材料	时代	参考文献
北水泉东沟右坡	*Pentalophodon* sp.	左下第三臼齿 (残)	上新世	[37]
铺路	*Palaeoloxodon tokunagai*	不详	晚上新世	[25,30-31]
稻地老窝沟	属种未定	不详	晚上新世	[24-25]
东窑子头东陡壁	*Zygolophodon* sp.	右上第三臼齿后部	早更新世	[20-21,23-26]
东陡壁临沟	属种未定	齿板碎块	早更新世	[20-21]
东窑头大南沟	*Zygolophodon* sp.	不详	早更新世	[35]
牛头山南沟	真象	齿板	早更新世	[22]
东窑头水库沟左	?*Anancus* sp.	下第三臼齿 (残)	早更新世	[37]
黑土沟遗址	属种未定	臼齿齿板碎片	早更新世	[52]
黑土沟遗址西侧	*Zygolophodon* sp.	不详	早更新世	[52]
钱家沙洼	*Mammuthus meridionalis*	下第二或第三臼齿	早更新世	[29]
马圈沟(四-六)	象类	不详	?早更新世	[50]
马圈沟(三)	*Mammuthus trogontherii*	门齿、上左第三臼齿、头骨片、头后骨骼	早更新世	[28-29，45-49]
马圈沟(二)	象类	足迹	早更新世	[45]
马圈沟(一)	象类	牙齿碎块	早更新世	[43]
辛窑子	*Palaeoloxodon namadicus*	不详	早更新世	[36]
下沙沟附近	*Palaeoloxodon namadicus*	牙齿和一些肢骨	早更新世	[3-7]
井儿沟	*Palaeoloxodon namadicus*	不详	早更新世	[15]
上沙咀村	*Palaeoloxodon namadicus*	头骨	早更新世	[8-14]
小长梁遗址	*Mammuthus trogontherii*	左上臼齿部分等	早更新世	[11-12,21,27-29]
小长梁剖面	*Palaeoloxodon* sp.	不详	早更新世	[35]
小长梁遗址	*Palaeoloxodon* sp.	牙齿	早更新世	[44]
马圈沟半山遗址	象类	臼齿板碎片和一块臼齿齿根	早更新世	[40]
山神庙咀	*Mammuthus trogontherii*	带乳齿下颌骨及头后骨骼	早更新世	[51]
东谷坨遗址	*Palaeoloxodon* sp.	右上第二臼齿后部	早更新世	[28-29，32-33]
岑家湾遗址	象类	臼齿残片	早更新世	[39]
岑家湾遗址	象类	齿板和头骨碎片，少量肢骨片	早更新世	[42]
小渡口剖面	*Palaeoloxodon* sp.	不详	中更新世	[34-35]

续表（continued）

许家窑遗址	*Palaeoloxodon namadicus* 或 *P.* cf. *naumanni*	不详	晚更新世	[13,17-18]
大同青磁窑	*Palaeoloxodon* sp.	较破碎	中更新世晚期	[19]
西白马营遗址	*Elephas* sp.	门齿残块4件	晚更新世	[38]
东窑头东陡壁东	*Mammuthus trogontherii*	象类下颌骨等	晚更新世	[41]
西水地大西湾	*Palaeoloxodon namadicus*	牙齿和肢骨	更新世末	[16]
丁家堡水库	*Elephas maximus*	右上第三白齿、右下第三前白齿、一些肢骨	全新世	[8]
大渡口桑干河边	?*Elephas maximus*	第三白齿	全新世	[8]

6 结语

象头山出土的南方猛犸象头骨，是泥河湾盆地迄今出土的第一件猛犸象类头骨，对于厘清盆地内各地点真象类化石的属种关系，研究猛犸象的起源、发展和扩散具有重要意义。

象头化石的发现过程使我们意识到，泥河湾保护工作任重道远，加强宣传教育必需与完善保护机制同步。象头山的象化石最早由村民栽种柠条发现，却不认识，可能是将其当成了树根：象门齿具有的圈层结构和树木年轮很像，黄褐色的门齿片和树根上成层剥落的木片也容易混淆。甚至到了发掘后期，整个象头已经完全暴露，不少村民前来围观，在已经被告知是象化石的情况下，依然有人认为，"这不就是个树疙瘩和树根嘛"。将象牙当成树根的情况，1925年6月桑志华在泥河湾村附近海螺沟发掘时也遇到过[49]。相比桑志华当年，我们已经培育出一大批经验丰富的民间技工，比如这次发现象牙的贾全珠、贾真岩和白瑞花。但是，社会大众对古生物的认知，仍然有待科学普及提高。

当然，仅仅宣传古生物常识是不够的。发掘时，我们忍不住地庆幸，最先发现的村民不认识象牙化石，否则，这颗头骨可能早就被挖走或破坏（只将象牙挖走）。这样的案例在其他地区并不少见。因此，提高民众认知必须和完善法律法规，施行恰当的奖惩措施联系起来。

象头山地点的发掘，是由泥河湾管理处和古脊椎所董为课题组精诚合作，共同完成的。发掘、提取和保存方案的制定和实施，双方都充分考虑了后续科学研究和陈列保护的需要，求同存异，合作共赢。泥河湾是科学研究的宝库，泥河湾的保护和建设也离不开科学研究。发扬合作共赢的精神，寻找科研机构与保护区管理处合作的方法，实现泥河湾的有序开发和动态保护，需要我们长期不懈地探索。此次象头山象化石的发掘，是科研与保护协调进行的成功案例，值得总结推广。

致谢 古脊椎所卫奇先生全程参与、指导了野外发掘，并拍摄了大量照片，东谷它白瑞花、贾真岩一家为野外工作提供了大量帮助，古脊椎所高星、裴树文、同号文、金昌柱、张兆群、孙文书、谢树华、张丽芬等研究和技术人员对发掘和保护方案给予了有益的建议，国土资源部、河北省国土厅、张家口市国土局以及阳原县政府、化稍营镇以及大田洼乡的有关领导同志给予发掘工作极大的关心和支持，笔者在此致以诚挚的感谢。

参 考 文 献

1 Licent E. Comptes-Rendus de onze années (1923−1933) de séjour et d'exploration dans le Bassin du Fleuve Jaune, du Pai Ho et des Autres Tributaires du Golfe du Pei Tcheu ly. Publications du Musée Hoang ho Pai ho, 1935, 38 (1): 1-296.

2 卫奇, 黄为龙. 泥河湾盆地的科学开拓者. 化石, 2009 (4): 28-33.

3 Barbour G B, Licent E, Teilhard de Chardin P. Geological study of the deposits of the Sangkanho Basin. Bulletin of the Geological society of China, 1927, 5(3-4): 263-278.

4 Teilhard de Chardin P, Piveteau J. Les mammiféres fossils de Nihowan (Chine). Annales de Paléontologie, 1930, 19: 1-134.

5 周明镇. 北京西郊的 *Palaeoloxodon* 化石及中国 *Namadicus* 类象化石的初步讨论. 古生物学报, 1957, 5(2): 283-294.

6 张席禔. 中国纳玛象化石新材料的研究及纳玛象系统分类的初步探讨. 古脊椎动物与古人类, 1964, 8(3): 269-275.

7 张玉萍, 宗冠福. 中国的古菱齿象属. 古脊椎动物与古人类, 1983, 21(4): 301-312.

8 贾兰坡, 卫奇. 桑干河阳原县丁家堡水库全新统中的动物化石. 古脊椎动物与古人类, 1980, 18(4): 327-333.

9 盖培, 卫奇. 泥河湾更新世初期石器的发现. 古脊椎动物与古人类, 1974, 12 (1): 69-72.

10 卫奇. 在泥河湾层中发现纳玛象头骨化石. 古脊椎动物与古人类, 1976, 14(1): 53-58.

11 尤玉柱, 汤英俊, 李毅. 泥河湾组小长梁遗址的发现及其意义. 科学通报, 1979 (8): 363-367.

12 尤玉柱, 汤英俊, 李毅. 泥河湾组旧石器的发现. 中国第四纪研究, 1980, 5(1): 1-13.

13 卫奇. 泥河湾层中的新发现及其在地层学上的意义. 见: 古脊椎所编. 古人类论文集. 北京: 科学出版社, 1978. 136-150.

14 卫奇, 裴树文, 冯兴无. 泥河湾盆地上沙嘴石制品. 人类学学报, 2015, 34 (2): 139-148.

15 泥河湾新生代地层小组. 泥河湾盆地晚新生代几个地层剖面的观察. 古脊椎动物与古人类, 1974, 12 (2): 99-108.

16 盖培, 卫奇. 虎头梁旧石器时代晚期遗址的发现. 古脊椎动物与古人类, 1977, 15(4): 287-300.

17 贾兰坡, 卫奇, 李超荣. 许家窑旧石器时代文化遗址 1976 年发掘报告. 古脊椎动物与古人类, 1979, 17(4): 277-293.

18 卫奇. 泥河湾盆地考古地质学框架. 见: 童永生, 张银运, 吴文裕等编. 演化的实证——纪念杨钟健教授百年诞辰论文集. 北京: 海洋出版社, 1997. 193-207.

19 李超荣, 谢廷琦, 唐云俊. 大同青瓷窑旧石器遗址的发掘. 人类学学报, 1983, 2(3): 236-246.

20 汤英俊. 河北蔚县早更新世哺乳动物化石及其在地层划分上的意义. 古脊椎动物与古人类, 1980, 18(4): 314-323.

21 汤英俊, 尤玉柱, 李毅. 河北阳原、蔚县几个早更新世哺乳动物化石及旧石器地点. 古脊椎动物与古人类, 1981, 19(3): 256-268.

22 郑绍华. 泥河湾地层中小哺乳动物的新发现. 古脊椎动物与古人类, 1981, 19(4): 348-358.

23 汤英俊, 计宏祥. 河北省蔚县上新世—早更新世间的一个过渡哺乳动物群. 古脊椎动物与古人类, 1983, 21(3): 245-254.

24 蔡保全. 河北阳原——蔚县晚上新世小哺乳动物化石. 古脊椎动物学报, 1987, 25 (2): 124-136.

25 杜恒俭, 王安德, 赵其强, 等. 泥河湾地区晚上新世一个新的地层单位——稻地组. 地球科学——中国地质大学学报, 1988, 13(5): 561-568.

26 蔡保全, 张兆群, 郑绍华, 等. 河北泥河湾盆地典型剖面地层学研究进展. 地层古生物论文集, 2004, 28: 267-285.

27 汤英俊, 李毅, 陈万勇. 河北阳原小长梁遗址哺乳类化石及其时代. 古脊椎动物学报, 1995, 33(1): 74-83.

28 Wei G, Taruno H., Jin C, et al. The earliest specimens of the steppe mammoth, *Mammuthus trogontherii*, from the Early Pleistocene Nihewan Formation, North China. Earth Science, 2003, 57: 269-278.

29 Wei G, Taruno H, Kawamura Y, et al. Pliocene and Early Pleistocene primitive mammoths of Northern China: Their revised taxonomy, biostratigraphy and evolution. Journal of Geosciencei-Osaka City University, 2006, 49: 59-101.

30 黄宝玉, 郭书元. 从软体动物化石讨论泥河湾地层划分、时代及岩相古地理. 中国地质科学院天津地质矿产研究所所刊, 1981 (4): 17-32.

31 林永洲. 河北阳原、蔚县几个泥河湾组剖面的介绍. 地层学杂志, 1984, 8 (2): 152-160.

32 卫奇. 东谷坨旧石器初步观察. 人类学学报, 1985, 4(4): 289-300.

33 卫奇, 孟浩, 成胜泉. 泥河湾层中新发现一处旧石器地点. 人类学学报, 1985, 4(3): 223-232.

34 陈茅南, 王云生, 王淑芳, 等. 河北阳原—蔚县盆地泥河湾层的研究. 中国地质科学院院报, 1986, 15: 149-160.

35 王云生, 等. 泥河湾层各主要地层剖面描述. 见: 陈茅南主编. 泥河湾层的研究. 北京: 海洋出版社, 1988. 12-39.

36 刘清泗. 哺乳动物群的分布、演化与生态习性. 见: 周廷儒, 李华章, 刘清泗, 等主编. 泥河湾盆地新生代古地理研究. 北京: 科学出版社, 1991. 55-81.

37 宗冠福, 卫奇. 泥河湾盆地发现短喙象化石. 古脊椎动物学报, 1993, 31 (2): 102-109.

38 河北省文物研究所. 河北阳原西白马营晚期旧石器研究. 文物春秋, 1989 (3): 13-40.

39 谢飞, 成胜泉. 河北阳原岑家湾发现的旧石器. 人类学学报, 1990, 9(3): 265-272.

40 卫奇. 泥河湾盆地半山早更新世旧石器遗址初探. 人类学学报, 1994, 13 (3): 223-238.

41 谢飞, 李珺. 岑家湾旧石器时代早期文化遗物及地点性质的研究. 人类学学报, 1993, 12(3): 224-234.

42 李珺, 谢飞. 马圈沟旧石器时代早期遗址发掘报告. 见: 河北省文物研究所编. 河北省考古文集. 北京: 东方出版社, 1998. 30-45.

43 陈淳, 沈辰, 陈万勇, 等. 河北阳原小长梁遗址 1998 年发掘报告. 人类学学报, 1999, 18 (3): 225-239.

44 谢飞. 泥河湾马圈沟遗址. 原载: 国家文物局主编. 2001 中国重要考古发现. 北京: 文物出版社, 2002. 又见: 谢飞著. 泥河湾. 北京: 文物出版社, 2006. 11-12.

45 Zhu R, Potts R, Xie F, et al. New evidence on the earliest human presence at high northern latitudes in northeast Asia. Nature, 2004, 431: 559-562.

46 蔡保全, 李强. 泥河湾早更新世早期人类遗物和环境. 中国科学(D 辑), 2003, 33(5): 418-424.

47 魏光飚, Lister A M. 马圈沟遗址古地磁测年结果在欧亚大陆猛犸象演化研究上的重要意义. 古脊椎动物学报, 2005, 43(3): 243-244.

48 蔡保全, 李强, 郑绍华. 泥河湾盆地马圈沟遗址化石哺乳动物及年代讨论. 人类学学报, 2008, 27(2): 127-140.

49 谢飞, 朱日祥. 泥河湾盆地马圈沟遗址研究之现状. 文物春秋, 2008 (6): 3-10.

50 同号文, 胡楠, 韩非. 河北阳原泥河湾盆地山神庙咀早更新世哺乳动物群的发现. 第四纪研究, 2011, 31(4): 643-653.

51 卫奇, 裴树文, 贾真秀. 泥河湾盆地黑土沟遗址. 人类学学报, 2016, 35(1): 43-62.

52 同号文. 河北蔚县大南沟晚更新世草原猛犸象(长鼻目,哺乳动物纲). 第四纪研究, 2010, 30(2): 307-318.

53 Tong H. Proboscidean fossil records in Nihewan Basin, North China. Quaternaire, Hors Série, 2010 (3): 173-174.

54 迟振卿, 卫奇. 泥河湾动物群考究. 见: 董为主编. 第十四届中国古脊椎动物学学术年会论文集. 北京: 海洋出版社, 2014. 71-88.

55 裴树文, 马宁, 李潇丽. 泥河湾盆地东端2007年新发现的旧石器地点. 人类学学报, 2010, 29(1): 33-43.

56 王希桐, 董为, 李凯清, 等. 泥河湾盆地扬水站化石地点2013年发掘简报. 见: 董为主编. 第十四届中国古脊椎动物学学术年会论文集. 北京: 海洋出版社, 2014. 63-70.

PRELIMINARY REPORT ON 2014'S EXCAVATION AT XIANGTOUSHAN FOSSIL LOCALITY IN QIANJIASHAWA VILLAGE, NIHEWAN BASIN

ZHAO Wen-jian[1]　　LI Kai-qing[1]　　LIU Wen-hui[2,3]　　ZHANG Li-min[2]　　DONG Wei[2]
WANG Yuan[2]　　YUE Feng[1]　　LIU Jia-qing[1]

(1 *Nihewan National Nature Reserve Management Office of Hebei Province, Zhangjiakou 075000, China;*
2 *Key Laboratory of Vertebrate Evolution and Human Origins of Chinese Academy of Sciences, IVPP, CAS, Beijing 100044;*
3 *University of Chinese Academy of Sciences, Beijing 100049*)

ABSTRACT

A nearly completed skull of mammoth in the Early Pleistocene was unearthed from the Xiangtoushan locality at Qianjiashawa Village in northeastern Nihewan Basin. Here we describe the discovery of the skull and the process of the excavation conducted in the summer of 2014, and we present the overviews of the discoveries and researches about the proboscidean in Nihewan to reveal its significance. The excavation provides some useful experience for removing large vertebrate fossils from the matrix, and has become a classic case of the administrative departments cooperating with research institutes successfully. According to the course of discovery and excavation, we propose the idea that we need to synchronize the enhancement of publicity and the improvement of the protection system, and develop the dependence on scientific research and the innovation of management style simultaneously with the purpose of ordered development and effective protection.

Key words　　Nihewan Basin,　Early Pleistocene,　mammoth skull,　protection

河北泥河湾盆地晚新生代的长鼻类化石[*]

李凯清[1]　赵文俭[1]　岳　峰[1]　刘佳庆[1]
卫　奇[2]　董　为[2]　刘文晖[2,3]　王　元[2]

(1 河北省泥河湾国家级自然保护区管理处，河北　张家口市 075000；
2 中国科学院古脊椎动物与古人类研究所，中国科学院脊椎动物演化与人类起源重点实验室，北京 100044；
3 中国科学院大学，北京 100049)

摘　要　河北泥河湾盆地晚新生代地层中蕴藏着丰富的长鼻类化石，其研究也有着悠久的历史。本研究系统梳理了泥河湾盆地象类化石的研究概况，将它们归入 5 属 6 种（含 1 个未定种），分别是轭齿象（*Zygolophodon* sp.）、中华互棱齿象（*Anancus sinensis*）、纳玛古菱齿象（*Palaeoloxodon namadicus*）、亚洲象（*Elephas maximus*）、南方猛犸象（*Mammuthus meridionalis*）和草原猛犸象（*Mammuthus trogontherii*），生存时代从晚上新世至全新世。近十余年来，欧亚大陆猛犸象的起源和演化的研究一直是国际古生物学界的前沿课题，泥河湾盆地是我国产出猛犸象化石最多、最重要的地区之一，马圈沟遗址产出了全球最早的草原猛犸象化石；最近在钱家沙洼象头山地点发掘出一具几乎完整的早更新世猛犸象头骨化石，这为探讨欧亚大陆猛犸象的起源和早期演化提供了重要的信息。

关键词　泥河湾盆地；晚新生代；长鼻类；猛犸象头骨

1　前言

泥河湾盆地填充的晚新生代堆积物厚度相当大，蕴藏着十分丰富的古生物和古环境资源。早在 20 世纪 20 年代泥河湾盆地就以盛产哺乳动物化石而闻名于世，迄今已发现的哺乳动物化石地点接近 30 个[1]，时代从晚上新世延续至全新世。根据最新的发现和统计，泥河湾盆地发现的哺乳动物化石，已经增加为 9 目至少 124 个种类[2]。

1924 年，美国哥伦比亚大学学生巴尔博（George B. Barbour）首先根据一个农夫提供的化石线索在桑干河流域做了短暂的科学考察[3]，随后与法国博物学家桑志华（Émile Licent）神父一同调查，在下沙沟村的东侧与北侧和泥河湾村东的白草沟发现了许多哺乳动物化石地点。1926 年由桑志华发掘，出土大量哺乳动物化石，经过法国地质古生物学家德日进（Pierre Teilhard de Chardin）神父实地观察和研究，在中国确立了泥河湾动物群[4]。1930 年德日进和皮韦托（Jean Piveteau）发表了《泥河湾哺乳动物化石》一书，首次对泥河湾盆地发现的哺乳动物化石做了详细描述[5]。

---

[*] 基金项目：河北省国土资源厅地质遗迹保护专项资金和中国科学院古生物化石发掘与修理专项.
李凯清：男，51 岁，河北省泥河湾国家级自然保护区管理处副主任，从事古生物化石的保护、管理和研究工作.

泥河湾盆地发现的哺乳动物化石中包含了非常丰富的长鼻类材料，众多学者做了报道和研究，在此作者拟对泥河湾盆地近百年来象类化石的研究概况进行总结和归纳，并对最近在钱家沙洼象头山新发现的早期猛犸象头骨化石提出新的看法。

2 系统描述

哺乳动物纲 Class Mammalia Linnaeus, 1758
　　长鼻目 Order Proboscidea Illiger, 1811
　　　　象形亚目 Suborder Elephantiformes Tassy, 1988
　　　　　　短颌玛姆象超科 Superfamily Mammutoidea Hay, 1922
　　　　　　　　短颌玛姆象科 Family Mammutidae Hay, 1922
　　　　　　　　　　轭齿象属 Genus *Zygolophodon* Vacek, 1877
　　　　　　　　　　　　轭齿象（未定种） *Zygolophodon* sp.

(图 1: A)

20 世纪 70 年代，中科院古脊椎所汤英俊等在河北蔚县北水泉东窑子头东南约 1 km 处的大南沟东陡壁处发现一处哺乳动物化石点，该化石点剖面厚度 57.7 m，自下而上可分为八层，其中，轭齿象（*Zygolophodon* sp.）产自剖面第三层，为灰白色砂砾石层，具清楚的斜交层理。共生的其他哺乳动物包括：假河狸（? *Dipoides* sp.）、中国貉（*Nyctereutes sinensis*）、变异猞猁（*Lynx variablis*）、披毛犀（*Coelodonta antiquitatis*）、长鼻三趾马（*Proboscidipparion sinense*）、贺凤三趾马（*Hipparion houfenense*）、付骆驼（*Paracamelus* sp.）、进步古麟（*Palaeotragus progressus*）、蔚县旋角羚（*Antilospira yuxianensis*）、中国羚羊（*Gazella sinensis*）和轴鹿（? *Axis* sp.）。产轭齿象的层位曾与东窑子头其他两个化石层位一起，被命名为"东窑子头组"，为上新世-更新世的过渡层位[6]，后多被置于稻地组的顶界，属泥河湾组，时代为早更新世[7-9]。

短颌玛姆象是一类较保守的长鼻类，该种类在欧亚大陆和美洲可分为原始的轭齿象属（*Zygolophodon* Vacek, 1877）和进步的北美乳齿象属（*Mammut* Blumenbach, 1799），其基本特征是发育了所谓的"轭型齿（Zygolophodonty）"：齿脊前后压缩，齿谷开阔，主副齿柱及中心小尖发育成脊形。东窑子头东陡壁归入 *Zygolophodon* sp. 材料仅有一件右上第三臼齿（M3）的后半部（V5961）。其主要形态特征如个体较大，臼齿较宽、齿冠低、齿脊前后向压缩，中沟发达，主副齿柱均由两个乳突组成，乳突成脊形，齿谷较开阔，跟座发达等与山西轭齿象（*Zygolophodon shansiensis*）有些相似，但因材料少且破碎没有定种[6]。泥河湾发现的 *Zygolophodon* sp. 表明轭齿象在我国生存的时代从中中新世一直延续至早更新世。

　　象形超科 Superfamily Elephantoidea Gray, 1821
　　　　互棱齿象属 Family *incertae sedis* Genus *Anancus* Aymard, 1855
　　　　　　中华互棱齿象 *Anancus sinensis* (Hopwood), 1935

(图1: B)

20 世纪 80 年代，中科院古脊椎所旧石器考古队在河北蔚县北水泉乡壶流河右岸发现两件短喙象化石：①一枚残破的左下第三臼齿（m3，尚存第三和第四两个齿脊），起初被鉴定为五棱齿象未定种（*Pentalophodon* sp.），时代为上新世；②一枚残破的下第三臼齿（m3，仅保留最后一个齿脊和后跟座），起初被鉴定为互棱齿象未定种（? *Anancus* sp.），时代为早更新世[10]。

五棱齿象（未定种）标本发现于北水泉镇 NE60°大约 1 400 m 的东沟右侧谷坡，地理坐标为 40°08′16″N，114°42′25″E，海拔高度约 890 m，地层自下而上可分为 5 层，化石产自剖面第一层，为褐红色砂质黏土与灰色砂或砂砾互层。互棱齿象（未定种）标本发现于东窑子头 45°NE 大约 800 m 的水库沟左侧谷坡砾石层中，地理坐标为 40°06′08″N，114°43′28″E，海拔高度约 930 m，地层自下而上可分为 13 层，化石产自剖面第二层。

陈冠芳[11]通过对我国北方山西榆社和甘肃灵台上新世的互棱齿象（*Anancus* Aymard, 1855）和五棱齿象（*Pentalophodon* Falconer, 1857）化石的再研究，以及与陕西、甘肃、青海和河北等地互棱齿象和五棱齿象类型的比较，得出如下结论：①*Anancus* 和 *Pentalophodon* 应属于同一类型，因为它们均具有下颌联合部短、下门齿缺失、中间臼齿由 4 个齿脊和 1 个跟座组成以及颊齿的主齿柱和副齿柱呈交错排列等相同的特征，而上述性状正是 *Anancus* 的基本特征。②我国北方上新世期间已建立的 *Anancus* 和 *Pentalophodon* 的各种可以合并为一种，按照优先法原则，该种名应是中华互棱齿象 *Anancas sinensis* (Hopwood), 1935，它依个体大、颊齿齿冠较高、具丰富的白垩质和第三臼齿的齿脊数多等性状代表了 *Anancus* 属内一进步种。③在我国北方已描述的 *Anancus* 和 *Pentalophodon* 的其他类型均是它的同物异名，这里也包括了产自河北泥河湾的上述两件标本。

互棱齿象（*Anancus* Aymard, 1855）是晚中新世至早更新世时期广布于非洲和欧亚大陆的一类短喙乳齿象，以颊齿主齿柱和副齿柱呈交错排列为基本特征。在我国的地理分布上，它东起河北阳原泥河湾、西至青海贵德；生存时代为上新世，距今约 4 Ma~2.5 Ma[11]。

真象科 Family Elephantidae Gray, 1821
真象亚科 Subfamily Elephantinae Gray, 1821
古菱齿象属 Genus *Paleoloxodon* Matsumoto, 1924
纳玛古菱齿象 *Palaeoloxodon namadicus* Falconer et Cautley, 1846

（图 1: C）

20 世纪 70 年代，中科院古脊椎所的盖培和卫奇在泥河湾村以西约 0.5 km 的上沙咀（野外地点编号：72120）附近发现一具相当完整的纳玛古菱齿象（*Palaeoloxodon namadicus*）头骨（V4443），这是我国首次发现较完整的纳玛古菱齿象头骨化石[12]。该地点地层自下而上可分为 14 层，纳玛象头骨产自剖面第四层，为紫色或灰色砂砾层，同层中还发现了 1 件石器标本[13]。头骨基本特征如下：该头骨顶部中间有一明显的凹槽，额部向前方强烈突起；鼻前孔上方、两颗之间额部向前和向侧方强烈隆起，形成一道显著的横脊；枕骨窝又深又宽，两边的枕骨均有显著的隆起，并且把颞骨的颧突推向前方；前颌骨门齿鞘之间有一宽、浅的凹槽。该地点最初报道为泥河湾层，时代为早更新世[12]。此外，纳玛古菱齿象在泥河湾盆地还曾发现于井儿沟[14]、虎头梁[15]、许家窑人类遗址[16]、辛窑子[17]等地，但均未见系统研究报告。

古菱齿象属（*Palaeoloxodon*）是由Matsumoto（1924）建立的[18]。该属的主要特征是：头高、穹形，额部强烈突起形成一个悬垂的横脊；颅顶、鼻骨和前颌都宽；门齿较直、末端微向上，故有"直齿象"之称；臼齿齿板排列紧密齿板，中间常出现小而尖锐的中尖突（loxodont sinus），珐琅质薄、呈波浪式褶皱。在我国北方，古菱齿象主要有纳玛象（*Palaeoloxodon namadicus*）和诺氏象（*Palaeoloxodon naumanni*）两种。泥河湾盆地虽然也有诺氏象的报道[19]，但因为材料破碎且缺乏系统研究很难将它与纳玛象区分，因此纳玛象在泥河湾盆地是占优势的种类。

纳玛象是比诺氏象更原始的种类，它们的主要区别在于：①前者比后者齿板数少。②依臼齿的相对宽度，诺氏象为狭齿型（stenocoronine），而纳玛象为宽齿型（eurycoronine），此外分布于欧洲的古象（*Palaeoloxodon antiquus*）也属于狭齿型。③诺氏象的喙突退化，而纳玛象的喙突较大且向前下方伸展；下颌骨侧视时，诺氏象呈近乎直角，而纳玛象呈钝角；前颌骨远端在诺氏象中不膨大，而在纳玛象中加宽；诺氏象额—顶脊适度高突，而纳玛象的却十分高突[20]。

亚洲象属 Genus *Elephas* Linnaeus, 1758
亚洲象 *Elephas maximus* Linnaeus, 1758

(图 1: D)

丁家堡水库位于阳原县东约 14 km 的上八角村和丁家堡村之间的桑干河上，东距泥河湾村约 35 km，地理坐标为 40°06′N，114°20′E；丁家堡水库桑干河河床上全新统砂砾层的堆积物经 ^{14}C 测定年代为距今约 3.63 ka 和 3.83 ka，产出的动物化石相当丰富，经鉴定有软体动物 5 种、脊椎动物 7 种，亚洲象化石包括一枚右上第三臼齿（M3）和右下第三乳臼齿（dp4），还有一些肢骨[21]。其中，右上第三臼齿由 20 个齿板组成，冠面呈长椭圆形，冠面长 18.7 cm，最大宽度 9.6 cm，最大高度 25 cm，齿板接触紧密，釉质层褶皱发育。而右下第三乳臼齿由 12 个齿板组成，冠面长 10.7 cm，宽 4.7 cm，最大高度 11 cm。此外，在丁家堡水库东距 30 km 的花稍营公社大渡口村，当地村民也曾在桑干河边挖出过一枚亚洲象的第三臼齿[21]。

泥河湾发现的亚洲象化石被认为是我国当时已知的该种分布最北的纪录，表明喜热环境的亚洲象至少在 3 ka 前在我国北方泥河湾地区依然还存在。

猛犸象属 Genus *Mammuthus* Brookes, 1828
南方猛犸象 *Mammuthus meridionalis* (Nesti, 1825)

Wei 等描述了产自泥河湾钱家沙洼的南方猛犸象标本，材料为一件下第二或第三臼齿（m2/m3，保留 4 个半齿板），这是泥河湾盆地首次鉴定出南方猛犸象化石[22]。

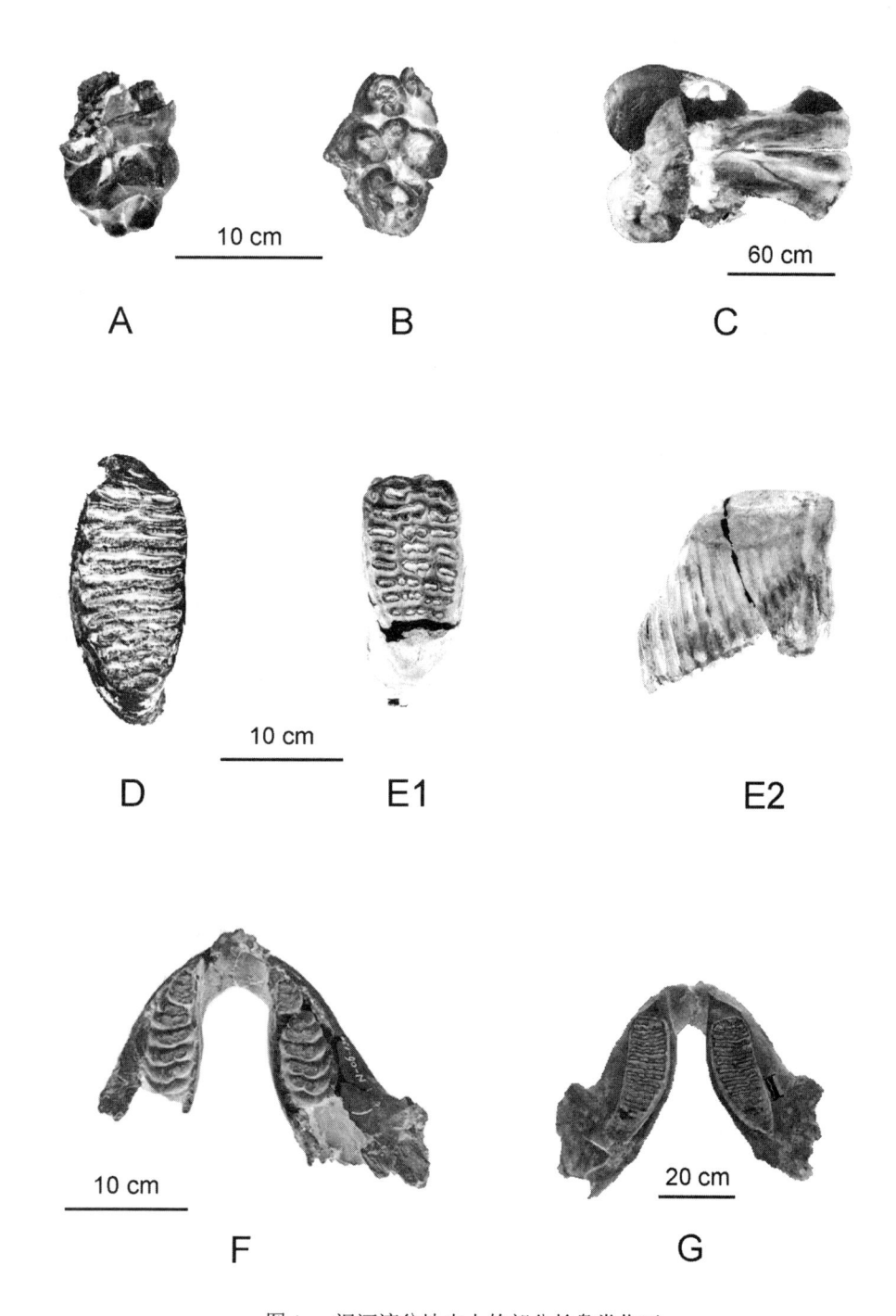

图 1 泥河湾盆地出土的部分长鼻类化石

Fig. 1 Some Proboscidean fossils from Nihewan Basin

A: 轭齿象（未定种）Zygolophodon sp.（上第三臼齿，V5961），冠面视；B: 中华互棱齿象 Anancus sinensis（下第三臼齿，V10521），冠面视；C: 纳玛古菱齿象 Palaeoloxodon namadicus（头骨，V4443），前面视；D: 亚洲象 Elephas maximus（上第三臼齿），冠面视；E-G: 草原猛犸象 Mammuthus trogontherii: E: 上第三臼齿，V13610（E1，冠面视；E2，颊侧视）；F: 幼年下颌骨，V18010.1（冠面视）；G: 下颌骨，V15715（冠面视）

草原猛犸象 *Mammuthus trogontherii* (Pohlig, 1885)

(图1: E~G)

21 世纪初中国学者在马圈沟遗址第三文化层中发现了丰富的猛犸象化石, 包括臼齿、门齿和头后骨骼等, 共生的哺乳动物如 *Equus sanmeniensis*、*Pachycrocuta* sp.、*Coelodonta antiquitatis*、*Cervus* sp.、*Gazella* sp. 等指示其生物地层年代为早更新世[23-24], 测定的古地磁年龄为距今约 1.66 Ma[25]。Wei 等系统研究了这批材料中最具鉴定意义的牙齿化石, 将其归入草原猛犸象 *Mammuthus trogontherii*[26], 证实了该遗址出土的猛犸象化石是草原猛犸象在全球的最早记录[27]。此前曾发现于下更新统东谷坨遗址、小长梁遗址的原被鉴定为古菱齿象[28-29]的材料也被修订为草原猛犸象 *Mammuthus trogontherii*[22, 26]。

山神庙咀是近年来在泥河湾盆地发现的又一处富含哺乳动物的化石点, 位于阳原县大田洼乡官厅村后, 地理坐标为 40°13′7.9″N, 114°39′56.5″E, 海拔高度约 914 m, 地层自上而下大致可分为 4 大单元, 化石产自下部灰绿色粉砂质黏土层。已发现的哺乳动物包括直隶狼 (*Canis chihliensis*)、硕鬣狗 (*Pachycrocuta* sp.)、三门马 (*Equus sanmenensis*)、中国羚羊 (*Gazella sinensis*) 和转角羚羊 (*Spirocerus* sp.) 等, 都是泥河湾动物群的典型成员, 指示其时代为早更新世[30], 古地磁的测年结果距今约 1.20 Ma[31]。山神庙咀出土了非常丰富的草原猛犸象化石, 尤其是较为完整的幼年个体的头骨、下颌骨及头后骨骼等[32-33], 进一步证实了草原猛犸象在泥河湾层中的存在。

此外, 同号文描述了一件产自泥河湾晚更新世的草原猛犸象下颌骨化石, 标本由汤英俊于 20 世纪 90 年代在蔚县东窑子头大南沟剖面以东约 80 m 处的斜坡上采集, 地理坐标为 40°05′31.3″N, 114°43′34.3″E[20]。

综上所述, 泥河湾盆地产出的长鼻类化石经系统研究可归入 5 属 6 种 (含 1 个未定种): 其中既有新近纪的孑余种, 如轭齿象 (*Zygolophodon* sp.) 和中华互棱齿象 (*Anancus sinensis*); 也有更新世的绝灭种, 如纳玛古菱齿象 (*Palaeoloxodon namadicus*)、南方猛犸象 (*Mammuthus meridionalis*) 和草原猛犸象 (*Mammuthus trogontherii*); 更有现生种, 如亚洲象 (*Elephas maximus*)。从晚上新世至全新世, 泥河湾盆地皆有长鼻类生存, 它是我国北方晚新生代长鼻类演化、扩散发展的重要地区。

3 钱家沙洼象头山新发现早期猛犸象头骨化石

猛犸象 (*Mammuthus*) 是学者和公众十分关注的史前大型哺乳动物, 近十余年来其起源和演化的研究一直是国际古生物学界的前沿课题。猛犸象是一个曾经生活于非洲、欧亚和北美等不同区域中的热带、亚热带、温带和寒带等不同生态环境中成功的生物类群。已知最早的猛犸象是起源于非洲的亚平额猛犸象 (*Mammuthus subplanifrons*), 它代表了距今 5 Ma~4 Ma 生活于热带环境的最原始的猛犸象类型, 不少学者认为它可能是后期繁盛于欧亚大陆及北美的所有猛犸象的共同祖先[34-35]。之后在晚上新世 (3.5 Ma) 猛犸象的祖先从非洲向北、向东扩散并逐步占领了整个欧亚和北美大陆, 该世系的演化中心也从非洲转移至欧亚大陆[34-36], 并于上新世-更新世期间在欧亚大陆形成了罗马尼亚猛犸象 (*M. rumanus*)、南方猛犸象 (*M.*

meridionalis)、草原猛犸象（*M. trogontherii*）和真猛犸象（*M. primigenius*）4个普遍承认的大陆型种[37]。

猛犸象属牙齿的主要特征是：门齿弯曲且强烈扭曲，这一特征在晚期类型（*M. trogontherii* 和 *M. primigenius*）中尤其显著；中等或深度磨蚀后的齿板前、后两边近于平行，中间部位与唇、舌两端在前后宽度上大致相同，不像古菱齿象臼齿中常见的菱形形态（齿板自中间部位向唇、舌两端明显收缩、变窄）；中等磨蚀的齿板中部前后、方向上都发育有大而圆钝的中间突（median sinus），明显不同于古菱齿象臼齿在同样部位常见的小而尖锐的中尖突（loxodont sinus）；釉质层褶皱呈"不规则性"，时有时无（即在某些部位发育强烈，在某些部位不发育）[22, 26]。

在20世纪，学术界普遍认为晚上新世-更新世期间猛犸象世系（罗马尼亚猛犸象→南方猛犸象→草原猛犸象→真猛犸象）的演化都是以欧洲为中心连续完成的，然后再分别向亚洲和北美扩散。21世纪初中国学者根据泥河湾盆地马圈沟遗址全球最早的草原猛犸象化石的发现，首次提出草原猛犸象很可能起源于中国北方的观点[26-27]，并很快得到国际猛犸象研究的权威——英国自然历史博物馆Lister教授和俄罗斯科学院Sher教授为代表的欧洲学者的普遍认可和接受[34-35]。

如前所述，长鼻类化石在泥河湾盆地广泛分布，但化石多为牙齿或肢骨碎片，完整的头骨非常罕见，此前仅有上沙咀发现的纳玛象头骨。2014年夏天，河北省泥河湾国家级自然保护区管理处与中科院古脊椎所合作，在钱家沙洼象头山地点发掘出土一具几乎完整的早更新世真象头骨，经中科院古脊椎所金昌柱、王元和台湾台中博物馆张钧翔初步鉴定为早期猛犸象，很可能是南方猛犸象[38]；这是泥河湾盆地同时也是华北地区首次发现早期猛犸象头骨化石，为探讨欧亚大陆猛犸象的起源和早期演化提供了珍贵的信息，对研究泥河湾盆地早更新世时期古环境变迁和古气候变化也具有指示作用。

泥河湾盆地作为我国产出猛犸象化石最多、最重要的地区之一，有望成为国际猛犸象研究新的热点区域。关于钱家沙洼早期猛犸象头骨的后续研究工作将由泥河湾国家级自然保护区管理处与中科院古脊椎所合作开展。

致谢 东谷它白瑞花、贾真岩一家为野外工作提供了大量帮助，古脊椎所高星、裴树文、同号文、金昌柱、张兆群、孙文书、谢树华、张丽芬等研究和技术人员对发掘和保护方案给予了有益的建议，国土资源部、河北省国土厅、张家口市国土局以及阳原县政府、化稍营镇以及大田洼乡的有关领导同志给予发掘工作极大的关心和支持，笔者在此致以诚挚的感谢。

参 考 文 献

1　王希桐, 董为, 李凯清, 等. 泥河湾盆地扬水站化石地点2013年发掘简报. 见: 董为主编. 第十四届中国古脊椎动物学学术年会论文集. 北京: 海洋出版社, 2014. 63-70.

2　迟振卿, 卫奇. 泥河湾动物群考究. 见: 董为主编. 第十四届中国古脊椎动物学学术年会论文集. 北京: 海洋出版社, 2014. 71-88.

3　Barbour G B. Note on the late Cenozoic deposits of the Sangkan Ho. Bulletin of the Geological society of China, 1924, 3(2): 167-168.

4　Barbour G B, Licent E, Teilhard de Chardin P. Geological study of the deposits of the Sangkanho Basin. Bulletin of the Geological society of China, 1926, 5(3-4): 263-278.

5　Teilhard de Chardin P, Piveteau J. Les mammifères fossils de Nihowan (Chine). Annales de Paléontologie, 1930, 19: 1-134.

6　汤英俊, 计宏祥. 河北省蔚县上新世-早更新世间的一个过渡哺乳动物群. 古脊椎动物与古人类, 1983, 21(3): 245-254.

7　蔡保全. 河北阳原——蔚县晚上新世小哺乳动物化石. 古脊椎动物学报, 1987, 25 (2): 124-136.

8　杜恒俭, 王安德, 赵其强, 等. 泥河湾地区晚上新世一个新的地层单位——稻地组. 地球科学——中国地质大学学报, 1988, 13(5): 561-568.

9　蔡保全, 张兆群, 郑绍华, 等. 河北泥河湾盆地典型剖面地层学研究进展. 见: 地层古生物论文集（第二十八辑）. 2004. 267-285.

10　宗冠福, 卫奇. 泥河湾盆地发现短喙象化石. 古脊椎动物学报, 1993, 31(2): 102-109.

11　陈冠芳. 中国北部上新世的互棱齿象 (*Anancus* Aymard, 1855). 古脊椎动物学报, 1999, 37: 175-189.

12　卫奇. 在泥河湾层中发现纳玛象头骨化石. 古脊椎动物与古人类, 1976, 14(1): 53-58.

13　盖培, 卫奇. 泥河湾更新世初期石器的发现. 古脊椎动物与古人类, 1974, 12 (1): 69-72.

14　泥河湾新生代地层小组. 泥河湾盆地晚新生代几个地层剖面的观察. 古脊椎动物与古人类, 1974, 12 (2): 99-108.

15　盖培, 卫奇. 虎头梁旧石器时代晚期遗址的发现. 古脊椎动物与古人类, 1977, 15(4): 287-300.

16　卫奇. 泥河湾盆地考古地质学框架. 见: 童永生, 张银运, 吴文裕, 等编. 演化的实证——纪念杨钟健教授百年诞辰论文集. 北京: 海洋出版社, 1997. 193-207.

17　刘清泗. 哺乳动物群的分布、演化与生态习性. 见: 周廷儒, 李华章, 刘清泗, 等主编. 泥河湾盆地新生代古地理研究. 北京: 科学出版社, 1991. 55-81.

18　Matsumoto H. Preliminary note on fossil elephants in Japan. Journal of Geological Society of Tokyo, 1924, 31: 255-272.

19　贾兰坡, 卫奇, 李超荣. 许家窑旧石器时代文化遗址1976年发掘报告. 古脊椎动物与古人类, 1979, 17(4): 277-293.

20　同号文. 河北蔚县大南沟晚更新世草原猛犸象(长鼻目,哺乳动物纲). 第四纪研究, 2010, 30(2): 307-318.

21　贾兰坡, 卫奇. 桑干河阳原县丁家堡水库全新统中的动物化石. 古脊椎动物与古人类, 1980, 18 (4): 327-333.

22　Wei G B, Taruno H, Kawamura Y, et al. Pliocene and Early Pleistocene primitive mammoths of Northern China: Their revised taxonomy, biostratigraphy and evolution. Journal of Geoscience-Osaka City University, 2006, 49: 59-101.

23　谢飞. 泥河湾马圈沟遗址. 国家文物局主编. 2001中国重要考古发现. 北京: 文物出版社, 2002. 11-12.

24　蔡保全, 李强, 郑绍华. 泥河湾盆地马圈沟遗址化石哺乳动物及年代讨论. 人类学学报, 2008, 27(2): 127-140.

25　Zhu R, Potts R, Xie F, et al. New evidence on the earliest human presence at high northern latitudes in northeast Asia. Nature, 2004, 431: 559-562.

26　Wei G B, Taruno H., Jin C Z, et al. The earliest specimens of the steppe mammoth, *Mammuthus trogontherii*, from the Early Pleistocene Nihewan Formation, North China. Earth Science, 2003, 57: 269-278.

27　魏光飚, LISTER A M. 马圈沟遗址古地磁测年结果在欧亚大陆猛犸象演化研究上的重要意义. 古脊椎动物学报, 2005, 43(3): 243-244.

28	汤英俊, 李毅, 陈万勇. 河北阳原小长梁遗址哺乳类化石及其时代. 古脊椎动物学报, 1995, 33(1): 74-83.
29	卫奇, 孟浩, 成胜泉. 泥河湾层中新发现一处旧石器地点. 人类学学报, 1985, 4(3): 223-232.
30	同号文, 胡楠, 韩非. 河北阳原泥河湾盆地山神庙咀早更新世哺乳动物群的发现. 第四纪研究, 2011, 31 (4): 643-653.
31	Liu P, Wu Z J, Deng C L, et al. Magnetostratigraphic dating of the Shanshenmiaozui mammalian fauna in the Nihewan Basin, North China. Quaternary International, doi.org/10.1016/j.quaint.2014.09.024.
32	Tong H W, Chen X. On newborn calf skulls of Early Pleistocene *Mammuthus trogontherii* from Shanshenmiaozui in Nihewan Basin, China. Quaternary International, doi.org/10.1016/j.quaint.2015.02.026.
33	Tong H W. New remains of *Mammuthus trogontherii* from the Early Pleistocene Nihewan beds at Shanshenmiaozui, Hebei. Quaternary International, 2012, 255: 217-230.
34	Lister A M, Sher AV, van Essen H, et al. The pattern and process of mammoth evolution in Eurasia. Quaternary International, 2005, 126-128: 49-64.
35	Lister A M, Bahn P. Mammmoths: Giants of the Ice Age. University of California Press, Berkeley, 2007.
36	Markov GN. *Mammuthus rumanus*, early mammoths, and migration out of Africa: Some interrelated problems. Quaternary International, 2012, 276-277: 23-26.
37	Wei G B, Hu S M, Yu K F, et al. New materials of the steppe mammoth, *Mammuthus trogontherii*, with discussion of the origin and evolutionary patterns of mammoths. Science China: Earth Sciences, 2010, 53: 956-963.
38	赵文俭, 李凯清, 刘文晖, 等. 泥河湾盆地钱家沙洼象头山地点 2014 年发掘简报. 见：董为主编. 第十五届中国古脊椎动物学学术年会论文集. 北京：海洋出版社, 2016. 69-86.

REVIEW OF LATE CENOZOIC PROBOSCIDEAN FOSSILS FROM NIHEWAN BASIN, HEBEI PROVINCE

LI Kai-qing[1]　ZHAO Wen-jian[1]　YUE Feng[1]　LIU Jia-qing[1]　WEI Qi[2]　DONG Wei[2]
LIU Wen-hui[2,3]　WANG Yuan[2]

（1 *Nihewan National Nature Reserve Management Office of Hebei Province*, Zhangjiakou 075000, Hebei; 2 *Key Laboratory of Vertebrate Evolution and Human Origins of Chinese Academy of Sciences, IVPP, CAS*, Beijing 100044; 3 *University of Chinese Academy of Sciences*, Beijing 100049）

ABSTRACT

The late Cenozoic deposits of Nihewan Basin, Hebei Province have unearthed abundant proboscidean fossils, the study of which also has a long history. So far, 5 genera and 6 species have been studied from late Pliocene to Holocene, including *Zygolophodon* sp., *Anancus sinensis*, *Palaeoloxodon namadicus*, *Elephas maximus*, *Mammuthus meridionalis* and *Mammuthus trogontherii*. The study on origin and evolution of mammoth in Eurasian has attracted much attention during the past ten years. Nihewan Basin has been one of the most important areas to produce mammoth remains in China. For example, the global earliest steppe mammoth (*Mammuthus trogontherii*) fossils have been found from Majuangou Paleolithic site. Recently, an almost complete skull possibly belonging to *Mammuthus meridionalis* has been recovered from Xiangtoushan Mountain in Nihewan Basin, which provides important information of origin and early evolution of mammoth in Eurasian.

Key words   Nihewan Basin, Late Cenozoic, Proboscidea, Mammoth skull

泥河湾盆地红崖扬水站地点 2014 年考察与发掘简报*

刘文晖[1,2]　董为[1]　张立民[1]　赵文俭[3]　李凯清[3]　岳峰[3]　刘佳庆[3]

(1 中国科学院古脊椎动物与古人类研究所，中国科学院脊椎动物演化与人类起源重点实验室，北京 100044；

2 中国科学院大学，北京 100049；

3 河北省泥河湾国家级自然保护区管理处，河北　张家口 075000)

摘 要　红崖扬水站地点化石丰富且保存完好，时代与狭义泥河湾动物群接近，对解决经典泥河湾动物群产地及层位不明所带来的问题，具有重要意义。继 2013 年第一次正式发掘以后，2014 年又进行了第二次发掘，出土了丰富的哺乳动物化石，至少 3 目 7 科 9 种，丰富了红崖扬水站动物群的属种。发掘期间，在红崖一带进行了地质地理考察，确定了红崖村乱石疙瘩沟和南沟的范围，考证了红崖村南部各经典剖面的具体位置；卫奇等对乱石疙瘩沟的地层剖面进行了水准测量，这些工作为理解和使用前人研究成果奠定了基础。

关键词　哺乳动物化石；红崖扬水站；乱石疙瘩沟；地层对比；早更新世；泥河湾盆地

1　前言

红崖扬水站地点位于河北省阳原县辛堡乡红崖村南约 1.2 km 乱石疙瘩沟内，发掘区位于乱石疙瘩沟北支岔的南梁南部。因对面山谷中有两级废弃的扬水站（图 1），所以曾简称为扬水站化石地点[1]。为免与八角楼村扬水站[2]和大田洼扬水站[3]等化石地点重名，正式命名其为红崖扬水站化石地点，简称红崖扬水站地点。其 GPS 坐标为 40°7′57.0″ N，114°40′17.5″ E，947.5~947.9 m。地层出露剖面在海拔 850~993.7 m。红崖扬水站地点包含两个化石层位（图 1），2011 年中国科学院地球环境研究所敖红等在此采集古地磁样品时发现，分别称为 YSZ I 层和 YSZ II 层，高差约 10 m，YSZ I 层处于 Jaramillo 下界和 Olduvai 上界之间，内插法估计其古地磁年龄为 1.6 Ma，YSZ II 层恰好位于 Olduvai 上界，古地磁年龄为 1.8 Ma[4]。敖红在 YSZ I 层采集到黄河马(*Equus huanghoensis*)头骨、貉(*Nyctereutes* sp.)的下颌骨以及猎豹（*Acinonyx* sp.）的肱骨等标本，YSZ II 层化石则仅有零星的三门马 *Equus sanmeniensis* 乳齿和长鼻类等哺乳动物化石碎片[4]。同年稍晚，中国科学院古脊椎动物与古人类研究所（以下简称古脊椎所）孙博阳、卢小康等在 YSZ I 采集到黄河马和犀类头骨及部分偶蹄类肢骨等①。YSZ I 层两次采集到的马类化石已由李永项等研究发表[5]。

---

* 基金项目：中国科学院古生物化石发掘与修理专项和河北省国土资源厅地质遗迹保护专项资金。
　刘文晖，男，26 岁，博士研究生，从事第四纪哺乳动物的研究. wenhuiliu89@126.com.
① 据参加发掘的孙博阳、贾真岩告知。

图 1 红崖扬水站地点在乱石疙瘩沟的位置

Fig. 1 Location of Hongya Yangshuizhan fossil locality in the Luanshigeda Ravine

从对面蝎子尾由南向北拍摄

相比于 YSZ II 层，YSZ I 层的标本明显较完整和丰富，近年的工作主要集中在这一层。2013 年 6 月，泥河湾国家级自然保护区管理处（以下简称泥河湾管理处）与古脊椎所董为、卫奇合作，对扬水站 I 层进行了第一次正式发掘，出土了李氏猪 *Sus lydekkeri*、布氏真枝角鹿 *Eucladoceros boulei* 等至少 8 个种的保存较完整的哺乳动物化石，标本保存于泥河湾管理处，发掘简报已经发表[1]，李氏猪头骨由刘文晖等进行了初步研究[6]。

2014 年，董为率古脊椎所红崖与钱家沙洼课题组和泥河湾管理处合作对扬水站 I 层又进行了第二次发掘，获得了丰富的哺乳动物化石；发掘期间，在红崖一带进行了地质地理考察。本文总结了 2014 年的考察和发掘工作，新剖面地层资料来自卫奇 2015 年的水准测量。

2 红崖村南部各典型剖面考证

红崖一带背靠六棱山，隔壶流河与岑家湾台地和凤凰山相望。古地形上处于泥河湾期湖积平原与山麓的接壤地带，壶流河沿断层形成深切河谷，留下两级阶地和泥河湾古湖台地（或山前洪积台地）。现在呈现出台平坎陡、沟壑纵横的地貌特征（图 2）。乱石疙瘩沟即为洪积或湖积台地的前缘陡坎。

红崖村附近地层出露完整，对研究第四纪下限、第四纪华北海平面变化、晚上新世以来环境演化等具有重要意义。从 20 世纪 60 年代起，国内十数家科研、生产和教学单位对这一带进行了多次综合考察，取得了沉积岩石、脊椎动物、微体古生物、古地磁、古气候、地球化学等多学科的研究成果，涉及"乱石疙瘩沟"、"南沟"、"扬水站剖面"、"水磨房沟"、"红崖（岩）"、"红崖村剖面"等[7]。

然而，受新构造运动和原始地形的影响，红崖村附近各剖面的层序并不完全一致；研究者众多且历时较长，剖面同物异名和异物同名（不同剖面都习惯称为"红崖剖面"）现象也不可避免地存在。因此，厘清前人著作中所说各沟、各剖面的具体位置，是正确理解和应用这些成果的必要前提。

笔者通过实地踏查、寻访村民和对照文献，考证了红崖村南部各沟的地名和范围（图2）。

图 2 红崖村南部地形和地名

Fig. 2 Topography and toponym near South of Hongya Village

2.1 红崖南沟

红崖南沟，因位于红崖村南而得名，红崖南沟位于村南约 0.5 km。沟内有流水，且曾建磨房，所以也称"水磨房沟"。据夏季踏查所见，沟内仍有流水；从"断庄库17"碑①（图3: A）北眺可见南沟北梁东部偏下的三孔窑洞，即磨房初址，后搬迁至沟口杨树林处，今已不存。

南沟规模较大，主沟向西延伸达约 1.6 km，入沟约 0.6 km 后分成两支，北支称为"南沟北支岔"（或"南沟北岔沟"）[8]。主沟南侧发育众多 NE-SW 走向或近 NS 走向的附属沟，靠近沟口的一条称为"南小沟"。南小沟东侧紧邻 Lou Hou 沟②（图3: B），南小沟与 Lou Hou 沟南部是乱石疙瘩沟北支岔，三沟呈倒"品"字形分布（图2）。南小沟、Lou Hou 沟和乱石疙瘩沟北支岔三沟汇聚处的"断庄库17"碑（图3: B）可作为地标。Lou Hou 沟位置特殊，所以地位模糊，或附属于南沟，或附属于乱石疙瘩沟，或自身独立为一沟，红崖村民说不清楚，不同学者可能有不同的理解和使用。

---

① 除"断""17"两字外，另2字不甚清楚，庞其清[61-62]剖面顶部 "断庄库"应为此碑，故从之。此碑在姚吉龙小时候即存在.
② 笔者访问之村民不识字，笔者也不知道沟名如何写法，只好记发音于此.

南沟内河湖相地层发育较完整，河湖相地层厚度远大于乱石疙瘩沟。但是南沟内红黏土仅局地出露且出露不全，下伏侏罗系砾岩无露头。事实上，红崖村南部一带仅南小沟局部及南侧紧邻的 Lou Hou 沟和乱石疙瘩沟约 0.5 km 范围内红黏土及侏罗系砾岩出露较全。南沟与乱石疙瘩沟地层的差异，一方面是由于古地形及距湖心距离不同，另一方面则是受新构造运动的影响，南沟、乱石疙瘩沟和 Lou Hou 沟之间存在红崖正断层[9]。"断庄库 17" 碑可以作为断层标示碑。为了使地层序列完整，研究者常常将 Lou Hou 沟或乱石疙瘩沟沟口地层拼接在南沟剖面下。各家所拼接方案并不完全一致，对比不同的拼接剖面需要十分谨慎。

图 3　Lou Hou 沟地标、地形与剖面
Fig. 3　Landmark, topography and section of the Louhou Ravine
A: "断庄库 17" 碑; B: 自 A 向 E 拍摄; C: 自 A 向 NE 俯拍

南沟沟口处有"红崖南沟第四纪地层剖面"碑，可作为南沟地标。但是，碑文称此剖面为 1975 年华北地质所周慕林发现，有待商榷。关于 1975 年的红崖考察，周慕林、王克钧等先后有数篇文章述及[10-14]①，但均只见"乱石疙瘩沟"而不见"南沟"。

---

① 据庞其清（2013），中国地质学会第四纪冰川第四纪地质学术会议资料中，有王克钧、潘建英《泥河湾地区第四纪冰川遗迹及"泥河湾组"地层划分的商榷》一文，应是两人 1982 年文章的会议稿，笔者未见到，不知是否有更详细的记录.

周慕林 1975 年确实有发现南沟的可能,但缺乏文献证据。1925 年的桑志华[15],1963 年的王克钧等[9],1973 年的黄万波等[16]也是相同的情况。有文献明确记载的,最早到南沟工作的是罗宝信等人。1964 年,他们在南沟剖面采集到丰富的软体动物,并分析了孢粉和介形虫,认为本剖面中下部有云杉花粉数层,温度比现今约冷 5℃[17]。相关成果未见发表,直到 1988 年才由当事人提及[17]。不过,周慕林曾引用罗宝信 1975 年"红崖冰碛层"的孢粉分析结果[14],毫无疑问罗宝信 1975 年前确实在红崖做过野外工作。据笔者所见,南沟主剖面底部应高于"红崖冰碛层"顶界,如果周慕林地层对比无误,那么罗宝信不止做过南沟剖面,或者其南沟剖面是拼接剖面。无论如何,有此佐证,罗宝信等的自述应当是可信的。红崖南沟的发现从 1964 年算起更合适些,20 世纪 60 年代中期也正是泥河湾研究的复苏时期。

1978 年,"南沟"首次在科学文献中出现。程国良等发表对红崖剖面的古地磁研究结果,剖面"始于红崖村南大沟沟底的上新世三趾马红土层,逐渐往上经蛤蜊沟、南沟、北岔沟直达台地最顶部",其野外采样是在 1976 年 9 月[8]。

20 世纪 70 年代末至 80 年代,是红崖南沟剖面研究的高峰期。约 1977—1978 年的北京地震地质考察期间,周昆叔等研究了南沟的孢粉,提出了"南沟冷期"[18-19]①。地震地质队的其他成员黄宝仁、陈方吉、任振纪等研究介形虫、地层和孢粉的"红崖剖面"[20-24],推测也可能是南沟剖面。1978 年山西石油队考察红崖,研究了以南沟剖面为主的"红崖剖面"的地层、介形类和软体动物[3, 25-28]。

70 年代末 80 年代初乱石疙瘩沟"红崖冰碛层"的讨论高潮衰退,学界对红崖一带的研究重心,基本转移到红崖南沟。从 1979 年开始,中国地质科学院天津地质矿产研究所对红崖南沟进行了大量研究,包括地层、孢粉、介形虫、有孔虫、重矿物、地球化学分析、粒度分析及磁性地层等[14,29-33],甚至考虑其作泥河湾组层型剖面[32]②。1981—1982 年,中国科学院地球化学研究所李华梅在南沟和扬水站沟进行了古地磁研究[34-36]。1982—1986 年,北京师范大学地理系研究了南沟的此层和易溶盐沉积[37-40]。1984 年,蔡保全在南沟下部地层中发现 10 多个小哺乳动物类型,归入上新世晚期"稻地动物群"[41-43],相应地层随后被建名为"稻地组"并进行了持续研究[44-46]。

20 世纪 90 年代初,天津地质矿产研究所龙天才等重新测制"红崖村剖面",除了岩石地层、古地磁研究外,还进行了氨基酸外消旋法年龄测定[47-48],推测该剖面仍为南沟剖面。

1996 年,杨子赓等提出,红崖一带位于盆地边缘,冲积扇发育,砾石层多,地层连续性差,不宜作为中国陆相第四系建议层型剖面[49]。此后泥河湾层研究的重点转向洞沟、台儿沟等地,红崖剖面研究热度有所下降。20 世纪末以来,程国良、邓成龙③等

---

① 据黄宝仁(1985),吴子荣、袁宝印、周昆叔、陈方吉等参加了 1977 年的北京地震地质调查。但周昆叔在南沟两次采样,且是在山西大同地质局矿物处等单位协助下完成的,不全是北京地震地质调查的成果。陈方吉与任振纪的成果也难以确定源自地震地质调查。这里仅以北京地震地质调查为纲.
② 据王强等的参考文献,"层型剖面"一说来自陈茅南《泥河湾层的研究》,查该书无此言;相反,陈茅南在该书序言部分称所研究的剖面"因地层缺失、出露不全等原因,尚难达到界线层型和年代地层层型的要求"。天津地质矿产研究所对红崖南沟剖面进行了大量的研究,"层型剖面"的说法应不是空穴来风;更可能是天津地质矿产研究所内部各家观点不一致或认识随研究深入而有所变化的反映,所以这里表述为"曾被考虑作为层型剖面".
③ 文章中称"红崖剖面",承蒙邓成龙先生向笔者示以采样照片,确定为红崖南沟剖面.

相继又对红崖南沟古地磁重新做了测定[53-56]。刘海坤等所测红崖剖面[57]不知何指，如果是南沟的话，南沟迄今共进行古地磁研究多达 7 次。

2000 年以来，由于南沟剖面下部含稻地动物群地层在桥联对比稻地老窝沟和西窑子头花豹沟等上新世剖面的重要作用，南沟剖面依然持续受到学界关注[50-52]。

2.2 乱石疙瘩沟

乱石疙瘩沟，也作乱石圪垯沟[16]，因沟内多砾石而得名。1975 年在沟内修建两级扬水站，所以 20 世纪 70 年代末以来也称为"扬水站沟"或"壶流河灌溉工程沟"[58]。

乱石疙瘩沟为盆地型沟，西向延伸较短（图 2 和图 4: A），且沟口横有矮梁，几乎将沟口封闭（图 4: C）。乱石疙瘩沟南部为芦沟，西部为芦沟北支岔，北为红崖南沟，东为壶流河（图 2）。沟口过去有泉出涌，称为"北海"，芦沟沟口有"南海"与之对应，现均已干涸。乱石疙瘩沟南界东段为蝎子尾（图 4: D）①，其余各界线无名。沟内冲沟发育，仅最北部一条被命名为乱石疙瘩沟北支叉（图 2 和图 4: E），其余各冲沟无名。

20 世纪 70 年代所修建的扬水站共有 4 级，第 1 级在壶流河边，第 2 级和第 3 级在乱石疙瘩沟内（图 1），第 4 级在芦沟北支岔。据红崖村民姚吉龙介绍，要先抽水至乱石疙瘩沟北支岔，在该沟口筑坝建小水库蓄水，然后用明渠引水至第 2 级扬水站，再逐级用两根粗铁管往上送，在 3 级扬水站往上一些位置铺水泥以防漏水，"当时没电，抽水用的是 55（马力）的大柴油机，后来有电了，扬水站就废了"。地面踏查发现，第 1 级扬水站已经不可见，仅余零星水泥台，第 2~4 级扬水站还有基址和残垣遗存（图 1 和图 4: A）；北支岔沟口所筑水坝几乎被沟内淤土填平，水坝中部被流水深切开口（图 1 和图 4: D）；第三级扬水站往上甚至沟顶平台上，仍有当时铺设的水泥。上述内容有助于认识沟内现在的地貌、了解"乱石疙瘩沟"和"扬水站沟"同物异名产生时间和原因，以及确定经典文献记述剖面的具体位置等，故不避琐细，记述于此。

1973 年，古脊椎所黄万波等在乱石疙瘩沟"三趾马红土"中发现三趾马和大唇犀化石，测制了剖面图[16]。所测剖面较短，且文字和剖面图中地层划分不一致，但这是 20 世纪 30 年代以来首次在泥河湾层下伏的红层中发现哺乳动物化石，也是乱石疙瘩沟首次被学界所知。根据出露地层岩性、地层厚度（仅约 50 m）以及壶流河的位置等，推断此剖面位于乱石疙瘩沟沟口至 Lou Hou 沟一带。笔者曾专门请教参加考察的徐钦琦等人，但事情过去太久，当事人已不能准确记忆。1988 年，北京师范大学用 X 射线衍射的方法分析了同一剖面的黏土矿物特征[59]。

1975 年，华北地质研究所、中国地质科学院地质力学研究所等多家单位在乱石疙瘩沟发现所谓的"红崖冰碛层"，认为与第四纪下限密切相关，于是详细测量了剖面[10,13]。"红崖冰碛层"剖面为当地开挖水渠时暴露[12, 14]，而沟内仅第二级扬水站与北支岔小水库之间有引水明渠，所以推断此剖面为乱石疙瘩沟北支岔北梁东南剖面（图 4: B），或乱石疙瘩沟北支岔南梁东部剖面（图 4: E）。1981 年，周慕林透露"红崖冰碛层原命名剖面已被坍方掩覆，但在原剖面附近'数十米'处的水泵房左侧又坍

---

① 蝎子尾是一段山梁，图 4 中将蝎子尾的最高峰标注为"蝎子尾"。

露出另一剖面，其内容与原剖面基本相似"[14]，据此可排除紧邻 2 级扬水站的北支岔南梁东剖面。卫奇印象中 1979 年第三届第四纪大会前周慕林带领刘东生、施雅风等一众专家参观的是北支岔南梁南剖面，现在，此剖面下部已经被北支岔沟内淤土覆盖（图 4: B）。根据王克钧等的地貌素描图[13]，"红崖冰碛层"剖面似要更偏东侧一些（图 4: F）；不过两处剖面是一体的，内容一致。由于所谓"红崖冰碛层"与第四纪下限密切相关，所以测量时偏重剖面中下段，根据剖面图[10]，顶部海拔 900 m 左右，尚不足扬水站 II 层的海拔（938.5~939.1 m），应是止于"断庄库 17"碑南侧山梁顶部（图 4: B）。

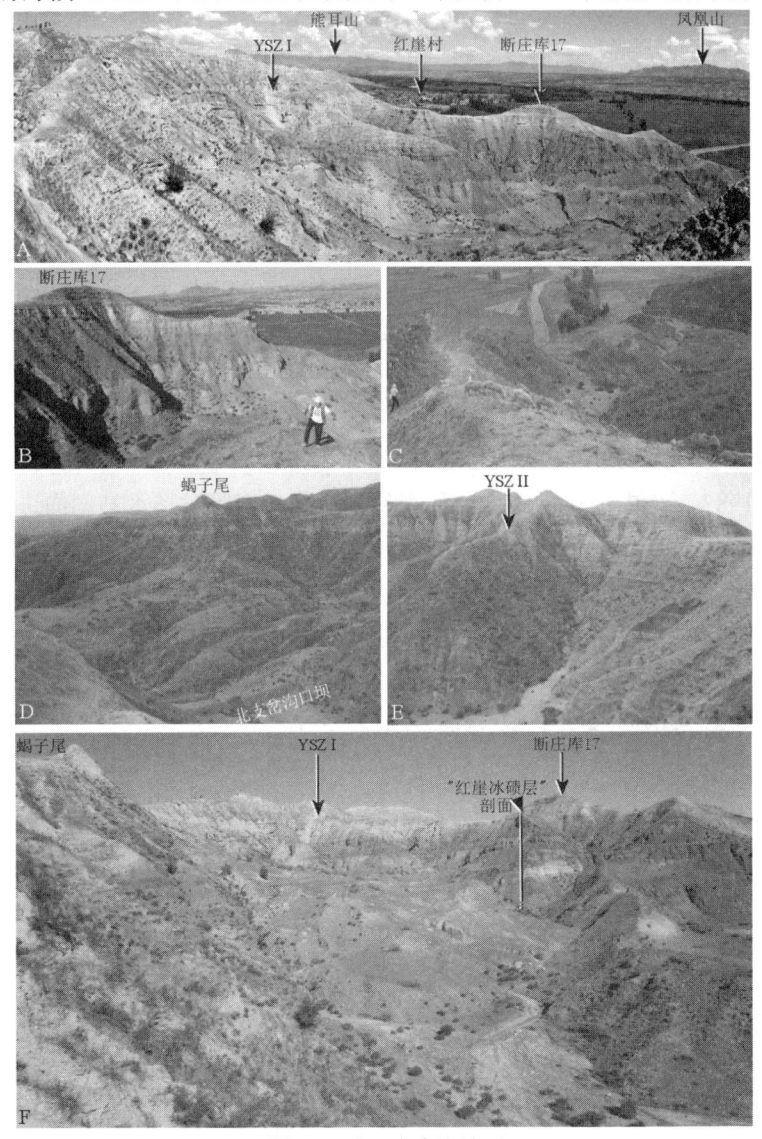

图 4　乱石疙瘩沟地形

Fig.4　Topography of the Luanshigeda Ravine

A: 北部地形及主要剖面（自蝎子尾由南向北摄）；B: 第三届第四纪大会参观剖面（自北支岔南梁中部向东摄）；C: 沟口地形（自"断庄库 17"碑向东南摄）；D: 南部地形（自"断庄库 17"碑向南摄）；E: 北部地形及乱石疙瘩沟北支岔（自"断庄库 17"碑向北摄）；F: 乱石疙瘩沟地形（自沟口向西北摄）

20世纪70年代末,河北地质学院庞其清为给1985年在宣化召开的中国第四纪陆相介形类学术讨论会提供参观剖面及相关资料,带学生实测了红崖乱石疙瘩沟等剖面,并对剖面所含介形虫进行了研究[60-62],还在剖面底部发现三趾马动物群化石①。据其后来发表的剖面图,其顶部止于"断庄库",海拔954 m[61-62]。此剖面与周慕林、王克钧等描述差不多是同一剖面,只是剖面顶部向上延伸,基本已达到扬水站II的层位。

1977−1978年,国家地震局等单位组织地震地质调查,测量了从壶流河边(剖面底部海拔889 m,壶流河海拔836 m)直达台地最顶部(海拔1 011 m)的完整剖面[63-67],此次测量的剖面。剖面测量结果发表过多次,但地层的具体划分和描述有所相同。此外,袁宝印也对地层进行了粗略划分[68-69]。这是乱石疙瘩沟剖面的第一次完整测量,其剖面顶、底海拔高度与卫奇等水准测量结果相差约5~20 m,而且路线不明,根据地层岩性进行大段的对应没有问题,但进行精细比照有一定难度。

1978年,山西石油队也对乱石疙瘩沟剖面下部(沟口位置)进行了研究,尤其是黄宝玉和郭书元等软体动物的研究[3]有较高的对比参考价值。

1979年,地矿部天津地质矿产研究所实测乱石疙瘩沟剖面[14, 58],剖面完整、路线明确且划分描述精细。层位对比工作尚有待进行,如能成功,天津地质矿产研究所对扬水站剖面的孢粉[17]、介形虫[32, 70]、黏土矿物[71]、粒度分析[72]等资料都可以拿来参考。

1981−1982年,中国科学院地球环境研究所李华梅等对扬水站剖面进行了古地磁年代学研究,但是,这次工作成果发表较简单,缺乏详细的地层信息,从岩石地层柱来看,似乎只包含了剖面下部地层[34-36]。

1981年前后[73],北京师范大学刘锡清和北京大学夏正楷为准备研究生学位论文在泥河湾实测了红崖扬水站剖面[74],该剖面为从台地顶部(990 m)到一级扬水站位置的完整剖面,但是剖面仅进行了大的划分且路线不明。

1982−1986年,北京师范大学刘清泗研究了扬水站剖面风化砾石层(刘清泗测量海拔920 m,约相当于本文第41层)以上至剖面顶部的介形虫组合[75]。

2011年敖红等在乱石疙瘩沟采样进行古地磁研究,也对剖面进行了测量和划分,并发表了岩石地层柱[4]。

乱石疙瘩沟是当地群众对此沟的惯用名,包含了"此沟多砾石"的朴素认识,抓住了此沟与南沟区别的本质:此沟底部出露侏罗系砾岩而南沟无,此地较南沟更靠近湖泊边缘而沉积更多砾石层。按照优先律,乱石疙瘩沟也是学界首先使用的名字,黄万波等的乱石疙瘩沟[16]具体位置难考,但不出乱石疙瘩沟和Lou Hou沟之间;Lou Hou沟还可能是乱石疙瘩沟的附属小沟。即使以黄万波等的命名为无效名,华北地质研究所也至迟在1976年发表使用了这个名字[10]。因此,建议以后使用"乱石疙瘩沟","扬水站沟"的名字仅保留其历史地理研究意义。

---

① 与庞其清先生交流.

3 乱石疙瘩沟剖面地层及相关问题

3.1 剖面水准测量与地层对比

如前所述，乱石疙瘩沟剖面的地层已被前人多次研究。但已有的地层剖面图，普遍没有给测量坐标，有的甚至没有海拔高度，查找应用困难较大。[①]

2015 年，卫奇等对地层剖面（图 5）进行了水准测量。在地层剖面图上，高程定位牵引自 1:500 00 地形图上许家营村北 993.7 m 标高地点（40°7′41.50″N，114°39′22.60″E）。考虑到这个地点的科学意义，我们在测绘的地层剖面图上标记了海拔高程和经纬度，便于后人检查我们的工作和进行剖面对比研究。

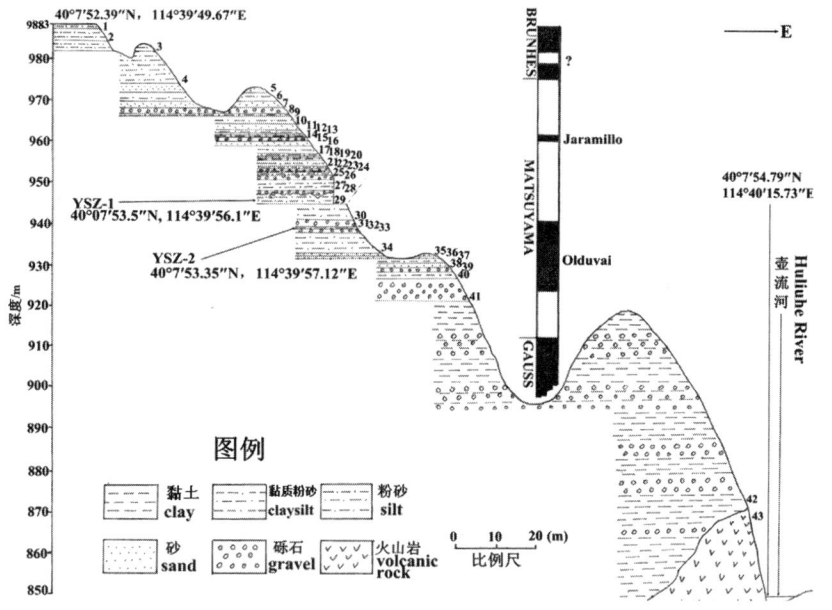

图 5 乱石疙瘩沟地层剖面图（经过红崖扬水站地点）（据卫奇 2015 年水准测量资料）

Fig. 5 Stratigraphic section of the Luanshigeda Ravine (Through the Hongya Yangshuizhan locality)
(according to Wei Qi's work in 2015)

（1）黄土状堆积。黄褐色，粉砂质，含大量细砾。位置 40°7′52.39″N，114°39′49.67″E，顶部海拔高程 988.304 m。..0.71 m

（2）黏质粉砂。灰色，具水平层理。下部呈棕黄色砂质粉砂，底部为大约 50 cm 厚的砾石层。 3.11 m

（3）粉砂。灰色，底部为 15 cm 厚的棕色砂质粉砂和 15 cm 厚的分选差磨圆度高的细砾层。 2.33 m

（4）粉砂。灰色，水平层理发育，夹薄层浅红色和棕黄色砂质粉砂，底部有 8 cm 和 5 cm 厚的两层胶结盖板。 8.00 m

（5）细砂。浅棕黄色，松散，具水平层理。 2.25 m

[①] 在泥河湾盆地研究中，类似红崖的情况并不少见。比如洞沟剖面，其科学意义举足轻重，但是它的确切位置却不清楚。据卫奇考证，钱家沙洼有个洞沟，岑家湾也有一个洞沟，而且这两个洞沟以及钱家沙洼的台儿沟和小水沟有一个共同的分水岭，即大堡梁西梁。无疑，钱家沙洼的洞沟地层剖面顶端应该是在大堡梁西梁西端（40°12′37.4″N，114°38′52.5″E），但这里地层露头的黄土厚只有 5.93 m，比报道的洞沟剖面黄土厚度小得多，而与郝家台顶部的黄土厚度却颇为相近[87]。如果是钱家沙洼的台儿沟和岑家湾的洞沟，其地层剖面的顶端则可以穿越郝家台，但均位于布朗断层的上盘，因为台儿沟恰好发育在该断层线上。何况郝家台和洞沟之间还存在断裂构造.

（6）粉砂。上部呈黄褐色，砂质；下部浅灰色，黏质，其中夹 1~3 cm 厚的细砾。　　　　1.78 m

（7）粉砂质细砂。黄褐色，据水平层理，含大量扁旋螺（*Gyraulus compressus*）和耳萝卜螺（*Radix auricularia*）化石，散布粒径小于 50 mm 细砾。顶部具有 15 cm 厚的胶结盖板。　　　　2.12 m

（8）砾石。浅灰色，粒径大多在 20 mm 以下，可见最大的达 100 mm，分选差，磨圆度高，岩性以白云岩为主，也有少量安山岩和片麻岩。中部夹 37 cm 厚的细砂层，上部呈灰色，下部呈棕色。　　1.13 m

（9）粉砂质砂。灰色，夹浅红色黏质粉砂。　　　　0.20 m

（10）黏质粉砂。浅红色，干裂块带尖棱角状。　　　　1.96 m

（11）细砂。棕色，结构松散，夹细砾，砾石最大粒径 50 mm。　　　　1.76 m

（12）黏质粉砂。浅红色，具水平层理，底部零星分布细砾。　　　　0.32 m

（13）粉砂质砂。棕色，夹灰色黏质粉砂和棕色细砂层，底部含细砾。　　　　0.66 m

（14）黏质粉砂。浅红色，底部含粗砂。　　　　0.66 m

（15）砾石。灰色，松散，粒径大多在 10 mm 以下，最大的可见达 60 mm。　　　　0.70 m

（16）粉砂质砂。棕色，中间夹浅红色砂质粉砂层，底部含细砾。　　　　0.45 m

（17）黏质粉砂。浅红色，具水平层理。　　　　0.88 m

（18）黏质粉砂。灰白色，具水平层理。　　　　1.73 m

（19）细砂。棕色，粒度均一。　　　　0.49 m

（20）黏质粉砂。浅灰色。　　　　0.15 m

（21）粉砂。黄褐色，具水平层理，其中夹 6 cm 厚的胶结盖板层。　　　　0.95 m

（22）黏质粉砂。浅红色，坚实，与下伏地层犬牙交错接触。　　　　1.64 m

（23）砾石。灰色，以细砾为主，分选差，磨圆度高，粒径大多在 20 mm 以下，可见最大的达 50 mm，岩性主要是白云岩。　　　　0.84 m

（24）粉砂。灰色，坚实，具水平层理，上部夹胶结盖板层。　　　　0.30 m

（25）砂质粉砂。浅红色，坚实。　　　　1.10 m

（26）砾石。灰白色，胶结坚实，分选差，磨圆度高，岩性以白云岩为主，粒径大多在 30 mm 以下，最大的超过 100 mm。具典型塌陷构造。岩层向西尖灭。　　　　1.06 m

（27）砂质粉砂。灰绿色。岩层向西尖灭。　　　　2.77 m

（28）粉砂质砂，棕色。或砾石层，夹棕色和灰色砂质粉砂层，有的成胶结盖板层。向西尖灭。　0.54 m

（29）砂质粉砂。浅红色。下部含哺乳动物化石(YSZ-I) (40°7′53.5″N，114°39′56.1″E，海拔 947.714~945.104 m)。　　　　2.61 m

（30）砂质粉砂。黄褐色，夹细砂层和黏质粉砂层，其中有 5 层含细砾胶结盖板层。　　3.55 m

（31）砾石。灰色，磨圆度高，略有分选，粒径大多在 10 mm 以下，最大的达超 100 mm，夹黏质粉砂薄层。　　　　2.42 m

（32）砂质粉砂。浅红色，夹细砾，含哺乳动物化石(YSZ-II) (40°7′53.35″N，114°39′57.12″E，海拔 939.134~938.584 m)。　　　　0.55 m

（33）砾石。灰色，以细砾为主，夹灰色粉砂质砂，下部有 50 cm 厚的胶结盖板层。　　0.43 m

（34）砂质粉砂。浅灰色。　　　　5.21 m

（35）粉砂质砂。棕黄色，中部夹胶结的灰色粉砂盖板。　　　　0.40 m

（36）粉砂质砂。棕色。　　　　0.27 m

（37）黏质粉砂。灰黄色，具水平层理，略胶结。 1.32 m
（38）粉砂质砂。棕色。 1.32 m
（39）砾石。灰色，以细砾为主，粒径大多在 20 mm 以下，偶见 100 mm 的中砾。具水平层理，可见 4 层胶结盖板层。 0.95 m
（40）黏质粉砂。上部呈浅灰色，下部渐变为浅红色。 1.66 m
（41）砾石。灰红色，分选差，磨圆度高，以细砾为主，中砾也不少，夹大量安山岩岩块。 5.28 m
（42）黏土。褐红色，夹砾石层。有断裂构造。（顶部海拔 921.744 m）。 出露 70.84 m
（43）基岩。安山岩，红灰色，可能属于侏罗系火山岩。(40°7′54.79″N，114°40′15.73″E，顶部海拔高约 850 m）。 出露超 20 m

在地层剖面上，这里看不到郝家台和东谷坨遗址-小长梁遗址一带岑家湾台地上的厚层黄土，顶部只有不到 1 m 厚的含砾石的黄土状堆积，这与桑干河盆地西部的许家窑-侯家窑遗址一带和大同杜庄遗址一带相像。这种现象的出现，有两种可能：或者红崖一带湖水消失比岑家湾台地晚一些，或者这里不具备黄土堆积的条件，如地面植物稀疏不利于粉尘集结。显然，泥河湾盆地的"黄土期"堆积仍然是第四纪研究值得考虑的问题。

王云生等的第 23 层"冻融褶皱"[58]、孙建中等的第 20 层"褶曲"[63]、吴子荣等的第 10 层"融冻变形"或"冻融变形"[66-67]、刘锡清和夏正楷第 10 层的冻融褶曲[74]，相互之间可以对比，可能相当于本文第 2 层下部的砾石层，有待野外再次观察确定。其他层位的对比还在进行中，实现层位的一一对应比较困难：地层本身的水平相变和垂直相变都很大，制作剖面图时路线不同结果就不同；对岩性认识的差异；地层划分与描述的详细程度不同。对比时需要注意岩性、上下层序、标志层，并辅以绝对和相对高程。对比乱石疙瘩沟剖面与南沟剖面地层，还需要考虑断层的影响。

剖面第 26 层（2015 年发掘探方第 16 层上部）的波状起伏层是很有意思的地质现象。它与虎头梁剖面上的冻融褶曲[10,76-80]和涿鹿的冻融褶曲[81]均有所不同，但是与罗家堡发现的冻融褶曲[80]十分相似[7]。英国地质学家认为这是塌陷构造，系湖滨重力塌陷所致。其真实成因值得探讨。

剖面第 28 层和 29 层的地层，在 2015 年发掘探方剖面上，并不能分开[7]。

剖面下部红色土层的成因类型、时代、划分与建组等意见众多，分歧较大，急需加强研究。

3.2 关于乱石疙瘩沟古地磁测年结果的讨论

泥河湾盆地早更新世地层的准确断代，仍然尚存很大难度，一方面是目前的许多测年方法达不到 1 Ma，而通常应用的钾氩法却又因地层中缺少火山灰而无法施展其能。现在，只有古地磁方法可以进行测年断代，但由于其方法的客观原因和主观原因，也很难做到令人满意的精度，尤其是在地层程序和地质构造不清楚的情况下就大胆断代是十分危险的。

乱石疙瘩沟的古地磁测年结果，与仙台（大长梁）和钱家沙洼洞沟相比，在地层剖面上的年龄分布高差悬殊（表 1），如果没有断裂构造说明，就有悖于沉积学理论。

表 1 乱石疙瘩沟与仙台和洞沟地层剖面的古地磁测年分析对比
Table 1 Analysis and comparison of the paleomagnetic datings

古地磁变化界线	乱石疙瘩沟(海拔/m) 原报告值[4]①	校正值	仙台(大长梁)[82](海拔/m)	洞沟[83](海拔/m)
Brunhes/Matsuyama	981.5	974.4	950.8	961.5
e1 顶界			943.8	
e1 底界			942.2	
Jaramillo 顶界	978.4	960.7	932.6	925
Jaramillo 底界	974.4	959,6	930.2	921
Qardar 顶界	960.7			
Qardar 底界	959.6			
Olduvai 顶界	940.6	940.6	902.7	889
Olduvai 底界	922.8	922.8		
Gauss 顶界	905.8	9.05.8		

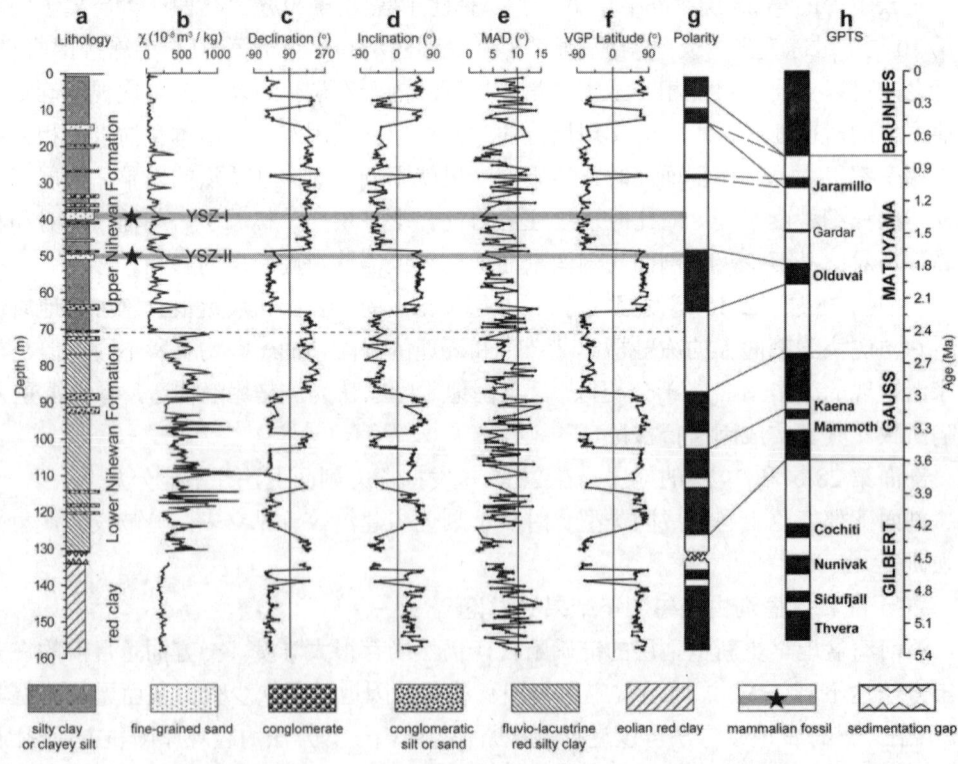

图 6 乱石疙瘩沟剖面的岩石地层学与磁性地层学和磁极时间表(GPTS)对比（据敖红等[4]）

Fig. 6 Lithostratigraphy and magnetostratigraphy of the section of Luanshigeda Ravine and correlation with the geomagnetic polarity timescale (GPTS) (after Ao et al. [4])

---

① 高程据 2015 年水准测量转换.

此剖面上砾石层较多，标志这个地点原始地层的沉积间断或剥蚀作用时有发生，因此，根据仙台和洞沟的磁性地层学资料，本文将 B/M 界线放在 974.4 m 处，将 Jaramillo 替代 Qardar，放在 959.6~960.7 m 处（表 1 和图 6），这样看起来较为合理。至于 978.4~981.5 m 处反极性时段可以看做是 Brunhes 正极性时的一个反极性亚时，如果真的是这样，那么这是泥河湾盆地在 Brunhes 正极性时第一次发现反极性亚时，无疑是泥河湾盆地古地磁测年实验的一次重大突破。

4 发掘方法

由于化石层上部仍有巨厚的泥河湾组堆积，且个别层位较坚硬，发掘难度较大。所以，2014 年采取水平掏窑的方法进行了小规模发掘（图 7）。即在 2013 年的发掘平台上水平向里开挖出一个高 2 m，长 1.9~2.2 m，进深 2~2.3 m 的窑洞进行发掘，共发掘约 5 m²，10 m³ 的堆积。为保障发掘安全，以及后期向西、向北追索化石掏挖，窑洞并不规整。

图 7　2014 年发掘场景
Fig. 7　Excavation in 2014

5 发掘成果

这次发掘取得了丰富的成果，以食肉类和食草类的肢骨为主，有少量有头骨，且有相当一部分保持良好关节关系（图 8）。

本年度发掘所得标本正在修理中，系统研究有待修理完成后进行。初步鉴定主要有如下种类：

食肉目 Carnivora Bowdich, 1821
　犬科 Canidae G. Fischer de Waldheim, 1817
　　直隶犬 *Canis chihliensis* Zdansky, 1924
　　中华貉 *Nyctereutes sinensis* (Schlosser, 1903)
　鼬科 Mustelidae Fusher de Waldheim, 1817
　　贾氏獾? *Meles chiai* Teilhard de Chardin, 1940
　鬣狗科 Hyaenidae Mivart, 1882
　　桑氏硕鬣狗?*Pachycrocuta licenti* (Pei, 1934)
奇蹄目 Perissodactyla Owen, 1848

犀科 Rhinocerotidae Gray, 1820
　　　　泥河湾披毛犀 *Coelodonta nihewanensis* Kahlk, 1969
　　马科 Equidae Gray, 1821
　　　　黄河马? *Equus huanghoensis* Chow et Liu, 1959
偶蹄目 Artiodactyla Owen, 1848
　　鹿科 Cervidae Gray, 1821
　　　　布氏真枝角鹿 *Eucladoceros boulei* Teilhard de Chardin et Piveteau, 1930
　　牛科 Bovidae Gray, 1821
　　　　蔚县旋角羚羊? *Antilospira yuxianensis* Tang, 1980
　　　　翁氏转角羚羊? *Spirocerus wongi* Teilhard de Chardin et Piveteau, 1930
　　　　中国羚羊 *Gazella sinensis* Teilhard et Piveteau, 1930

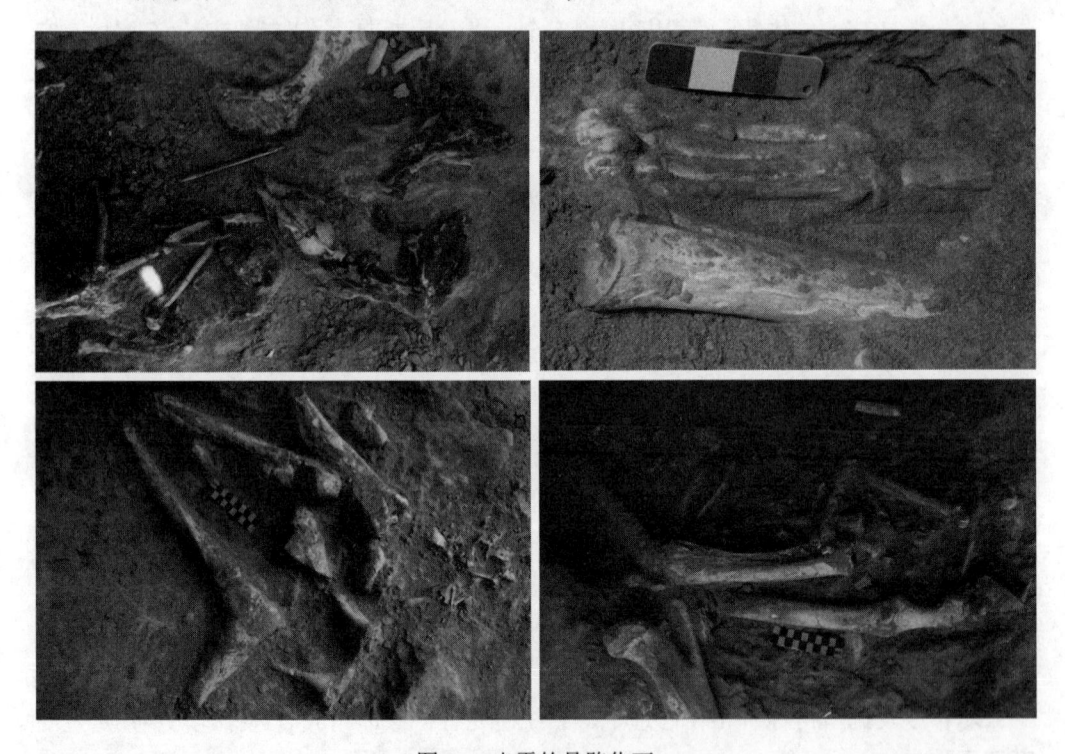

图 8　出露的骨骼化石

Fig. 8　Exposed fossil bones

　　加上此前出土的李氏猪 *Sus lydekkeri*[6]等属种，红崖扬水站地点的动物属种已经达到了"超过 10 个可建名动物群"的标准[84]，应单独建名。经慎重考虑，正式命名为"红崖扬水站动物群"。红崖扬水站动物群出土层位和时代等与经典泥河湾动物群相近，属种相似，但是经典泥河湾动物群的具体产地和层位仍存有争议，暂时不宜归入该动物群，以免造成不必要的混乱。以"扬水站动物群"为名不妥，因为"扬水站"广见于盆地内、外各处，盆地内即有多个"扬水站"产动物化石，如产 *Cervus elaphus* 角化石的上八角村扬水站[2]，以及产瓣鳃类化石的大田洼桑干河南岸扬水站[3]等。以

"红崖动物群"为名也不甚妥，原因有三。首先，1973年黄万波等在乱石疙瘩沟"三趾马红土"中采集到三趾马和大唇犀化石[16]，虽只有两个属种，多数研究者仅视作"化石地点"，但是，已有部分研究者称其为"红崖动物群"[55-56]，根据优先律，应当规避。此外，除三趾马和大唇犀化石之外，山西石油队曾在该地点附近采集到似贺凤三趾马化石和原鼢鼠等[3, 25-27]，河北地质学院庞其清早年也采集到属种数量较丰富的化石，笔者等2015年调查时也有所发现，这些化石的层位和时代有待进一步研究，但可能是"红崖动物群"的潜在成员，"红崖动物群"的属种不一定单调。再者，"红崖"在地质古生物学界使用广泛，除泥河湾红崖外，还有山西太谷红崖[85-86]等，"红崖组"的重名问题，庞其清已经指出[61]，不宜再添乱。

6 结语

红崖南沟和乱石疙瘩沟是泥河湾盆地的经典剖面，研究成果丰富。但是已有地层剖面图缺乏明确地理坐标和海拔高度等信息，不利于地层对比和成果使用。本文初步考证了前人研究剖面的位置，并新测制了乱石疙瘩沟地层剖面，标注了海拔高程和经纬度，以利于后人检查和进行剖面对比研究。

乱石疙瘩沟剖面，上部的泥河湾组有两层含丰富的哺乳动物化石，下部又出露较厚的含上新世哺乳动物化石的红色土堆积，对于研究晚上新世以来的泥河湾地区的环境演化具有重要意义，在泥河湾盆地具有不可替代的科学地位。

本文将古地磁测年报告[4]中的Jaramillo正极性亚时归于Brunhes正极性时段，将Gardar作为Jaramillo看待。即使如此，乱石疙瘩沟剖面与壶流河对岸仍有明显不同，Brunhes正极性时段的堆积较薄，而且不见真正的黄土。Matsuyama/Gauss的界线分布在海拔911 m位置，显得较高。从地貌学和地层学来看，存在悖论，即使彼此之间存在断裂构造，也是令人非常困惑的。

红崖扬水站地点出土丰富的早更新世哺乳动物化石，已发现属种数量超过10个，正式命名为红崖扬水站动物群，为研究中国早更新世哺乳动物演化提供了宝贵的材料。红崖扬水站动物群化石相当部分仍保持良好的关节关系，推测为原地埋藏。即使存在水流搬运，搬运改造力度也应较小。

致谢 作者非常感谢卫奇研究员，他指导了野外发掘并拍摄了照片，提供了2015年剖面水准测量资料并做了与洞沟和仙台剖面的磁性地层对比。贾真岩参加了大量的野外发掘工作，白瑞花参加了2015年乱石疙瘩沟剖面的水准测量，中科院古脊椎所孙博阳博士告知了2011年在YSZ I层采集化石的具体情况，中科院地质与地球物理研究所邓成龙研究员提供了其在红崖南沟采古地磁样品的照片，石家庄经济学院（原河北地质学院）庞其清教授热心介绍了对乱石疙瘩沟剖面下部红层划分的意见并提供了其早年在附近发现哺乳动物化石的清单，笔者在此表示衷心感谢！

红崖调查过程中，笔者曾寻访红崖村民多人，但是年轻人对各沟岔已不甚了解；上年纪的老牧民虽比较清楚且愿意帮忙，但是为照看羊群，多只能就近比划。姚吉龙，红崖村人，63岁（2016年）。不识字，以种地牧羊为生，偶尔打短工，2005年曾参加邓成龙带队的红崖南沟古地磁采样。他为笔者详细介绍了红崖村南大部分沟岔的名称、范围、典故及沿革，这些认识均来自他的亲身经历和老一辈口口相传，且可与其他牧羊人所说对照，与相关文献记载也不矛盾，可信度很高，特此致谢！

参 考 文 献

1 王希桐, 董为, 李凯清, 等. 泥河湾盆地扬水站化石地点 2013 年发掘简报. 见: 董为主编. 第十四届中国古脊椎动物学学术年会论文集. 北京: 海洋出版社, 2014. 63-70.

2 卫奇. 泥河湾层中的新发现及其在地层学上的意义. 见: 中国科学院古脊椎动物与古人类研究所编. 古人类论文集——纪念恩格斯《劳动在从猿到人转变过程中的作用》写作一百周年报告会论文汇编. 北京: 科学出版社, 1978. 136-150.

3 黄宝玉, 郭书元. 从软体动物化石讨论泥河湾地层划分、时代及岩相古地理. 中国地质科学院天津地质矿产研究所所刊, 1981, 4: 17-32.

4 Ao H, Dekkers M J, An Z, et al. Magnetostratigraphic evidence of a mild-Pliocene onset of the Nihewan Formation - implications for early fauna and hominid occupation in the Nihewan Basin, North China. Quaternary Science Reviews, 2013, 59: 30-42.

5 李永项, 张云翔, 孙博阳, 等. 泥河湾新发现的早更新世真马化石. 中国科学: 地球科学, 2015, 45(10): 1457-1468.

6 Liu W, Dong W, Zhang L, et al. New material of Early Pleistocene *Sus* (Artiodactyla, Mammalia) from Yangshuizhan in Nihewan Basin, North China. Quaternary International, 2016. (in press).

7 赵文俭, 李凯清, 刘文晖, 等. 泥河湾盆地红崖扬水站化石地点 2015 年发掘简报. 见: 董为主编. 第十五届中国古脊椎动物学学术年会论文集. 北京: 海洋出版社, 2016. 133-150.

8 程国良, 林金录, 李素玲, 等. "泥河湾层"的古地磁学初步研究. 地质科学, 1978, (3): 247-252.

9 王克钧, 赵根模, 辛永信. 泥河湾地区新构造的表现. 华北地质科技情报, 1964 (1): 67-73.

10 华北地质研究所第四纪编表组. 河北阳原及其邻近地区第四系下限及地层划分对比问题. 见: 河北省革命委员会地质局编. 华北区第三系第四系分界与第四系划分专题会议文件汇编(下册). 1976. 326-340.

11 王克钧. 泥河湾地区 "泥河湾组" 地层初步划分对比意见. 见: 中国第四纪研究委员会编. 中国第四纪研究委员会第三届学术会议论文摘要汇编, 1979. 48-49.

12 周慕林. 论 "红崖冰期". 见: 中国第四纪研究委员会编. 第三届全国第四纪学术会议论文集. 北京: 科学出版社, 1982. 295.

13 王克钧, 潘建英. 泥河湾组地层划分及红崖冰碛. 中国地质科学院地质力学研究所所刊, 1982 (2): 133-148.

14 周慕林. "红崖冰碛层" 地质时代的重新厘定. 中国地质科学院天津地质矿产研究所所刊, 1981 (4): 1-16.

15 Licent E. Comptes-Rendus de onze années (1923-1933) de séjour et d'exploration dans le Bassin du Fleuve Jaune, du Pai Ho et des Autres Tributaires du Golfe du Pei-Tcheu-Ly. Publications du Musée Hoang ho Pai ho, 1935, 38 (1): 1-296.

16 泥河湾新生代地层小组. 泥河湾盆地晚新生代几个地层剖面的观察. 古脊椎动物与古人类, 1974, 12(2): 99-100.

17 罗宝信, 王毓钊, 林泽蓉, 等. 泥河湾层的孢粉. 见: 陈茅南主编. 泥河湾层的研究. 北京: 海洋出版社, 1988. 40-62.

18 周昆叔, 梁秀龙, 严富华, 等. 从泥河湾层花粉分析谈南沟冷期及其他问题. 见: 第四纪地质文集(地层、年代学和其他). 北京: 中国科学院地质研究所, 1979. 9-17.

19	周昆叔, 梁秀龙, 严富华, 等. 从泥河湾层花粉分析谈南沟冷期等问题. 地质科学, 1983 (1): 82-92.
20	黄宝仁. 桑干河中下游流域更新世介形类初步研究. 科学通报, 1980 (6): 277-278.
21	黄宝仁. 桑干河中下游流域更新世介形类及其地质意义. 中国科学院南京地质古生物研究所集刊, 1985, 21: 85-107.
22	陈方吉. 桑干河流域的"泥河湾地层". 见: 第四纪地质文集(地层、年代学和其他). 北京: 中国科学院地质研究所, 1979. 32-39.
23	陈方吉. 桑干河流域的泥河湾地层. 见: 中国第四纪研究委员会编. 中国第四纪研究委员会第三届学术会议论文摘要汇编. 北京: 地质出版社, 1979. 23-24.
24	任振纪. "泥河湾组"地层沉积物的孢粉组合特征及其地质意义. 河北地质学院学报, 1982, Z1: 166-169.24
25	夏乐亭. 泥河湾盆地晚新生代地层的划分及与山西地堑第四系的对比. 见: 中国第四纪研究委员会. 第三届全国第四纪学术会议论文集. 北京: 科学出版社, 1982. 243-244.
26	韩云生. 论"泥河湾层". 地层学杂志, 1982, 6(2): 121-127.
27	林永洲. 河北阳原、蔚县几个泥河湾组剖面的介绍. 地层学杂志, 1984, 8(2): 152-160.
28	王景哲, 王强, 田国强. 桑干——汾渭断陷带晚新生代介形类组合序列及古环境. 微体古生物学报, 1987, 4 (4): 409-421.
29	陈茅南, 王云生, 王淑芳, 等. 河北阳原—蔚县盆地泥河湾层的研究. 中国地质科学院院报, 1986, 15: 149-160.
30	岳军, 蒋明媚. 用多元统计分析方法对泥河湾层的划分与对比. 海洋地质与第四纪地质, 1986, 6(2): 81-94.
31	陈茅南. 泥河湾层的研究. 北京: 海洋出版社, 1988. 1-145.
32	王强, 王景哲. 河北阳原——蔚县盆地泥河湾组介形虫、有孔虫化石群及古环境变迁. 见: 卫奇, 谢飞主编. 泥河湾研究论文选编. 北京: 文物出版社, 1989. 287-295.
33	王云生. 河北阳原泥河湾层的沉积相及沉积系列. 海洋地质与第四纪地质, 1989, 9(1): 85-92.
34	Li H, Wang J. Magnetostratigraphic study of several typical geologic section in North China. In: Liu T ed. Quaternary Geology and Environment of China. Beijing: China Ocean Press, 1982. 33-35.
35	李华梅, 王俊达. 泥河湾层的磁性地层学研究. 见: 中国科学院地球化学研究所编. 中国科学院地球化学研究所年报(1982-1983). 贵阳: 贵州人民出版社, 1983. 182-184.
36	李华梅, 王俊达. 中国北方几个典型地质剖面的磁性地层学研究. 中国第四纪研究, 1985, 6(2): 29-33.
37	李荣全. 古湖的沉积特征及地层划分. 见: 周廷儒, 李华章, 刘清泗, 等主编. 泥河湾盆地新生代古地理研究. 北京: 科学出版社, 1991. 31-46.
38	李荣全. 古湖水的理化性质. 见: 周廷儒, 李华章, 刘清泗, 等主编. 泥河湾盆地新生代古地理研究. 北京: 科学出版社, 1991. 47-54.
39	李荣全, 乔建国, 邱维理, 等. 泥河湾层内易溶盐沉积及其环境意义. 中国科学(D 辑), 2000, 30 (2) :148-158.
40	Li R, Qiao J, Qiu W, et al. Soluble salt deposit in the Nihewan beds and its environmental significance. Science in China(Series D), 2000, 43(5): 464-479.
41	蔡保全. 河北阳原——蔚县晚上新世小哺乳动物化石. 古脊椎动物学报, 1987, 25(2): 124-136.
42	蔡保全. 河北阳原——蔚县晚上新世兔形类化石. 古脊椎动物学报, 1989, 27(3): 170-181.
43	蔡保全, 邱铸鼎. 河北阳原——蔚县晚上新世鼠科化石. 古脊椎动物学报, 1993, 31(4): 267-293.
44	杜恒俭, 王安德, 赵其强, 等. 泥河湾地区晚上新世一个新的地层单位——稻地组. 地球科学——中国地质大学学报, 1988, 13 (5): 561-568.

45	杜恒俭, 赵其强, 程捷, 等. 中国中、东部晚第三纪生物地层及古哺乳动物研究的新进展. 现代地质, 1990, 4(4): 1-14.
46	杜恒俭, 蔡保全, 马安成, 等. 泥河湾地区晚新生代生物地层带. 地球科学——中国地质大学学报, 1995, 20(1): 35-42.
47	龙天才, 王淑芳, 张志良, 等. 泥河湾地区第四纪下限问题. 第四纪研究, 1991 (3): 237-244.
48	吴佩珠, 龙天才, 王淑芳. 泥河湾层的氨基酸年龄测定. 地质科学, 1995, 30(2): 159-165.
49	杨子赓, 林和茂, 张光威等. 泥河湾盆地下更新统. 见: 杨子赓, 林和茂主编. 中国第四纪地层与国际对比. 北京: 地质出版社, 1996. 109-130.
50	张兆群, 郑绍华, 刘建波. 泥河湾盆地上新世小哺乳动物生物地层学及相关问题讨论. 古脊椎动物学报, 2003, 41(4): 306-313.
51	蔡保全, 张兆群, 郑绍华, 等. 河北泥河湾盆地典型剖面地层学研究进展. 地层古生物论文集, 2004, 28: 267-285.
52	李强, 郑绍华, 蔡保全. 泥河湾盆地上新世地层序列与环境. 古脊椎动物学报, 2008, 46(3): 210-232.
53	程国良, 刘占坡, 徐锡伟, 等. 更新世/上新世年代界线的磁性地层学研究——泥河湾盆地红崖剖面为例. 现代地质, 1999, 13(增刊): 21.
54	王红强, 邓成龙. 泥河湾磁性地层学研究回顾. 地球物理学进展, 2004, 19(1): 26-35.
55	朱日祥, 邓成龙, 潘永信. 泥河湾盆地磁性地层定年与早期人类演化. 第四纪研究, 2007, 27(6): 922-944.
56	Deng C, Zhu R, Zhang R, et al. Timing of the Nihewan formation and faunas. Quaternary Research, 2008, 69(1): 77-90.
57	刘海坤, 王法岗, 徐建明等. 华北地区晚新生代几个地层单元的讨论. 地球学报, 2009, 30(5): 571-580.
58	王云生, 等. 泥河湾各主要剖面描述. 见: 陈茅南主编. 泥河湾层的研究. 北京: 海洋出版社, 1988. 12-39.
59	王诗佾. 河北阳原盆地黏土矿物特征与古气候演变. 海洋地质与第四纪地质, 1988, 8(4): 77-89.
60	庞其清, 郑学信. 泥河湾盆地泥河湾组介形虫化石的地层意义. 见: 中国第四纪研究委员会第三届学术会议论文摘要汇编. 中国第四纪研究委员会, 1979. 51-52.
61	庞其清. 泥河湾盆地晚新生代地层及其划分和时代. 见: 卢耀如, 郝东恒编. 矿产资源·地质环境·经济管理——石家庄经济学院五十周年校庆论文选集. 北京: 地质出版社, 2003. 17-31.
62	庞其清, 谷振飞. 河北泥河湾盆地晚新生代介形类生物地层. 微体古生物学报, 2011, 28(1): 55-97.
63	孙建中, 裴静娴. 泥河湾组沉积物天然热发光研究. 见: 第四纪地质文集（地层、年代学和其他）. 北京: 中国科学院地质研究所, 1979. 23-28.
64	孙建中, 裴静娴. 泥河湾组天然热发光初步研究. 见: 中国第四纪研究委员会编. 中国第四纪研究委员会第三届学术会议论文摘要汇编. 1979. 66-67.
65	孙建中, 裴静娴. 泥河湾组沉积物天然热释光研究. 见: 中国第四纪研究委员会全新世分会陕西省地震局编. 史前地震与第四纪地质文集. 西安: 陕西科学技术出版社, 1982. 171-177.
66	吴子荣, 孙建中, 袁宝印. 对泥河湾地层的认识与划分. 见: 第四纪地质文集 (地层、年代学和其他). 北京: 中国科学院地质研究所, 1979. 1-8.
67	吴子荣, 孙建中, 袁宝印. 对泥河湾地层的认识与划分. 地质科学, 1980 (1): 87-95.
68	袁宝印. 阳原盆地形成和发育历史的几个问题. 见: 第四纪地质文集（地层、年代学和其他）. 北京: 中国科学院地质研究所, 1979. 18-22.
69	袁宝印. 阳原盆地形成和发育历史的几个问题. 见: 中国第四纪研究委员会. 中国第四纪研究委员会第三届学术会议论文摘要汇编. 1979. 157-158.

70	王强, 王景哲. 泥河湾层的介形类、有孔虫化石群. 见: 陈茅南主编. 泥河湾层的研究. 北京: 海洋出版社, 1988. 62-78.
71	陈茅南. 泥河湾层的黏土矿物. 见: 陈茅南主编. 泥河湾层的研究. 北京: 海洋出版社, 1988. 89-93.
72	葛树华, 陈茅南, 王云生. 泥河湾层的沉积岩石学分析. 见: 陈茅南主编. 泥河湾层的研究. 北京: 海洋出版社, 1988. 109-116.
73	卫奇. 泥河湾层中的大角鹿一新种. 古脊椎动物与古人类, 1983, 21(1): 87-95.
74	刘锡清, 夏正楷. 关于泥河湾层划分对比的意见. 海洋地质与第四纪地质, 1983, 3(1):75-85.
75	刘清泗. 介形类组合分析及其生态环境. 见: 周廷儒, 李华章, 刘清泗, 等主编. 泥河湾盆地新生代古地理研究. 北京: 科学出版社, 1991. 88-104.
76	袁振新. 阳原县虎头梁冰缘融冻褶皱的发现和意义. 见: 卫奇, 谢飞编. 泥河湾研究论文选编. 北京: 文物出版社, 1989. 383-385.
77	吴子荣. 关于泥河湾层顶部冻融变形的机制分析和时代探讨. 见: 第四纪地质文集（地层、年代学和其他）. 北京: 中国科学院地质研究所, 1979. 29-31.
78	吴子荣, 高福清. 泥河湾组顶部冻融变形的机制分析和时代探讨. 见: 中国第四纪研究委员会全新世分会陕西省地震局编. 史前地震与第四纪地质文集. 西安: 陕西科学技术出版社, 1982. 143-148.
79	周廷儒, 张兰生, 李华章. 华北更新世最后冰期以来的气候变迁. 北京师范大学学报, 1982 (1): 77-88.
80	李华章. 本区主要地貌类型、发育及特征. 见: 周廷儒, 李华章, 刘清泗, 等主编. 泥河湾盆地新生代古地理研究. 北京: 科学出版社, 1991. 14-20.
81	黄宝仁, 黄兴根. 桑干河流域晚更新世介形类与冰缘沉积的关系. 冰川冻土, 1988, 10(4): 429-434.
82	Deng C, Wei Q, Zhu R, et al. Magnetostratigraphic age of the Xiantai Paleolithic site in the Nihewan Basin and implications for early human colonization of Northeast Asia. Earth and Planetary Science Letters, 2006, 244: 336-348.
83	Zhu R, Hoffman KA, Potts R, et al. Earliest presence of humans in northeast Asia. Nature, 2001, 413: 413-417.
84	同号文, 汤英俊, 袁宝印. 脊椎动物生物地层划分. 见: 袁宝印, 夏正楷, 牛平山主编. 泥河湾裂谷与古人类. 北京: 地质出版社, 2011. 47-60.
85	北京大学地质地理系. 太焦线太谷红崖及武乡张村地区新生代地质. 见: 河北省革命委员会地质局编. 华北区第三系第四系分界与第四系划分专题会议文件汇编(下册). 1976. 341-380.
86	黄宝玉, 郭书元, 等. 山西中南部晚新生代地层和古生物群. 北京: 科学出版社, 1991. 1-265.
87	卫奇, 裴树文, 贾真秀, 等. 泥河湾盆地黑土沟遗址. 人类学学报, 2016, 35(1): 43-62.

PRELIMINARY REPORT ON 2014'S INVESTIGATION AND EXCAVATION AT HONGYA YANGSUIZHAN FOSSIL LOCALITY IN NIHEWAN BASIN

LIU Wen-hui[1,2]   DONG Wei[1]   ZHANG Li-min[1]   ZHAO Wen-jian[3]
LI Kai-qing[3]   YUE Feng[3]   LIU Jia-qing[3]

(1 *Key Laboratory of Vertebrate Evolution and Human Origins of Chinese Academy of Sciences, IVPP, CAS, Beijing 100044;*
2 *Nihewan National Nature Reserve Management Office of Hebei Province, Zhangjiakou 075000, China;*
3 *University of Chinese Academy of Sciences, Beijing 100049*)

ABSTRACT

Hongya Yangshuizhan (pumping station) locality is located in the Nihewan Formation at Hongya village, Yangyuan County in Nihewan Basin, Northern China. Following the first official excavation in 2013, the second excavation was conducted in 2014 and abundant of mammalian fossils were unearthed. Based on the preliminary identification, the specimens belong to 3 orders, 7 families and 9 species at least and should be named after Hongya Yangshuizhan Fauna. The fauna with exact location and horizon is comparable with the classical Nihewan Fauna in fauna's nature and geologic age. In addition, we also investigate the topography south of Hongya village to clear the names and ranges of the ravines. Besides, the profile of Luanshigeda ravine is leveling measured again by Wei Qi et al. The investigation and the measuring work make the previous research productions about the profile available to compare and integrated reuse.

Key words   mammalian fossils, Hongya Yangshuizhan Locality, Luanshigeda Ravine, stratigraphic correlation; Lower Pleistocene, Nihewan Basin

中国南方第四纪的犀科化石[*]

严亚玲[1,2]　朱　敏[3]　秦大公[4]　金昌柱[2]

(1 河北地质大学, 地球科学博物馆, 石家庄 050031;
2 中国科学院古脊椎动物与古人类研究所, 中国科学院脊椎动物演化与人类起源重点实验室, 北京 100044;
3 北京师范大学历史学院, 北京 100875;
4 北京大学生命科学学院, 北京 100871)

摘　要　本研究初步总结了中国南方第四纪的犀科化石;详细论述了中国南方第四纪犀科动物化石的种类、特征及分布。目前,有关南方犀科化石的分类主要依据牙齿及少量的头骨骨骼特征,而大部分哺乳动物化石地点中的犀牛化石仍缺乏详细的描述以及测量数据,未来有待开展更多的系统分类工作。

关键词　中国南方;第四纪;犀科化石

1　前言

目前,我国更新世化石地点中有大量的犀牛化石材料,这些材料中大部分是牙齿,由于犀牛牙齿特征明显,因此,一般这些材料很容易和其他类群(如马、貘)区别开来。但是,由于更新世化石地点中的犀牛化石代表的是种一级别的类群,它们之间的形态具有一定的相似性,这种相似性在同一属内的各个不同种之间的颊齿冠面上表现的尤为明显。上述问题在产自中国华南地区更新世化石地点中的犀牛化石中同样存在。正如裴文中、周本雄等所指出的那样[1-2],由于中国犀(*Rhinoceros sinensis*)最初订立新种名时,所根据的材料贫乏,且不典型,再加上后来的研究者将不同的标本都列为同种,因此,中国南方更新世的犀科化石从更新世初期到晚期都统记述为中国犀一种,情况异常混乱。近几年研究者在工作过程中注意到了该问题[3-4],虽然情况有所改善,但是目前还没有针对这些类群的专门研究文献。近几十年来,随着古生物事业的发展,在华南地区更新世化石地点中所采集到的犀科化石也大量增加,因此上述问题也亟待解决。

本项研究的主要内容之一就是在系统观察和深入研究中国南方地区大量更新世化石地点中所采集的丰富的犀科牙齿(包括 11 个地点,478 件标本)的基础上,梳理清楚华南地区犀类各个属种之间的形态方面的差异,为将来的相关工作提供分类鉴定的参照。

---

[*] 基金项目:河北地质大学博士启动基金.
严亚玲:女,29 岁,从事第四纪哺乳动物研究.

2 华南地区更新世时期犀牛化石概述

更新世时期，华南地区的的犀牛化石计有斯迪凡犀（*Stephanorhinus*）、独角犀（*Rhinoceros*）和额鼻角犀（*Dicerorhinus*）3个属，下面就分别对各属进行概述。

2.1 斯蒂芬犀（*Stephanorhinus* Kretzoi, 1942）

长头型；鼻尖及额头各具一角，鼻角较额角强大；鼻中隔部分骨化；鼻切迹、眼眶前缘及腭骨后缘后移；无明显犁骨脊；翼板后缘倾斜；外耳道底部封闭；乳突很发育；颅骨在乳突处明显膨大；枕嵴稍向后倾斜；无上、下门齿；前臼齿臼齿化程度高；上颊齿无反前刺；下颌上升支后倾；桡骨较长，其长度大于肱骨长度的85%，甚至两者等长；股骨大转子较长；掌骨较长；腓骨头较短[5-6]。

该属属型种为*Stephanorhinus etruscus*（Falconer, 1859–1868），其分布在欧洲。在我国第四纪时期该属归入种包括：*S. kirchbergensis*（Jäeger, 1839）, *S. yunchuchenensis*（Chow, 1963）, *S. lantianensis*（Hu et Qi, 1978）, *S. hexianensis*（Zheng et Huang, 2001）共4种。除了梅氏犀分布较广以外，后面3个种属于单地点种。*S. yunchuchenensis*正模标本为一件几乎完整的颅骨（IVPP V2879），化石采自于山西省，依据地区地质资料推测，其地质时代应该是早更新世[7]。*S. lantianensis*正模标本为一件完整的老年个体的颅骨，化石采自陕西省蓝田县公王岭，其地质时代为早更新世晚期（1.15 Ma）[8]。*S. hexianemsis*化石采自安徽和县猿人遗址，其地质时代为中更新世（0.42 Ma）[9]。梅氏犀是中国北方地理和地史分布最广的额鼻角犀类，这一化石种发现的材料较为丰富，我国北方第四纪主要的非腔齿犀类的化石都归于这个种[10]。更新世时期，该属生存在我国南方地区的种有 *S. kirchbergensis*、*S. hexianensis*，另有早更新世的*Stephanorhinus* sp.生存于南方多个地点。

2.2 额鼻角犀（*Dicerorhinus* Gloger, 1841）

鉴定特征：个体较小；长有鼻角和额角；长头型；相对与颅骨的长度而言，颧弓宽度较宽；鼻中隔偶尔（部分）骨化；鼻切迹和眼眶前缘向后移；眼眶前缘位于M1之上；臼后突和副枕突（post-tympanic）没有愈合；矢状脊（sagittal crest）缺失；枕面向后倾斜或几乎垂直；枕面为梯形；眼眶到鼻骨（orbitonasal）的长度超过眼眶到耳部（orbitoaural）的长度；枕面到鼻骨的长度和枕髁到鼻骨的长度几乎相等；臼齿为低冠或亚高冠；前刺中度发育；缺失小刺和反前刺；臼齿上中谷深于后谷；I^2和I_1缺失，I^1和I_2退化；P1缺失；上臼齿有前刺[3, 6, 11-15]。

该属属型种为*Dicerorhinus sumatrensis*（Fischer, 1814）。古生物学家对双角犀类的分类经历了不同的阶段，在初期阶段，将其归入到*Rhinoceros*，随后在很长一段时间内，人们把从中新世到现代所有具有额角和鼻角的犀牛统统归入到这个属中，据相关文献统计，该属在这种状况下其归入的绝灭种多达16个。从20世纪40年代以来，逐渐有人提出了建立*Stephanorhinus*、*Larthetotherium*等新的分类单元，将欧洲中新世较为原始的种类和欧洲那些尽管具有鼻角和额角，但缺失门齿、鼻中隔发育、外耳道下部封闭的种类从这个定义广泛的种类中分出来。我国已报道过的额鼻角犀类包括了*Dicerorhinus cixianensis*（Chen et Wu, 1976）和*D. sumatrensis*（Fischer, 1814）两个种。

前者正型标本为一个头后部缺失的幼年个体头骨及同一个体下颌，化石产自于湖北省磁县九龙口中新世中期（对应MN Zone 6）的 *D. cixianensis*[10, 16-17]，该种为单地点种。后者主要分布在我国华南第四纪时期，时代从早更新世到全新世，具体的化石地点包括了广西柳城巨猿洞（早更新世早期）[3]、重庆盐井沟大垭口地点（早更新世中期）[18]、湖北郧县人遗址（中更新世早期）[10, 19]、云南开远（更新世）[4, 20]、河南淅川下王岗（全新世）[21]以及浙江余姚河姆渡（全新世）[22]等6个地点。

2.3 独角犀（*Rhinocorus* Linnaeus, 1758）

鉴定特征：长有单一的鼻角；上门齿和下门齿存在；DP1可保留至成年阶段；枕面向前倾斜致使头骨背侧轮廓强烈凹陷；眼眶前缘位于 P4 之上；眼眶到鼻骨（orbitonasal）的长度小于眼眶到耳部（orbitoaural）的长度；臼后突和副枕突（post-tympanic）愈合；犁骨呈长脊状；颊齿为亚高冠；上前臼齿上原脊完全形成；臼齿的前刺中度发育；反前刺缺失；前附尖和前附尖褶皱显著；位于前附尖褶皱之后的外脊外壁部分弯曲；在前臼齿上前谷比后谷深，在臼齿上相同；前肢长度大于后肢长度[6, 14-15, 23-27]。

该属属型种为 *Rhinoceros unicornis*（Fischer, 1814）。该属最早的化石记录是采自于巴基斯坦的 Gaj Series（早中新世）化石地点中的 *Rhinoceros sivalensis*[27]。但是在这之后，很长一段时间都没有与该属相关的化石记录。因此，该地点独角犀的化石记录有待考证。上新世时，在西瓦里克地区发现了 *R. sivalensis*，另外在巴基斯坦的晚上新世也有该种的化石记录[24, 29-30]。更新世时期，该属的化石记录逐渐丰富起来，在我国华南地区、缅甸和东南亚地区有大量相关的化石记录[31]。但值得一提的是，很多研究者认为 *R. sivalensis* 应该是 *R. unicornis* 的同物异名[6, 23, 32]，另外中更新世的 *R. kendengindicus* 也被认为是该种的同物异名[25]。Khan[33]在其博士论文中对巴基斯坦西瓦里克地区的犀类化石进行了系统的研究，认为该地区发现的 *R. sivalensis* 为有效种。*Rhinoceros* 化石记录在我国华南地区分布相当广泛，且标本数量最多，华南第四纪时期包括了 *R. fusuiensis*、*R. sinensis*，另外在全新世地层中有关于 *R. sondaicus* 的亚化石记录。虽然 *R. sinensis* 在我国华南地区第四纪最为常见，学者一般对该种的认识是建立在 Granger 收集的盐井沟的标本之上的，但是这其中却存在很多问题，在后面将会对这些问题进行详细的论述，陈少坤等[4]建议将湖北建始龙骨洞的犀牛标本作为中国犀的原型，作者同意这种观点，后面有关 *R. sinensis* 的讨论正是基于这种观点。

3 华南地区更新世犀牛化石的鉴定特征

以上是依据现有文献对于各属特征进行了总结，从上面的叙述中可以看出以下几个特征对于分类是十分有用的。独角犀类和额鼻角犀类之间的区别如下，颅骨上的区别：前者是短头型而后者是长头型；前者额角缺失而后者额角发育；鼻中隔骨化程度不同，前者未愈合，后者中的 *Stephanorhinus* 部分骨化；颅骨背面轮廓前者为强烈地向枕部抬升，而后者中的 *Dicerorhinus* 则较为平坦；鼻切迹的后缘位置也有所不同，前者的鼻切迹底部位于 P1-P3 之间，而后者中 *Stephanorhinus* 的其鼻切迹的后缘则位于 P4-M1 之间；关节后突和鼓后突的愈合情况在不同的种类之间也是有区别的，前者的颅骨上这两者是愈合的，而在后者中的 *Dicerorhinus* 中这两者却是分开的；另外枕面的发育情况在这两类中也有区别，前者枕部向前倾斜而后者中的 *Dicerorhinus* 则几乎垂直，后者中的 *Stephanorhinus* 则是向后倾斜。下颌上的区别：前者下颌联合处宽而后者窄；前者下颌向前倾斜和后者是垂直或几乎垂直[24]。

从上面的论述可以看出，如果所发现的化石材料保存较好，依据其头骨和下颌上的相关骨骼学特征可以很容易对其进行分类。但是，到目前为止，我国华南地区更新世化石点中所采集到的犀牛化石绝大部分是牙齿，对于这些材料的研究主要以牙齿特征为主要依据，因此以下部分是作者结合文献以及实际标本的观察对于如何利用牙齿特征进行分类所做的初步探讨，以期能为以后的相关工作提供参考。

在对这些牙齿标本进行研究时，其大小也就是其测量值是研究者需要关注的因素之一。从 Guérin[25]提供的 3 种亚洲犀牛的颊齿数据可以看出，除了印度犀明显大于其他两类，东南亚地区的爪哇犀和印度犀两者牙齿测量范围有重叠区域，但是经过对比独角犀属内现生种和化石种牙齿的平均值可以看出，它们之间的大小的确存在差异，而额鼻角类的苏门犀的确是亚洲 3 种犀牛中个体最小的一种，广西崇左发现的扶绥犀要小于其他独角犀（图 1 至图 5）。通过上面的论述可知，牙齿的大小的确可以在分类过程中为我们提供重要的依据。

门齿的萌出状况和门齿的粗壮程度是华南更新世犀牛分类的重要依据之一。*Stephanorhinus* 和 *Dicerorhinus*、*Rhinoceros* 两个属的重要区别之一就是前者无上下门齿而后两者有上下门齿，而在这两个属间门齿的大小和粗壮程度又存在着差别，前者门齿退化，个体较小，而后者则个体较大，下门齿较为粗壮。但值得注意的一点是，门齿也有乳齿和恒齿之分，且两者尺寸差别较大（图 6，上海自然博物馆收藏的编号为 1345 的爪哇犀下颌，其下门齿齿槽中保留了正在替换过程中的乳齿和恒齿，很清楚地展示了这两者之间的大小差距），应该选择恒齿进行比较。目前有关门齿的数据并不多，在今后的工作中应该多加积累相关数据。

齿冠高度在研究中也是值得注意的一个方面。Guérin[25]曾对亚洲 3 种现生犀牛牙齿的冠高指数（H/L×100）进行了对比，其中印度犀最大，而爪哇犀最小，苏门答腊犀处于中间位置。相关数据如下：*Rhinoceros unicornis* 冠高指数为未磨蚀的 P3 是 139，P4 为 121.5；*Dicerorhinus sumatrensis* 冠高指数为未磨蚀的 P2 是 118.97，P3 为 122.67；*R. sondaicus* 冠高指数为未磨蚀的 P2 是 105.33，P4 为 125，M3 为 89.29。产自于广西崇左地区的化石种 *R. fusuiensis* 冠高指数为未磨蚀的 P3 是 120.5~128.9，M3 是 82~89；建始龙骨洞中的 *R. sinensis* 冠高指数为未磨蚀的 P3 是 139.7，P4 是 120.2，M2 是 86.8，M3 是 82.1~88.7。从上面的数据可以看出，我国华南地区的两个独角犀化石种在上前臼齿方面 *R. fusuiensis* 低于 *R. sinensis*，而 M3 两者的齿冠高度相当。与现生种相比，*R. sinensis* 的上前臼齿的齿冠高度与 *R. unicornis* 相当，从 P3 的相关数据来看，*R. fusuiensis* 与 *D. sumatrensis* 较为接近，考虑到前者最大值明显大于后者，因此前者可能稍高于后者。至于臼齿的齿冠高度，从已有的 M3 来看，*R. fusuiensis*、*R. sinensis*、*R. sondaicus* 3 者较为接近，M1 和 M2 由于缺乏数据，不能进行对比。

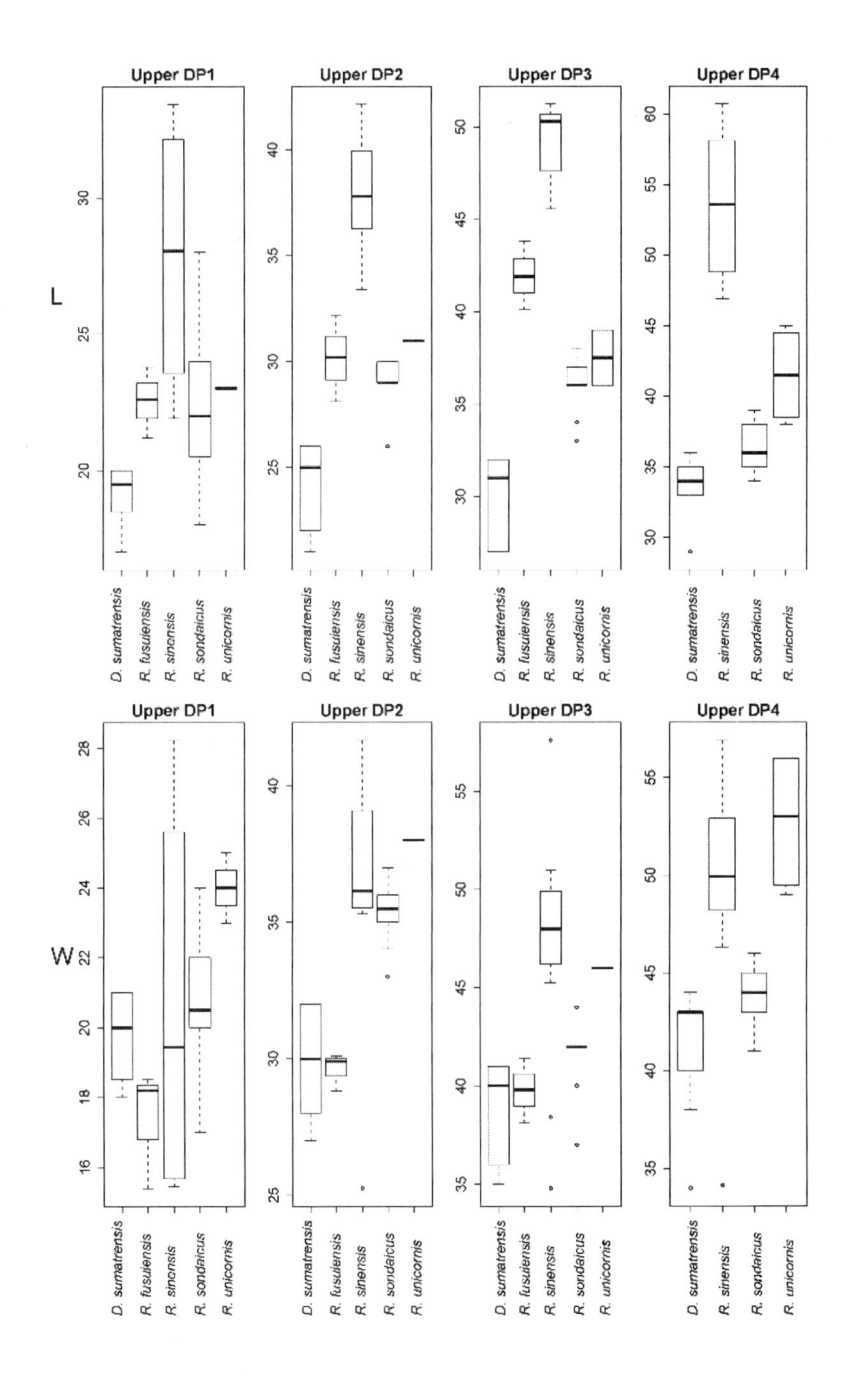

图 1 我国南方第四纪独角犀化石与亚洲 3 种现生犀牛上乳颊齿度量的箱状比较

Fig. 1 Dimensional comparison of upper deciduous premolars between Quaternary rhinocerotids from southern China and 3 extant Asian rhinocerotids

图中显示，扶绥犀个体小于其他几种，而中国犀个体较大，但其变异范围较大. *R. sinensis* 包含湖北建始、四川万县盐井沟中所采集到的标本；*R. fusuiensis* 包含广西崇左岩亮洞中所采集到的标本；亚洲 3 种现生犀牛依据 Hooijer [35].

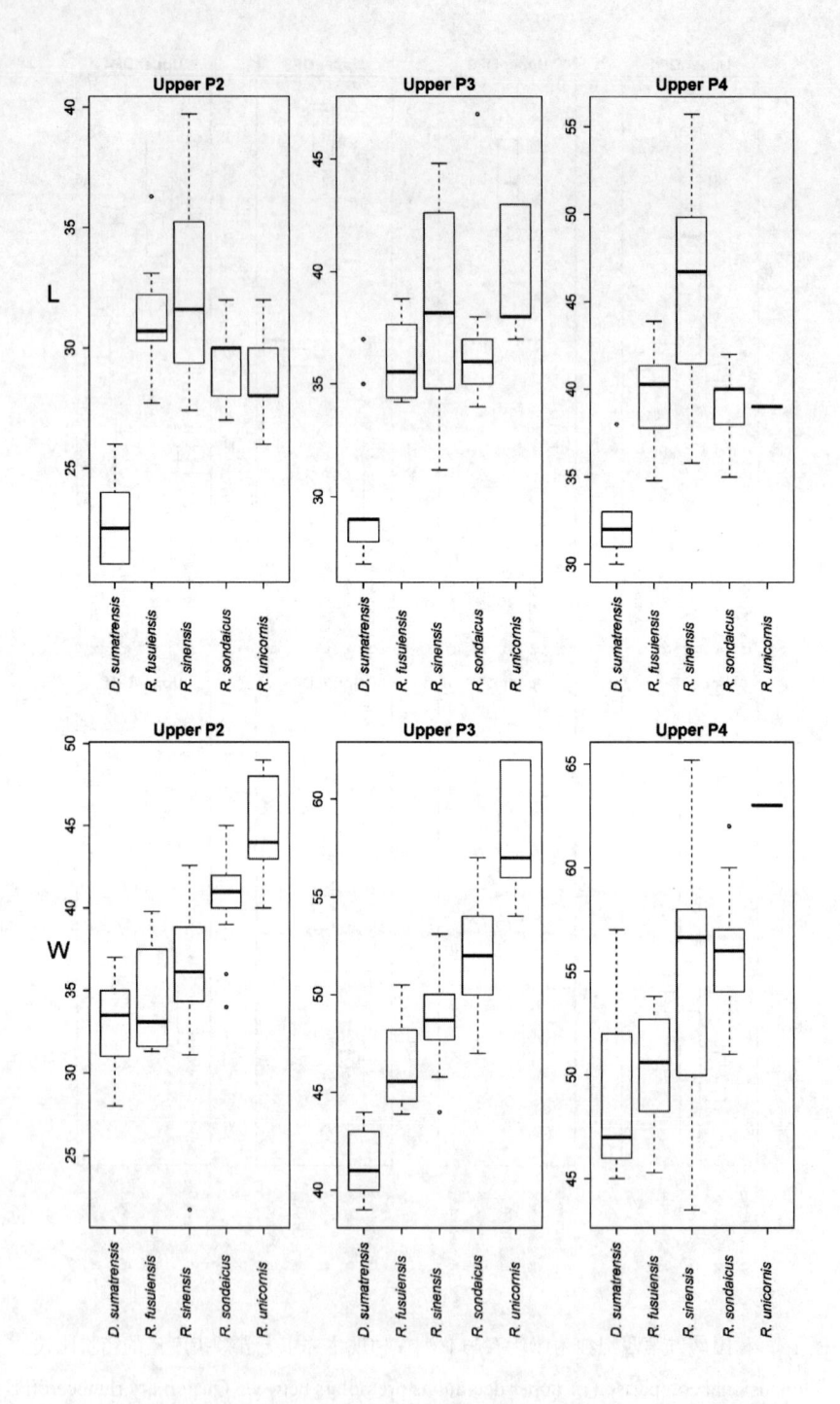

图 2 我国南方第四纪独角犀化石与亚洲 3 种现生犀牛上前臼齿度量的箱状比较

Fig. 2 Dimensional comparison of upper premolars between Quaternary rhinocerotids from southern China and 3 extant Asian rhinocerotids

图中显示，扶绥犀个体小于其他几种，而中国犀个体较大，但其变异范围较大。*R. sinensis* 包含湖北建始、四川万县盐井沟中所采集到的标本；*R. fusuiensis* 包含广西崇左岩亮洞中所采集到的标本；亚洲 3 种现生犀牛依据 Hooijer[35].

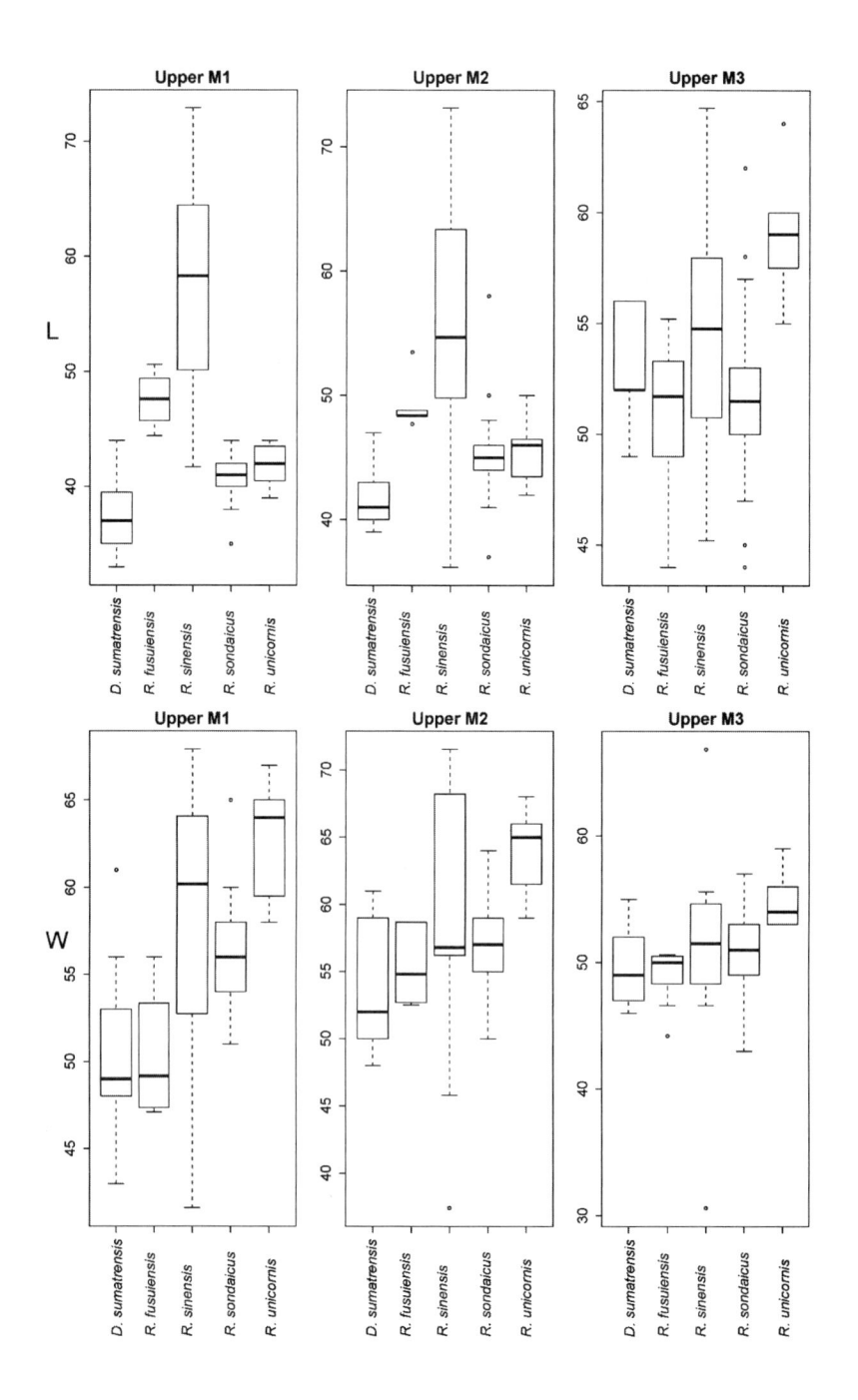

图 3 我国南方第四纪独角犀化石与亚洲 3 种现生犀牛上臼齿度量的箱状比较

Fig. 3 Dimensional comparison of upper molars between Quaternary rhinocerotids from southern China and 3 extant Asian rhinocerotids

图中显示，扶绥犀个体小于其他几种，而中国犀个体较大，但其变异范围较大. *R. sinensis* 包含湖北建始、四川万县盐井沟中所采集到的标本；*R. fusuiensis* 包含广西崇左岩亮洞中所采集到的标本；亚洲 3 种现生犀牛依据 Hooijer[35].

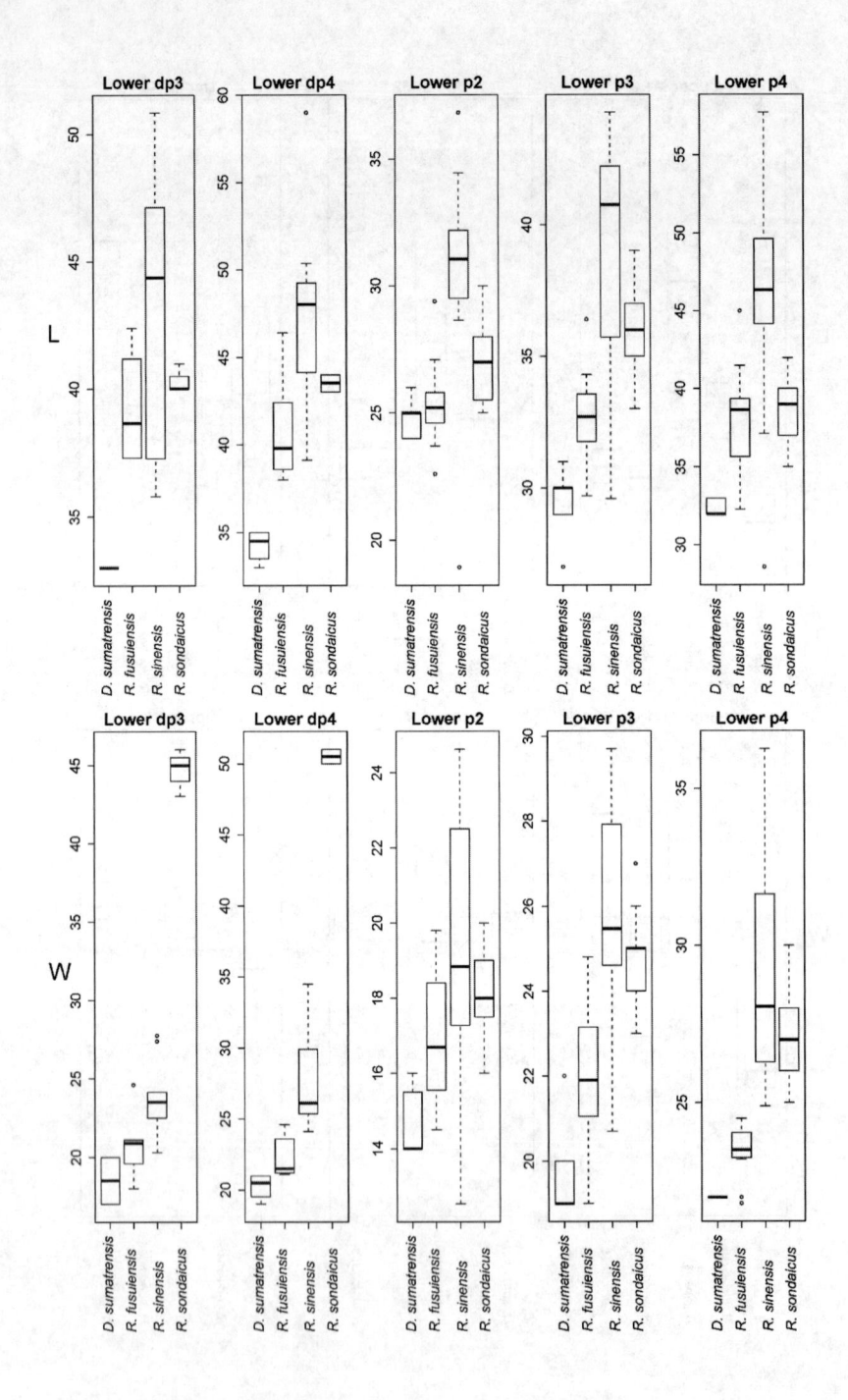

图 4 我国南方第四纪独角犀化石与亚洲 3 种现生犀牛下乳、恒前臼齿度量的箱状比较

Fig. 4 Dimensional comparison of lower deciduous and permanent premolars between Quaternary rhinocerotids from southern China and 3 extant Asian rhinocerotids

图中显示，扶绥犀个体小于其他几种，而中国犀个体较大，但其变异范围较大. *R. sinensis* 包含湖北建始、四川万县盐井沟中所采集到的标本；*R. fusuiensis* 包含广西崇左岩亮洞中所采集到的标本；亚洲 3 种现生犀牛依据 Hooijer[35].

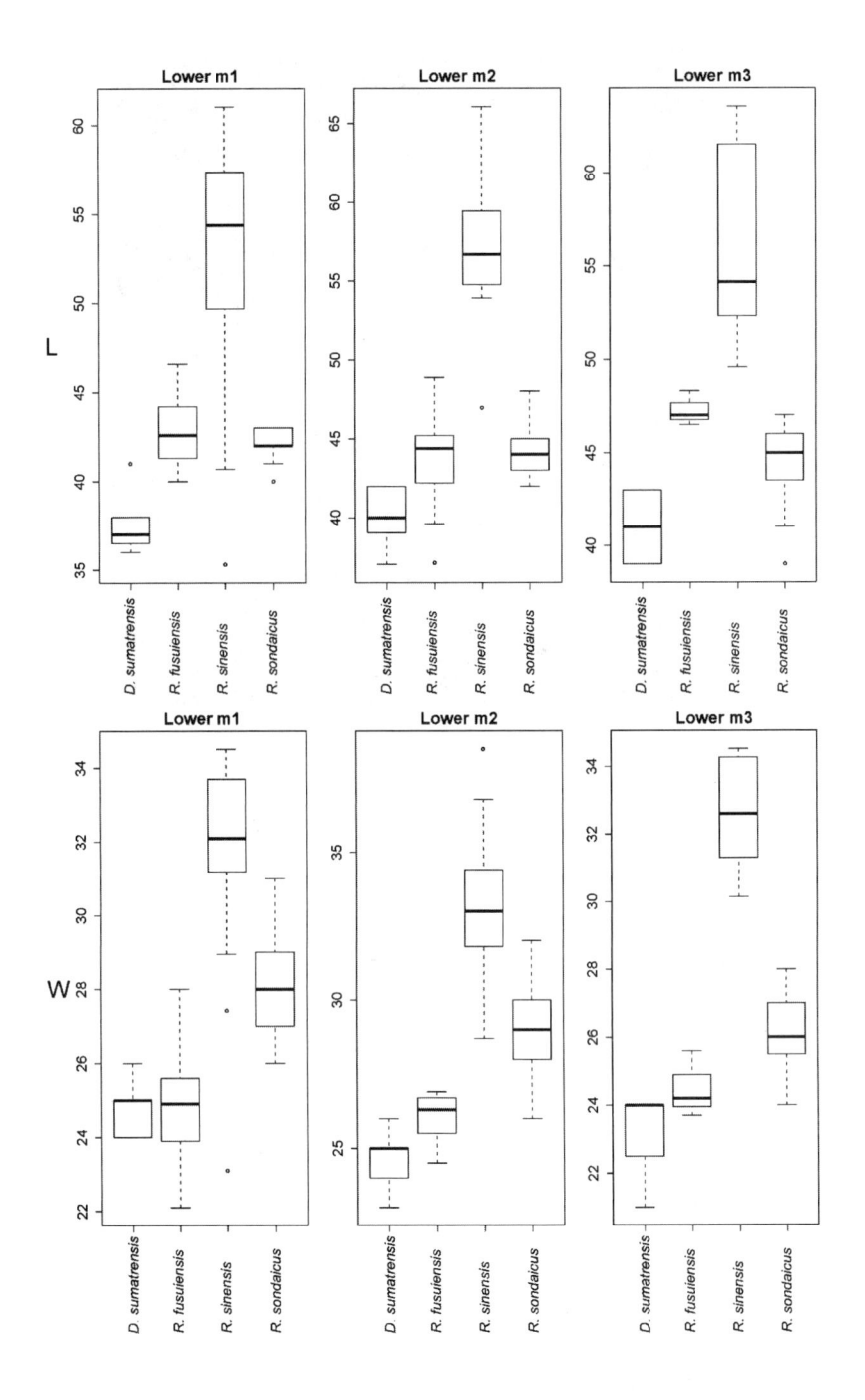

图 5 我国南方第四纪独角犀化石与亚洲 3 种现生犀牛下臼齿度量的箱状比较

Fig. 5 Dimensional comparison of lower molars between Quaternary rhinocerotids from southern China and 3 extant Asian rhinocerotids

图中显示,扶绥犀个体小于其他几种,而中国犀个体较大,但其变异范围较大. *R. sinensis* 包含湖北建始、四川万县盐井沟中所采集到的标本; *R. fusuiensis* 包含广西崇左岩亮洞中所采集到的标本; 亚洲 3 种现生犀牛依据 Hooijer[35].

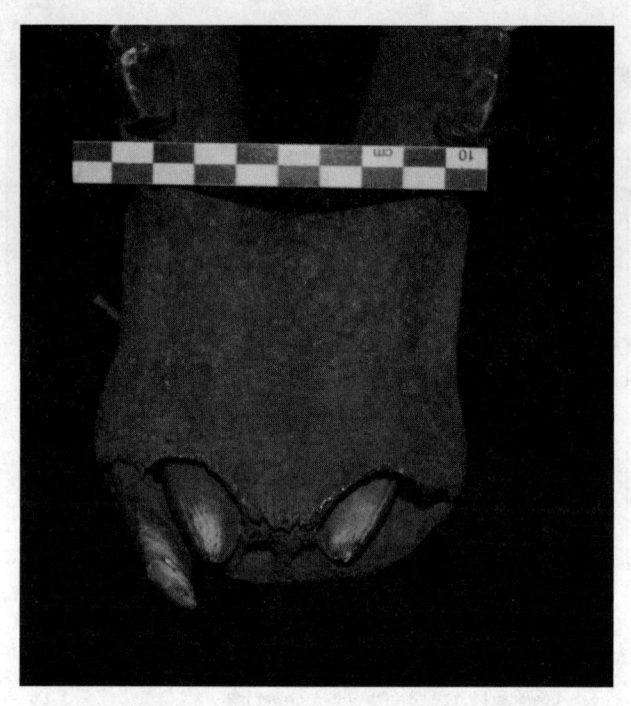

图 6 现生爪哇犀下颌（1345，上海自然博物馆）
Fig. 6 Mandible of extant *R. sondaicus* (1345, Shanghai Natural History Museum)

牙齿齿冠的形态是观察中最为重要的一个方面。在 Guérin[25]的专著中，曾专门对五种现生犀牛上颊齿外脊颊侧的轮廓形态进行了对比，结果表明三种亚洲犀牛在这一方面差异较为明显，可明显区别。三种亚洲犀牛中，印度犀的上颊齿包括上乳齿、上前臼齿和上臼齿的外脊颊侧都较为平直，比较容易与另外两种犀牛的上颊齿进行区别。但是需要注意的一点是印度犀的 DP2 上，由于其前附尖的发育程度要大于其他牙齿那样，而与爪哇犀和苏门犀较为接近，这就造成这三种亚洲犀牛 DP2 的上颊齿外脊颊侧的轮廓较为相似，因此，对于 DP2，依据外脊颊侧的轮廓的形状并不能从标本中分别出印度犀。Colbert and Hooijer[34]在研究盐井沟的标本时，就曾讨论过 *Rhinoceros unicornis* 和 *R. sondaicus* 在种级上的区别，两者的颊齿可从以下几个方面进行区别：① *R. unicornis* 颊齿外脊外壁大体较直，而在 *R. sondaicus* 中外脊外脊前部有显著的前附尖，而且在这之后向内凹陷，后半部分向内倾斜，后附尖再次抬升，这样使得后者外脊外壁呈波浪形；② *R. unicornis* 原脊的前表面有一个垂直的收缩，通常是在前齿带之上有一个明显的凹槽。这所谓的原尖收缩没有出现在 *R. sondaicus* 中；③ *R. unicornis* 原脊向后延伸的程度要大于 *R. sondaicus*；④ *R. unicornis* 颊齿上小刺经常会和前刺连在一起形成中凹，而这种特征只是偶尔出现在 *R. sondaicus* 中；⑤通过对未磨蚀的牙齿进行比较，*R. unicornis* 的前臼齿和臼齿齿冠都要高于 *R. sondaicus*。*Dicerorhinus sumatrensis* 和 *R. sondaicus* 的颊齿特征较为相似，根据以上几个特征也可以很容易将这两者进行区分。

Hooijer[35]在研究苏门答腊岛和爪哇岛上的现生犀牛材料时提到，*Rhinoceros sondaicus* 和 *Dicerorhinus sumatrensis* 在颊齿非常相似，事实也的确如此，这两者的确很容易混淆。例如，Busk[36]曾提出这两个种在 3 个方面不同：① 在 M2 上的结构不同，*D. sumatrensis* 中前刺与外脊会形成直角，或者其从后脊与外脊连接的地方长出，而 *R. sondaicus* 中这个角度为钝角；② 他提出的另外一个特征是这两者颊齿的后齿带性状不同，*R. sondaicus* 的后齿带有凹口无锯齿状，而 *D. sumatrensis* 后齿带为钝齿状且有稳定的锯齿状；③ *R. sondaicus* 颊齿上长与宽的比值大于 *D. sumatrensis*。但 Hooijer[34]在经过观察了多个现生标本之后认为这些区别并不适用于所有标本，其分类价值并不高。但是第三个特征在多数情况下还是具有一定的分类意义。根据 Hooijer[34]的观察，这两个种之间稳定的差异体现在以下几个方面：① *D. sumatrensis* 上颊齿原脊前表面有一个明显的垂直沟槽，即原尖褶，而 *R. sondaicus* 中没有观察到这个结构；② 虽然这两个种宽度的测量值有重叠区域，但是足以能将它们区别开，*D. sumatrensis* 后宽与前宽的比值大于 *R. sondaicus*；③ *D. sumatrensis* 中，中谷深度与后谷接近，而 *R. sondaicus* 中后谷通常会浅于中谷；④ 在轻度磨蚀的或未磨蚀的臼齿上，*R. sondaicus* 中前刺一般会从后脊与外脊相交的地方长出，而 *D. sumatrensis* 中前刺长出的位置则更靠近舌侧。另外，作者通过观察收藏于上海自然博物馆中的 4 件现生爪哇犀 （1344、1345、1348）和苏门答腊犀（1332）头骨标本，对这两个种之间的区别作以下补充：*D. sumatrensis* 上臼齿原脊后半叶向舌侧倾斜的程度比 *R. sondaicus* 更明显（图 7: A）；*D. sumatrensis* 中 P2 原尖的发育程度要小于 *R. sondaicus*，在上海自然博物馆收藏的 *D. sumatrensis* （1332）号头骨上，其原尖甚至退化为一个很小的釉质突起（图 7: B）；*R. sondaicus* 前齿带比 *D. sumatrensis* 发育（图 7: C）。

外脊颊侧的轮廓形状上较为接近，但是两者之间还是有差别的，具体表现在以下几个方面：① 在乳齿中，两者 DP4 上的差别为爪哇犀的外脊颊侧在前尖肋之后的部分会明显的向舌侧凹陷，而这一情况在苏门答腊犀的牙齿上表现的并不明显；② 在上前臼齿上，这两个种类之间的区别表现为 P3 和 P4 前尖肋和后尖肋发育情况的相互关系，苏门答腊犀在这两颗牙齿上的发育情况为前尖肋和后尖肋的发育程度都小于爪哇犀，这两者之间的发育程度差异不明显，但是在爪哇犀中，P3 和 P4 上前尖肋都较发育，并且要明显大于后尖肋。

Rhinoceros fusuiensis 在早更新世时期存在于华南地区，是以广西扶绥发现的材料为基础建立的新种[37]。*R. fusuiensis*、*Dicerorhinus sumatrensis* 和 *R. sondaicus* 三者的颊齿可从以下几个方面进行区分：① *R. fusuiensis* 个体小于 *R. sondaicus* 而大于 *D. sumatrensis* （图 8）；② M2 外脊外壁在前附尖之后凹陷的程度大于其他两者；③ M3 次尖外侧后齿带会退化成釉质突起，这种现象与 *R. sondaicus* 相似，而不会出现在 *D. sumatrensis* 中；④ *R. fusuiensis* 上臼齿原脊后半叶向舌侧倾斜的程度低于 *D. sumatrensis*；⑤ *R. fusuiensis* 原脊前侧可见原尖收缩，与 *D. sumatrensis* 相似，不同于 *R. sondaicus*。*R. fusuiensis* 和 *R. sinensis* 在尺寸上有明显的差别，从颊齿特征来看，二者的区别还表现在：① *R. fusuiensis* P3 后齿带较发育，会延伸至舌侧，在次尖内侧形成釉质突起，而 *R. sinensis* 中没有这种现象；② *R. fusuiensis* 上臼齿缺少小刺，而在 *R. sinensis* 小刺较为常见；③ *R. fusuiensis* 中 M3 缺少双前刺和反前刺，而在 *R. sinensis* 中这种现象较为常见。

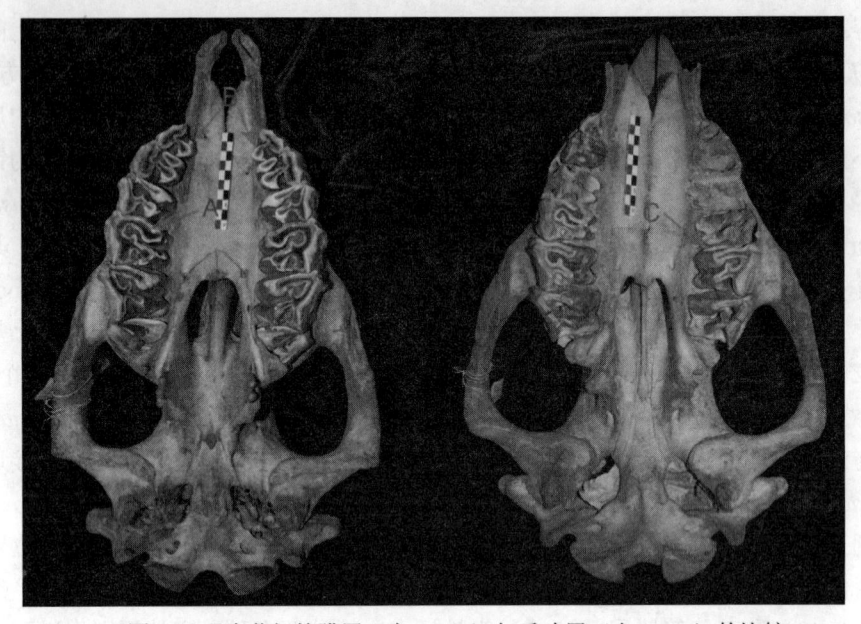

图 7 现生苏门答腊犀（左, 1332）与爪哇犀（右, 1345）的比较

Fig. 7 Comparison between *D. sumatrensis* (left, 1332) and *R. sondaicus* (right, 1345)

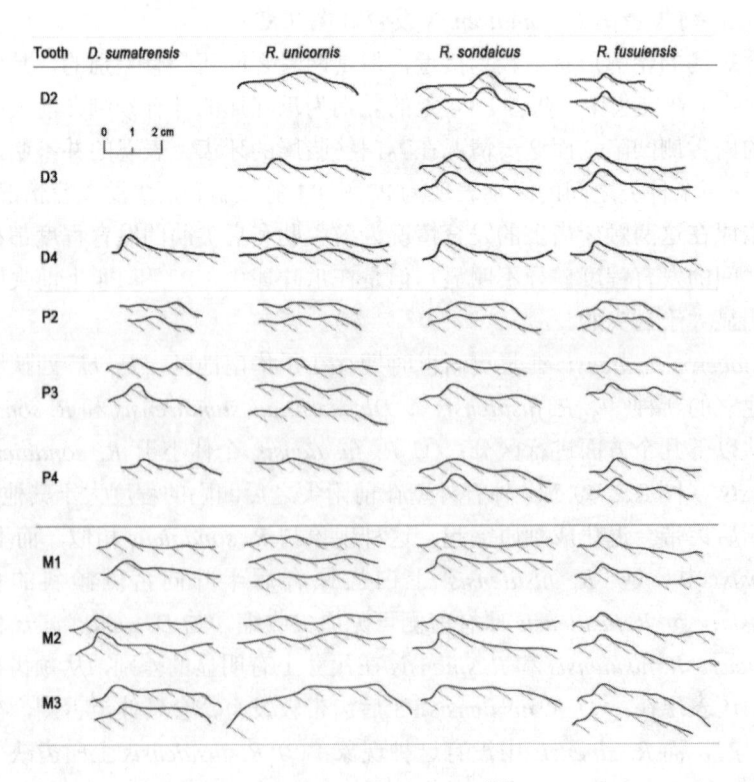

图 8 上颊齿外脊轮廓比较 [37]

Fig. 8 Comparison of outlines of ectolophs of upper cheek teeth

Rhinoceros sinensis 和 *Stephanorhinus kirchbergensis* 在中—晚更新世时期共存于长江流域，二者的颊齿可从以下几个方面进行区分：① *S. kirchbergensis* 的齿冠较 *R. sinensis* 高；② *S. kirchbergensis* 的个体较大，尤其是上颊齿，*R. sinensis* 的个体介于 *S. kirchbergensis* 和 *Dicerorhinus sumatrensis* 之间；③*S. kirchbergensis* 的上臼齿原尖前、后收缩均明显，次尖有前收缩，而 *R. sinensis* 者原尖一般无后收缩，次尖无收缩；④ *S. kirchbergensis* 上前臼齿的前尖肋至齿冠基部约 2 cm 即消失，且后尖肋缺失，而 *R. sinensis* 的前、后尖肋均发育，前尖肋一般延伸至基部；⑤*S. kirchbergensis* 上颊齿小刺比 *R. sinensis* 者更发育，而 *R. sinensis* 的前刺更发达；⑥*S. kirchbergensis* 上颊齿后凹封闭或一定程度磨蚀之后封闭，而 *R. sinensis* 者在较深的磨蚀后才会封闭。

古生物学者区分 *Rhinoceros sinensis* 和 *Dicerorhinus sumatrensis* 主要依靠尺寸的大小和齿冠的高低，这确实是非常有效的，但二者零散牙齿的鉴定靠这两项是远远不够的。从颊齿特征来看，二者的区别还表现在 *D. sumatrensis* 上臼齿原脊后半叶向舌侧倾斜的程度比 *R. sinensis* 更高；*D. sumatrensis* 上臼齿缺少小刺，而在 *R. sinensis* 小刺较为常见。

4 结语

真犀科动物化石我国南方第四纪哺乳动物群中是最为常见的成员，在很多地点中其保存的化石数量也相当丰富。但是在大多数地点的动物群研究中，真犀科的化石并没有引起研究者的注意，鉴定也比较粗浅。这主要是由于发现的化石材料多为零散的牙齿，在化石鉴定过程中缺乏判断依据。

本研究在前人工作的基础上，初步总结了我国南方第四纪的真犀科化石，比较了几类犀科化石颊齿形态的特征，发现这些动物颊齿之间的形态差异，为以后属种一级的鉴定提供依据。

致谢 中科院古脊椎所的王元博士和河北地质大学地球科学博物馆的吴文盛老师审阅了本文初稿，在文章结构方面提出了重要的建议；上海自然博物馆的王雨楠、赵晓青在作者观察现生标本的过程中提供了诸多帮助；本项研究材料的获得离不开广西课题组其他成员在野外工作中的艰苦付出，作者在此表示诚挚的感谢。另外，感谢董为研究员为青年学者提供交流的平台。

参 考 文 献

1 裴文中. 广西柳城巨猿洞及其他山洞的哺乳动物化石. 古脊椎动物学报, 1962, 6(3): 211-218.

2 周本雄. 周口店第一地点的犀类化石. 古脊椎动物与古人类, 1979, 17: 236-258.

3 Tong H W, Guérin C. Early Pleistocene *Dicerorhinus sumatrensis* remains from the Liucheng *Gigantopithecus* Cave, Guangxi, China. Chinese Science Bulletin, 2009, 42: 525-539.

4 陈少坤, 黄万波, 裴健, 等. 三峡地区最晚更新世的梅氏犀兼述中国南方更新世的犀牛化石. 人类学学报, 2012, 31(4): 381-394.

5   Kretzoi M. Remarks on the system of the post-Miocene rhinoceros genera (in German). Foldt Közl, 1942, 72: 309-323.

6   Groves, C P. Phylogeny of the living species of Rhinoceros. Zeitschrift für Zoologische Systematik und Evolutionforschung, 1983, 21: 293-313.

7   周本雄. 山西榆社云簇盆地额鼻角犀一新种. 古脊椎动物与古人类, 1963, 7(4): 325-330.

8   胡长康, 齐陶. 陕西蓝田公王岭更新世哺乳动物群. 中国古生物志, 新丙种第21号. 北京: 科学出版社, 1978. 1-64.

9   郑龙亭, 黄万波. 和县人遗址. 北京: 中华书局, 2001. 1-126.

10   Tong H W. Evolution of the non-Coelodonta dicerorhine lineage in China. Comptes Rendus Palévol, 2012, 11: 555-562.

11   Geraads D. Révision des Rhinocerotinae (Mammalia) du Turolien de Pikermi, comparaison avec les formes voisines. Annales de Paléontologie, 1988, 74: 13-41.

12   Groves C P. On the rhinoceroses of South-East Asia. Säugertierkundliche Mitteilung, 1967, 15: 221-237.

13   Groves CP, Kurt F. Dicerorhinus sumatrensis. Mammalian Species, 1972, 21: 1-6.

14   Loose H. Pleistocene Rhinocerotidae of Western Europe with reference to the recent two-horned species of Africa and S E Asia. Scripta Geologica, 1975, 33: 1-59.

15   Pocock R I. Some cranial and dental characters of the existing species of Asiatic Rhinoceroses. Proceedings of the Zoological Society of London, 1945, 114: 437-450.

16   陈冠芳, 吴文裕. 河北磁县九龙口中新世哺乳动物群. 古脊椎动物与古人类, 1976, 14: 8-10.

17   邓涛. 中国新近纪哺乳动物生物年代学. 古脊椎动物学报, 2006, 44(2): 143-163.

18   陈少坤, 庞丽波, 贺存定等. 重庆市盐井沟第四纪哺乳动物化石经典产地的新发现与时代解释. 科学通报, 2013, 58(20): 1962-1968.

19   Echassoux A, Moigne A-M, Moullé P-É, et al. Les faunes de grands mammifères du site de l'Homme de Yunxian. In: De Lumley H, Li T Y. eds. Le Site de l'Homme de Yunxian. Paris: CNRS Édition, 2008. 253-364.

20   Young C C, Mi T H. Notes on some newly discovered late Cenozoic mammals from Southwestern and Northwestern China. Bulletin of the Geological Society of China, 1941, 5(12): 29-35.

21   贾兰坡, 张振标. 河南淅川县下王岗遗址中的动物群. 文物, 1977 (6): 41-49.

22   吴维棠. 河姆渡新石器时代遗址发现的两种犀亚化石及其意义. 古脊椎动物与古人类, 1983, 21(2): 160-165.

23   Laurie W A, Lang E M, Groves C P. Rhinoceros unicornis. Mammalian Species, 1983, 211: 1-6.

24   Cerdeño E. Cladistic Analysis of the Family Rhinocerotidae (Perissodactyla). American Museum novitiates, 1995, No. 3143: 1-25.

25   Guérin C. Les rhinocéros (Mammalia, Perissodactyla) du Miocène terminal au Pléistocène supérieur en Europe occidentale. Documents Laboratoire Géologie Lyon, 1980, 79(1-3): 1-1185.

26   Antoine P O. Phylogénie et évolution des Elasmotheriina (Mammalia, Rhinocerotidae). Mem Mus Natn Hist Nat, 2002, 188: 1-359.

27   Antoine P O, Ducrocq S, Marivaux L, et al. Early rhinocerotids (Mammalia: Perissodactyla) from South Asia and a review of the Holarctic Paleogene rhinocerotid record. Canadian Journal of Earth Sciences, 2003, 40(3): 365-374.

28   Sahni A, Mitra H C. Neogene palaeobiography of the Indian subcontinent with special reference to fossil vertebrates. Palaeogeography, Palaeoclimatology, Palaeoecology, 1980, 31: 39-62.

29   Khan E. *Punjabitherium* gen. nov., an extinct rhinocerotid of the Siwaliks, Punjab, India. Proc Ind Nat Sci Acad, 1971, 37A: 105-109.

30 Cerdeño E. Diversity and evolutionary trends of the Family Rhinocerotidae (Perissodactyla), Palaeogeography, Palaeoclimatology, Palaeoecology, 1998, 141: 13-34.

31 Antoine P O. Pleistocene and Holocene rhinocerotids (Mammalia, Perissodactyla) from the Indochinese Peninsula. Comptes Rendus Palevol, 2012, 11(2-3): 159-168.

32 Heissig K. Palaöntologische und geologische Untersuchungen im Tertiär von Pakistan, 5. Rhinocerotidae aus den unteren und mittleren Siwalik-Schichten. Abh Bayer Akad Wissen Math naturwissen Kl, 1972, 152: 1-112.

33 Khan A M. Taxonomy and distribution of Rhinoceroses from the Siwalik Hills of Pakistan. Doctoral thesis, University of the Punjab Lahore, 2009. 1-196.

34 Colbert H, Hooijer A. Pleistocene mammals from the limestone fissures of Szechwan, China. Bulletin of the American Museum of Natural History, 1953, 102(1): 1-134.

35 Hooijer D A. Prehistoric and fossil rhinoceroses from the Malay Archipelago and India. Zoologische Medeelingen, 1946, 26: 1-138.

36 George B P R S. Notice of the discovery at Sarawak, in Borneo, of the fossilized teeth of Rhinoceros and of a Cervine Ruminant. Journal of Zoology, 2009, 37(1):409-416

37 Yan Y L, Wang Y, Jin C Z, et al. New remains of Rhinoceros (Rhinocerotidae, Perissodactyla, Mammalia) associated with *Gigantopithecus blacki* from the Early Pleistocene Yanliang Cave, Fusui, South China. Quaternary International, 2014, 354: 110-121.

THE QUATERNARY RHINOCEROTIDAE FOSSILS FROM SOUTHERN CHINA

YAN Ya-ling[1,2]   ZHU Min[3]   QIN Da-gong[4]   JIN Chang-zhu[2]

(1 *Geoscience Museum, Hebei GEO University*, Shijiazhuang 050031, Hebei;

2 *Key Laboratory of Vertebrate Evolution and Human Origins of Chinese Academy of Sciences, IVPP,* Beijing 100044;

3. *School of History, Beijing Normal University*, Beijing 100875;

4. *School of Life Sciences, Peking University, Beijing* 100871)

ABSTRACT

This paper has preliminary summarized the Rhinocerotidae fossils from Southern China, we also discussed the species, characters and distributions in detail, especially emphasize on the different dental features among them. Present classification of these rhino fossils is based on the dental characters and few postcranial. The problems of classification of Rhinocerotidae fossils from most Southern Chinese Quaternary fossil sites need further systematic study in the future.

Key words   Rhinocerotidae, Quaternary, Southern China

泥河湾盆地红崖扬水站化石地点 2015 年发掘简报*

赵文俭[1]　李凯清[1]　刘文晖[2,3]　董为[2]　张立民[2]　岳峰[1]　刘佳庆[1]

(1 河北省泥河湾国家级自然保护区管理处，河北　张家口市 075000；2 中国科学院古脊椎动物与古人类研究所，中国科学院脊椎动物演化与人类起源重点实验室，北京 100044；3 中国科学院大学，北京 100049)

摘　要　泥河湾盆地红崖扬水站地点位于阳原群泥河湾组，其年龄估计为 1.6 Ma。这个地点哺乳动物化石堆积面积大，材料丰富，种类多。2015 年发掘出土大量哺乳动物化石，初步鉴定，有中华貂、桑氏壮鬣狗、马类、鹿类、鹅喉羚等。

关键词　哺乳动物化石；红崖扬水站；早更新世；泥河湾盆地

1 前言

红崖扬水站哺乳动物化石地点[1-2]位于泥河湾盆地桑干河支流壶流河下游西岸，隶属于河北省阳原县辛堡乡红崖村乱石疙瘩沟（图 1），地理坐标 40°07′53.5″N, 114°39′56.1″E，海拔 947.5~947.9 m，地层出露剖面在海拔 850~993.7 m。

红崖扬水站地点自 2011 年发现以来，先后于 2013 年[1]和 2014 年[2]进行了两次发掘，出土丰富的早更新世哺乳动物化石。2015 年泥河湾国家级自然保护区管理处（以下简称"泥河湾管理处"）与中国科学院古脊椎动物与古人类研究所（以下简称"古脊椎所"）红崖课题组合作进行了第三次发掘。

图 1　红崖扬水站化石地点全景（在北水泉从东向西看）

Fig. 1　A distant view of the Hongya Yangshuizhan fossil locality

---

* 基金项目：中国科学院古生物化石发掘与修理专项和河北省国土资源厅地质遗迹保护专项资金.
第一作者：赵文俭；男，55 岁，河北省泥河湾国家级自然保护区管理处主任，从事自然遗迹的保护和研究工作.
通讯作者：刘文晖，男，26 岁，博士研究生，从事第四纪哺乳动物的研究. wenhuiliu89@126.com

2 研究背景

泥河湾红崖村附近的地理和地质概况，2014年的简报中已有介绍，这里不再赘述，仅对红崖一带的地层古生物研究工作进行回顾梳理。

红崖的科学考察，最早可追溯至 1925 年。1925 年 6 月 15–16 日桑志华（Émile Licent）曾至北水泉一带考察[3]，即使没有专门进行踏勘，但这样壮观醒目的剖面看不到是不可能的。

但是，由于众所周知的原因，红崖的研究工作出现了长时期的空白，直至 20 世纪 60 年代中期。

1964 年，王克钧和赵根模等将分布在红崖一带的淡紫红色角砾状砾岩定为上新统上组，其覆盖层为下更新统泥河湾组；发现红崖正断层[4]。

1964 年，罗宝信等在红崖南沟剖面采集到丰富的软体化石，分析过孢粉和介形虫，认为本剖面的中下部有云杉花粉数层，温度比今冷±5℃[5-6]。

1973 年，黄万波和汤英俊等在红崖乱石疙瘩沟发现三趾马和大唇犀化石，并对地层做过观察，重点对剖面下部地层做了划分，文本部分划分为"中生界、三趾马红土下部 N_2、三趾马红土上部 N_1^2、泥河湾组上部 Q_1^2"；剖面图及图注部分则划分为"中生界、下第三系（？）砾岩、"三趾马层" N_2、泥河湾期下部 Q_1^1"，并不完全一致[7]。

1975 年 7 月，华北地质所及地质力学所等在红崖乱石疙瘩沟"三趾马红土中发现了冰碛层"，命名为"红崖冰碛层"（第 1~6 层），建议以该冰碛层底部作为中国北方第四系下限[8-9]。王克钧等也相应调整了他们 20 世纪 60 年代对泥河湾层的划分，将石匣一带的"上新统下组"称为"三趾马红土"，认为石匣和红崖乱石疙瘩沟原称为"上新统上组"的地层（石匣第 1 层和红崖 1~8 层）为"红崖冰碛层"，属早更新世，作为泥河湾组第一层，60 年代划分的泥河湾组第 1~4 层依次变动为第 2~5 层[10-12]。王克钧的"红崖冰碛层"与华北地质所发表的大同小异。

1976 年 9 月，程国良等在红崖剖面采样，进行了古地磁研究[13]，这是泥河湾盆地的首次古地磁研究。

1977–1978 年[14]，国家地震局、中科院地质所、中国科学院南京古地质生物研究所等单位联合组织了北京地震地质调查。调查中，在红崖扬水站沟（即乱石疙瘩沟[2]）和南沟测量、采样，进行了包括热释光、岩石地层、孢粉、介形虫等在内的多方面研究[14-27]。

孙建中等将红崖扬水站剖面细分为 22 层，采集 13 块样本进行了天然热发光（热释光）研究，根据热发光强度可将剖面划分为 3 个层段，分别相当于一般所说的"红泥河湾""绿泥河湾"和"黄泥河湾"[14-16]。

吴子荣、孙建中和袁宝印对扬水站剖面进行了岩石地层学研究，从下往上划分为侏罗系、上新统和更新统 3 个部分，其中更新统的河湖相沉积再细分为 3 个层段：下更新统下部（Q_{1-1}）、下更新统上部（Q_{1-2}）和中更新统（Q_2）[17-18]。

袁宝印另有一个将红崖村扬水站地层划分为 8 层的方案，并承认三趾马红土是当时盆地内发现的时代最老的新生代地层，时代为上新世，主要是坡积成因，其次为冲积；根据三趾马红土的分布和产状，阳原盆地的谷地形态和"泥河湾陡崖"在三趾马红土堆积之前已经形成；三趾马红土和上覆的湖相沉积之间具有清楚的不整合接触关系，说明上新世之后，三趾马红土遭到强烈侵蚀，早更新世初，形成泥河湾古湖[19-20]。

周昆叔和严富华等在红崖南沟剖面发现54个类型的孢粉，提出"南沟冷期"。他们把剖面从下往上分为3段：上上新统、下更新统和中更新统。其中下更新统厚23.2 m，属于"南沟冷期"的沉积，当时年平均气温约为-3~3°C，比现今当地年平均气温低4~10°C[21-22]。

陈方吉通过孢粉、微体古生物和同位素年龄测定等，将"红崖村剖面"与其余剖面和钻孔进行了对比，把泥河湾地层划分为"红崖冰碛层、红泥河湾层、绿泥河湾层、黄泥河湾层"[23]或"泥河湾冰碛层、红泥河湾层、黄泥河湾层、绿泥河湾层"[24]。

任振纪具体研究了"红崖剖面"和芋142孔的孢粉，但由于"红崖剖面"样品所分离孢粉数量不及"芋142孔"丰富，所以论述时以"芋142孔"资料为主；"红崖剖面"具体所指不明，但其表述"红崖剖面下部为紫红色含砾黏土与侏罗纪地层呈不整合接触"[25]。

黄宝仁对红崖村剖面的介形类进行了系统研究，将地层划分为中生代暗紫色凝灰岩、红崖组和泥河湾组，其中泥河湾组地层又根据介形虫组合划分为下段下部、下段上部、上段下部、上段上部[26-27]。

1978年，山西石油队考察红崖地区，随后进行了多方面的研究[28-32]。

夏乐亭认为，红崖剖面过去划分的"三趾马红土"层及其下的砾石层，经与桑干河断陷内钻井地层对比，可能仅相当于上新统上部的静乐组；在该套地层中发现似贺凤三趾马化石[28]。

黄宝玉和郭书元根据软体动物组合将红崖地层划分为：中生界 M_2、石匣组下段 N_2sh^1（~保德组）、石匣组中段 N_2sh^2（~静乐组）、石匣组上段 N_2sh^3（寇寨组和南榆林组）、下更新统泥河湾下段 Q_1n^1、下更新统泥河湾组中段 Q_1n^2、下更新统泥河湾组上段 Q_1n^3、上更新统马兰组 Q_3m，似贺凤三趾马的出土层位为石匣组下段，1973年发现的三趾马和大唇犀被置于石匣组中段[29]。

韩云生根据井下钻孔地层的岩性、岩相和软体、微体古生物化石，将红崖附近"泥河湾层"划分为：上新统南榆林组、下更新统泥河湾组下段、下更新统泥河湾组中段[30]。

林永洲将"红崖剖面"除中生界以外的地层细分为71层，划分为上新统（1~15）、泥河湾组下段下部（16~21）、泥河湾组下段上部（22~65）、泥河湾组上段（66~71）[31]。林永洲的"红崖剖面"所指不明，但根据黄宝玉、郭书元文章的剖面图[29]推测，应是指乱石疙瘩沟和南沟的拼接剖面，林永洲与黄宝玉观点一致，认为"上新统"地层也可以三分[31]。

王景哲等研究了红崖南沟剖面的介形类，划分了南沟的地层：侏罗纪火山岩、上新统石匣组（分上中下三段）、第四系下更新统泥河湾组（上、下两段），并提出介形类在恢复古环境的工作中有重要的指相意义，不同的介形类组合代表了不同的沉积环境[32]。

此外，山西地质局水文队陶书华根据红崖村、大同西坪北石山等地的剖面，提出湖相沉积和三趾马红土呈相变关系，认为在三趾马红土期，高坡地带堆积三趾马红土，低洼地带则接受湖相沉积[33-35]。

1979年在阳原县化稍营举办第三届全国第四纪地层会议，国内大多数有关方面的著名学者参加，在周慕林的带领下，在乱石疙瘩沟扬水站旁（图2）专门参观了"红崖冰碛层"。会议上，关于"红崖冰碛层"的看法分歧较大，正如周慕林先生在文章中所说："在全国第三届地质会议（1979）地质旅行的泥河湾现场会议上，有北京大学及冰川冻土研究所的某些学者们对'红崖冰碛层'提出质疑，争论的焦点为红崖冰碛物的真伪及其时代归属问题"[6]。

1979年，天津地质矿产研究所周慕林等实测"红崖"剖面[6]，经对比确认，此"红崖剖面"即王云生等1988年发表的"红崖扬水站剖面"[36]。除扬水站剖面外，1979−1982年天津地质矿产研究所还测量了红崖南沟等剖面，并在两剖面采集样品，进行了综合研究，出版综合专著《泥河湾层的研究》[37]和多篇文章[6, 36, 38-49]。

周慕林综合研究后，放弃了以"红崖冰碛层"为第四系下限的观点，认为红崖冰碛层与其上的泥河湾组之间存在着长时期，大面积的沉积间断，不应划入泥河湾组底部，而是相当于山西蓬蒂阶"三趾马红土"底砾石层，属任家堖组或下土河组，应划入上新统 N_2^1 部分，建议以"南沟冷期"为第四系下限[6]。此处，周慕林所说"红崖冰碛层"为1979年所测"红崖剖面"下部8层35.7 m厚[6]，应为王云生等红崖扬水站剖面的第2~8小层[36]。

陈茅南、王云生等对红崖扬水站和南沟剖面进行了详细观测，将扬水站剖面从下至上细分为24层，南沟剖面细分为53层（加侏罗系，则为54层），并划分为侏罗系、上新统大红沟组、下更新统泥河湾组、中更新统小渡口组、上更新统许家窑组[36-38]。周慕林的"红崖冰碛层"被分开放置在上新统大红沟组和下更新统泥河湾组下部。

罗宝信、王毓钊等研究了扬水站乱石沟和南沟的孢粉组合，并依据孢粉组合推测了气候旋回，并与周昆叔等人的研究进行了对比，但是红崖地区的孢粉记录不及小渡口剖面完整[5]。

王强、王景哲在扬水站剖面第8~23层和南沟剖面6（5）~47层发现介形虫和有孔虫化石，扬水站剖面属种较南沟剖面单调，表明"在很短的距离内，生物水平分布上的差异"，但都可以划分出4个有孔虫组合序列[39-40]。

陈茅南将黄万波等1973年发现的三趾马和大唇犀化石置于其所划分的"大红沟组"，认为相当于保德组[41]。

王云生分析了红崖南沟的重矿物[42]，陈茅南分析了红崖扬水站剖面的黏土矿物[43]。

岳军、蒋明媚等在红崖南沟采样进行了单项化合物分析、碳分析、pH、Eh 分析等，并根据光谱半定量分析所得结果，用多元统计分析方法对红崖等地泥河湾层的划分提出了不同意见[44-45]。

葛树华、陈茅南和王云生等根据岩样粒度分析了红崖南沟和扬水站剖面等的沉积结构，并根据粒度分析数据研究了泥河湾层的沉积相[46]。王云生在此基础上，结合构造、沉积学特征、全岩化学分析和微体古生物的古生态信息，分析了红崖南沟等地的沉积环境[47]。

王淑芳对红崖南沟的磁性地层进行了研究，认为 Brunhes/Matsuyama 位于属于中更新统小渡口组下部的第 46 层中部（15.3 m 深处），Jaramillo 在下更新统泥河湾组第 43 层上部至 45 层中部，Olduvai 位于第 33 层中下部至 36 层下部，，Matsuyama/Gauss 位于第 25 层底部[48]。参考近年来泥河湾的古地磁工作，可以对其古地磁极性柱进行不同的解读。

陈茅南对红崖及石匣一带的红色土堆积进行了讨论，认为红色土沉积可以两分，下部建名大红沟组，属上新世，上部应属于泥河湾组[49]。

1991 年，龙天才、王淑芳和王强等记述了红崖公路旁的一个地层剖面（可能是在南沟），下部河湖相地层厚度为 115 m，共计 41 层，划分为 4 个层段 5 组：上新统的壶流河组和蔚县组、下更新统的稻地组和泥河湾组。他们提供的古地磁测年断代，在地层剖面上，21.7 m 深处是 Brunhes/Matsuyama，34.4~36.6 m 处是 Jaramillo，50~51.6 m 处是 Olduvai，77.7 m 处是 Matsuyama/Gauss（三趾马红土顶界往上 21 m 处）。其中，在 Matsuyama 的 Olduvai 下面有两个正极性亚时段[50]。新研究对 1988 年的部分结论做了修正。文中表 1 的地层划分方案与文章描述不甚相符，尤其是关于"稻地组"时代，可能是作者对"稻地组"的定义与杜恒俭等的并不相同，但未见说明[50]。

1981－1982 年，中国科学院地球环境研究所李华梅等在红崖扬水站和南沟采样进行了磁性地层学工作，结果表明上部河湖相沉积以反极性为主，下部洪积层（褐红色，与上部河湖相沉积间不整合接触）和"三趾马红土"层以正极性为主[51-53]。遗憾的是，这次工作的成果发表较简略，缺乏各地层深度信息，难与其他工作对比。

1981 年[54]前后，刘锡清、夏正楷在泥河湾盆地准备硕士论文材料，实测了红崖扬水站等剖面，运用综合分析原则对该剖面进行了地层划分与对比，将扬水站剖面侏罗系基岩以上沉积划分为 10 小层 4 大段[55]。

1982－1986 年，北京师范大学地理系对泥河湾盆地新生代古地理进行了综合研究[56]，其中李荣全等对红崖南沟剖面进行了详细的地层划分和易溶盐等理化性质的研究[57-60]。刘清泗研究了扬水站剖面二级扬水站风化砾石层（海拔 920 m）以上至剖面顶部的介形类组合[61]。

为准备 1985 在宣化召开的"中国第四纪陆相介形类学术讨论会"，河北地质学院（后更名为石家庄经济学院）庞其清带学生实测了红崖扬水站等地的剖面，采集分析了一批介形类标本，为大会提供了参观剖面及相关资料。这批资料 1985 年即油印公开①，但直至 21 世纪才正式发表[62-63]。庞其清等 1979 年即对红崖乱石疙瘩沟的介形类化石进行了研究，可惜只有概要发表[64]。扬水站剖面介形类组合只包含其所划分 5 个介形类化石组合带的前两个[63]，这与他的扬水站剖面止于海拔 954 m "断庄库"有关。

1984 年，蔡保全在红崖南沟"泥河湾组下段下部"发现 10 多个类型的小哺乳动

---

① 庞其清. 泥河湾盆地的晚新生代地层. 河北地质学院油印资料, 1985. 1-21 (另附图表). (转引自庞其清, 谷振飞, 2011.)

物化石，归于"稻地动物群"，时代为上新世晚期，相当于华北游河期早期[65-67]。

1988 年，杜恒俭等将产稻地动物群的这一套地层，命名为"稻地组"[60]。随后，杜恒俭等对泥河湾晚上新世以来的生物地层时序进行了研究，划分了生物地层带[68-70]。

1988 年，北京师范大学用 X 射线衍射的方法分析了红崖乱石疙瘩沟的黏土矿物特征[71]。

1991 年，谢飞透露在红崖村南部（可能更靠近西窑子头）发现旧石器晚期小石器地点，仅在石器地点分布图上有标示[72]，具体情况不详。

1995 年，吴佩珠等发表对"红崖剖面"第 5 层[50]丽蚌化石的氨基酸外消旋法年龄测定结果，为 2.9 Ma，该样品位置紧靠"南沟冷期"界线之上，因此认为"南沟冷期"初始年龄约为 3.0 Ma；但是作者承认，土壤细菌对蚌化石的污染比骨化石严重，测量结果存在一定误差[73]。1978 年秋，吴子荣曾在"中国地质学会第四纪冰川及第四纪地质学术会议"上介绍了使用氨基酸地球化学值计算"泥河湾层"（从三趾马红土顶部不整合面之上的交错砂层算起）底部年龄的实验，共实验 3 次，其中一次比较可靠的实验结果为距今 0.87 Ma，由于结果与程国良等 1978 年的古地磁结果[11]差距较大，且与当时国际学界的主流认识不符，所以没有公布[32]。

1996 年，杨子赓等提出，红崖等剖面位于盆地边缘，冲积扇发育，砾石层很多，地层连续性差，不宜作为中国陆相第四系建议层型剖面[74]。

1997−1999 年，程国良等再次对红崖剖面进行了古地磁研究，以红崖剖面为例，讨论了第四纪下限[75]。

2001 年，邱维理等研究了浮图讲井儿洼剖面的磁性地层学，认为可以与红崖南沟剖面的上部对比[76]。

2002 年，国务院颁布了泥河湾国家级自然保护区，红崖南沟与乱石疙瘩沟分别属于保护区重点地带和缓冲地带。

2003 年，张兆群等通过红崖剖面桥联稻地老窝沟剖面和西窑子头花豹沟剖面，根据标志层追索、岩性比较、沉积相变分析及哺乳动物化石性质，建议合并壶流河组、蔚县组和稻地组，按优先律保留蔚县组名称[77]。

2004 年蔡保全等梳理了泥河湾层底部红黏土的研究状况，并提出蔚县组和稻地组相变关系有待确定，建议同时使用蔚县组/稻地组[78]。

2004 年，王红强等回顾了红崖地区的古地磁研究工作，认为红剖面的泥河湾层中砂砾石很多，具有边缘相的沉积特征，这种间歇性的沉积过程可能会漏掉一些持续时间较短的极性事件而主要记录跨度大的极性事件，先后得到的 3 个磁极性序列（不包括龙天才等[50]，以及程国良等[75]）有很多相似性，其顶部和下部主要是正极性区，中部主要是反极性区，因此，认为中部的反极性区是松山反极性世，顶部的正极性区是布荣正极性世[79]。

2005 年，朱日祥、邓成龙等对红崖剖面（南沟剖面）进行了磁性地层学研究，认为 Gauss-Matuyama 倒转记录在泥河湾组湖相沉积序列和下伏典型风成红黏土界线以上 1.7 m 处，红崖动物群（1973 年黄万波等发现的三趾马和大唇犀）时代介于 Olduvai

下界和 Gauss-Matuyama 地磁极性倒转之间，因而其年龄为 1.95~2.58 Ma[80-81]。

2008 年李强和郑绍华发表文章总结了在南沟发现的 19 个类型的小哺乳动物化石，其中第 1 层有 15 个类型，第 4 层有 14 类型[82]。

2009 年，刘海坤、王法岗等人对红崖等剖面下部的红层进行了对比研究，并进行了古地磁测量，发表了磁性地层柱[83]。但是，采样信息不详。

2011 年，敖红等对红崖扬水站地层剖面进行了古地磁方法测年，在采集样品时由东谷它村贾真岩发现两个化石层，即 YSZ-1 和 YSZ-2 哺乳动物化石层，分别位于 Garder（1.5 Ma）与 Olduvai（1.77~1.95 Ma）之间和 Olduvai 之内，他们的年龄，前者为 1.6 Ma，后者为 1.80 Ma。敖红在 YSZ-1 化石层采集一具完整的马头骨化石，鉴定为黄河马 *Equus huanghoensis*[84]，为泥河湾动物群增加了马类的新成员。随后，李小康、孙博阳等在 YSZ-I 层采集到另一颗黄河马头骨等[85]。如果鉴定无误，这就是完整黄河马头骨的首次发现。

2013 年，管理处与古脊椎所董为等合作在扬水站化石地点进行了勘探性发掘，发掘大约 6 m²，出土化石哺乳动物至少有 8 个种类，初步鉴定有猪（*Sus* sp.）、直隶犬（*Canis chihliensis*）、貉（*Nyctereutes* sp.）、猞猁（*Lynx* sp.）或猎豹（*Acinonyx* sp.）、黄河马（*Equus huanghoensis*）、? 三趾马（*Hipparion*）、布氏真枝角鹿（*Eucladoceros boulei*）或山西轴鹿（*Axis shansius*）或华丽黑鹿（*Cervus (Rusa) elegans*）。根据这些动物的种类及生存年代，扬水站地点的化石哺乳动物显然属于早更新世的泥河湾动物群[1]。

2014 年董为带领古脊椎所红崖课题组对扬水站化石地点进行了第二次发掘，确认化石分布向北和向西有扩展[2]。

3　发掘过程与发掘方法

2015 年 5 月 20 日至 8 月 6 日，泥河湾管理处与古脊椎所红崖课题组合作进行了发掘。发掘开始由古脊椎所董为主持，后期由泥河湾管理处主持，古脊椎所卫奇创办的泥河湾猿人观察站贾真岩和白瑞花协助工作。在发掘过程中，邀请古脊椎动物与古人类研究所同号文和地质与地球物理研究所袁宝印，北京大学城市与环境学系夏正楷等进行现场考察（图 2）。

为获得完整的地层和埋藏信息，本次发掘使用探方发掘法由上往下逐层清理。首先，布探方（图 3: A），以 2013 年在山坡顶部所清理出的小平台北界为探方北界，向西延伸至山凹处，探方东西全长 8 m，宽 4.5 m。之后，清理覆盖层，覆盖层相当坚实，个别层位必须使用油镐才能撬动（图 3: B）。发掘至化石层所在的粉砂层，由于山体向下增大及发掘倾斜等因素，工作平面东西全长仅 6.5~7.5 m，南北宽度大大增加，达 6.5 m 以上。然后，弃油镐，改为纯手工发掘。以探方东北角为基点，布 1 m × 1 m 的小探方，以 5 cm 为一个水平层逐层向下清理（图 3: C）。化石暴露后，即用专门的技术处理加固，然后编号、照相、绘图（图 3: D）。

发掘队以及前来考察的专家一致认为，红崖扬水站化石地点是 20 世纪 60 年代以来泥河湾盆地发现大中型动物化石材料最丰富的地点，不仅具有重大学术研究价值，还有巨大的科学普及与游览观赏意义。因此，扬水站化石地点的化石分为两部分处置，一部分编号、绘图照相后取出，室内修理好后作为研究材料；另一部分，套箱整体起获（图4），运回管理处进行修理，在展览馆整体展出，向社会公众开放。

图2 国内有关专家考察红崖扬水站地点

Fig. 2 Experts visit the Hongya Yangshuizhan locality

图3 发掘场景

Fig. 3 Scenes of the excavation

A：布方发掘；B：清理覆盖层；C：1 m×1 m 小探方；D：化石清理与绘图

图 4　整体提取化石

Fig. 4　Removing bones from the surrounding rock *in situ* with pouring jacket

本次发掘，特别注意了小哺乳动物采集。除已经暴露的小哺乳动物外，还对化石层的土样进行了干筛，即将土样晒干后，直接用细筛筛洗（图5: A），另外，还将粉砂层下部1 m 划分为3个水平层，逐层采集土样共约2 t（图5: B），用于湿筛。

图 5　筛集小哺乳动物

Fig. 5　Screen for small mammals

A：干筛；B：运送湿筛土样

4　探方地层

红崖扬水站剖面的地层，前人已经做过大量工作，卫奇等做了最新的水准测量[2]。这里对 2015 年度发掘探方所见地层做一介绍。探方地层相当于卫奇等划分剖面地层的21层下部至30层，由于是用皮尺测量，可能存在一定误差。

2015年发掘探方所见地层（图6）由上至下为：

（1）0.36 m　　棕褐色黏土质粉砂

（2）0.07 m　　灰绿或黄绿色黏土质粉砂，薄层

(3) 0.83 m　　棕褐色黏土质粉砂，较厚

(4) 0.09 m　　灰白色钙质胶结层，胶结一般

(5) 0.62 m　　棕褐色黏土质粉砂

(6) 0.24 m　　灰黄色黏土质粉砂，似泥状

(7) 0.04 m　　灰白色钙板层，胶结一般，较薄

(8) 0.02 m　　浅棕色粉砂，夹零星砾石，圆状

……假整合……

(9) 0.45 m　　黄绿色粉砂层，向下渐变为灰白色，夹砾石，上部砾石少而大，一般2~3 cm，最大可达8 cm，下部砾石多而小，直径多在1 cm以下。本层与下部砂砾石层无明显界限

(10) 0.40 m　　灰白色砂砾石层，圆状，具斜层理

(11) 0.18 m　　灰白色钙板层，具水平层理，坚硬

(12) 0.19 m　　灰白色粉砂层，具水平层理，较硬，与上部钙板层无明显界限。

(13) 0.19 m　　灰色泥岩夹黄色水锈，夹圆状砾石，较硬，柱状节理发育（干后小块状裂解）

(14) 0.26 m　　黄绿色粉砂质黏土，具水平层理，与上层无明显界限

……假整合……

(15) 1.20 m　　红褐色黏土质粉砂，顶部渐变为黄绿色，偶夹小砾，直径1 cm左右

……假整合……

(16) 0.45~1.68 m　　黄绿色黏土质粉砂层，顶部为有一定胶结的灰白色砾石。该砾石层砾径大小不一，0.5~8 cm，多数较小，仅0.5~1 cm。砾石层波状起伏。普遍厚度约0.3 m，有十余条下垂的舌，垂舌一般长0.45 m，最大可达0.9 m。砾石垂舌下部0.15~0.30 m以内黄绿色粉砂质黏土也随之褶曲，再往下则为水平层理。此层顶面水平，底面受下伏地层影响，由西北向东南倾斜，即西北薄，东南厚

(17) 3.05~2.12 m　　棕色细砂层，无层理，含零星砾石，圆状或次圆状。下部含丰富的哺乳动物化石。由西北向东南倾斜

(18) ?　　砾石层

探方第16层（卫奇所测剖面第26层）的砾石波状起伏层（图7: A~B）是很有意思的地质现象。其形态与虎头梁等剖面上的冻融褶曲[86]（图7: C）有所不同，但是与北京师范大学李华章等在罗家堡发现的冻融褶曲（图7: D）[87]十分相似。但也有学者认为是塌陷构造，系湖滨重力所致。其成因值得探讨。

5　化石发现

扬水站的哺乳动物化石极其丰富，是20世纪60年代以来泥河湾盆地发现的化石最集中的一个地点，不仅化石材料数量多，而且其种类也比较丰富，保存也比较完整（图8）。

2015年的发掘中，发现的化石种类有三门马*Equus sanmeniensis*或黄河马*Equus huanghoensis*、中华貉*Nyctereutes sinensis*、桑氏壮鬣狗*Pachycrocuta licenti*、鹿和鹅喉羚*Gazella subgutturosa*等，材料以肢骨数量最多，头骨、下颌骨也有一定数量。

新发现一些小哺乳动物的牙齿和肢骨，尚未鉴定。不过，这些小哺乳动物的发现

对动物群比较以及动物群层序的确定提供了重要依据。

新发现食肉类粪化石，还保留有动物肛门收缩造成的粪尖（图8: F），表明它们没有经过流水的搬运，属于原地埋藏，关节良好的肢骨和脊柱（图8: B~C, E）等也佐证了这一判断。

图 6　红崖扬水站地点 2015 年探方剖面

Fig. 6　Stratigraphic section of the pit at Hongya Yangshuizhan fossil locality in 2015

6　结语

（1）红崖扬水站地点，哺乳动物化石分布面积大且数量多，保存完整，为泥河湾盆地第四纪哺乳动物的研究增添了极具科学价值的材料。新发现表明，红崖扬水站地点可能属于原地埋藏。

（2）泥河湾作为科学术语，它包含了泥河湾盆地（空间）、泥河湾期（时间）、泥河湾组（地层）、泥河湾动物群（古生物）、泥河湾猿人（古人类）和泥河湾文化（旧石器）。实际上，除了泥河湾盆地有地理区域限制外，其他均可分别为华北乃至东亚的早更新世、下更新统、早更新世或下更新统动物群、早期猿人和早期古文化。

（3）本文记述中的泥河湾盆地就是桑干河盆地，二者的概念是全同关系，它们是一个事物的不同称谓[88]。

图 7　红崖扬水站剖面的特殊构造及比较

Fig. 7　Morphology and Comparison of the special structure on the section

A：波状砾石层在探方东壁和北壁的展布；B：波状砾石层细部；C：虎头梁剖面的冻融褶曲构造（据袁振新[86]）；D：罗家堡下更新统下部冻融褶曲素描图（据李华章[87]）

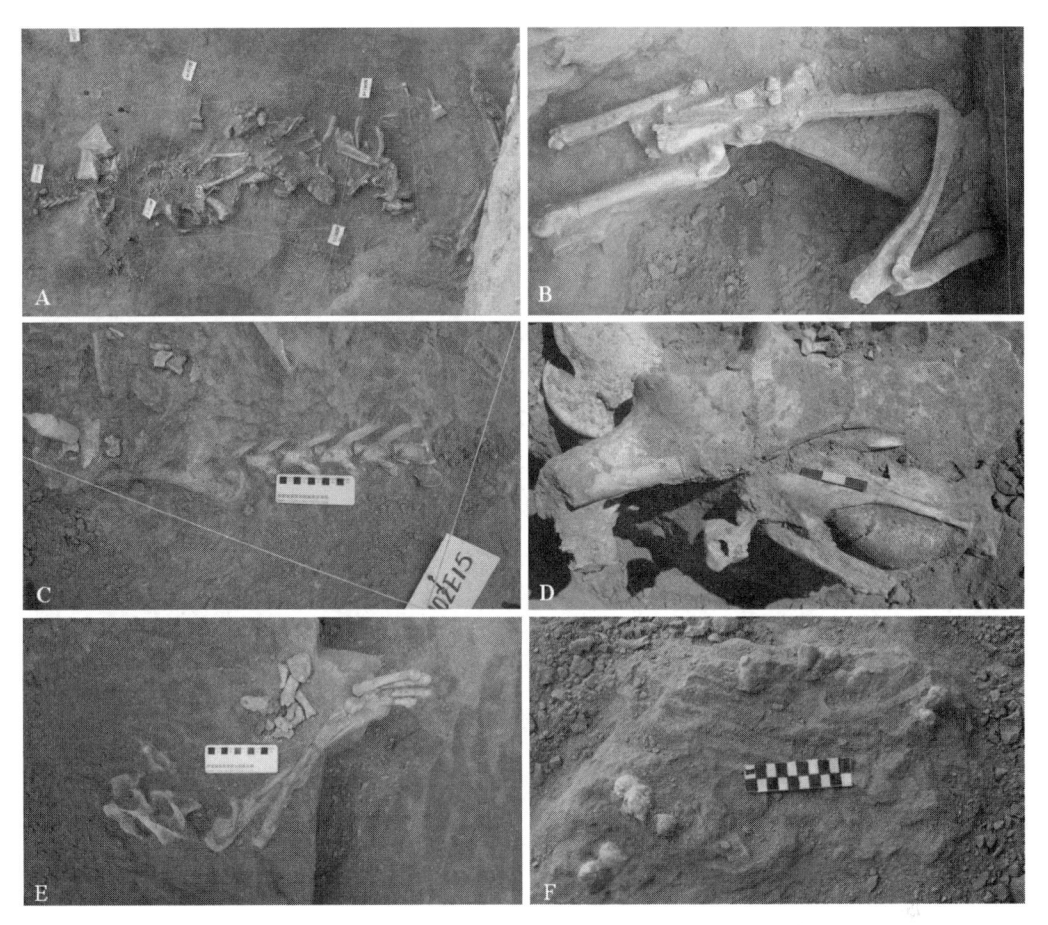

图 8　红崖扬水站地点2015年发现的哺乳动物骨骼和粪化石

Fig. 8　Fossil bones and fossil droppings at Hongya Yangshuizhan Locality found in 2015

（4）泥河湾盆地的动物化石保护工作必须立足于科学调查与研究。化石暴露得益于流水的侵蚀作用，自然破坏是永恒的，不可抗拒的，但能及时发现并得以科学处理，这是既省时又省力的最佳保护措施，因此，常态化地开展野外调查是必须的。

经典泥河湾动物群名扬世界，但是由于过去的原因，其各个化石种类所在地层的层位没有详细记录。随着科学研究的深入，泥河湾盆地的地层已经被细化，但是，泥河湾动物群与地层的结合是笼统的，已经不能适应研究深化的需要，尤其是泥河湾盆地发现大量旧石器时代考古遗址，更显得泥河湾动物群及其有关动物群发挥科学作用有些苍白无力。为了克服过去的不足，从现在开始，动物化石的发掘和研究须像考古一样，标本出土的位置和层位必须予以准确记录和详细报道，因为在泥河湾盆地，只有古生物学的意义是不够的。

致谢　卫奇先生指导了野外发掘并拍摄了照片，贾真岩和白瑞花协助完成了野外发掘和化石修理，在此向他（她）们表示感谢。

参 考 文 献

1. 王希桐, 董为, 李凯清等. 泥河湾盆地扬水站化石地点 2013 年发掘简报. 见: 董为主编. 第十四届中国古脊椎动物学学术年会论文集. 北京: 海洋出版社, 2014. 63-70.

2. 刘文晖, 董为, 赵文俭, 等. 泥河湾盆地红崖扬水站地点 2014 年考察与发掘简报. 见: 董为主编. 第十五届中国古脊椎动物学学术年会论文集. 北京: 海洋出版社, 2016. 69-86.

3. Licent E. Comptes-Rendus de onze années (1923-1933) de séjour et d'exploration dans le Bassin du Fleuve Jaune, du Pai Ho et des Autres Tributaires du Golfe du Pei-Tcheu-Ly. Publications du Musée Hoang ho Pai ho, 1935, 38 (1): 1-296.

4. 王克钧, 赵根模, 辛永信. 泥河湾地区新构造的表现. 华北地质科技情报, 1964 (1): 67-73.

5. 罗宝信, 王毓钊, 林泽蓉等. 泥河湾层的孢粉. 见: 陈茅南主编. 泥河湾层的研究. 北京: 海洋出版社, 1988. 40-62.

6. 周慕林. "红崖冰碛层"地质时代的重新厘定. 中国地质科学院天津地质矿产研究所所刊, 1981 (4): 1-16.

7. 泥河湾新生代地层小组. 泥河湾盆地晚新生代几个地层剖面的观察. 古脊椎动物与古人类, 1974, 12(2): 99-100.

8. 华北地质研究所第四纪室编表组. 河北阳原及其邻近地区第四系下限及地层划分对比问题. 见: 河北省革命委员会地质局编. 华北区第三系第四系分界与第四系划分专题会议文件汇编(下册). 北京: 地质出版社, 1976. 326-340.

9. 周慕林. 论"红崖冰期". 见: 中国第四纪研究委员会编. 第三届全国第四纪学术会议论文集. 北京: 科学出版社, 1982. 295.

10. 王克钧, 潘建英. 泥河湾地区第四纪冰川遗迹及"泥河湾组"地层划分的商榷. 中国地质学会第四纪冰川第四地质学术会议资料. 北京: 地质出版社, 1978.

11. 王克钧. 泥河湾地区"泥河湾组"地层初步划分对比意见. 见: 中国第四纪研究委员会编. 中国第四纪研究委员会第三届学术会议论文摘要汇编. 北京: 地质出版社, 1979. 48-49.

12. 王克钧, 潘建英. 泥河湾组地层划分及红崖冰碛. 中国地质科学院地质力学研究所所刊, 1982 (2): 133-148.

13. 程国良, 林金录, 李素玲, 等. "泥河湾层"的古地磁学初步研究. 地质科学, 1978 (3): 247-252.

14. 孙建中, 裴静娴. 泥河湾组沉积物天然热发光研究. 见: 第四纪地质文集（地层、年代学和其他）. 北京: 地质出版社, 1979. 23-28.

15. 孙建中, 裴静娴. 泥河湾组天然热发光初步研究. 见: 中国第四纪研究委员会编. 中国第四纪研究委员会第三届学术会议论文摘要汇编. 北京: 地质出版社, 1979. 66-67.

16. 孙建中, 裴静娴. 泥河湾组沉积物天然热释光研究. 见: 中国第四纪研究委员会全新世分会陕西省地震局编. 史前地震与第四纪地质文集. 西安: 陕西科学技术出版社, 1982. 171-177.

17. 吴子荣, 孙建中, 袁宝印. 对泥河湾地层的认识与划分. 见: 第四纪地质文集（地层、年代学和其他）. 北京: 地质出版社, 1979. 1-8.

18. 吴子荣, 孙建中, 袁宝印. 对泥河湾地层的认识与划分. 地质科学, 1980 (1): 87-95.

19. 袁宝印. 阳原盆地形成和发育历史的几个问题. 见: 第四纪地质文集（地层、年代学和其他）. 北京: 地质出版社, 1979. 18-22.

20. 袁宝印. 阳原盆地形成和发育历史的几个问题. 见: 中国第四纪研究委员会编. 中国第四纪研究委员会第三届学术会议论文摘要汇编. 北京: 地质出版社, 1979. 157-158.

21. 周昆叔, 梁秀龙, 严富华, 等. 从泥河湾层花粉分析谈南沟冷期及其他问题. 见: 第四纪地质文集（地层、年代学和其他）. 北京: 地质出版社, 1979. 9-17.

22. 周昆叔, 梁秀龙, 严富华等. 从泥河湾层花粉分析谈南沟冷期等问题. 地质科学, 1983 (1): 82-92.

23	陈方吉. 桑干河流域的"泥河湾地层". 见: 第四纪地质文集(地层、年代学和其他). 北京: 地质出版社, 1979. 32-39.
24	陈方吉. 桑干河流域的泥河湾地层. 见: 中国第四纪研究委员会编. 中国第四纪研究委员会第三届学术会议论文摘要汇编. 北京: 地质出版社, 1979. 23-24.
25	任振纪. "泥河湾组"地层沉积物的孢粉组合特征及其地质意义. 河北地质学院学报, 1982, Z1: 166-169.
26	黄宝仁. 桑干河中下游流域更新世介形类初步研究. 科学通报, 1980, 25(6): 277-278.
27	黄宝仁. 桑干河中下游流域更新世介形类及其地质意义. 中国科学院南京地质古生物研究所集刊, 1985, 21: 85-107.
28	夏乐亭. 泥河湾盆地晚新生代地层的划分及与山西地堑第四系的对比. 见: 中国第四纪研究委员编. 第三届全国第四纪学术会议论文集. 北京: 科学出版社, 1982. 243-244.
29	黄宝玉、郭书元. 从软体动物化石讨论泥河湾地层划分、时代及岩相古地理. 中国地质科学院天津地质矿产研究所所刊, 1981 (4): 17-32.
30	韩云生. 论"泥河湾层". 地层学杂志, 1982, 6(2): 121-127.
31	林永洲. 河北阳原、蔚县几个泥河湾组剖面的介绍. 地层学杂志, 1984, 8(2): 152-160.
32	王景哲, 王强, 田国强. 桑干——汾渭断陷带晚新生代介形类组合序列及古环境. 微体古生物学报, 1987, 4(4): 409-421.
33	陶书华. 从桑干河流域的几个地层剖面对比看"泥河湾层"绝对年代的测定结果. 见: 中国第四纪研究委员会编. 中国第四纪研究委员会第三届学术会议论文摘要汇编. 北京: 地质出版社, 1979. 66.
34	陶书华. 从桑干河流域的几个地层剖面对比看"泥河湾层"年代的测定结果. 见: 中国第四纪研究委员会编. 第三届全国第四纪学术会议论文集. 北京: 科学出版社, 1982. 260-261.
35	陶书华. 试论"上泥河湾层"与"午城黄土"的时代归属问题. 地质论评, 1980, 26(1): 47-50+88.
36	王云生, 等. 泥河湾各主要剖面描述. 见: 陈茅南主编. 泥河湾层的研究. 北京: 海洋出版社, 1988. 12-39.
37	陈茅南. 泥河湾层的研究. 北京: 海洋出版社, 1988. 1-145.
38	陈茅南, 王云生, 王淑芳, 等. 河北阳原—蔚县盆地泥河湾层的研究. 中国地质科学院院报, 1986, 15: 149-160.
39	王强, 王景哲. 泥河湾层的介形类、有孔虫化石群. 见: 陈茅南主编. 泥河湾层的研究. 北京: 海洋出版社, 1988. 62-78.
40	王强, 王景哲. 河北阳原——蔚县盆地泥河湾组介形虫、有孔虫化石群及古环境变迁. 见: 卫奇, 谢飞主编. 泥河湾研究论文选编. 北京: 文物出版社, 1989. 287-295.
41	陈茅南. 泥河湾层已发现哺乳动物化石的时代意义. 见: 陈茅南主编. 泥河湾层的研究. 北京: 海洋出版社, 1988. 78-84.
42	王云生. 泥河湾层的重矿物. 见: 陈茅南主编. 泥河湾层的研究. 北京: 海洋出版社, 1988. 85-89.
43	陈茅南. 泥河湾层的黏土矿物. 见: 陈茅南主编. 泥河湾层的研究. 北京: 海洋出版社, 1988. 89-93.
44	岳军, 蒋明媚. 泥河湾层的地球化学分析. 见: 陈茅南主编. 泥河湾层的研究. 北京: 海洋出版社, 1988. 94-108.
45	岳军, 蒋明媚. 用多元统计分析方法对泥河湾层的划分与对比. 海洋地质与第四纪地质, 1986, 6(2): 81-94.
46	葛树华, 陈茅南, 王云生. 泥河湾层的沉积岩石学分析. 见: 陈茅南主编. 泥河湾层的研究. 北京: 海洋出版社, 1988. 109-116.
47	王云生. 河北阳原泥河湾层的沉积相及沉积系列. 海洋地质与第四纪地质, 1989, 9(1): 85-92.
48	王淑芳. 泥河湾层的磁性地层分析. 见: 陈茅南主编. 泥河湾层的研究. 北京: 海洋出版社, 1988. 117-123.
49	陈茅南. 泥河湾层时代归属划分的讨论. 见: 陈茂南主编. 泥河湾层的研究. 北京: 海洋出版社, 1988. 124-126.

50 龙天才, 王淑芳, 张志良, 等. 泥河湾地区第四纪下限问题. 第四纪研究, 1991 (3): 237-244.

51 Li H, Wang J. Magnetostratigraphic study of several typical geologic section in North China. In: Liu T ed. Quaternary Geology and Environment of China. Beijing: China Ocean Press, 1982. 33-35.

52 李华梅, 王俊达. 泥河湾层的磁性地层学研究. 见: 中国科学院地球化学研究所编. 中国科学院地球化学研究所年报(1982-1983). 贵阳: 贵州人民出版社, 1983. 182-184.

53 李华梅, 王俊达. 中国北方几个典型地质剖面的磁性地层学研究. 中国第四纪研究, 1985, 6(2): 29-33.

54 卫奇. 泥河湾层中的大角鹿一新种. 古脊椎动物与古人类, 1983, 21(1): 87-95.

55 刘锡清, 夏正楷. 关于泥河湾层划分对比的意见. 海洋地质与第四纪地质, 1983, 3(1): 75-85.

56 周廷儒, 李华章, 刘清泗, 等. 泥河湾盆地新生代古地理研究. 北京: 科学出版社, 1991. 1-162.

57 李荣全. 古湖的沉积特征及地层划分. 见: 周廷儒, 李华章, 刘清泗, 等主编. 泥河湾盆地新生代古地理研究. 北京: 科学出版社, 1991. 31-46.

58 李荣全. 古湖水的理化性质. 见: 周廷儒, 李华章, 刘清泗, 等主编. 泥河湾盆地新生代古地理研究. 北京: 科学出版社, 1991. 47-54.

59 李荣全, 乔建国, 邱维理, 等. 泥河湾层内易溶盐沉积及其环境意义. 中国科学(D 辑), 2000, 30(2):148-158.

60 Li R, Qiao J, Qiu W, et al. Soluble salt deposit in the Nihewan beds and its environmental significance. Science in China (Series D), 2000, 43 (5): 464-479.

61 刘清泗. 介形类组合分析及其生态环境. 见: 周廷儒, 李华章, 刘清泗, 等主编. 泥河湾盆地新生代古地理研究. 北京: 科学出版社, 1991. 88-104.

62 庞其清. 泥河湾盆地晚新生代地层及其划分和时代. 见: 卢耀如, 郝东恒编. 矿产资源·地质环境·经济管理——石家庄经济学院五十周年校庆论文选集. 北京: 地质出版社, 2003. 17-31.

63 庞其清, 谷振飞. 河北泥河湾盆地晚新生代介形类生物地层. 微体古生物学报, 2011, 28(1): 55-97.

64 庞其清, 郑学信. 泥河湾盆地泥河湾组介形虫化石的地层意义. 见: 中国第四纪研究委员会第三届学术会议论文摘要汇编. 北京: 地质出版社, 1979. 51-52.

65 蔡保全. 河北阳原——蔚县晚上新世小哺乳动物化石. 古脊椎动物学报, 1987, 25(2): 124-136.

66 蔡保全. 河北阳原——蔚县晚上新世兔形类化石. 古脊椎动物学报, 1989, 27(3): 170-181.

67 蔡保全, 邱铸鼎. 河北阳原——蔚县晚上新世鼠科化石. 古脊椎动物学报, 1993, 31(4): 267-293.

68 杜恒俭, 王安德, 赵其强, 等. 泥河湾地区晚上新世一个新的地层单位——稻地组. 地球科学——中国地质大学学报, 1988, 13 (5): 561-568.

69 杜恒俭, 赵其强, 程捷, 等. 中国中、东部晚第三纪生物地层及古哺乳动物研究的新进展. 现代地质, 1990, 4(4): 1-14.

70 杜恒俭, 蔡保全, 马安成, 等. 泥河湾地区晚新生代生物地层带. 地球科学——中国地质大学学报, 1995, 20(1): 35-42.

71 王诗佾. 河北阳原盆地黏土矿物特征与古气候演变. 海洋地质与第四纪地质, 1988, 8(4): 77-89.

72 谢飞. 泥河湾盆地旧石器文化研究新进展. 人类学学报, 1991, 10(4): 324-332.

73 吴佩珠, 龙天才, 王淑芳. 泥河湾层的氨基酸年龄测定. 地质科学, 1995, 30(2): 159-165.

74 杨子赓, 林和茂, 张光威, 等. 泥河湾盆地下更新统. 见: 杨子赓, 林和茂主编. 中国第四纪地层与国际对比. 北京: 地质出版社, 1996. 109-130.

75 程国良, 刘占坡, 徐锡伟, 等. 更新世/上新世年代界线的磁性地层学研究——泥河湾盆地红崖剖面为例. 现代地质, 1999, 13(增刊): 21.

76 邱维理, 刘椿, 李荣全. 泥河湾盆地井儿洼剖面磁性地层学初步研究. 北京师范大学学报(自然科学版), 2001, 37(1): 137-142.

77 张兆群, 郑绍华, 刘建波. 泥河湾盆地上新世小哺乳动物生物地层学及相关问题讨论. 古脊椎动物学报, 2003, 41(4): 306-313.

78 蔡保全, 张兆群, 郑绍华, 等. 河北泥河湾盆地典型剖面地层学研究进展. 地层古生物论文集, 2004, 28: 267-285.

79 王红强, 邓成龙. 泥河湾磁性地层学研究回顾. 地球物理学进展, 2004, 19(1): 26-35.

80 朱日祥, 邓成龙, 潘永信. 泥河湾盆地磁性地层定年与早期人类演化. 第四纪研究, 2007, 27(6): 922-944.

81 Deng C, Zhu R, Zhang R, et al. Timing of the Nihewan formation and faunas. Quaternary Research, 2008, 69(1): 77-90.

82 李强, 郑绍华, 蔡保全. 泥河湾盆地上新世地层序列与环境. 古脊椎动物学报, 2008, 46(3): 210-232.

83 刘海坤, 王法岗, 徐建明等. 华北地区晚新生代几个地层单元的讨论. 地球学报, 2009, 30(5): 571-580.

84 Ao H, Dekkers M, An Z, et al. Magnetostratigraphic evidence of a mid-Pliocene onset of the Nihewan Formation - implications for early fauna and hominid occupation in the Nihewan Basin, North China. Quaternary Science Reviews, 2013, 59: 30-42.

85 李永项, 张云翔, 孙博阳, 等. 泥河湾新发现的早更新世真马化石. 中国科学: 地球科学, 2015, 45(10): 1457-1468.

86 袁振新. 阳原县虎头梁冰缘融冻褶皱的发现和意义. 见: 卫奇, 谢飞编. 泥河湾研究论文选编. 北京: 文物出版社, 1989. 383-385.

87 李华章. 本区主要地貌类型、发育及特征. 见: 周廷儒, 李华章, 刘清泗, 等主编. 泥河湾盆地新生代古地理研究. 北京: 科学出版社, 1991. 14-20.

88 卫奇. 泥河湾盆地考证. 文物春秋, 2016 (2): 3-11.

PRELIMINARY REPORT ON 2015'S EXCAVATION AT HONGYA YANGSUIZHAN FOSSIL LOCALITY IN NIHEWAN BASIN

ZHAO Wen-jian[1]　　LI Kai-qing[1]　　LIU Wen-hui[2, 3]　　DONG Wei[2]
ZHANG Li-min[2]　　YUE Feng[1]　　LIU Jia-qing[1]

(1 *Nihewan National Nature Reserve Management Office of Hebei Province,* Zhangjiakou 075000, Hebei;
2 *Key Laboratory of Vertebrate Evolution and Human Origins of Chinese Academy of Sciences, IVPP, CAS,* Beijing 100044;
3 *University of Chinese Academy of Sciences,* Beijing 100049)

ABSTRACT

Hongya Yangshuizhan fossil locality is located in the Nihewan Formation of the Lower Pleistocene at Hongya village, Yangyuan County in Nihewan Basin, Northern China. According to the paleomagnetic dating experiment the age of the locality is estimated about 1.6 Ma. In the locality there is a large area with many mammalian fossils including nearly ten species discovered. A large number of mammalian fossils were also unearthed from the locality in 2015. The collections have been initially identified as *Nyctereutes sinensis* with very complete skull, *Pachycrocuta licenti* with a fairly complete skull, *Equus sanmeniensis* or *Equus huanghoensis* with skull and limb bones, a complete maxillary of Cervids and a pair of relatively complete horns of *Gazella subgutturosa*.

Key words　　mammalian fossils, Hongya Yangshuizhan Locality, Lower Pleistocene, Nihewan Basin

云南祥云发现早更新世哺乳动物化石*

高　峰[1]　张谷甲[2]

(1 云南省文物考古研究所，云南　昆明 650118；2 祥云县文物管理所，云南　祥城镇 672100)

摘　要　描述了最近发现于云南省大理白族自治州祥云县禾甸镇茨芭村民委员会海西组 30 m 深井内的一批哺乳类化石，均采自同一层位河湖相砂砾岩堆积中。这批材料包括奇蹄类的 1 枚云南马（*Equus yunnanensis*）的右上第四前臼齿、1 件云南马的右肱骨远端残件；及偶蹄类，有鹿类的水鹿（*Cervus (Rusa) unicolor*），1 件残破的略带角环的角柄，附少许颅骨残余（含有颅骨内面），和牛类（Bovidae indet.）的一些碎牙片。以古马型真马化石的出现，并与反刍类相伴，或揭示了当时为林地-草原环境。从动物群总体面貌来看，这批哺乳类可与元谋人动物群相当或稍早，时代为早更新世中期。

关键词　云南祥云；早更新世；哺乳类；东洋界；埃塞俄比亚界；人类迁徙

1　前言

在探讨人类起源时，元谋动物群的发现是至关重要的。1926−1927 年间格兰阶（W. Granger）在云南元谋采集到一些哺乳动物化石，卞美年和贾兰坡也在云南其他地方相继发现许多哺乳动物化石[1]，其中的马类化石经柯伯特（E. H. Colbert）研究后订名为云南马（*Equus yunnanensis*）[2]。作为早更新世的一种南方古马型真马揭示出云南早更新世地层的存在。裴文中接下来对新发现材料进一步深化研究[3]。1965 年元谋人的发现[4-5]，成为中国最早的人类化石。

2010 年 5 月 7 日，云南省大理白族自治州祥云县禾甸镇茨芭村行政村 9 组（海西自然村）张树归在自家院（位于祥姚公路北侧，图 1）院内挖井挖至 20 m 处黄、红色粉砂黏土层中挖出化石，然后报告县文物管理所，县文物管理所及时进行了现场查看，拍摄了环境照片并取回保存较好的化石标本。测定化石出土地点地理坐标为 25°33′6.67″N，100°43′3.09″E，海拔 1 987 m。

《中国地层指南及中国地层指南说明书（修订版）》[6]第 42、56 页指出，早更新世与上新世的界限为 2.6 Ma。汪啸风等[7]及闵隆瑞[8]以 2.5 Ma 为第四纪起始、中更新世以 730 ka 为起始、晚更新世以 128 ka 为起始、全新世以 10.250 ka 为起始。邱占祥又强调了这一概念[9]，尽管他也曾持晚期分界限[10]。作者在此采用闵隆瑞归纳的概念。

---

* 基金项目：云南省文物考古研究所重点项目子课题：云南在新—旧石器时代过渡阶段的研究.
　高峰：男，53 岁，研究馆员，国家考古领队，从事古人类学及旧石器时代考古研究. E-mail: 632611648@qq.com.

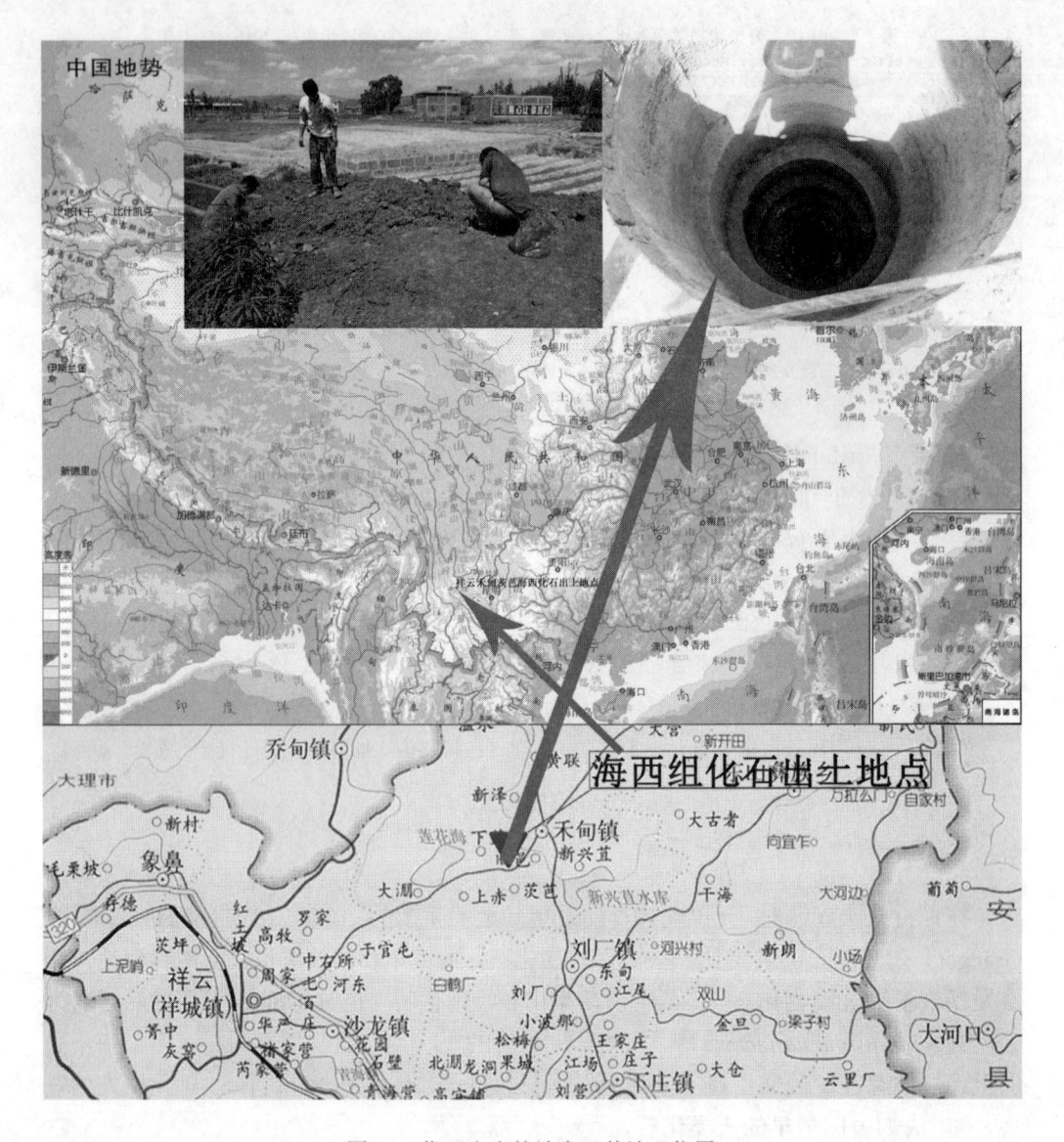

图 1　化石出土的地点及其地理位置

Fig. 1　Fossil locality and its geographic location

　　祥云地处扬子准地台西缘、青藏滇缅"歹"字形构造体系与川滇经向构造体系的交接带上。东以鱼泡江断裂为界，西以洱海大断裂为限，其间，程海—宾川深大断裂由宾川南下经县境，沿帽山—象鼻—茨坪—祥城坝西缘—清华洞—袁大海至干海子一线，将县城分割为东、西两个不同的地质构造区：东区面积较大，属川滇台背斜滇中中凹楚雄凹陷区，为拉乌村—米甸街褶断小区的一部分，呈大陆海相—陆相沉积凹陷型，中生代沉积发育较为齐全，燕山中期的构造运动形成本区南北向为主的构造线，与燕山晚期褶皱方向一致，县境大部分地域位于该褶皱小区内[11]，本研究区域也在其中，且属于金沙江流域，因此，该地区的早更新世地层与元谋组更接近，也有将其划归蛇山组，在此，作元谋人组[12]对待。

禾甸坝位于县境中部偏北，坝子（即盆地）由飞凤山麓向东、北呈扇面展开，长 12 km，宽约 4.5 km，面积 71.8 km²，平均海拔 1 963 m。地势西南高东北低，禾米河自南向北贯穿其间；坝区平坦，属河流湖泊相堆积，其西缘有自然湖泊莲花湖，西南部山麓有少量洪积扇。

发现化石的地点就在莲花湖东、禾米河西岸，海西村西偏南 650 m 祥姚公路北侧 10 m 处。地理坐标为：25°33′12.78″N，100°43′39.9″E；海拔 1 985 m。古典型真马化石和鹿、牛化石及碎骨出自该点深井中约 30 m 处。2014 年 7 月 2 日，笔者调查了禾甸镇茨芭村民委员会。茨芭村民委员会宝成喜主任和何马勇书记介绍，茨芭自然村南挖地基，2.67 m 余深处见人工木材。村南挖深机井，靠西南一口深 300 m，200 m 余泥层，无水；靠东北山根脚一口掘深 147 m，上覆 7 m 土层，见水，水量大。

由此及周边调查推断，禾米河谷两边及莲花湖的周边地层砂砾层可能为上新世—更新世河湖相，与元谋组相似。

所描述标本均保存于云南省大理白族自治州祥云县文物管理所，标本编号前缀为 YDXH。

马类化石形态描述术语和测量方法按 Eisenmann 等[13]、Sisson[14]、邱占祥等[15]、邓涛等[16]。

2 标本描述

哺乳动物纲 Mammalia Linnaeus, 1758
 奇蹄目 Perissodactyla Owen, 1848
  马型亚目 Hippomorpha Wood 1937,
   马超科 Equoidea Hay, 1902
    马科 Equidae, Gray, 1821
     马属 *Equus* Linnaeus, 1758
      云南马 *Equus yunnanensis* Colbert, 1940

（图 2 和图 3，表 1 至表 3）

材料　1 枚右 P^4（YDXH2010-1），1 件右肱骨远端残件（YDXH2010-2）。

描述　右 P^4（YDXH2010-1）保存基本完好，仅前附尖、中附尖、后附尖形成的颊侧壁整个脱落，影响其宽度至少 3~4 mm。因此测量值宽度加 3 mm 作比较。该右上颊齿前附尖根部残存，显示比前尖更向前，结合整体结构，判断为右上第四前臼齿。长宽中等偏小。原尖较长，为扁长三角形，内壁较平，中央有凹，原尖长指数为 38，原尖向前突程度远不如向后突程度大。马刺（pli caballin）细长，除颊侧主要的一根外，舌侧近中有一突出小而弱的马刺。前窝后缘和后窝前缘的细小褶皱很发达，分别为 6 个和 4 个。

图 2 祥云茨芭村出土的云南马牙齿化石

Fig. 2　P^4 of *Equus yunnanensis* from Xiangyun

a: 嚼面视; b: 舌侧视; c: 颊侧视; d: 前侧视; e: 后侧视.

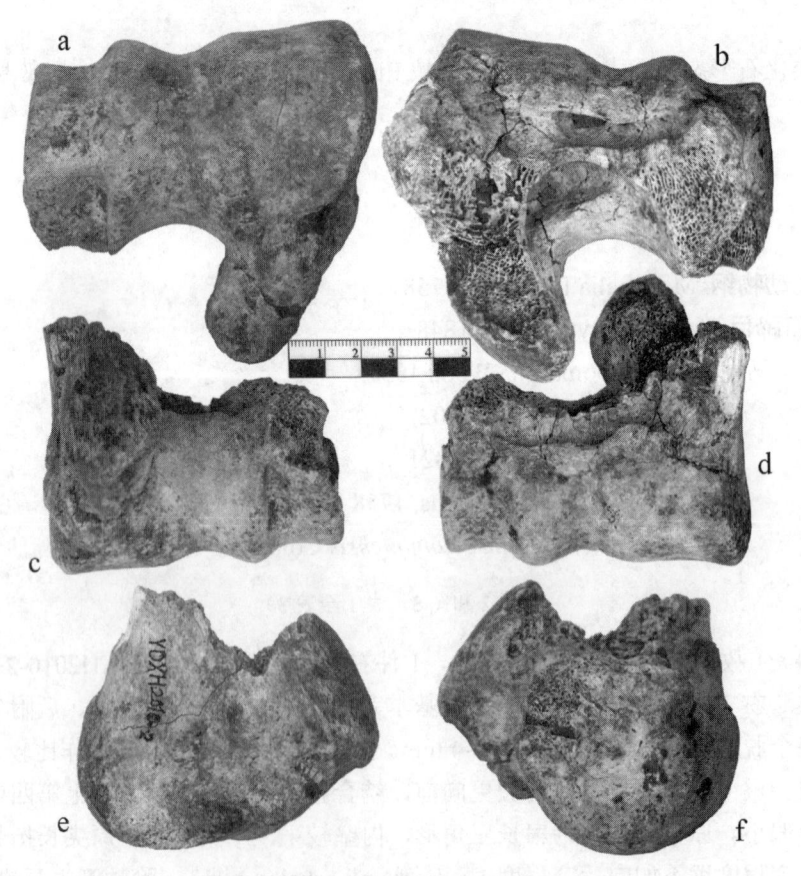

图 3 祥云出土的云南马肱骨远端

Fig. 3　Distal part of humerus of *Equus yunnanensis* from Xiangyun

a: 远端视; b: 内侧视; c: 后侧视; d: 前侧视; e: 近端视; f: 外侧视.

表 1 祥云出土的云南马右 P⁴ 的测量
Table 1 Measurements of the right P⁴ of *Equus yunnanensis* from Xiangyun   mm

标本	长	宽	W/L	高	原尖长	原尖宽	w/l	l/L /%
YDXH2010-1	26.68	(22.28) +3	0.83+0.94	57.49	12.43	4.71	0.3789	46.59

右肱骨远端残件(YDXH2010-2)，自外侧上髁嵴（crista epicond, lateralis）根部和内侧上髁嵴（crista epicond, medialis）根部残断，保留上切迹孔(foramen supratrochleare)下半部，外侧上髁(epicondylus lateralis)顶部略残，髁上孔(foranen epicondyloideum)、鹰嘴窝(fossa olecrani)和冠状窝(fossa coronoidea)保存完好，滑车(trochlea)保存完好。冠状窝窄而深，肱骨嵴不达骨干内缘，远端滑车，上下一样宽。

表 2 云南马右肱骨远端标本(YDXH2010-2)的测量值
Table 2 Measurements of distal fragment of humerus (YDXH2010-2)   mm

远端最大宽（外上髁处）	远端关节髁处宽	远端滑车矢状沟厚（自底面测量）
maximum distal width	distal with at trochlea	ant.-post. Diameter of trochlea at the sagittal groove
（83）	80	40

表 3 不同地点的云南马 P⁴ 的比较
Table 3 Comparison of measurements of P⁴ of *Equus yunnanensis* from difference sites   mm

测量项目	YDXH2010-1	V4250.1[17]	Amer. Mus. No.38960[2]	裴文中标本一号[3]
长	26.68	27, 28	26.0	29
宽	（25.28）	28, 28	27.5	28.6
长宽指数	（0.94）	103.7, 100	-	-
原尖长	12.43	12.6, 12.6	-	-
原尖长指数	37.89	46.6, 45	-	-

比较与讨论 YDXH2010-1，右 P⁴，与云南马订种的模式标本 A.M.38960（Colbert 建立云南马的标本仅为一些孤立的颊齿，正型标本 AM38960 为左 P²~P³、M¹~M³，副型标本 AM38961 为左 P₃，由在一年间采自云南元谋）[2]的左 P⁴ 形态一致，与裴文中[3]所研究的云南元谋和发现的云南马材料也基本一致。齿的长宽相对较小，宽长比为 0.94；原尖长指数为 38，相对比较长。正如 Colbert[2]分析中所指出的，云南马具有比三门马（*Equus sanmeniensis*）和纳玛马（*Equus namadicus*）相对更长的马刺，这一点作者描述的标本 YDXH2010-1 也显示出，但后两者原尖更长。云南马与西瓦马（*Equus sivalensis*）和纳玛马（*Equus namadicus*）都具有前后窝复杂的釉质褶皱，而这一点三门马（*Equus sanmeniensis*）就很简单。同时他也指出，两枚由 P. Teilhard de Chardin 和 H. de Terra 博士在缅甸伊洛瓦底层中所发现的第一和第二臼齿与云南马基本一致，并且具有略微更复杂的前后窝釉质褶皱。因此，他推论马街的化石更与缅甸、印度的更新世马相似而有别于泥河湾的，也许可能更接近普氏马[2]。针对最后这一点，下面

将介绍刘后一等[17]和邓涛等[16]的结论，以充实云南马作为独立种的证据。相对此处发现的真马右肱骨远端，与三门马形态较接近[16]，远端关节髁处宽（distal with at trochlea）、远端滑车矢状沟厚（自底面测量）（ant. –post. Diameter of trochlea at the sagittal groove）均与三门马一致，分别为 80 mm 和 40 mm，远端最大宽（外上髁处）（maximum distal width）从趋势估计为 83 mm，也接近三门马的 85 mm。说明本研究文描述的标本 YDXH2010-1 肢骨相对较粗壮。云南马 *Equus yunnanensis*，其时代为早更新世至中更新世，地理分布为，云南元谋、广西柳城、湖北建始和恩施、陕西汉中、四川会理，缅甸伊洛瓦底等地。

邓涛等[16]认为刘后一等[17]的标本具有相当完整的头骨、下颌骨、肢骨等材料，但他们并未明确提出选型，因此根据标本的情况建议，V4250.1，雌性头骨，约 7~8 岁，脑颅因受挤压稍许变形，除少许破损外，大部分保存完好；V4251，下颌骨，雄性，老年，仅冠状突破损（标本由刘后一等 1971 年在云南元谋马大海西沟采集，现保存于中国科学院古脊椎动物与古人类研究所）两件标本作为云南马的选型。他给出云南马（*Equus yunnanensis*）的特征为，身体中等偏小，头骨相对较大，额部窄，长吻型。内侧有未完全封闭现象，颊齿尺寸及原尖长度中等，釉质褶皱通常发达，下颊齿的内谷形，下后尖和下后附尖都相当圆润，外谷短，在臼齿上也很少深入双叶颈内，下马刺不发达，尾部呈戟状。

远端肢骨较粗短。M_3 的下次小尖在根部的收缩颈上都有一个向外方伸出的突起，以致的下次小尖成戟状。这几条有非常重要的意义，表明它与在庆阳巴家嘴发现的王氏马有共同之处，如圆润的下后附尖、短而不深入双叶颈的外谷，因此它与王氏马一样，既保留了下后附尖的原始性，又发育了外谷的进步性，但云南马与王氏马又不完全一样，尺寸比王氏马小，M_3 的戟形下次小尖比王氏马的匕首形少了一个向内的突起,这些说明它是一个与王氏马有着密切亲缘关系而又独立的种，对于阐明它们的系统关系有重要意义[18]。

在云南马(*E. yunnanensis*)、西瓦立克马(*E. sivalensis*)和纳玛马(*E. namadicus*)的大多数臼齿上都具有短的外谷[20]，这 3 个种的原尖长度都为中等到长[2, 21-22]。但云南马是一种较为原始的马，从头骨上来看，它具有长吻、窄额、犁骨指数小、颅基齿列角大、眶前窝大而明显、骨质硬聘强烈凹陷等特点，有时也具有狼齿。云南马不可能是西瓦立克马和纳玛马的后代，因为在时代上它们是相同的，从肢骨的比例看，云南马头长相对较大，这一特点与普氏野马相似，刘后一等将云南马作为一个独立的支系，其后代可能为在四川会理发现的似云南马。邓涛论述了云南马与王氏马有比较密切的关系，因为它们有许多相同的原始或进步特征。另一方面，云南马的肢骨的比例很有特点，掌骨和指节骨与 stenonid 型马相比相当短而粗壮，在这一点上与 caballoid 型马相似。

Colbert 曾根据这一点认为云南马与普氏野马（*Equus przewalskii*）有关，但他却没有考虑到云南马下颊齿的 V 形内谷与普氏野马的 U 形内谷完全不同。从颊齿上看，云南马应该是 stenonid 型的马，即也应该与斑马为一类，所以它不可能与普氏野马有太密切的关系。

本文的材料虽然太少，但具有与云南马相同的细釉质颊齿和齿冠结构，归入云南马这个早更新世古马种应该是合理的，同时也具有与三门马相似的肱骨远端和更长的原尖，也许某些特征更接近西瓦马(*E. sivalensis*)。

  偶蹄目 Artiodactyla Owen, 1848
   反刍亚目 Ruminantia Scopoli, 1777
    有角次目 Pecora Linnaeus, 1758
     鹿科 Cervidae Gray, 1821
      真鹿亚科 Cervinae Goldfuss, 1820
       鹿属 *Cervus* Linnaeus, 1758
        黑鹿亚属 *C. (Rusa)* Smith, 1827
         云南黑鹿 *Cervus*（*Rusa*）*unicolor* Kerr, 1792

(图4)

材料 YDXH2010-3，为 Linnaeus, 1758 一右角角柄，带有很小区域头骨内面；角环残，内侧略显；角柄特别短，略呈前后向长轴的椭圆形横截面，其前内侧有啮齿类啃咬痕迹，似刀削过。角柄较粗糙，有纵棱。

比较和讨论 这类化石分布于四川、广西、江苏、河南、贵州、湖北和云南，时代为更新世。于元谋组发现了相似的标本，其订为一新种云南黑鹿 *Cervus*（*Rusa*）*yunnanesis* Lin et al., 1978[23]。在此，由于标本破碎，又无头骨和牙齿，介于其短的角柄，将其归入水鹿。

  牛科（洞角科） Bovidae Gray, 1821
   牛 Bovidae gen. et sp. indet.

(图5)

材料 4 件颊齿齿尖残片(YDXH2010-4-1，YDXH2010-4-2，YDXH2010-4-3，YDXH2010-4-4)。

尚有一些碎骨(YDXH2010-5-1, YDXH2010-5-2, YDXH2010-5-3, YDXH2010-5-4)，不能鉴定种属，但似乎有人工痕迹，有待今后深入研究（图6）。

3 祥云禾甸哺乳动物群的发现意义

祥云禾甸动物群由于含有云南马，尽管种类很少，却也体现出于元谋人动物群[12]相似的性质。地处滇西东缘、滇中西缘的祥云禾甸，西连缅、印，东接华南，北临川陕，作为早期人类迁徙的关键通道，发现了早更新世哺乳动物群，也意味着类似元谋人的古人类可能途经此地。联系近来年云南[23]及周边的广西[24-25]、山西[26-27]、陕西[28]、重庆[29]、安徽[30]的古猿（更新世）、古人类及旧石器的新发现，使我们看到，南方动物群与北方动物群的交流与隔绝，都是因为环境因素所致。

全球哺乳动物群的交流与隔绝，造成古猿和人类迁徙的联通和阻断。值得一提的是，中国家驴与东非和东北非的家驴最具亲缘性[31-32]。而云南马与非洲斑马和野驴的亲缘性上述讨论已经有所提示。早更新世非洲东部狒狒与早期人属同域，印度也是，而中国南方，尤其云南[33]和重庆[34]，订名河南的原黄狒[35]与这批开阔林地的早更新世哺乳动物群相伴随，值得人们深思。

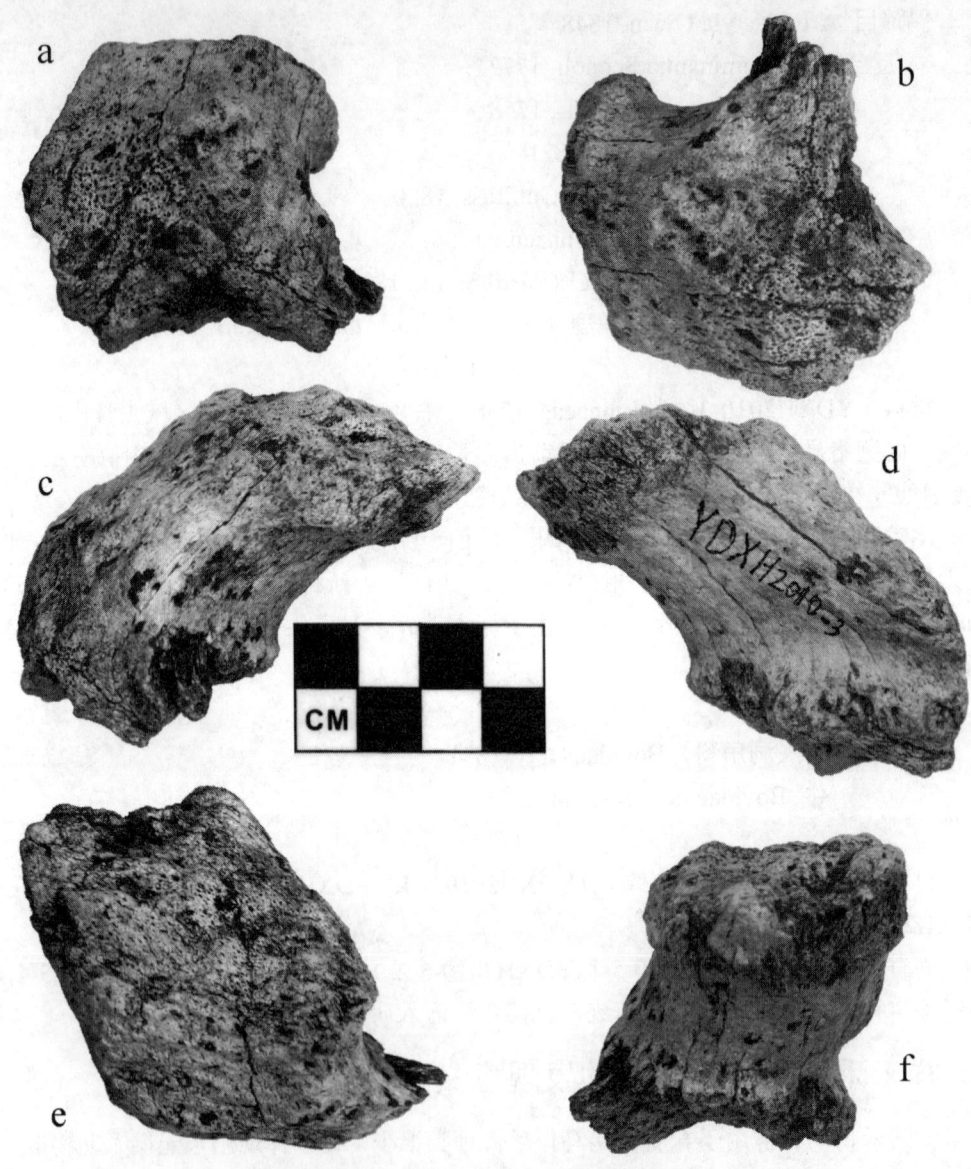

图4　祥云出土的水鹿角柄
Fig. 4　Pedicle of from Xiangyun
a: 远端视; b: 内侧视; c: 后侧视; d: 前侧视; e: 近端视; f: 外侧视.

图 5　牛科颊齿残片

Fig. 5　Fragments of bovid cheek teeth

1：YDXH2010-4-1; 2：YDXH2010-4-2; 3：YDXH2010-4-3; 4：YDXH2010-4-4. b 为 a 的另一侧.

图 6　哺乳动物骨骼的碎片

Fig. 6　Fragments of mammalian bones

5：YDXH2010-5-1; 6：YDXH2010-5-2; 7：YDXH2010-5-3; 8：YDXH2010-5-4; 9：YDXH2010-5-5. b 为 a 的另一侧.

南非（直立人）、东非（能人、直立人）、南亚（印度）、东亚西南缘（元谋人）以及东南亚（爪哇魁人－人属直立人种）等[36-41]在新概念"第四纪"第一阶段明显的"古东洋界"（东洋界和旧热带界）动物区系面貌与早期人属的迁徙分布带相吻合，与之同域的狒狒类，尤其是狮尾狒狒，也均在这些地点出现预示着早期人类可能曾途经现在的青藏高原东南缘进入东亚。通过哺乳动物群生活习性的推测，当时可能该区域有着较低的海拔。

元谋人动物群在祥云发现，预示着早期人类迁徙可能途经该区域，所以该区域的早期人类及其文化的出现存在很大的可能性。

参 考 文 献

1　Bien M N, Chia L P. Cave and Rock-Shelter Deposits in Yunnan. Bulletin of the Geological Society of China, 1938, 18(3-4): 333-337.

2　Colbert E H, Pleistocene mammals from the Ma Kai valley of northern Yunnan, China. Am Mus Novit, 1940, (1099): 1-10.

3　裴文中. 云南元谋更新世初期的哺乳动物化石（附广西柳城"巨猿洞"马化石的研究）. 古脊椎动物与古人类, 1961, 3(1): 16-30.

4　胡承志. 云南元谋发现的猿人牙齿化石. 地质学报, 1975 (1): 65-71.

5　周国兴, 胡承志. 元谋人牙齿化石的再研究. 古脊椎动物与古人类. 1979, 17(2): 149-162.

6　全国地层委员会. 中国地层指南及中国地层指南说明书（修订版）. 北京：地质出版社, 2001. 1-59.

7　汪啸风, 陈孝红, 等. 中国各地质时代地层划分与对比. 北京：地质出版社, 2005. 1-596.

8　闵隆瑞. 河北阳原盆地西部第四纪地质. 北京: 地质出版社, 2003. 1-160.

9　邱占祥. 中国北方"第四纪（或亚代）"环境变化与大哺乳动物演化. 古脊椎动物学报, 2006, 44(2): 109-132.

10　邱占祥. 泥河湾哺乳动物群与中国第四系下限. 第四纪研究. 2000, 20(2): 142-154.

11　云南省祥云县志编纂委员会编纂. 中华人民共和国地方志丛书-祥云县志. 北京：中华书局, 1996. 1-843.

12　程捷, 刘学清, 岳建伟, 等. "元谋组"及"元谋动物群"含义的厘定. 地层学杂志, 2002, 26(2): 146-150.

13　Eisenmann V, Alberdi M T, de Giuli C, et al. Volume I, Methodology. In: M Woodburne et al. eds. Studying Fossil Horses. Leiden: Brill E J, 1988. 1-71.

14　Sisson S. 家畜解剖学（中译本）. 北京：科学出版社, 1965. 1-382.

15　邱占祥, 黄为龙, 郭志慧. 中国的三趾马化石. 中国古生物志, 新丙种, 1987, 25: 1-250.

16　邓涛, 薛祥煦. 中国的真马化石及其生活环境. 北京：海洋出版社, 1999. 1-158.

17　刘后一, 尤玉柱. 云南元谋云南马化石新材料-兼论云南马的定义及亚洲化石马属的系统关系. 古脊椎动物与古人类. 1974, 12(2): 126-136.

18　邓涛, 薛祥煦. 中国真马（$Equus$ 属）化石的系统演化. 中国科学, D辑, 1998, 26(6): 505-510.

19　Li S, Deng C, Yao H, et al. Magnetostratigraphy of the Dali Basin in Yunnan and implications for late Neogene rotation of the southeast margin of the Tibetan Plateau. Journal of Geophysical Research Atmospheres, 2013, 118(3): 791-807.

20　Eisenmann V. Les metopodes d'$Equus sensu$ lato (Mammalia, Perissodactyla). Geobios, 1979, 12: 863-886.

21　Lydekker R. Siwalik and Narbada Equidae. Mem Sur India, Ser X, 1882 (2): 67-98.

22　Hooijor D A. Observations on a calvarium of $Equus sivalensis$ Falc. et Cautl. from the Siwaliks of the Punjab, with craniometrical notes on recent Equidae. Arch Neerl Zool, 1949, 8(3): 1-22.

23　林一璞, 潘悦容, 陆庆五. 元谋盆地早更新世哺乳动物群. 见：中国科学院古脊椎动物与古人类研究所编. 古人类文集. 北京：科学出版社, 1978. 101-125.

24　Zhu R X, Potts R, Pan Y X, et al. Early evidence of the genus $Homo$ in East Asia. Jour Hum Evol, 2008, 55: 1075-1085.

25 王頠. 广西田东么会洞早更新世人猿超科化石及其在早期人类演化研究上的意义. 武汉：中国地质大学博士论文, 2005. 1-150.

26 刘平. 匼河遗址 6054 地点黄土—古土壤剖面磁性地层学的年代研究. 地层学杂志, 2007, 31(3): 25-31.

27 吴文祥, 胡素芳, 李虎侯. 匼河旧石器遗址群 6056 地点的地层年代. 海洋地质与第四纪地质, 2008, 28(1): 85-89.

28 吴秀杰, 张亚盟. 陕西公王岭蓝田直立人内耳迷路的复原及形态特点. 人类学学报, 2016, 35(1): 14-23.

29 武仙竹, 裴树文, 邹后曦, 等. 中国三峡地区人类化石的发现与研究. 考古, 2009 (3): 49-56.

30 金昌柱, 郑龙亭, 董为, 等. 安徽繁昌早更新世人字洞古人类活动遗址及其哺乳动物群. 人类学学报, 2000, 19(3): 184-198.

31 朱文进, 张美俊. 中国8个地方驴种遗传多样性和系统发生关系的微卫星分析. 中国农业科学, 2006, 39(2): 398-405.

32 卢长吉, 谢文美, 苏锐, 等. 中国家驴的非洲起源研究. 遗传, 2008, 30(3): 324-328.

33 郑良, 潘汝亮, Curnoe D. 在中国云南发现狒狒化石. 动物学研究, 2006, 27(6): 635-636.

34 顾玉珉, 方其仁. 1985-1988年期间发现的巨猿和原黄狒. 北京：中华书局, 1999. 12-18.

35 Schlosser M. Fossil primates from China. Palaeont Sin, 1924, Ser C , 1(2): 1-16.

36 Delson E. Cercopithecid biochronology of the African Plio-Pleistocene: Correlation among eastern and southern hominid-bearing localities. Cour Forsch-Inst Senckenberg, 1984, 69: 199-218.

37 Frost S R, Delson E. Revised Cercopithecidae from the Hadar formation and surrounding areas of the afar depression, Ethiopia. Jour Hum Evol, 2002, 43: 687-748.

38 Prasad K N. Pleistocene cave fauna from peninsular India. Journal of Caves and Karst Studies, 1996, 58(1): 30-34.

39 Larick R, Ciochon R L, Zaim Y, et al. Early Pleistocene 40Ar/39Ar ages for Bapang formation hominins, Central Java, Indonesia. Proc Natl Acad Sci, 2001, 98: 4866-4871.

NEW MATERIALS OF THE EARLY PLEISTOCENE MAMMALS FROM XIANGYUN, YUNNAN

GAO Feng[1]   ZHANG Gu-jia[2]

(1 Yunnan Provincial Institute of Relics and Archaeology, Kunming 650118, Yunnan;

2 Xiangyun County Culture Relics Management, Xiangcheng 672100, Yunnan)

ABSTRACT

A group of fossils collected from Haixi Group of Ciba Villagers' Committee, Hedian Town, Xiangyun County, Dali Bai Nationality Autonomous Prefecture, Yunnan Province, is described. The fossils were all unearthed in a well in 20 meters deep in the same layer of lacustrine and fluvial sand and gravel deposits. The materials include a right upper premolar (nearly intact) and a fragment of the distal end of humeri of *Equus yunnanensis*, and a fragmental antler with pedicle of *Cervus* (*Rusa*) *unicolor*, some fragmental pieces of teeth of Bovidae indet. The appearance of true horse with "stenoid" type teeth and ruminants might indicate a kind of woodland to grassland environment. The age of the fauna is probably the Early Pleistocene based on the characters of the fossils.

Key words   Xiangyun,   Yunnan,   Early Pleistocene,   mammals

湖北建始杨家坡洞晚更新世哺乳动物群之大熊猫[*]

陆成秋[1] 刘绪斌[2]

(1 湖北省文物考古研究所，湖北　武汉 430077；2 建始县文物局，湖北　建始 445300)

摘　要　系统描述了湖北省建始杨家坡洞晚更新世哺乳动物群中的巴氏大熊猫（*Ailuropoda melanoleuca baconi*），与建始龙骨洞的武陵山大熊猫（*A. wulingshanensis*）共同构成了本地区大熊猫在早更新世和晚更新世的演化序列，为研究南方更新世动物群提供了非常重要的实物资料。

关键词　大熊猫；大熊猫-剑齿象动物群；杨家坡洞；建始；湖北；晚更新世

1　前言

2004 年 9 月初至 11 月底，为配合国家重点工程湖北宜昌至重庆万州铁路的开工建设，湖北省文物考古研究所组成考古队对湖北省建始县高坪镇的杨家坡洞化石点进行系统发掘，结果发现了较丰富的晚更新世智人及伴生动物群化石材料。经初步研究，发现动物群的动物组成达到 8 目 30 科 80 种，属于典型的晚更新世大熊猫-剑齿象哺乳动物群[1]。下面笔者将这一动物群最显著的基本成员之一的大熊猫做一系统记述。

2　系统描述

哺乳动物纲 Mammalia Linnaeus, 1758

食肉目 Carnivora Bodwich, 1982

大熊猫科 Ailuropodidae Pocock, 1921

大熊猫属 *Ailuropoda* Milne-Edwards, 1870

巴氏大熊猫 *Ailuropoda melanoleuca baconi* Woodward, 1915

2.1　探方、层位及材料

$TS_6E_1$②：1 左 p3（$JJD_358.1$）；$TS_6W_9$②：1 左 m1（$JJD_358.2$）；TS_8W_{10}②：1 左 m3（$JJD_358.5$）；$TS_{12}W_{12}$②：1 左 m1（$JJD_358.3$）；$TS_{13}W_{12}$①：1 左 m3（$JJD_358.4$）。标本测量数据、保存状况等情况见表 1。

2.2　描述

杨家坡洞发现的巴氏大熊猫化石都是单个牙齿。

p3 共 1 枚（图 $JJD_358.1$）。冠面近长条形，舌侧凸，颊侧较平。纵向连续排列 3 个齿尖，它们分别为下前附尖、下主尖、下后附尖。下前附尖最小，但发育清楚，其

---

[*] 陆成秋：男，37 岁，副研究员，主要从事旧石器时代考古学研究.

前缘较锋锐；下主尖居中，最为高大，较其前后两尖稍向舌侧突出，其前缘较锋锐，后缘有点向后外侧挤向下后附尖的前缘；后面的下后附尖也很粗大，稍矮于下主尖，其前缘被下主尖挤向颊侧，而其较尖锐的后端则挺向舌侧；没有其他附尖和齿带发育。两齿根，前后齿根皆较粗壮，前齿根较后齿根还要粗壮一些，都呈圆柱状。

表 1 巴氏大熊猫的材料情况一览

Table 1　Materials of *Ailuropoda melanoleuca baconi*　　mm

编号	名称	长（L）	宽（W）	磨蚀情况	保存状况
JJD₃58.1	右下 p3	17.7	8.8	轻度磨蚀	基本完整
JJD₃58.2	左下 m1	17.0+	20.0	中度磨蚀	仅存后半部分的齿冠和齿根
JJD₃58.3	左下 m1	30.3	18.8	中度磨蚀	齿冠完整，齿根缺失
JJD₃58.4	左下 m3	20.3	20.3	轻度磨蚀	齿冠完整，齿根缺失
JJD₃58.5	左下 m3	19.4	19.0+	未磨蚀	**齿冠内半部缺损，齿根缺失**

m1 共 2 枚(图 1)。冠面近长方形，前窄后宽，前缘前内角稍向前内突出，呈锐角状，颊侧和后侧较平，舌侧在下原尖处明显向内凹。下前尖较粗大，偏向舌侧，位于前内角；下原尖最高大，呈前后偏锥形，位于位于齿冠颊侧中部部；下后尖较小，位于齿冠舌侧中部，向前外紧挨着下原尖后内侧；前 3 个主尖所围成的下三角凹较深且向舌侧开放；下次也较粗大，连依附于其的齿瘤，几乎占据下跟座 2/3；下内尖与下次尖处于同一水平位置，但明显比下次尖小；跟座凹较深。外侧齿带发育但是很弱。两齿根，后齿根大于前齿根，后齿根应该是由两个齿根愈合而成，因为在其前面明显有一条很深的凹槽。

m3 共 2 枚(图 1)。冠面近圆形，前宽后窄，前侧与颊侧较平，舌侧呈圆弧状。冠面四周高，中间略低，布满各种形状的齿瘤突。下原尖、下后尖、下次尖都呈脊状构成齿冠的边缘。

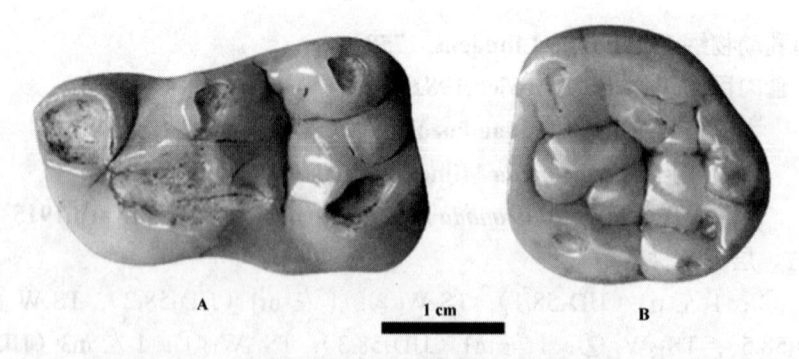

图 1　杨家坡洞出土的巴氏大熊猫颊齿嚼面视
Fig. 1　Occlusal view of cheek teeth of *A. melanoleuca baconi* from Yangjiapo Cave
A：左m1（JJD58.3）；B：左m3（JJD58.4）

2.3 比较与讨论

大熊猫的牙齿变异很大，一般很难根据一些个体的牙齿性质，来区分化石大熊猫的种别，特别是中、晚更新世的大熊猫与现生大熊猫在牙齿结构上基本没什么区别，两者最大的区别是化石种的牙齿较现生种的牙齿更粗大一些，这也只是从总体上来看的，具体到个体上，也有可能出现化石种小于现生种的情况。大熊猫化石就个体大小来看，有一大、一小和一个中间过渡类型，共 3 个种，大者以大熊猫巴氏亚种（*A. melanoleuca baconi*）为代表，小者以大熊猫小种（*A. microta*）为代表，介于前两者之间的过渡种以武陵山大熊猫（*A. wulingshanensis*）为代表。到目前为此，包括现生大熊猫在内，共有 3 个种和 1 个亚种：*A. microta* Pei, 1962、*A. melanoleuca* (David), 1869、*A. wulingshanensis* Wang et al., 1982、*A. melanoleuca baconi* (Woodward, 1915)。

通过对比我们发现，杨家坡洞的牙齿较大熊猫小种（*A. microta*）和武陵山大熊猫（*A. wulingshanensis*）的牙齿粗大。大熊猫小种是早更新世一种特殊的大熊猫，它的牙齿具有一些原始性质，如齿冠上的折皱较少，p4 第三尖的内面没有附尖和齿带，M1 的内缘上的齿带较窄等[2]；而杨家坡洞的牙齿中虽然没有 p4 和 M1，但它的结构性质已经与盐井沟的巴氏大熊猫或现生大熊猫没什么不同。武陵山大熊猫化石在杨家坡洞的上层洞穴龙骨洞中发现很多，它的牙齿较小，是介于大熊猫小种和大熊猫巴氏亚种之间的一种过渡类型[3]，数据对比也可以说明这一点（表2），与它不同之处在于杨家坡洞的 m1 的外侧有弱的齿带发育，这一点更接近大熊猫巴氏亚种。大熊猫巴氏亚种（*A. melanoleuca baconi*）是 Woodward 于 1915 年根据缅甸 Mogok 的一个头骨命名的。重庆万县盐井沟的材料是该亚种在中国的代表，按照 Colbert 和 Hooijer 的研究，该亚种除了个体较大外，和现生种没有任何显著的不同，其细微的差别是头骨矢状嵴较粗壮，眶后部分稍收缩，后关节突较粗重且沿关节面不弯曲[4]。杨家坡洞没发现骨骼类材料，仅发现的牙齿材料无论是牙齿构造还是在尺寸大小都在盐井沟的 *A. melanoleuca baconi* 范围内。所以，杨家坡洞的大熊猫应该与盐井沟的大熊猫一样属于大熊猫巴氏亚种。

表 2　大熊猫牙齿测量与比较

Table 2　Measurements and comparison of the teeth of *Ailuropoda* species　　mm

种类 地点		*A. microta* 柳城[2]	*A. wulingshanensis* 建始[3]	*A. melanoleuca baconi* 杨家坡洞	*A. melanoleuca baconi* 盐井沟[4]	*A. melanoleuca* 古脊椎所
p3	L	11.8~12.0	12.3~15.4	17.7	18.4、17.5	16.8
	W	7.4~7.8	7.4~9.4	8.8	10.8、12.0	9.4
m1	L	23.0~26.0	26.0~33.0	30.3	32.0~36.8(34.4)	31.5
	W	14.3~17.2	15.4~20.2	18.8	18.6~23.8(21.4)	20.0
m3	L	11.1~13.7	13.0~17.0	20.3	16.8~24.5(19.8)	21.0
	W	12.5~15.8	13.6~19.2	20.3	18.7~24.5(22.2)	20.8

注：括号内为平均数.

大熊猫作为我国南方大熊猫-剑齿象动物群最为典型的动物之一，它的化石在我国分布十分广泛。在更新世早期，开始出现大熊猫小种，其化石发现于广西柳城、广东罗定、四川巫山县、陕西洋县和云南元谋等地；到了更新世中晚期，大熊猫发展到全盛时期，大熊猫巴氏亚种出现，并广泛分布于我国西南、华南、华中、华北和西北 16 个省、自治区——陕西、山西、河南、安徽、浙江、江西、福建、台湾、广东、广西、湖南、湖北、贵州、四川、云南，以及国外越南和缅甸北部；它的出土地层从下更新统到历史时期的文化遗迹都有发现。现生大熊猫的生活范围已经大大缩小，目前仅分布在我国四川、陕西、甘肃三省，属于长江上游向青藏高原过渡的高山深谷地带，包括秦岭、岷山、邛崃山、大小相岭和大小凉山等山系。

3 小结

建始杨家坡洞正好与建始龙骨洞同处于一面斜坡上，前者正位于后者下边，两者相距不过25 m。前者的动物群是典型的晚更新世动物群，其大熊猫材料是大熊猫巴氏亚种（*A. melanoleuca baconi*）；后者则是典型的早更新世动物群，其大熊猫材料为武陵山大熊猫（*A. wulingshanensis*）；这两种大熊猫共同构成了本地区更新世早晚时期大熊猫的演化序列，为研究南方更新世动物群提供了非常重要的实物资料。

参 考 文 献

1　陆成秋. 湖北建始杨家坡洞晚更新世哺乳动物群. 见: 董为主编. 第十二届中国古脊椎动物学学术年会论文集. 北京：海洋出版社，2010. 97-120.

2　裴文中. 广西柳城巨猿洞及其他山洞之食肉目、长鼻目和啮齿目化石. 中国科学院古脊椎动物与古人类研究所集刊, 1987, 18:1-134.

3　郑绍华. 建始人遗址. 北京：科学出版社，2004. 193-199.

4　Colbert E A, Hooijer D A. Pleistocene mammals from the limestone fissures of Szechuan, China. Bull Amer Mus Nat Hist 1953, 102(1): 1-134.

THE LATE PLEISTOCENE GIANT PANDA FROM YANGJIQPO CAVE AT JIANSHI, HUBEI PROVINCE

LU Cheng-qiu[1]　LIU Xu-bin[2]

(1 *Hubei Provincial Institute of Archaeology*, Wuhan 100044, Hubei;
2 *Jianshi Cultural Heritage Department*, Jiangshi 445300, Hubei)

ABSTRACT

The present paper systematically described new material of the Late Pleistocene *Ailuropoda baconi* from Yangjiapo Cave at Jianshi, Hubei Province. It provides together with *A. wulingshanensis* from Longgudong the evolution evidence of giant panda from the Early Pleistocene to Late Pleistocene.

Key words　Giant panda, *Ailuropoda-Stegodon* fauna, Yangjiapo Cave, Jianshi, Hubei, Late Pleistocene

东汉洛阳南郊刑徒墓地出土人骨创伤研究*

张雯欣　　赵惠杰　　熊叶洲

(吉林大学边疆考古研究中心，吉林　长春 130012)

摘　要　对古代墓葬中出土人骨的研究可以探讨导致死亡的原因，甚至是还原事件发生时的背景环境。本研究综合了墓地布局、墓志砖铭文及人骨材料，从墓地使用顺序、死亡日期、创伤形态和位置等方面对东汉洛阳南郊刑徒墓地埋葬的刑徒人骨死因进行了综合分析，认为政府军队以暴力镇压的方式来平息叛乱或逃亡事件是导致刑徒死亡的重要因素。

关键词　洛阳；东汉；刑徒墓；创伤

1　前言

1964年春，中国科学院考古研究所洛阳工作队在汉魏洛阳故城南郊发掘了一处东汉刑徒墓地，揭露出522座小型长方形竖穴土坑墓，均为单人葬，墓主人葬式以仰身直肢居多。墓地中大量出土的墓志砖有力地揭示了墓地所葬人群的"刑徒"身份。发掘者根据墓地所在位置和随葬品判断，他们生前从事着洛阳城营建的工作[1]。

东汉王朝中央政权时常征调大量服劳役的刑徒从事洛阳城的营建工作，这点在史籍中也能够找到佐证。比如汉安帝年间宦官樊丰、谢恽等"诈作诏书，调发司农钱谷、大匠见徒材木，各起家舍、园池、庐观，役费无数"[2]；汉顺帝时下诏书重修洛阳太学，"刻石记年，用作工徒112 000人"[3]；汉献帝时"洛阳道桥，作徒囚于厮役，十死一生"[4]。洛阳东汉刑徒墓的发现为我们研究洛阳刑徒的身份、来源及所受待遇等问题提供了更加丰富的材料。除了前面提到的墓志砖，人骨也是极为关键的研究对象。潘其风、韩康信鉴定了出土人骨材料后提出，墓地所埋葬的刑徒基本上全部是男性，死亡年龄集中在14~54岁（占98.8%），尤以壮年（25~34岁）为主（占49.5%），极少有青少年和老年刑徒。此外，刑徒骨骼上的暴力创伤是重要的死亡原因，表明他们生前遭受了残酷的迫害[5]。笔者认为，如果能够更加细致地分析人骨材料上的创伤，对于洛阳刑徒死因的探讨还能够更进一步。

2　创伤与刑徒死亡日期

2.1　死亡日期与墓地使用顺序

图1是根据2007年墓地发掘报告中的《刑徒墓志砖铭文登记表》对刑徒死亡年份所做的统计。

---

* 张雯欣：女，22岁，研究生，研究方向为体质人类学.

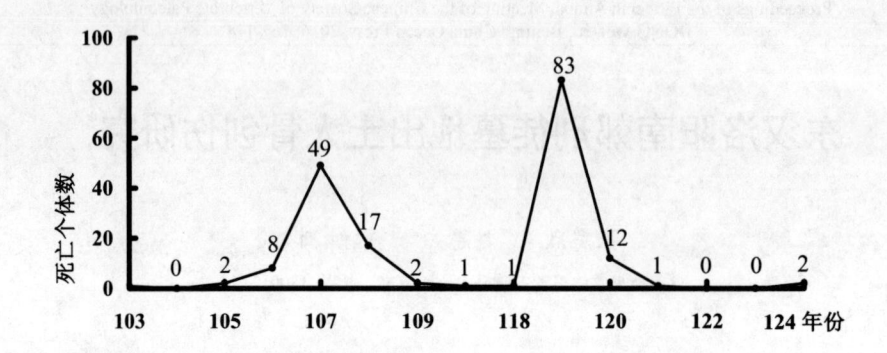

图 1 公元 103—124 年死亡个体数量统计
Fig. 1 Statistics of dead slaves during 103—124 AD

可见，永初元年（公元 107 年）和元初六年（公元 119 年）死亡的刑徒数量比起其他年份高得多。为什么会出现这样明显的差别呢？这有可能是墓地揭露面积不全导致的，因此随后笔者对墓地的使用顺序进行了细致的探析（图 2）。通过对照墓志砖铭文和 1964 年墓地发掘区分布图，笔者发现墓地在使用后期由于对空间的需求无法得到满足，遂占用了部分早期已使用过的墓地。具体表现为：除了各时间段内主要使用的墓区外，107—108 年的墓葬少量出现于 103—106 年使用的墓地范围内，而 119—120 年的墓葬在 103—108 年使用的墓地中都有较多的出现。因此，该墓地确实存在两个死亡个体数量较大的时间段（即 107—108 年与 119—120 年）。

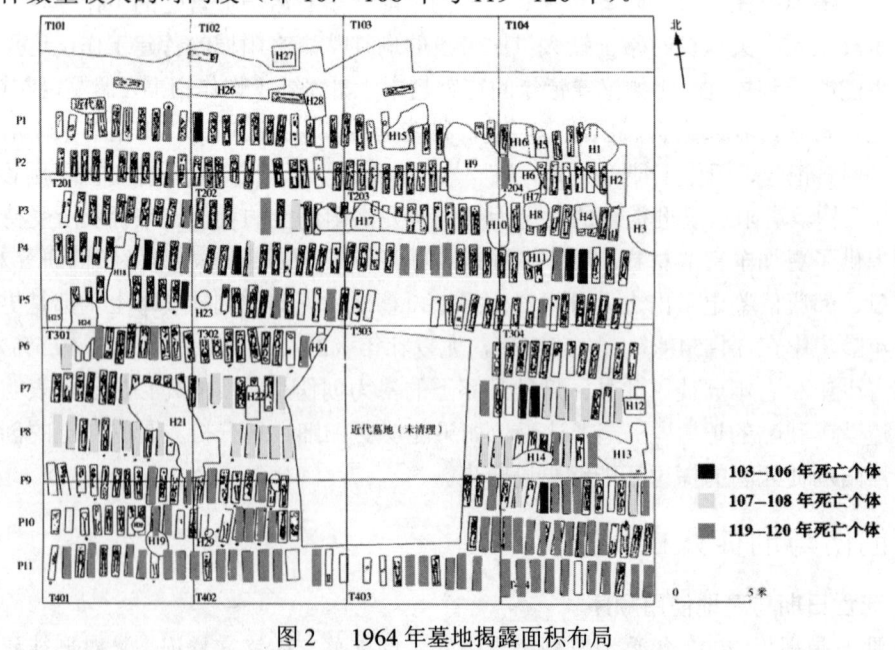

图 2 1964 年墓地揭露面积布局
Fig. 2 Arrangement of the excavated area in 1964

这两个时间段内是否发生过导致刑徒死亡数量如此剧增的事件呢？笔者认为可能的原因有：①突发的自然灾害；②饥饿与疲劳过度；③故意伤害。

为此笔者查阅了《后汉书·孝安帝纪》，发现其中可能与刑徒死亡相关的记载主要为永初元年（107年）与元初六年（119年）发生的几次比较严重的地震、暴雨等自然灾害[6]。然而，笔者认为自然灾害直接导致死亡数量增加的假设是难以成立的，原因如下：①这种死因很难在骨骼上找到直接证据。②墓地中并未发现大量日期相同的墓志砖。③纵观整个墓地，刑徒埋葬形制没有出现大变动，不存在仓促间埋葬大量人骨的迹象。然而比起文献材料，刑徒墓的人骨能够提供与死因有关的更具说服力的证据。

2.2 创伤与死亡日期的关联

潘其风、韩康信在《洛阳东汉刑徒墓人骨鉴定》中提及，422例刑徒骨骼材料中有29例个体带有明显的骨骼暴力创伤。这些创伤都是武器打击所致，且其中有24例个体的创伤位于头部，直接导致了刑徒的死亡。

这些受到致命暴力伤害的刑徒在422例个体中仅占6.87%，其中有年代记录的死亡个体占同年总死亡人数的比例见表1。

表1　刑徒墓暴力创伤个体数及其占年死亡个体数比例统计

Table 1　Number of slaves killed by violence and their percentage in total annual death

死亡日期	105年	107年	108年	119年
可识别的暴力创伤个体数	1	7	2	6
暴力创伤个体占总死亡人数比/%	50	14.29	11.76	7.23

除了105年的一例创伤个体，其他创伤个体均葬于前文所述的两个死亡个体数量最高的时间段内。考虑到这批骨骼的保存状态比较差，而相当一部分创伤不会在骨骼上留下可以辨认的痕迹，非正常死亡的刑徒所占比例实际上还更高。由于无法获得饥饿与过度劳累导致死亡的证据，我们有理由认为故意杀害是一个非常关键的死因。

3 骨骼创伤形态和位置分析

分析考古遗址出土的古代人骨遗存的死因，通常要考虑很多因素。人骨遗存上保留在原来受伤位置的武器是对死亡原因的阐释最有价值的。然而，我们通常面临的情况比这复杂得多。张光直便曾在《考古学：关于其若干基本概念和理论的再思考》[7]中讨论过箭镞和人骨遗存的时空位置会如何影响二者的关联。保存状态也对死因有重要影响。英国林多人的死因便是通过缠绕在他脖子上的皮带、两处颈椎骨折和软组织撕裂共同判断出来的[8]。埋藏的方式和尸体的处置方式也能提供间接的有用信息[9]。死后摆放杂乱的尸体（比如长平之战尸骨坑），或者死后被敲骨吸髓的迹象等，都间接地证明了暴力是死亡的原因。

不过，我们面对的经常仅仅是骨骼上的创伤，要分辨创伤形成的原因有时候非常困难。比如，鼻骨骨折有可能是暴力冲突的结果，但也有可能是由跌倒时脸部着地造成的。不过，幸好像鼻骨骨折这样难以判断导致原因的创伤并不常见，大多数的创伤都可以根据创口的形态、大小和位置进行综合分析，从而找到最可能形成的原因。

刑徒墓的发掘距今已经过去50年，受到那个年代的技术条件和考古学理论方法的一些限制，从当时留下的发掘报告中我们无法找到每一例尸骨的具体埋藏情况。所幸的是，1980年潘其风、韩康信对发掘所得的人骨遗存进行了更加仔细的体质人类学分析。《洛阳东汉刑徒墓人骨鉴定》收录了所有29例带有骨骼创伤的个体的创伤位置和骨折类型，还有部分个体创伤的详细位置、测量数据、严重程度以及作者对致伤武器类型及其作用方式的猜测。文末，潘其风、韩康信针对创伤提出了自己的一些看法：①这些受创伤个体的死亡原因属于他杀，且多数受创后即刻死亡。②创伤多数出现在头部，结合创口数量、形态和凶器打击方向来推测，有些受害刑徒是在面对凶手的争斗中被乱刀砍杀的，持械者所处位置可能比受害刑徒更高。③通过一些骨骼骨折后的错位愈合和严重的感染遗痕可以推测，当时对受伤刑徒的治疗措施极差。

以上结论我是非常赞同的，然而窃以为有关刑徒死因的结论不仅是他杀，还可以再进一步，通过对创伤位置和形态的探讨，推测到导致暴力伤害的背景事件。

3.1 位置分析

首先，根据鉴定报告中提供的信息，可以对创伤的位置进行分类统计：29例暴力创伤个体中，23例个体的创伤位于头骨，5例个体的创伤位于肢骨，还有1例则头骨和肢骨都带有创伤。由于较高的头部创伤流行率可以作为存在暴力冲突的依据，再加上部分个体的头骨存在反复被打击的现象，我们有理由认为施暴者本来就抱有置人于死地的打算。

另外，潘、韩两位先生提出，"当持械者所处位置较高时（例如骑在马上），与之抗争的刑徒的头部就更容易成为砍杀和打击的主要目标"。相似的结论我也在新疆哈密黑沟梁墓地的创伤研究报告中见到过[10]。后者根据M6C右眶上缘斜向上的砍伤和M6B枕、额部的两处砍伤，推测实施伤害的个体在实施伤害的瞬间位置高于受害者。

刑徒墓P7M18额骨有一处锐器造成的砍伤创口，根据其形状和位置我们可以复原武器砍伤的过程，而这种创伤只有持械者位置高于受害者时才能够发生（图3）。

图3　刑徒墓P7M18个体头骨（注意前囟位的砍创）

Fig. 3　Skull of P7M18 (Note the trauma caused by cut on the bregmatic fontanel)

创伤的位置同样位于头骨最高点（前囟位）附近的，还有P3M19、P4M5，可惜鉴定报告中没有发表照片，笔者只能根据详细的文字描述初步判断：创伤产生的瞬间持械者是高于受害者的。笔者认为，能造成这种高度差现象的只有两种情况：①受害者被控制且跪坐在地，施暴者则站立行刑；②冲突双方中受害者站立，而施暴者骑马或位于更高处。考虑到大部分刑徒身上的创伤并不止一处，例如 P7M18 和 P8M17 头骨上都有 6~7 处砍创，笔者更倾向于②所描述的情境。政府军队有条件骑马是毋庸质疑的，故而从创伤位置来看，与刑徒发生冲突的一方是政府军队的可能性很大。

3.2 形态分析

对创伤形态的分析可以帮助我们了解武器使用方面的信息，甚至根据武器的类型寻找与受伤者发生冲突的人群，目前已经有学者做过这方面的尝试[11]。在刑徒墓的人骨鉴定中，潘、韩两位先生根据创伤的形态粗略地将之划分为锐器伤和钝器伤，但并没有进一步分析武器的种类。不过，我们还是可以从中获得一些关于武器的信息。

从鉴定报告对创伤形态的分类可以明显看出，锐器伤的总数远远高于钝器伤（表2），这说明冲突发生当时施暴的一方持有杀伤力大的武器。

4 创伤背后的背景事件

有了以上的认知，我们再来讨论暴力事件产生背后的行为。大量出现的创伤，反映出刑徒面对暴力伤害几乎没有抵挡的能力；高度差和施暴方拥有武器的推论，则加大了冲突双方在装备和实力上的差距。在当时的时代背景下，最有可能与刑徒发生冲突的便是政府军队。笔者并没有查到东汉刑徒谋反的材料，但在《汉书》中却发现不少西汉刑徒谋反的文献资料。

《汉书·成帝纪》[12]中有四则刑徒暴动的记载：

（阳朔三年）夏六月，颖川铁官徒申屠圣等百八十人，杀长吏，盗库兵，自称将军。经历九郡。遣丞相长史、御史中丞逐捕，以军兴从事，皆伏辜。

（鸿嘉三年十一月甲寅）广汉男子郑躬等六十余人攻官寺，篡囚徒，盗库兵，自称山君。

（永始三年）十一月，尉氏男子樊并等十三人谋反，杀陈留太守，劫略吏民，自称将军。徒李谭等五人共格杀并等，皆封为列侯。

（永始三年）十二月，山阳铁官徒苏令等二百二十八人攻杀长吏，盗库兵，自称将军。经历郡国十九，杀东郡太守、汝南都尉。遣丞相长史、御史中丞持节督趣逐捕。汝南太守严䜣捕斩令等。迁䜣为大司农，赐黄金百斤。

《汉书·平帝纪》[13]也有：

（元始三年）阳陵任横等自称将军，盗库兵，攻官寺，出囚徒。大司徒掾督逐，皆伏辜。

在谋反之初，这些刑徒人数都不是很多，从十几人到几百人不等，规模并不大；他们的谋反方式也基本相同，即"杀长吏""盗库兵""出囚徒""自称将军"；在苏令和任横的谋反事迹后面还讲到他们遭受官府的追捕。逃跑和造反的刑徒一经逮捕，其下场基本上都是"伏辜"（承担罪责而死）。

回顾洛阳刑徒墓中的这些非正常死亡个体，他们有可能也是遭受到了政府军队的追捕而惨遭杀害的。虽然《后汉书》中未见对这些暴动刑徒的描述，然而在骨骼创伤材料的辅助下，我们可以推测，东汉的刑徒并非没有发生过暴动，他们与统治阶级的关系也没有我们从史书中认识的那么和缓。甚至，或许正是因为刑徒的暴动过于频繁，

171

所以东汉的史官已经没有一一记录的习惯了。

通过上诉讨论，笔者提出这样一个猜想：公元107–108年以及119年发生过数起小规模的洛阳刑徒暴动或逃亡事件，经过了政府军队的暴力镇压才得以平息。

表2　创伤类型统计表
Table 2　Statistics of trauma types

编号	创伤	锐器伤	钝器伤
P2M4	左胫骨砍创凹陷性骨折		
P2M21	额部2处砍创，其一陈旧		
P2M34	右顶骨刺创，穿孔性骨折		
P3M19	右顶骨重叠砍创，穿孔性骨折	2	
P4M1	顶骨穿孔性骨折1处		
P4M5	额骨3处砍创，其中1处穿孔性骨折	3	
P4M8	右顶骨砍创1处穿孔性骨折，上颌骨面颊刺创1处		
P6M12	下颌左枝砍创，后缘被砍去	1	
P6M16	额骨砍创3处，凹陷性骨折		
P6M19	下颌右枝粉碎性骨折		1
P7M14	额骨砍创，穿孔性骨折		1
P7M18	额部6处砍创	6	
P7M21	额部2处受创，凹陷性和穿孔性骨折		2
P7M24	额部砍创，穿孔性骨折		
P8M17	额部6-7处砍创，均为线状浅沟		
P8M20	额部砍创，穿孔性骨折		
P9M22	下颌骨砍创，下缘砍掉一块；股骨6处砍创	7	
P10M22	顶骨砍创3处：右侧穿孔性骨折，左侧2处线状浅沟		
P10M25	额骨砍创1处，凹沟型创口，顶骨2处线状浅沟		
P11M15	额骨2处创口，其一穿孔性骨折		
P11M25	右股骨砍创，凹陷性骨折		
北M3	右肱骨及髋骨3处砍创		
T2M8	右胫骨20余处砍创		
T2M12	左股骨5处砍创，左胫骨3处砍创		
T2M19	额骨砍创1处，右股骨刺创穿孔性骨折	2	
T2M38	左颞骨砍创	1	
T2M56	额部砍创，穿孔性骨折		
T2M61	左颞骨砍创，穿孔性骨折		
T2M72	额部砍创，穿孔性骨折		
总数		22	4

注：由于作者无法通过描述性文字判断创伤的类型，故此表中统计的都是鉴定报告的作者分类的创伤，而不包括仅有描述者。

5　结论

本研究综合了人骨创伤、墓志砖铭文和墓地的布局，对洛阳东汉刑徒墓所发现的一批死亡日期集中的非正常死亡刑徒死因进行了猜测，认为政府军队武力镇压暴动或逃亡的刑徒是这些刑徒非正常死亡的真正原因。

洛阳东汉刑徒墓的这批材料，既有相关的史籍记载，又有人骨和墓志铭文，非常适合探讨文献和人骨相互佐证进行研究的价值。虽然受到墓地揭露面积不全、墓志砖和人骨保存状态不佳等方面的影响，本研究所得的结论还无法获得有力的支持，但这种尝试本身无疑是有实施价值的。人骨所反映的信息或许在文献中找不到合理的解释，然而，这些信息反过来却可以成为对文献的一种有力的补充和佐证。刑徒墓的人骨便成为了东汉安帝时期洛阳刑徒和东汉政府之间恶劣关系的见证，而这在史籍中则根本不见记载。用人骨比照文献还能够在一定程度上帮助我们认识到史籍所记载的事件是否完整、可靠，有怎样的取舍，从而在研究和选择史籍的时候带有更加客观的视角。以刑徒墓为例，至少我们能够认识到东汉的史官很少着墨于刑徒这个群体，或许还是故意的忽视，以掩盖汉王朝在刑徒政策和待遇上的不公。尤其在与西汉史籍相对比时，这种现象表现得更为明显。

参 考 文 献

1　中国社会科学院考古研究所. 汉魏洛阳故城南郊东汉刑徒墓地. 北京: 文物出版社, 2007. 1-155.

2　范晔（南朝）. 后汉书·杨震列传. 北京: 中华书局, 1965. 1763-1764.

3　郦道元（北魏）. 水经注·卷十六"谷水"条. 爱如生数据库.

4　李昉, 李穆, 徐铉, 等（北宋）. 太平御览·卷六百四十二"徒"条引孔融《肉刑论》. 爱如生数据库.

5　潘其风, 韩康信. 洛阳东汉刑徒墓人骨鉴定. 考古, 1988(3): 277-284.

6　范晔（南朝）. 后汉书·孝安帝纪. 北京: 中华书局, 1965. 203-248.

7　张光直著, 曹兵武译. 考古学: 关于其若干基本概念和理论的再思考. 上海: 三联书店, 2013. 15-18.

8　Charlotte R, Keith M 著, 张桦译. 疾病考古学. 第三版. 济南: 山东画报出版社, 2010. 132-133.

9　Donald O, Identification of pathological conditions in human skeletal remains. San Diego: Academic Press, 2003. 137.

10　魏东, 曾雯, 常喜恩, 等. 新疆哈密黑沟梁墓地出土人骨的创伤、病理及异常形态研究. 人类学学报, 2012, 31(5): 176-186.

11　张林虎, 朱泓. 新疆鄯善洋海青铜时代居民颅骨创伤研究. 边疆考古研究, 2009(8): 327-335.

12　班固（东汉）. 汉书·成帝纪. 北京: 中华书局, 1962. 301-331.

13　班固（东汉）. 汉书·平帝纪. 北京: 中华书局, 1962. 355.

TRAUMATIC RESEARCH ON SLAVES FOUND IN THE GRAVEYARD ON THE SOUTH OF LUOYANG CITY IN THE EASTERN HAN DYNASTY

ZHANG Wen-xin   ZHAO Hui-jie   XIONG Ye-zhou

(*Research Center for Chinese Frontier Archaeology, Jilin University,* Changchun, 130012, Jilin)

ABSTRACT

Researching skeletons from ancient graves can help us to discuss the cause of death, even rebuild the background when the tragedy happened. This paper is a comprehensive discussion combining the arrangement of graveyard, inscriptions on bricks and skeletons found in the graveyard on the south of Luoyang city in the Eastern Han Dynasty, as well as related historical records. According to *History of the later Han Dynasty*, these slaves were sent from all parts of the country to take part in the construction of Luoyang city. The trauma found on their skeletons indicates that they were maltreated, even to die. The date of death which can be seen on the bricks shows two apparent peaks during 107-108 BC and 119 BC, while most of the maltreated slaves died during these two periods. This unusual phenomenon reminds us that something happened during these two periods which resulted in the death. The shape and position of traumas give us more information about the killers, who were carrying sharp weapons and riding horses. So government army's violent suppression is supposed to be one of the important causes of death. It is valuable to discuss the relationship between historical records and skeletons. Skeletons, as well as other findings from excavation, help us not only to find things which can't be found in historical records, but also to realize whether the historical records are intact, reliable, or how did historiographers choose what to write.

Key words   Luoyang city, Eastern Han Dynasty, the graveyard of slaves, trauma

泥河湾盆地黑土沟遗址考古地质勘探[*]

卫 奇

(中国科学院古脊椎动物与古人类研究所，北京 100044)

摘 要 泥河湾盆地黑土沟遗址，2002 年发现线索，2006 年进行考古地质勘探，2016 年正式公布勘探报告。这个遗址埋藏在岑家湾台地 82.42~83.75 m 深处，上覆 70.92 m 厚的河湖相沉积层和 12.58 m 厚的黄土堆积，下伏侏罗系火山岩。探坑文化层厚 1.33 m，由含砾石的砂质粉砂与粗砂层和粉砂质砂层 4 个自然层叠压构成。出土石制品 20 489 件，其中包括碎屑 17 977 件，另外出土哺乳动物的骨、牙和角化石碎片 96 件。根据地层对比判断，遗址位于 Matsuyama 反极性期的 Olduvai 正极性期亚时顶界大致 4 m 下方，其年龄可能接近 1.95 Ma 或更早。

关键词 考古地质勘探；黑土沟遗址；旧石器；更新世早期；泥河湾盆地

黑土沟早更新世旧石器遗址分布在泥河湾盆地东端河北省阳原县大田洼乡官厅村黑土沟以及西马梁，地理坐标40°13′02″N，114°39′29″E。遗址探坑文化层厚1.33 m，由含砾石的砂质粉砂与粗砂层和粉砂质砂层4个自然层组成，直接叠压在侏罗系火山岩风化壳上面，上覆70.92 m厚的河湖相沉积层和12.58 m厚的黄土堆积层[1]。

遗址位于小长梁和仙台（大长梁）遗址文化层下方 14.79~16.12 m 深处，大致在 Matsuyama 反极性期的 Olduvai 正极性期亚时顶界下方 4 m 左右下方，其年龄可能接近 1.95 Ma 或更早。它是泥河湾盆地目前发现的可以确认的时代最老的一处旧石器时代考古遗址，它的发现不仅标志着接近 2 Ma 前华北地区已经有了人类生存，而且出土的石制品有的显示旧石器时代晚期风貌，为中国乃至世界旧石器时代考古开创了新的视野[2]。

1 勘查

2000 年，笔者参加《早期人类起源及环境背景的研究》攀登项目中的子课题《泥河湾盆地早更新世旧石器及动物生态环境研究》，计划执行了 1 年，因为没有发现 2 Ma 的人类遗迹，第二年就被停止运行，但得到了 6 万元经费资助，这是笔者在泥河湾盆地工作获得的一笔最大额基金，因为除此之外还获得过"中国科学院古生物与古人类学科基础研究特别支持费"的"泥河湾盆地早更新世旧石器综合研究"项目一笔基金是 3 万元。

---

[*] 基金项目：加拿大 Royal Ontario Museum Research Grant (Chen Shen 提供)。
卫　奇：男，75 岁，研究员，从事旧石器和第四纪研究. E-mail: weiqinhw@163.com

2001年笔者退休，但遗留的泥河湾研究工作需要处理，而且对于寻找河湾猿人化石和 2 Ma 前的旧石器的兴趣有增无减。在没有科研经费资助的情况下，野外调查只好转入民间自发进行。阳原县东谷它村白瑞花一家首先响应号召，她和她丈夫贾全珠、儿子贾真岩、儿媳邓霞玲和女儿贾真秀在 2002 年的大年初二按照笔者指定的地层剖面进行旧石器考古踏勘。她们前后发现 6 处线索，经实地观察，有 3 处值得进一步勘探，在岑家湾洞沟有两处，另外 1 处就是黑土沟遗址。其发现曾经及时报告给有关方面的研究人员，但很遗憾，有的不愿意接受，有的接收标本还警告要罚款[3]，看过洞沟的两个地点说这是他们早就发现的。

2003 年 10 月 13 日，笔者在白瑞花的带领下到黑土沟查看，发现地层剖面上暴露许多似有人工痕迹的石块，还有大量哺乳动物化石骨牙碎片，判断这里可能是一处时代较为古老的旧石器遗址，暂时取名 912 地点，因为东北侧有一个海拔 912 m 的高地。在 2004 年和 2005 年间，多次到黑土沟考察，也采集到一些可疑的石制品标本。2006 年 5 月，美国纽泽西州立大学人类学系 Jack W. K. Harris 在东谷它观察了黑土沟（图 1）的标本说，最好是能有石片，加拿大皇家安大略博物馆沈辰（Chen Shen）坚信其标本是石制品。同年 6 月，高星带领裴树文、冯兴无、陈胜前、张晓凌和曹明明等到黑土沟考察（图 2），白瑞花在黑土沟东侧西马梁的河湖相沉积剖面底部发现了典型人工特征的石片，高星认为很有意思，值得进一步勘察。

图 1　J. Harris 和 K. Schick 等参观黑土沟遗址

Fig. 1　J. Harris, K. Schick and others visited Heitugou site

图 2　2006 年高星和裴树文等观察黑土沟遗址及其采集品

Fig. 2　Gao Xing and others observed the Heitugou sites and the collections in 2006

黑土沟遗址是高星命名的。遗址分布在泥河湾盆地东端河北省阳原县大田洼乡官厅村西北面的黑土沟以及右侧（东侧）西马梁（图3），考古地质探坑位于仙台（大长梁）遗址 SW43°251 m 处，位于小长梁遗址 A 点和 B 点分别为 SW47°422 m 和 SW40°419 m 处，地理坐标 40°13′02″N，114°39′29″E，探坑文化层分布位置在海拔 893.4~892.1 m[2]。

图3　黑土沟遗址与小长梁和仙台遗址全景

Fig. 3　A distant view of Heitugou site with Xiaochangliang and Xiantai sites

2006 年 10 月 18 日至 11 月 8 日，由高星资助，笔者在白瑞花和贾全珠的帮助下对遗址剖面采集古地磁测定样品，从西马梁顶面（坐标 40°12′54″N，114°39′33″E，海拔 975.80 m）到发掘坑底部紫红色火山岩风化壳残积（坐标 40°13′02″N，114°39′29″E，海拔 892.05 m）采集古地磁测定样品 414 块，每件标本都由水准测量的海拔高程记录。标本送到中国科学院地质与地球物理研究所进行年代测试，但测试结果没有公布。后来，中国科学院地质与地球物理研究所再次采集古地磁测年样品，其测试结果也有待公布。

2　考古地质勘查

2006年7月15日至9月30日，笔者得到沈辰的资助，在白瑞花的协助下，在黑土沟东侧西马梁布置南北长4 m东西宽1 m左右的探坑，对黑土沟遗址地层进行了考古地质剖析，证实地层中包含丰富的旧石器时代文化遗物[2]。在勘探过程中，加拿大皇家安大略博物馆沈辰、复旦大学陈淳、国家博物馆安家瑗、山西省考古研究所王益人，以及中国科学院古脊椎动物与古人类研究所同号文等做过现场考察（图4）。后来，日本东北福祉大学校佐川正敏（Masatoshi Sagawa）和大场正善(Masayoshi Oba)，美国印第安纳大学石器研究所Kathy Schick和Nicholas Toth，俄罗斯的Николай Иванович Дроздов，还有西班牙以及中国的其他许多科学家到遗址视察过或观察过有关的标本。在N111E85布置了一个1 m × 1 m 深 79 cm 的探坑，出土数百件石制品，全部交给了高星，据说，Николай Иванович Дроздов 与 Kathy Schick 和 Nicholas Toth 认为黑土沟遗址"存在不确定性"，但一直没有获得进一步的明确说明。

图 4　陈淳、沈辰、王益人、安家瑷和张晓凌参观发掘现场

Fig. 4　Chen Chun and others visited the excavation at Heitugou site in 2006

发掘采用 Desmond Clark 在非洲创导的旧石器时代遗址发掘方法，就是按照坐标纵（南北）横（东西）方位布方，1 m × 1 m 一个方，然后按照水平剥露，每 5 cm 一个发掘层（图 5 至图 8）。在出露的标本（包括可疑的石块）上标记最高点和指北箭头。测绘登记每件标本的空间分布位置及其产状。

2006 年 7 月 7 日，在黑土沟的流水沟渠左侧（西侧）布方 4 m（南北）× 2 m（东西），共计 8 m²，编排程序由南往北为 N100-104，E100-102。编号从 100 开始，为的是给以后发掘向南或向西扩方留 100 m 的空间。

图 5　第 1 发掘层

Fig. 5　Spit 01

图 6　第 3 和 9 发掘层

Fig. 6　Spit 03 and 09

图 7　第 11 发掘层

Fig. 7　Spit 11

图 8　第 17 和 23 发掘层
Fig. 8　Spit 17 and 23

在 N100-104 和 E100-102 发掘方打开以后，发现文化层遭受侵蚀破坏，只有 N101E101 和 N103E101 两个发掘方尚保留比较薄的文化层，其他各方均已被黑土沟流水冲刷殆尽，而且上面覆盖了属于全新统的近代堆积。

在考古地质探坑里，遗物相当丰富，出土的主要是石制品，动物化石较为稀少。遗物在地层中分布不均匀（表1至表3），编号的733件石制品和16件动物化石标本，石制品多数出自 N101E104、N102E104 和 N101E105 三个发掘方，主要分布在Ⅸ35-C 层和Ⅸ35-D 层（表1），地层由北向南倾斜。在文化层的基底，在 N101-102，E104-105 发掘方有一条 NW(或 SE)65°走向的凹坑，由风化严重的深红色火山喷发沉积相碎屑岩构成，南边出露坚硬的火山角砾岩，其成因可能是流水刨坑有关，位于坑里的文化层富集大量属于石制品的碎屑（表3）。

3　结语

本研究是《泥河湾盆地黑土沟遗址》（《人类学学报》第35卷第1期第43-62页）考古地质勘探报告的资料补充。

黑土沟遗址是泥河湾盆地目前发现的可以确认的时代最早的一处旧石器时代遗址，但其发现表明，在泥河湾盆地可能存有更古老的人类遗迹。黑土沟遗址的发现也指示在亚洲的低纬度地区包括华南更有可能发现 2 Ma 前的古人类化石或旧石器。

黑土沟遗址文化层含大量砾石，包括细砾（粒径不小于 2 mm, 10 mm＜）、中砾（粒径不小于 10 mm, 100 mm＜）和粗砾（粒径不小于 100 mm, 1 000 mm＜）。德日进（Pierre Teilhard de Chardin）曾经说过："桑干河层因其急流或湖相而非搜寻炉灶甚至石器的适宜场所"[4]。诚然，在砾石层中发现的石制品常常会引起质疑，因为河流砾石碰撞会产生假石器（曙石器）是旧石器考古学入门传道受业的必需课件。现在看来，这应该是老前辈坐在沙发上呷着咖啡想象出来的理念，因为，同样的砾石在同样的水动力条件下河流不可能有选择性地只在某一地段对某一部分砾石碰撞成假石器，砾石层中的非水生哺乳动物化石也决不可能预示其哺乳动物生活在水中。笔者在几十年的野外旧石器考察活动中，看到的砾石层露头每每成为搜索对象，但往往连块破石头都难以发现，在几率非常小的情况下偶尔找到的一些带片疤的石头恰恰正是期待的人工石制品，而且通常伴随着哺乳动物化石，例如泥河湾盆地的霍家地遗址、葡萄园遗址和东谷坨遗址D层，以及三峡库区的井水湾遗址、高家镇遗址和冉家路口遗址等。

表 1a 编号标本在地层 XIII-1 和 XIII-2 分布情况

Table 1a　Distribution of numbered specimens in the strata at XIII-1 and XIII-2

地层	发掘层	石核	石片	器物	断块	化石	合计数	
XIII-1	01		31	24, 28			3	20
	02		55	58▲, 61▲		35, 41	5	
	03		78	48, 87	68	79, 85	6	
	04					91, 92	2	
	05	114				138	2	
	06		142, 146				2	
XIII-2	05	184					1	64
	06	166•	153•, 155, 157, 158•, 167, 181•, 188, 216	161, 205▲	164		12	
	07		190, 195, 200, 217	168, 187, 191, 192, 198	169, 204	224, 225	13	
	08	211•	226, 231, 243•	238	237	222, 223	8	
	09		235•, 248, 249, 250 252, 255•		251		7	
	10		256•, 259•, 260, 275•	257, 258, 268, 274			8	
	11	381•	362, 363, 378, 380, 382▲, 383, 388				8	
	12	379•	365, 370, 371, 373, 377	375			7	

注：•砸击制品及其加工器物（n=115）；▲带微小疤制品（n=24）.

表 1b 编号标本在地层 XIII-3 分布情况

Table 1b　Distribution of numbered specimens in the strata at XIII-3

发掘层	石核	石片	器物	断块	合计
09		294•, 301	269		3
10		262•, 265, 281•, 283, 292, 296•, 299, 0306, 308•, 309•, 320•, 345, 346	264, 300, 304, 310, 339, 340, 343	315, 347	22
11	322•, 334	297▲, 298, 316, 319•, 323, 325, 332•, 0344•, 353, 359, 396	317, 321, 336, 354, 401▲	324, 355	20

发掘层	石核	石片	器物	断块	合计
12	412, 451●	397, 399, 406, 409, 410, 415, 416, 475●	386, 393, 417, 438, 450	408, 419	17
13	447, 468●, 505, 533	424, 428, 430, 435, 440, 445, 454, 456, 458●, 463▲, 467●, 478, 479, 484, 489, 492, 494, 498●, 500●, 501, 502, 504, 507, 523, 548, 564	459, 474▲, 534	496, 503, 515	36
14	518, 521●, 623, 645●, 654, 656, 0657●	491, 499, 508, 510-514, 519, 529▲, 537, 538, 541, 542, 550-554●, 556, 557, 560, 562, 567-573, 580●, 581, 584-586, 589, 590, 593, 594, 616●, 625, 628, 629, 631, 635, 637, 638●, 939, 640, 641, 643, 647▲, 649●, 652, 653, 655, 659, 709, 710	486, 522, 526, 558, 566, 596, 607, 651	565, 577	75
15	539●, 620●, 622, 690●, 720, 722, 725, 736●	524, 525, 582●, 588, 597, 600, 604, 609, 615, 618▲, 621, 630, 648, 658, 667●▲, 672●, 679, 707, 719, 721, 723	601, 606, 611-613, 619, 662, 663, 674, 688, 697, 713	619	42
16	664, 727, 741, 760	665, 666, 675, 676●-678, 680-682, 685-687, 698, 699, 701, 702, 705, 708●, 728, 729●-732，738, 739●, 740, 0742▲, 743, 745●, 750●, 756, 757, 761▲	610, 694, 704, 712, 714, 726, 765, 766		45
17	749, 805, 814, 831, 832, 833, 1144	746, 764, 767, 769●-774, 776, 778-780●, 783-786, 794, 796, 79-801●, 802-804, 807▲-810●, 811-813●▲, 817-826, 861	747, 748, 758, 762, 795, 806, 815, 816	879	61
18		782, 792, 797, 844, 848-850, 853, 862, 863, 865-867, 870-872, 881, 883-885	0846▲, 864, 874, 875, 880, 892	851, 873, 877, 882	30
19	854, 951	781, 855, 856, 860●, 887, 890, 933, 946, 948, 949, 952	847, 857, 936▲, 938▲, 939, 941, 947, 950		20
20	922, 1034	926●-928, 930, 1032	925, 935, 942, 944		11
21	1046, 1065	490, 1033●, 1043●, 1050●, 1066, 1087	1047, 1051, 1083		11
22	1057, 1060	1028, 1035, 1040, 1042, 1058, 1062	1041	1053	10
23		1146			1

注：●砸击制品及其加工器物（n=115）；▲带微小疤制品（n=24）；在地层ⅩⅢ-3 中未见化石，标本总数为 404 件.

表 1c 编号标本在地层 XIII-4 分布情况

Table 1c Distribution of numbered specimens in the strata at XIII-4

发掘层	石核	石片	器物	断块	化石	合计
17		828, 830, 837, 842, 843	841			6
18	840, 894, 899, 906, 912, 918	829, 836, 838, 839, 893, 895, 896●, 901, 902●, 907, 919, 920●, 974	835, 898	897	918b	23
19	905, 915●, 917, 1005, 1022	904, 954, 956, 958, 963, 964, 965, 970, 972, 976●, 977, 979, 981, 984, 985, 995, 999, 1002, 1006, 1007, 1094●	0916▲, 971, 1001▲, 1013, 1021, 1023, 1024, 1025, 1187		1011, 1027	37
20	1190●	966-968, 969, 978●, 1012, 1015, 1016●, 1086, 1089●, 1090●-1093, 1101●, 1102-1105●, 1111, 1117, 1118, 1119, 1136, 1184, 1186●, 1191	1008	1019		30
21		1076, 1077, 1081, 1082, 1084●, 1088, 1095-1097●, 1106, 1107, 1112-1114●-1116, 1125, 1127-1129, 1133, 1142●, 1167●, 1168●, 1170-1172●, 1185●, 1189●	1071, 1072, 1085, 1098, 1123, 1130▲, 1139	1069, 1099, 1122, 1134	1080	41
22	1143, 1149●, 1182●, 1234	1067, 1169●, 1175●, 1177, 1183, 1188●, 1192, 1213, 1214	1161	1176		15
23	1158, 1159	1147, 1148●, 1150●, 1152, 1153●, 1155●, 1156, 1166, 1174●, 1178●-1180●, 1181●, 1198, 1217●, 1218, 1227●-1229, 1232, 1233●, 1235-1241	1151, 1160, 1162, 1165, 1173, 1142	1223		37
24	1292	1154, 1157, 1193-1197●, 1201●, 1203●, 1207, 1215, 1216, 1220, 1222, 1226, 1230, 1231, 1264, 1268, 1269, 1282●-1287●, 1288●, 1290, 1291●		1221, 1224●		32
25		1204-1206, 1208, 1219, 1256, 1258, 1262, 1263, 1266, 1270, 1277●, 1280, 1281, 1289	1265		1293	17
26	1267, 1272	1252, 1259●, 1260●, 1261, 1271, 1273-1276	1254, 1257			13
27	1245●	1246●, 1247●, 1248, 1249●-1251, 1253, 1255	1244			10

注：●砸击制品及其加工器物（*n*=115）；▲带微小疤制品（*n*=24）.

表2 编号标本在地层分布情况

Table 2 Distribution of remains in layers

地层	发掘层	锤击石制品	砸击石制品	骨片	牙片	角心	合计数	
ⅨX35-A	01	3					3	
	02	3	2				5	
	03	4	2				6	20
	04			1	1		2	
	05	1		1			2	
	06	2					2	
ⅨX35-B	05	1					1	
	06	8	4				12	
	07	11			2		13	
	08	4	2		2		8	64
	09	5	2				7	
	10	5	3				8	
	11	7	1				8	
	12	6	1				7	
ⅨX35-C	09	2	1				3	
	10	16	6				22	
	11	16	4				20	
	12	15	2				17	
	13	32	5				37	
	14	68	8				76	
	15	34	7				41	
	16	41	6				45	404
	17	55	5				60	
	18	30					30	
	19	20	1				21	
	20	10	1				11	
	21	8	2				10	
	22	9					9	
	23	2					2	
ⅨX35-D	17	6					6	
	18	19	3	1			23	
	19	32	3		1	1	37	
	20	22	8				30	
	21	31	9	1			41	261
	22	10	5				15	
	23	26	11				37	
	24	24	8				32	
	25	15	1	1			17	
	26	11	2				13	
	27	6	4				10	
合计		618	115	9	6	1	749	

注：发掘层，水平剥露，厚5 cm.

表 3　筛选标本在各发掘层和发掘方中分布数量统计

Table 3　Distribution of screen remains in space

发掘层	N100E104 石/骨	N100E105 石/骨	N101E104 石/骨	N101E105 石/骨	N102E104 石/骨	N102E105 石/骨	N103E104 石/骨	N103E105 石/骨	合计 石/骨
01		1/0		2/0		11/0		2/0	16/0
2-3				1/0		3/4		5/2	9/6
4-5		4/26				12/16		8/5	24/47
6-7		8/0		13/6		6/4		4/4	31/14
8-9		3/3		3/2		9/0		3/1	18/6
10		26/0		22/0	29/0	33/1	12/0	8/0	130/1
11	16/1	3/2	14/0	18/0	62/0	19/0	6/0	10/0	148/3
12-13	25/0	50/0	32/0	26/0	52/0	18/0	16/0	27/0	246/0
14	5/0	63/0	65/0	193/0	293/0	74/0	73/0	30/0	796/0
15	41/0	171/0	178/0	18/0	176/0	73/0	67/0	61/0	785/0
16	78/0		672/0	550/0	112/0	76/0	342/0	112/0	1 942/0
17	110/0	198/0	381/0	237/0	115/0	355/0	37/0	267/0	1 700/0
18	297/0	185/0	309/0	302/0	313/0	169/0	78/1	231/0	1 884/1
19-20	243/0	161/0	147/0	213/0	326/0	365/0	125/0	119/0	1 699/0
21-22		64/0	244/0	199/0	629/0	162/0	72/0	97/2	1 467/2
23		11/0	174/0	257/0	774/0	38/0	6/0		1 260/0
24			180/0	262/0	1 804/0				2 246/0
25-27					5 355/0				5 355/0
合计	815/1	948/31	2 396/0	2,316/8	10 040/0	1 423/25	834/1	984/14	19 756/80
总计	816	979	2 396	2 324	10 040	1 448	835	998	19 836

　　黑土沟遗址是由阳原县东谷它村民白瑞花和贾真岩一家人发现的（图9）。诚然，在泥河湾盆地的阳原县，不仅盛产哺乳动物化石和旧石器，还有一批善于发现旧石器和动物化石的农民业余技工，这完全得益于"培训+放飞"的"盖培调查法"[5]。泥河湾盆地的绝大多数旧石器遗址和哺乳动物化石地点是由他/她们发现的，这批技工在全国许多地方留有足迹，其发现有的是空前的，他们在三峡工程淹没区旧石器考古调查的丰功伟绩已经载入史册。"盖培调查法"说明，旧石器发现的认知要求不高，发现者无需专业技术的学历或学位，河北省阳原县东谷它村的绝大部分村民都能辨认石制品。

　　旧石器时代考古田野发掘，水平剥露的发掘方法应用于单一地层的文化层处理效果良好，但在泥河湾盆地，许多遗址的文化层是由不同的地层组成的，而且还有倾斜产状或侵蚀不整合构造，这样在发掘过程中就会在同一发掘层出现不同的地层。为了弥补水平剥露发掘方法的缺陷，按照地层逐层进行水平剥露发掘应该是比较好的举措。倘若智能测量仪能够识别颜色和沉积物粒度自动判读地层,那么旧石器时代考古野外发掘必将进入一个崭新的轻松时代。

石制品分类系统大体上有 Pierre Biberson 的、Mary Leakey 的、Glynn Isaac 的、Henry de Lumley 的、Nicholas Toth 的[6],均为研究的分类。相比之下,Nicholas Toth 的分类具有系统结构,其科学性较强。黑土沟的石制品分类,是 Nicholas Toth 分类系统逻辑化的沿革[7],称之为 Toth 动态分类系统[8]。目前,旧石器时代考古的发掘程式已经在中国普遍规范,但发掘资料的公布却存在任意性,致使资料的分享存有难度。旧石器时代大数据时代的到来似乎还渺无踪影,但屏读(Screening)时代的到来已经势不可挡。石制品的分类优劣直接关系到研究成果的质量,尽管旧石器时代考古的各种思想方法都可以涂以科学色彩粉饰,而且合理的解说也未必一定就是事实。

图9　黑土沟遗址发现者白瑞花（右二）与来访学者
Fig. 9　Bai Rui-hua (second right), a local discoverer of Heitugou Site, with visitors of the site

黑土沟遗址出土的薄长石片如果作为石叶看待,那么人类制作石叶的历史又提早了 20 多万年。似"拇指盖刮削器"出现在 1.77 Ma~1.95 Ma 前无疑开创了一项世界考古记录,同时也为研究人类智力演化和生产技术发展的传统模式提供了新的思维转向[2]。20 世纪 30 年代裴文中等指出:"周口店中国猿人文化是中国境内真正的、最古老的一种文化,它是这个典型地点以外未见报道的一种旧石器文化。"[9] "欧洲史前人类主要工具的型式特征及其分期,尚不见于中国……史前文化本身很难用于中国和欧洲之间的对比,因为这两个地区的石器制造技术有很大区别。……采用不同方式制造他们的石器。"也察觉旧石器晚期现象的出现[10],但很遗憾,他们没有为这个特殊的文化体系建立新名,例如:"中国猿人文化"(Sinanthropusian Culture)。更新世早期的小长梁遗址石制品"已经达到了黄土时期的式样"[11],东谷坨的石核"具有细石器传统旧石器时代晚期石器工业的某些风貌"[12]，现在看来，完全归于偶然现象恐怕不一定是令人满意的解释，因为人类的行为有重复性，有其一就会有其二，有其二便得以印证，有其三即可信无疑。

中国的旧石器时代在细石器出现之前，没有一种技术也没有一种类型可以划分早、中和晚期的。在中国，旧石器时代有许多"文化"，但其界定常常与遗址或石制品组合差不多。目前，中国旧石器考古仍然是在探求与西方世界的接轨，将中国细石器以前的旧石器归于世界旧石器格局的模式Ⅰ（Mode Ⅰ）[13]。不过，中国的早期旧石器与模式Ⅰ技术的通融程度有多大，定性和定量的深入研究是很有必要的。

模式Ⅰ技术，就是通过简单的石锤剥落石片制作器物（如砍砸器，刮削器）。通常以Oldowan文化代表，它是Oldowan石工业（Oldowan lithic industry）或Oldowan石工业复合体（Oldowan Industrial Complex）的简称。它是最古老的正式认可的早期旧石器时代的石制品组合（stone-artifact assemblages）。Oldowan来自坦桑尼亚奥杜韦（Olduvai）峡谷Bed Ⅰ和Bed Ⅱ下部的石制品组合，其年代大约为1.9 Ma~1.6 Ma。最初Oldowan可能限定于非洲东部，尽管100多万年前简单修理石核和石片的类似工业从北非到南非都有。Oldowan术语一般不会被应用到非洲以外的石制品组合。不过，在亚洲和欧洲的更新世早期和中期的考古遗址中也发现了简单的器物/石核和石片组合。Oldowan文化归于器物或石核修理品有：单面砍砸器（chopper），盘状器（discoid）、多面体（polyhedron）、刮削器（scraper）、石球（spheroid）和次石球（subspheroid），雕刻器（burin）和前两面器（protobiface）。在奥杜威的Oldowan组合中砍砸器占器物/石核的28%~79%[14]。显然，有关Oldowan制品划分的思想方法推广应用有难度，因为：①石核和器物的识别界线不清，即剥离石片和修理打片难以判定。的确，扁平砾石的剥片和作为器物原型的修理就是不好分辨；②分类违背逻辑划分准则，同一划分层面使用了功能、形状和修理方式等多层标准；③术语概念混乱，其多面体形态不具排他性，几乎是所有石制品的共同特征；④文字表达有歧义，例如"tools/cores and flakes"，指的是"器物/石核和石片"（石核器物和石片）还是"器物/石核和器物/石片"（石核器物和石片器物）；⑤定量分析须加强，因为石制品的组合，在旧石器时代遗址中共同的东西很多，定性感官的判断容易被主观倾向性操控。Grahame Clark将Mode Ⅰ工业作为双面砍砸器和石片（chopper-tools and flakes）组合[15]看起来是比较容易理解的。

黑土沟遗址的石制品，生产技术除了主要采用石锤锤击法外，砸击方法也比较盛行，石核（$n=74$）中转向剥片的占74.3%，器物（$n=151$）基本上不定型，其原型74.8%为石片，而且其中（$n=113$）向石片背面修理的占63.7%，两面修理的器物占总器物（$n=151$）的29.1%，器物多为边刃器（刮削器），出现相当精致的似拇指盖刮削器和似石锥。标号的器物（$n=128$）中，径长13.1~74.1 mm，平均长36.5 mm，其中微型（定性双指捏，定量小于20 mm）、小型（定性三指撮，定量不小于20 mm，<50 mm）和中型（定性手掌握，定量不小于50 mm，<100 mm）分别占1.6%、84.4%和14.1%；形态多半（75.0%）属于宽薄型（宽度/长度×100≥61.8，厚度/宽度×100<61.8）；重量在1.2~374.5 g，平均重20.1 g，其中93.8%小于50 g[1]。不论定性还是定量分析，黑土

沟遗址的石制品与邻近较晚期的东谷坨遗址的具有惊人的相似性，东谷坨遗址的石制品也主要采用石锤锤击法生产，还有砸击法的应用，石核（$n=147$）中转向剥片的占72.1%，器物（$n=230$）也基本不定型，其 87.4%的原型为石片，其中（$n=201$）向石片背面修理的占 49.8%，两面修理的器物占器物总量的 34.3%，器物中多为边刃器，出现相当精致的尖状器。器物径长 13.2~124.6 mm，平均长 40.5 mm，其中微型、小型、中型和大型（定性单手抓，定量不小于 100 mm，＜200 mm）分别占 4.3%、76.1%、18.7%和 0.1%；形态多半（74.8%）属于宽薄型；重量 1~617.1 g，平均重 18.7 g，其中 91.3%小于 50 g[16]。鉴于上述，黑土沟以及东谷坨遗址的石制品特征显示与 Mode I 工业存在较大差异，它应该归属一个独特的更新世早期旧石器文化模型，盖培向笔者提议创建 Nihewanian（即泥河湾文化，Nihewanian Culture），笔者认为这是圆了先辈人研究中国旧石器的梦，尽管建立泥河湾文化曾经也有过设想[17]。Nihewanian 和 Oldowan 的文化"交流"或"遗传"是难以想象的，除非按照现代"地球村"社会模式的思维臆想，因为它们不仅在文化相上存在结构断裂，而且在分布上也有时空隔绝。在华南和南亚较为晚期的遗址中出现类似 Oldowan 工业制品，也许这是非洲第一浪潮移民在亚洲留下的化石文化记忆？但不能不慎重考虑人类本能行为的不同和时空环境变化的影响等变量因子的存在。

在肯尼亚西图尔卡纳 Lomekwi 3 号地点出土的 3.3 Ma 石制品，指名为"洛迈奎文化"（'Lomekwian'）[18]，其类型在 Nihewanian 中并非难见，但其组合面貌却似与 Oldowan 较为相近。

任何重大发现，存在争议是正常的，而且是有益的。黑土沟遗址的发现与报道，出现不同的反响也不足为奇。曾记得，裴文中在周口店发现旧石器受到过嘲笑，最后是请法国史前大师步日耶(Abbe Henri Breuil，1877-1961)来华鉴定得以确认。泥河湾盆地 1972 年发现的上沙嘴早更新世旧石器，2012 年才得到了重新认定[19]，教训是极为深刻的。山西西侯度遗址 1960 年发现，在国内曾经引起剧烈反应，据说裴文中不承认，但他没有留下任何只言片语的文字记载，可查的相关文字记录也表达含蓄委婉[20]，一直到 1998 年张森水在《人类学学报》发表《关于西侯度的问题》，对西侯度遗存作出了明确否定[21]。但在 2005 年河南郑州荥阳市举办的《织机洞遗址与东亚旧石器文化发展》国际学术研讨会上，王益人宣布西侯度的最新发掘成果，张森水给予杀出"黑马"的评价，从此，经过了 45 年的等待，西侯度石制品性质的异议基本落下帷幕。实际上，西侯度石制品的磨蚀特性导致人们的认知陷入误区，因为石制品不管磨蚀程度如何，只要尚显人工性质它的属性就没有改变。为此，泥河湾盆地小长梁遗址的确认是非常耐人寻味的，小长梁的石制品一发现就获得了共识，但是，裴文中认为："已经达到了黄土时期的式样，当中把周口店时期飞跃过去了"，又说："这个发现是重要的，如果能证明它确是泥河湾期的产物，这将对于旧石器考古学和古人类学有一定的革新作用。"[11] 他不畏年老体弱坐着担架也要到遗址亲临实地踏勘，并且在 1981 年组织笔者和孟浩专门考察验证小长梁遗址的地质构造。小长梁遗址的发现，裴文中显示了学科带头人的大家风范：既有千里马素质，又有伯乐睿智。他，光明磊落，待人坦诚；他，良师益友，指点迷津；他，实事求是，科学定真。

致谢 衷心感谢沈辰为黑土沟旧石器遗址 2006 年考古地质勘探提供了加拿大皇家安大略博物馆研究资助（Royal Ontario Museum Research Grant）。

参 考 文 献

1　卫奇, 裴树文, 贾真秀, 等. 泥河湾盆地黑土沟遗址. 人类学学报, 2016, 35(1): 43-62.

2　卫奇, 裴树文, 贾真秀, 等. 东亚最早人类活动的新证据. 河北北方学院学报, 2015, 31(5): 1-8.

3　卫奇. 谈泥河湾盆地马圈沟遗址考古问题. 中国文物报, 2009-2-13: 7.

4　Teilhard de Chardin P. How and where to search the oldest man in China. Bull Geol Soc China, 1926, 5(3-4): 201-206.

5　安俊杰. 泥河湾寻根记. 北京: 中国文史出版社, 2006. 1-223.

6　Schick K, Toth N. An overview of the Oldowan Industrial Complex: the sites and the nature of their evidence. In: Toth N, Schick K, eds. The Oldowan Case Studies into the Earliest Stone Age. Gosport: Stone Age Institute Press, 2006. 3-42.

7　卫奇, 裴树文. 石片研究. 人类学学报, 2013, 32(4): 454-469.

8　卫奇. 石制品观察格式探讨. 见: 邓涛和王元青主编. 第八届中国古脊椎动物学学术年会论文集. 北京: 海洋出版社, 2001. 209-218.

9　Teilhard de Chardin P, Pei W C. The lithic industry of the *Sinanthropus* in Choukoudien. Bull Geol Soc China, 1932, 11: 315-364.

10　裴文中. 中国的旧石器时代-附中石器时代. 见：裴文中史前考古学论文集. 北京: 文物出版社, 1987. 150-157.

11　尤玉柱, 汤英俊, 李毅. 泥河湾组旧石器的发现. 中国第四纪研究, 1980, 5(1): 1-13.

12　卫奇. 东谷坨旧石器初步观察. 人类学学报, 1985, 4(4): 289-300.

13　吴新智, 徐欣. 从中国和西亚旧石器及道县人牙化石看中国现代人的起源. 人类学学报, 2016, 35(2): 1-13.

14　Potts R. Oldowan. In: Tattersall I, et al. eds. Encyclopedia of Human Evolution and Prehistory. New York: Garland Publishing Inc, 2000. 997-1001.

15　Clark G. World Prehistory. Cambridge: Cambridge University Press, 1961. 1-463

16　卫奇. 东谷坨石制品再研究. 人类学学报, 2014, 33(3): 254-269.

17　卫奇, 李珺, 裴树文. 旧石器遗址与古人类活动信息. 见: 袁宝印, 夏正楷, 牛平山主编. 泥河湾与古人类. 北京: 地质出版社, 2011. 132-207.

18　Harmand S, Lewis J E, Feibe C S, et al. 3.3-million-year-old stone tools from Lomekwi 3, West Turkana, Kenya. Nature, 2015, 521: 310-315.

19　卫奇. 泥河湾盆地建树考古里程碑的先驱. 化石, 2012, (2): 36-42.

20　卫奇.《西侯度》石制品之浅见. 人类学学报, 2000, 19(2): 85-96.

21　张森水. 关于西侯度的问题. 人类学学报, 1998, 17(2): 81-93.

ARCHAEOGEOLOGICAL EXPLORATION OF HEITUGOU SITE IN NIHEWAN BASIN

WEI Qi

(1 *Institute of Vertebrate Paleontology and Paleoanthropology, Chinese Academy of Sciences*, Beijing 100044)

ABSTRACT

The Heitugou site in the Nihewan Basin was discovered in 2002 and excavated for archaeogeological exploration in 2006. A brief report is published in 2016. The site was buried under the sediments 82.42-83.75 m below the original surface of Cenjiawan Platform and covered by 70.92 m thick sediment of fluviolacustrine facies and loess deposit 12.58 m in thickness. The cultural layer is 1.33 m in thickness, consisting of four natural levels mixed of gravel sand and coarse sand and silt sand. A total of 20,489 stone artifacts are collected, including 17,977 debris. In addition, mammalian faunal remains include 96 fossil fragments such as bone, teeth and antler. According to the stratigraphic analysis and comparison, the site is situated below 14.79~16.12 m deep of the cultural layer of the Xiaochangliang and the Xiantai sites, and roughly below 4 m from the top boundary of the Olduvai in Matsuyama reverse polarity. The date of the site is assumed to be close to 1.95 million years or older.

Key words   Archaeological exploration, Heitugou site, Lower Pleistocene, Nihewan basin

本溪门坎哨西山发现的旧石器研究*

陈全家[1] 李 霞[2] 赵清坡[1] 魏海波[3] 石 晶[1]

(1 吉林大学边疆考古研究中心，吉林，长春 130012；

2 辽宁省文物考古研究所，辽宁，沈阳 110000；

3 本溪市博物馆，辽宁，本溪 117000)

摘 要 门坎哨西山旧石器地点位于辽宁省本溪市本溪满族自治县碱厂堡村，发现于 2011 年 4 月。该点位于第Ⅲ级侵蚀阶地，地表共采集石器 35 件，包括石核、石片和工具。原料种类单一，以角岩为主。剥片方法均为锤击法，修理方式均为硬锤修理。工具较多，占石器总数 75%。工业类型属于东北大石器工业类型。推测地点的年代属于旧石器时代晚期。

关键词 石器；门坎哨西山；旧石器时代晚期

吉林大学边疆考古研究中心与辽宁省文物考古研究所组成旧石器考古联合调查队，于 2011 年 4 月 22 日至 5 月 3 日对辽宁省本溪县和桓仁县进行了为期 13 d 的旧石器考古调查，共发现旧石器地点 18 处，石器 661 件（多为地表采集）。门坎哨地点即为其中一处，地表采集石器 35 件。本研究仅对发现的石器进行研究和讨论。

1 地理位置、地貌与地层

1.1 地理位置

门坎哨西山地点位于辽宁省本溪满族自治县碱厂堡村的汤河西岸，东北距门坎哨 320 m，东北距后门坎哨 500 m。分布面积 10 000 m²。地理坐标为 41°12′25″N，124°7′6″E，海拔 300 m（图1）。

1.2 地貌

本溪满族自治县位于辽宁省中部，距庙后山约 3.2 km，东北与新宾满族自治县相接，东临桓仁满族自治县，东南与宽甸满族自治县相邻。太子河的支流汤河西侧有发育完整的Ⅲ级和Ⅰ级阶地，Ⅱ级阶地缺失。在此处，河床宽约 100 m，地点西南侧为高山，最高峰 732 m；东侧为汤河河岸。地点地势较高，地面平坦，离水源较近，便于古人生活，是古人类栖息的理想之所。

---

* 基金项目：教育部重点研究基地重大项目（批准号 11JJD780001）；科技基础性工作专项"中国古人类遗址、资源调查与基础数据采集、整合"（批准号 2007FY110200）和吉林大学"895"工程项目.

陈全家：男，62 岁，吉林大学边疆考古研究中心教授、博士生导师，主要从事旧石器考古学和动物考古学研究.

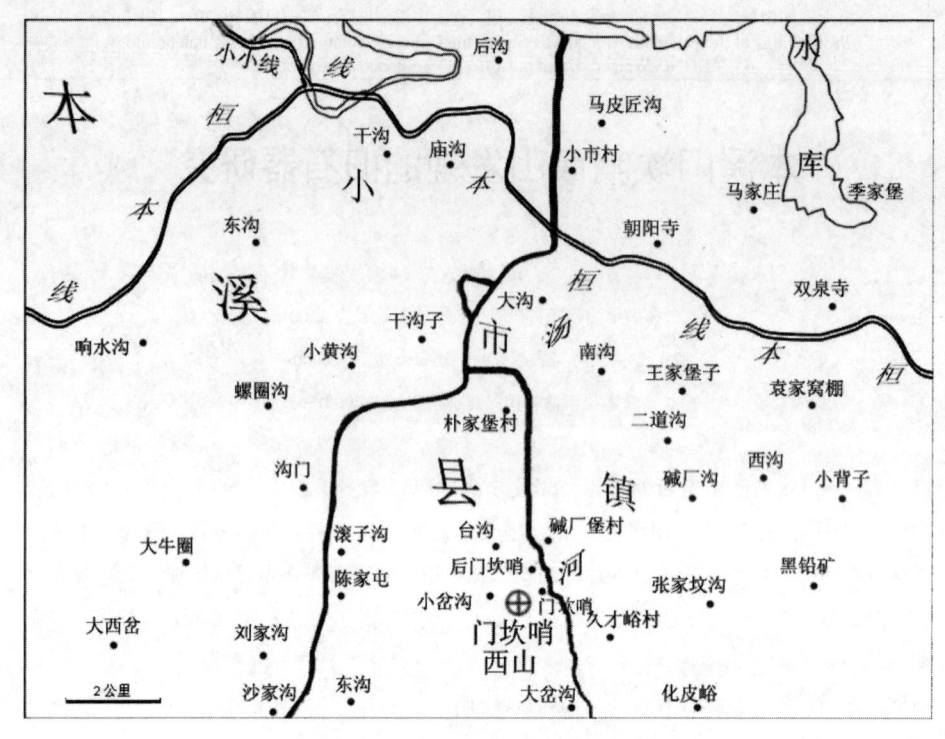

图 1　门坎哨西山地点地理位置

Fig. 1　Geographical location of the locality

1.3　地层

该地点位于汤河的Ⅲ级侵蚀阶地之上，表层为黄色耕土层，耕土层下即为灰岩，无文化层。石器均采自地表，地表有大量灰岩块，还有磨圆很好的砾石（图2）。

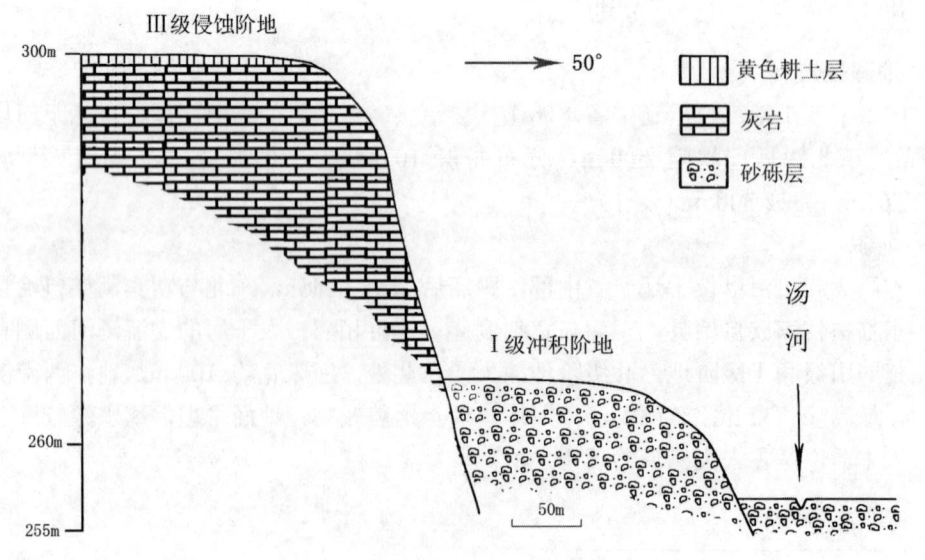

图 2　门坎哨西山地点河谷剖面

Fig. 2　Geological section of the locality

2 石器的分类与描述

35件石器中包括石核、石片和工具。原料以角岩为主，占石器总量的94.3%；砂岩次之，仅占6.7%。石器的重量以20~100 g为主，100~500 g次之，>1 000 g最少，仅1件（图3）。下面对石器进行具体的分类描述：。

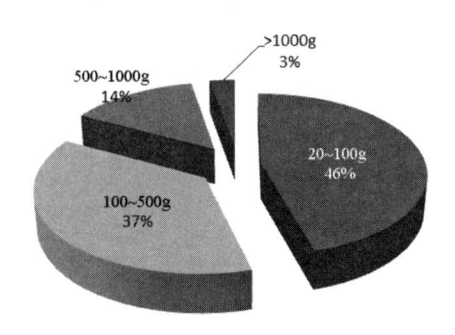

图 3　石器重量百分比

Fig. 3　Proportion of the stone artifacts

2.1　石核

共5件，根据台面的数量可分为单台面石核和多台面石核。

2.1.1　单台面石核

共3件，可分为普通石核和双阳面石核。

（1）普通石核　1件。标本11BMKS:29，锤击石核。长155.3 mm，宽104.49 mm，厚57.97 mm，重1 496.4 g。原料为角岩，形状似三角形。仅1个打制台面，长105.38 mm，宽42.54 mm。有A、B两个剥片面。A剥片面台面角85.7°~93.4°，3个剥片疤，均较深，最大的长73.78 mm，宽24.24 mm。剥片疤AⅢ打破剥片疤AⅠ、AⅡ。B剥片面台面角88.6°~100.8°，4个剥片疤，最大的长40.29 mm，宽51.42 mm，疤痕较深。剥片疤BⅣ打破BⅢ，BⅢ打破BⅡ，BⅡ打破BⅠ。根据剥片疤间的打破关系和完整程度推测，疤AⅠ、AⅡ的形成早于AⅢ，AⅠ、AⅡ间的相对早晚关系无法确定。A、B两个剥片面的剥片方式均为同向剥片，共9个剥片疤，自然砾石面占石核表面80%，仍可继续剥片，可见此石核的利用率较低（图4:1）。

（2）双阳面石核　2件，均为锤击石核。长85.67~162.3 mm，平均长123.96 mm，宽89.65~197.5 mm，平均宽143.58 mm，厚22.44~65.86 mm，平均厚44.15 mm，重181.07~2 180 g，平均重1 180.54 g。原料均为角岩。1件石核的台面为人工打制，体型巨大；另1件石核的台面呈线状，个体较小。

标本11BMKS:30，长95.67 mm，宽89.65 mm，厚22.44 mm，重181.07 g。以石片为毛坯，仅一个台面，一个剥片面。台面呈线状，长21.92 mm，台面角45.2°。在石片腹面进行剥片，打击点散漫，放射线不明显。新形成的剥片疤长68.99 mm，宽51.45 mm，疤痕较深，打破原石片的半锥体。石核背面为全疤，疤痕间打破关系明显，疤AⅢ打破疤AⅡ，疤AⅡ打破疤AⅠ（图4:2）。根据剥片疤特征及疤间的打破关系推测此石核的形成流程分两个阶段：第一阶段为此石核从母体上剥下前，先剥片形成疤AⅠ，再剥片形成疤AⅡ，之后剥片形成AⅢ，然后剥下此石核毛坯，即大的石片；第二阶段是石核的使用阶段，以B处为台面进行一次剥片，形成疤B₁。双阳面石核打制工艺技术较高，是经过剥片设计而形成的，双阳面石片背腹面均为凸起的劈裂面，形成的石片可直接作为二类工具使用。该类石核的产生可能是石料丰富，古人对该类石片的特殊需求以及技术传播的产物。

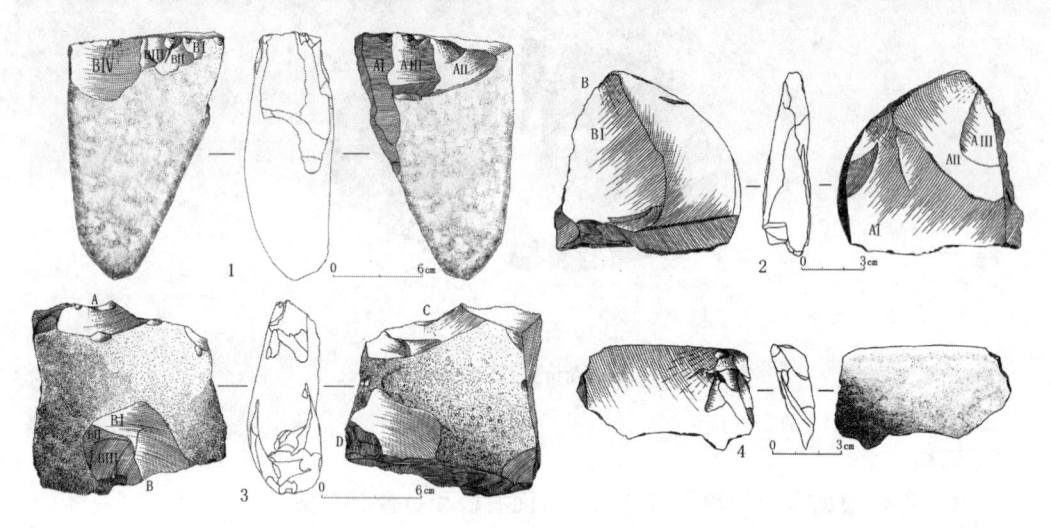

图 4　石核与石片

Fig. 4　Cores and flakes

1：单台面石核（11BMKS:29）；2：双阳面石核（11BMKS:30）；3：多台面石核（11BMKS:5）；4：完整石片（11BMKS:17）．

2.1.2 多台面石核

2件。均为锤击石核。长53.91~110.91 mm，平均长82.41mm；宽117.6~136.98 mm，平均宽127.29 mm；厚44.08~80.57 mm，平均厚62.33 mm；重630.2~756.04 g，平均重693.11 g。台面角63.5°~86.7°。原料均为角岩。大小相差无几。其中1件有3个台面，1件有4个台面。

标本11BMKS:5，长110.91 mm，宽117.6 mm，厚44.08 mm，重756.04 g。共4个台面，其中1个为自然台面，其余3个为人工台面。4个剥片面，9个剥片疤。台面角75.3°~85.4°。A台面为人工台面，长48.13 mm，宽25.97 mm。仅一个工作面，其上有1个较大剥片疤，3个较小崩疤。大疤打击点散漫，疤痕较深，放射线较明显，无同心波，其远端被1个小疤打破，推测该疤可能为自然力作用形成。B台面位于A台面对侧，人工台面，长34.87 mm，宽102.76 mm，台面角75.3°。仅1个剥片面，4个剥片疤。最大疤B₁长47.76 mm，宽56.69 mm。疤B₁较深，打击点散漫，放射线不明显，无同心波。疤BⅡ打破疤B₁，仅保留远端。疤BⅢ较完整，打破疤BⅡ。疤BⅣ较小，打击点集中，放射线不明显，无同心波，疤BⅣ打破疤BⅢ。通过疤间打破关系推测此台面剥片流程为：B₁→BⅡ→BⅢ→BⅣ。C台面为人工台面，台面长85.16 mm，宽107.5 mm，台面角67.9°。仅1个剥片面，3个剥片疤。最大剥片疤长22.04 mm，宽 61.43 mm，打击点散漫，放射线明显，无同心波。通过观察 3 个剥片疤推测可能为一次重击剥片同时形成的 3 个疤。D 台面位于 C 台面左下方，为自然台面，台面长 24.35 mm，宽 70.22 mm，台面角 75.5°。仅 1 个剥片面，5 个剥片疤，最大剥片疤长 22.2 mm，宽 22.78 mm 疤间打破关系部明显（图 4:3）。

2.2 石片

共 4 件。均为锤击石片。原料均为角岩。根据完整程度分为完整石片和断片。

2.2.1 完整石片

3 件。长 48.08~82.04 mm，平均长 61.14 mm；宽 72.53~93.67 mm，平均宽 80.85 mm；厚 11.54~32.21 mm，平均厚 20.26 mm；重 42.63~161.97 mm，平均重 82.86 g。台面均为自然台面，长 33.16~63.8 mm，平均长 51.05 mm；宽 5.46~23.66 mm，平均宽 15.47 mm；石片角 76.3°~87.7°，平均 82°。根据石片背面情况可分为全疤、有疤有自然面和全自然面。

标本 11BMKS:17，长 53.31 mm，宽 76.36 mm，厚 17.04 mm，重 43.97 g。台面长 63.8 mm，宽 17.3 mm，高 8.15 mm，石片角 87.5°。劈裂面半锥体微凸，无锥疤，半锥体上有剥片时因用力过大而产生的崩疤。打击点集中，放射线明显，无同心波。石片背面为全自然面。侧缘折断（图 4:4）。

2.2.2 断片

1 件。长 84.14 mm，宽 167.25 mm，厚 37.32 mm，重 472.6 g。形状近似四边形，体型较大。为横向断片中的远端断片。石片背面为全自然面。

2.3 工具

共 26 件，包括二类工具（使用石片）和三类工具（经过两步加工）。依据工具的最大长度，大致划分为微型（＜20 mm）、小型（≥20 mm，＜50 mm）、中型（≥50 mm，＜100 mm）、大型（≥100 mm）共 4 个等级[1]。其中二类工具以中型为主，占 60%；大型次之，占 30%；小型仅占 10%。三类工具中型和大型各占 50%。工具中不见微型（图 5）。

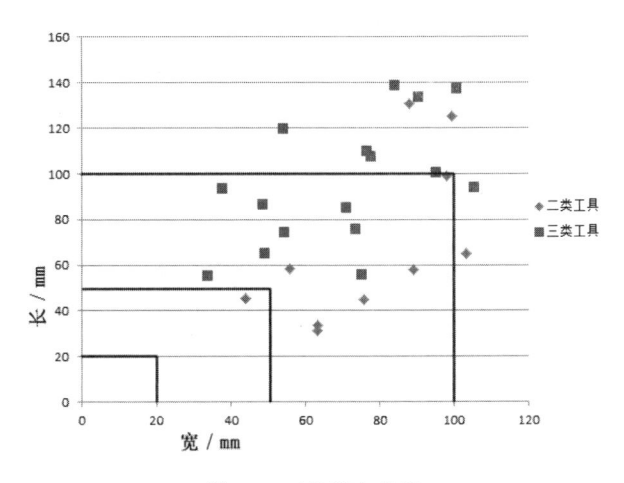

图 5　工具长宽坐标

Fig. 5　Dimensional distribution of the tools

工具体型的划分依据标本的长宽指数和宽厚指数，应用黄金分割率（0.618）划分为4种类型：I-宽厚型；II-宽薄型；III-窄薄型；IV-窄厚型[1]。该地点二类工具均为宽薄型；三类工具以宽薄型为主，其次为窄薄型，宽厚型最少，无窄厚型（图6）。

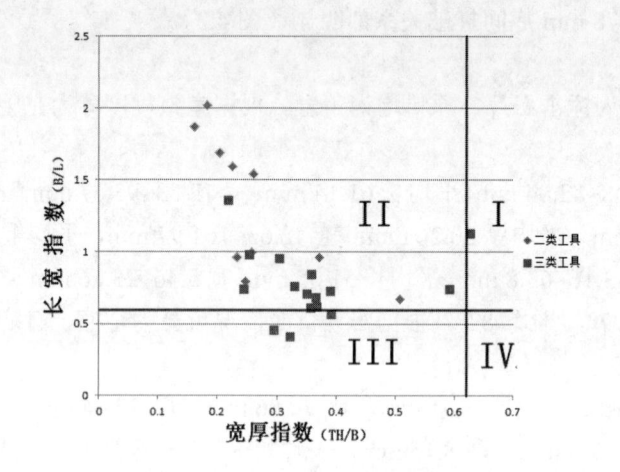

图6　工具长宽指数和宽厚指数坐标
Fig. 6　Index of length/width and width/thickness for tools

2.3.1　二类工具

共10件。分为刮削器和砍砸器。

（1）刮削器　8件。均为单刃。原料均为角岩。根据刃缘形态可分为直刃和凸刃。

直刃　4件。长44.82~64.85 mm，平均长56.45 mm；宽55.79~103.36 mm，平均宽81.05 mm；厚15.52~23.32 mm，平均厚20.72 mm；重49.04~129.05 g，平均重81.49 g。刃长41.78~98.27 mm，平均长67.42 mm；刃角21.9°~34.5°，平均34.1°。其中2件背面全疤，两件背面有疤亦有自然面。

标本11BMKS:9，长58.17 mm，宽55.79 mm，厚20.74 mm，重70.12 g。劈裂面半锥体微凸，放射线明显，无同心波。背面为全疤。利用石片远端边缘直接使用成刃，刃缘锋利，刃长41.78 mm，刃角21.9°。直刃上零星分布大小不一的崩疤，崩疤较小，推测曾加工过较软物体（图7:1）。

凸刃　4件。长31.38~98.96 mm，平均长52.45 mm；宽43.68~98.12 mm，平均宽67.14 mm；厚10.19~25.34 mm，平均厚14.34 mm；重20.43~256.42 g，平均79.53 g。刃长10.05~109.5 mm，平均长65.91 mm；刃角21.16°~45.3°，平均32.1°。其中两件背面全疤，两件背面有疤亦有自然面。

标本11BMKS:23，长45.55 mm，宽43.68 mm，厚10.19 mm，重20.43 g。劈裂面半锥体凸，放射线不明显，无同心波。背面有疤亦有自然面。利用石片远端边缘直接使用成刃，刃长58.3 mm，刃角30.8°。直刃上零星分布大小不一的折断和崩疤，推测曾加工过较硬物体（图7:2）。

（2）砍砸器　两件，均为单凸刃。长125.36~130.9 mm，平均长128.13 mm；宽88.18~99.49 mm，平均宽93.84 mm；厚24.61~44.74 mm，平均厚34.68 mm；重360.52~379.69 g，平均重370.12 g。刃长169.7~174.5 mm，平均长172.1 mm；刃角

43.4°~47.4°，平均45.41°。原料均为角岩。均为片状毛坯，其中1件背面全疤，1件背面全自然面。

标本11BMKS:26，长125.36 mm，宽99.49 mm，厚24.61 mm，重360.52 g。劈裂面较平。背面微凸，全砾面。以远端直接使用成刃，刃长174.5 mm，刃角43.4°。刃上零星分布砍砸时形成的疤，使用疤大小不一(图7:3)。

2.3.2 三类工具

共16件。分为刮削器、砍砸器和研磨器。

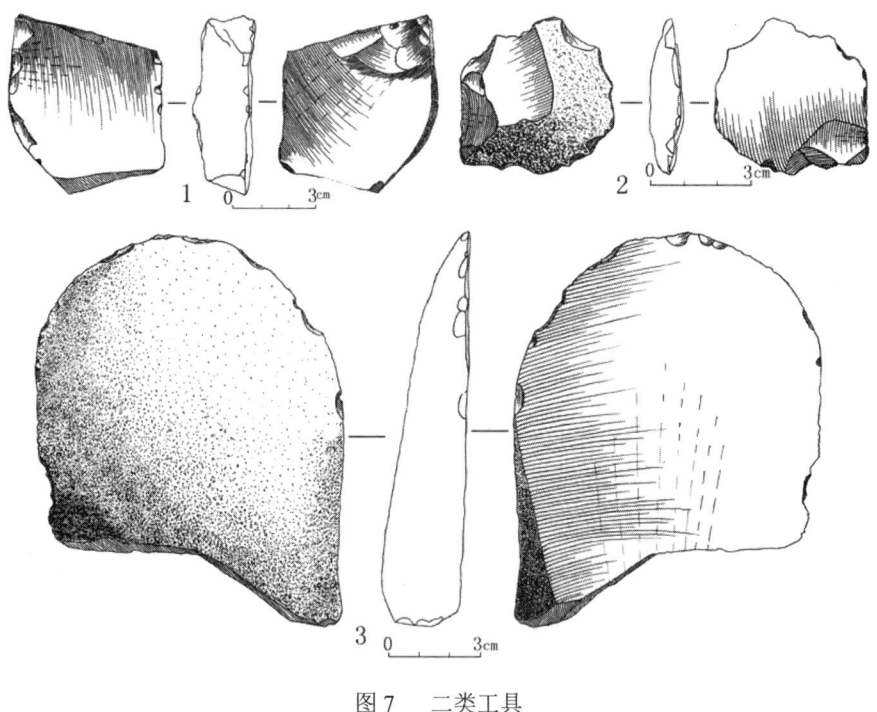

图7 二类工具

Fig. 7 Used-flakes

1：单直刃刮削器（11BMKS:9），2：单凸刃刮削器（11BMKS:23），3：单凸刃砍砸器（11BMKS:26）.

（1）刮削器 11件，均为单刃。原料均为角岩。根据刃缘形态分为直、凸和尖刃。

直刃 2件。长54.9~84.8 mm，平均长69.85 mm；宽33.74~70.95 mm，平均宽52.35 mm；厚12.41~25.54 mm，平均厚18.98 mm；重24.16~141.73 g，平均重82.95 g。均为片状毛坯。复向修理1件，反向修理1件。刃长36.44~49.6 mm，平均长43.02 mm；刃角33.7°~37.7°，平均35.7°。

标本11BMKS:20，长54.9 mm，宽33.74 mm，厚12.41 mm，重24.16 g。劈裂面半锥体微凸，打击点集中，放射线明显，无同心波；背面有4个较大剥片疤。以石片远端边缘采用复向修理，修疤仅有1层，形态为鱼鳞状，排列密集而整齐。刃长49.6 mm，刃角33.7°（图8:2）。对石片远端薄锐处进行微修理，既能保留工具锋利的刃缘又能提高工具的耐用性。由此可见，古人对工具的认知能力已达到了较高的程度。

凸刃 8件。长55.42~119.5 mm，平均长85.76 mm；宽48.55~95.2 mm，平均宽65.85 mm；厚13.32~29.05 mm，平均厚19.49 mm；重49.65~226.85 g，平均重111.96 g。

正向、反向修理各 3 件，复向修理 2 件。刃长 26.06~118.6 mm，平均长 76.47 mm；刃角 24.8°~52.1°，平均 34.79°。

标本 11BMKS:4，长 86.62 mm，宽 48.55 mm，厚 19.07 mm，重 82.47 g。劈裂面半锥体微凸，打击点集中，放射线明显，无同心波；背面为全自然面。此标本仅在 A 处修理，采用正向硬锤修理，有两层鱼鳞状修疤，修疤大小不一，排列密集。修理后的边缘厚钝圆滑，不适合做刃。推测此处应为修理把手，便于把握。B 处为石片边缘，薄锐锋利，未经修理直接使用成刃。刃长 52.7 mm，刃角 26.2°。刃上零星分布使用疤，疤痕均较小。此标本把握部位修理规整，刃缘锋利，器形规则，便于使用且较美观。可见，当时古人不仅对工具的使用性有所追求，而且考虑到了工具的美观性（图 8:3）。

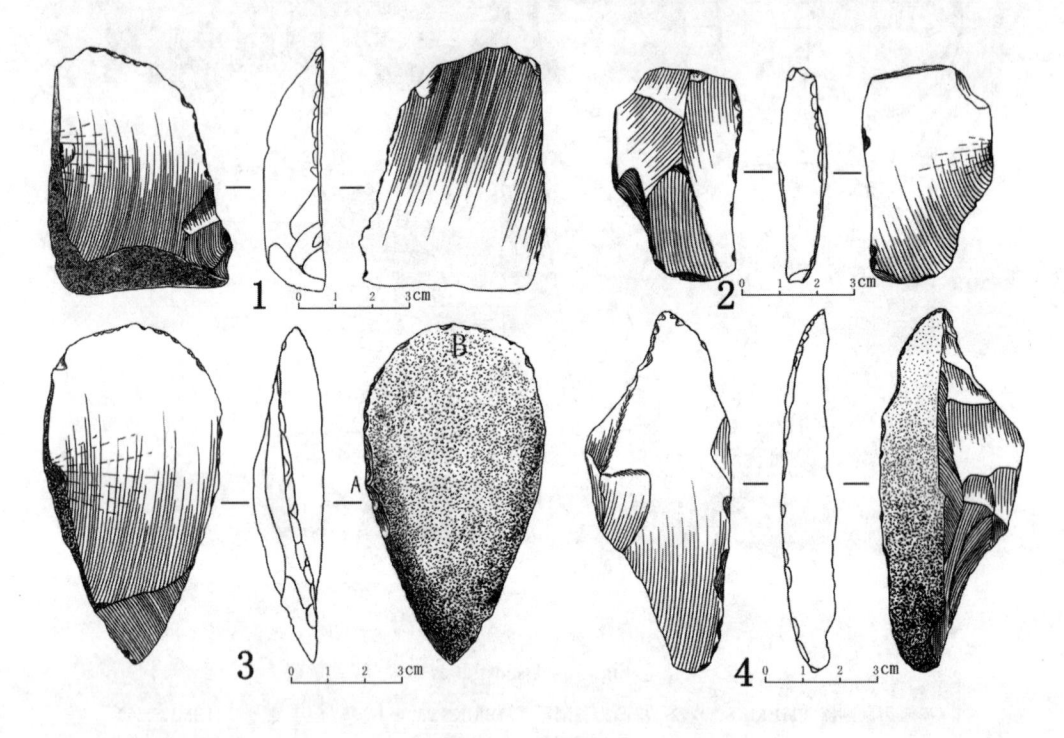

图 8　三类刮削器

Fig. 8　Scrapers

1: 单凸刃（11BMKS:4），2: 单直刃（11BMKS:20），3: 单凸刃（11BMKS:4），4: 尖刃（11BMKS:18）.

标本 11BMKS:4，长 64.94 mm，宽 49.16 mm，厚 16.24 mm，重 56.9 g。台面为自然面，劈裂面半锥体明显，打击点集中，放射线明显，无同心波；背面为全疤。石片侧边缘较锋利，采用反向修理成刃。刃长 79.5 mm，刃角 52.1°。仅一层修疤，疤较浅，呈鱼鳞状，分两段连续分布，应为硬锤修理。刃缘薄锐锋利，便于使用，修疤上有较小的使用疤零星分布。把握部位为自然面，表面光滑，便于把握（图 8:1）。

尖刃　1件。标本 11BMKS:18，长 93.21 mm，宽 37.75 mm，厚 12.16 mm，重 35.18 g。以石片远端为毛坯，石片背面一半为自然面，一半为剥片疤。形状近似梭形，体型较小。采用错向修理成刃，修疤浅平，呈鱼鳞状，排列密集。尖刃由一直边和一凸边夹一角组成，刃角 70.5°（图 8:4）。

（2）砍砸器 4件。根据刃的数量可分为单刃和双刃。

① 单刃 3件。可分为直刃和凸刃。

直刃 2件。长107.58~133.69 mm，平均长120.64 mm；宽77.72~90.63 mm，平均宽84.18 mm；厚30.4~33.3 mm，平均厚31.85 mm；重338.51~531 g，平均重434.76 g。原料均为角岩，均为片状毛坯。均为复向修理。刃长48.46~121.31 mm，平均长84.89 mm；刃角46.8°~83.9°，平均65.35°。

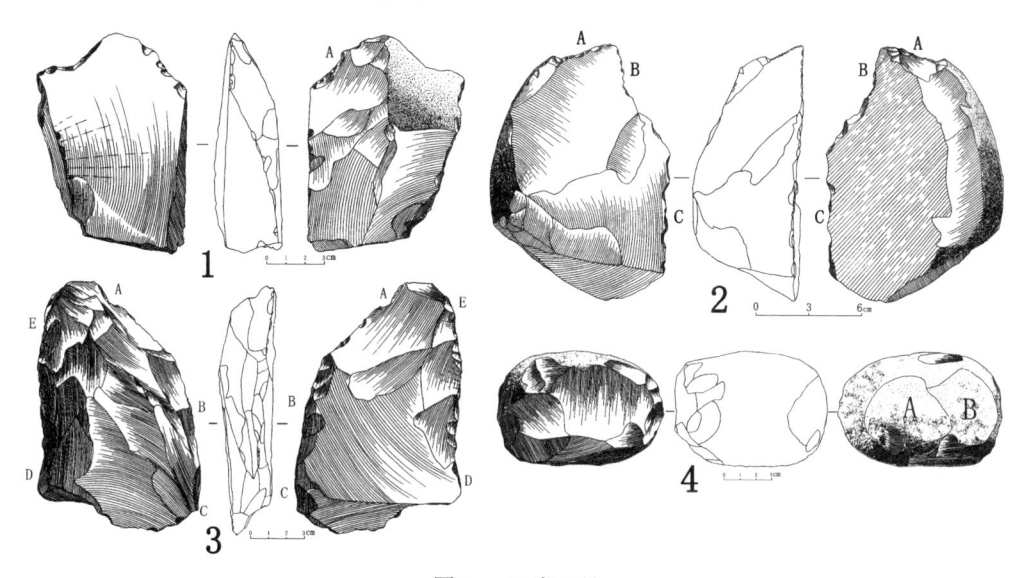

图9 三类工具

Fig. 9 Tools

1：单直刃砍砸器（11BMKS:6）；2：双刃砍砸器(11BMKS:6)；3：单凸刃砍砸器（11BMKS:22）；4：研磨器（11BMKS:12）．

标本11BMKS:6，长107.58 mm，宽77.72 mm，厚30.4 mm，重338.51 g。劈裂面微凸，打击点集中，放射线明显，无同心波；石片背面有疤亦有自然面。以石片远端A处修理成刃，修疤有两层，呈鱼鳞状。刃长48.02 mm，刃角46.8°。刃缘薄锐锋利，便于使用(图9:1)。

凸刃 1件。标本11BMKS:22，长138.8 mm，宽84.2 mm，厚30.07 mm，重433.54 g。器身通体为剥片疤。左图从A→B→C处修疤较大且深，呈阶梯状，目的是减薄刃缘，使其更锋利；右图从A→B→C处修疤有两层，疤痕较小，呈鱼鳞状，排列较密集，目的是修理刃缘，使刃缘更规整。刃长164.6 mm，刃角42.25°。左图从D→E处修疤有三层，呈阶梯状，排列较密集；右图从D→E处修疤有两层，修疤呈羽状，零星分布，疑似为修理把手(图9:3)。

② 双刃 1件。标本11BMKS:6，长137.14 mm，宽100.94 mm，厚59.79 mm，重738.99 g。左图为石片破裂面；右图为石片背面，背面有疤有自然面亦有解理面。尖刃刃角91.3°，由A、B两直边夹一角组成，复向修理。左图A边仅单层修疤，修疤较小，呈羽状，排列密集；B边修疤较小，零星分布。右图A边有两层修疤，修疤大小不一，呈羽状，排列密集，A边修后变得锋利且规整；B边因薄锐锋利，仅有4个修形而留下的微疤。C处为直刃，刃长63.81 mm，刃角50.2°，反向修理。左图C

处仅单层修疤，修疤浅平，呈阶梯状，排列密集；右图 C 处仅 4 个浅平疤，零星分布，疑似为砍砸过程中形成的使用疤(图 9:2)。

（3）研磨器 1 件。标本：11BMKS:12，长 94.04 mm，宽 105.46 mm，厚 66.3 mm，重 934.85g。原料为砂岩。块状毛坯。图 9:4 左图所示为把手部位，修疤大小不一，均较浅平。把手部位经修理之后较圆钝，便于把握。右图所示 A、B 处为研磨面，表面磨损，与砾石面有所不同（图 9:4）。此标本砂粒较粗，表面手感如同砂纸，故作为研磨工具使用。可见，当时人类对研磨器的原料是有一定选择的。

3 结语

3.1 石器工业特征

（1）原料种类较单一，以角岩为主，仅有少量砂岩。此地区石料种类较多，制作工具的原料却单一，说明了古人类对石料的偏爱，角岩质地较细腻，硬度适中，适合剥片和制作工具。

（2）石器类型包括石核、石片和工具，不见断块。其中以工具最多，占石器总数的 75%，其次为石核，石片最少（图 10）。

（3）石核均为锤击石核，其中两件为双阳面石核。在双阳面石核上剥片难度较大，剥下的石片中间厚，侧缘薄。本地角岩丰富，所以推测是特殊需求导致了此种石核的出现。

（4）工具的类型包括二类工具（刮削器、砍砸器）和三类工具（刮削器、砍砸器和研磨器），二、三类工具器型较少，不见一类工具。

（5）二类工具占工具总数的 38.5%，以刮削器为主，砍砸器次之。器型均为宽薄型。

（6）三类工具占工具总数的 61.5%，以片状毛坯为主。器型以宽薄型为主，其次为窄薄型、宽厚型，无窄厚型。修理方式均采用硬锤法。以复向修理为主，其次为反向、正向、错向。

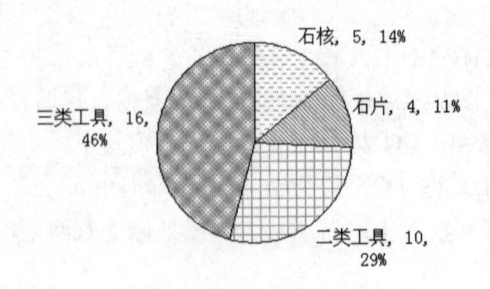

图 10 石器类型分类统计

Fig. 10 Types of stone artifacts

3.2 典型器形讨论

该地点中有两件双阳面技法打制而成的单台面双阳面石核，此技法又称昆比哇技法。双阳面石核的工艺流程为：首先选择石核的凸起面剥下规则的圆形、半圆形或椭圆形石片，新产生的厚石片一般有宽厚规则的半锥体；以此厚石片为石核，以破裂面为剥片面继续剥片,由此便产生双阳面石核[2]。用这种方法剥取的石片两面均为凸起的半锥体,其形状和厚度较易控制。

双阳面技法主要分布于非洲部分地区,大型双阳面石片在非洲阿舍利工业中主要用于制作薄刃斧,在丁村遗址也有类似发现。该地点其中 1 件双阳面石核体型较大,重 2 180 g;产生双阳面石片的疤较大,长 71.27 mm,宽 126.44 mm。由此推测该地点中产生的双阳面石片的用途与阿舍利工业和丁村遗址中的相似。也反映出了三者之间的技术思想和行为特点存在一定的相似性。至于这种相似性是文化交流还是文化趋同所致,尚需更多证据做进一步的讨论。

3.3 与周边遗址的关系对比

有学者将我国东北地区的旧石器划分为 3 种类型。第一种是以大石器为主的工业类型[3],主要分布在东部山区,包括庙后山地点[4]、抚松仙人洞和小南山地点等;第二种是以小石器为主的工业类型,主要分布在东北中部丘陵地带,包括金牛山[5]、小孤山和鸽子洞等;第三种是以细石器为主的工业类型,主要分布在东北西部草原地带,包括大布苏、大坎子[6]和十八站等地点。

门坎哨西山地点距庙后山较近,无论是剥片技术、工具类型还是工具的修理方式、方法都与其有相似之处。总体上看,该地点属于东北的大石器工业类型,但它又有着自己的特色。该地点石料单一,工具类型仅见刮削器、砍砸器、尖刃器(1 件)和研磨器(1 件)。工具类型较少,从一定层面上可以看出该地点古人类所从事的生产、生活方式可能较单一。

3.4 地点性质

该地点石器的原料单一,品质较好,经过古人类有意识的选择,反映了古人类就地择优取材的策略;石器中工具比列较大,但工具类型组合简单,无断块、碎屑,由此推测古人是将工具带到此地并从事较单一的生产活动;从周围环境来看,该地点距汤河约 150 m,水资源丰富,较适合人类居住。综上所述,根据 Binford 的聚落组织论[7]、Kuhn 的技术装备论、Andrefsky 的原料决定论[8],推测此处可能为工具的遗弃地或使用地,疑似为临时性住所或石器加工场。

3.5 地点年代

门坎哨西山地点的石器均采自地表耕土层,无确切断代依据。通过与周边旧石器地点的石器打制技术、工具类型组合的对比,发现与庙后山遗址有一定的相似性;与庙后山遗址相比,石器的风化程度较轻;且在石器采集区未发现新石器时代以后的磨制石器和陶片。由此推测,地点的年代稍晚于庙后山遗址或与其同时,暂定为旧石器时代中、晚期。

致谢 在调查期间还得到辽宁省文物考古研究所、边疆考古研究中心、本溪市博物馆、桓仁县文化局和文物局领导的大力支持和帮助。参加调查的人员还有桓仁县文化局的赵金付副局长和马洪文,吉林大学地球科学学院程新民教授,作者在此一并表示感谢。

参 考 文 献

1 卫奇. 泥河湾盆地半山早更新世旧石器遗址初探. 人类学学报，1994, 13（3）：223-238.
2 王幼平. 石器研究：旧石器时代考古方法初探. 北京：北京大学出版社，2006. 1-286.
3 张森水. 管窥新中国旧石器时代考古学的重大发展. 人类学学报，1999，18(3): 193-214.
4 魏海波. 辽宁庙后山遗址研究的新进展. 人类学学报, 2009, 28(2): 154-161.
5 金牛山联合发掘队. 辽宁营口金牛山旧石器文化的研究. 古脊椎动物与古人类，1978, 16(4): 129-136.
6 陈全家. 吉林镇赉丹岱大坎子发现的旧石器. 北方文物，2001（2）：1-7.
7 Binford L R. Willow smoke and dog's tails: hunter-gatherer settlement systems and archaeological site formation. American Antiquity, 1980, 45(1): 4-20.
8 Andrefsky W. Raw material availability and the organization of technology. American Antiquity, 1994, 59(1): 21-34.

ANALYSIS OF THE STONE ARTIFACTS FROM PALEOLITHIC LOCALITY AT THE WESTERN MOUNTAIN OF MENKANSHAO, BENXI

CHEN Quan-jia[1]   LI Xia[2]   ZHAO Qing-po[1]   WEI Hai-bo[3]   SHI Jing[1]

(1 *Research Center of Chinese Frontier Archaeology of Jilin University,* Jilin, Changchun 130012;
2 *Liaoning Provincial Institute of Archaeology,* Liaoning, Shenyang 110000;
3 *The museum of Benxi,* Liaoning, Benxi 117000)

ABSTRACT

The Western mountain of Menkanshao Paleolithic locality is situated on a third erosional terrace at Jianchangbao Village, Benxi Manchu Autonomous County, Benxi City, Liaoning Province. This locality was discovered in April, 2011. Its geographical position is 41°12′25″ N, 124°7′6″ E. During the investigation, 35 stone artifacts were collected from the surface, including cores, flakes and tools. Hornstone is the main raw material. And 75% of the stone artifacts are tools. The stone industry belongs to Northeastern China large stone artifact industry. According to the characteristics of these artifacts, the locality is probably of the Late Paleolithic.

Key words   stone artifacts, the Western mountain of Menkanshao Paleolithic locality, the Late Paleolithic

山西陵川麻吉洞遗址石制品综合研究

任海云

(山西省考古研究所，山西 太原 030001)

摘 要 本研究是对 2012 年秋在山西陵川县西瑶泉村麻吉洞遗址试掘出土石制品的综合分析。根据对 929 件石制品的观察，石料有燧石、石灰岩、石英岩、石英等，燧石数量最多，其次为石灰岩，类型包括石核、石片、各类刮削器、尖状器、砍砸器、碎屑及断块、烧石等，其中碎屑及断块数量庞大，石片数量居次，石核和刮削器数量相当，其余类型极少，石核利用率较高，锤击技术被广泛应用在剥片和石器修整上，正向加工是普遍的石器加工方式。文化遗物和遗迹综合显示，麻吉洞遗址是一处旧石器时代晚期人类频繁活动的临时性营地。

关键词 山西陵川；麻吉洞遗址；石制品分析

1 麻吉洞遗址地理位置及地貌

麻吉洞遗址（图 1）位于晋城市陵川县附城镇西瑶泉村西北约 1.5 km 处，地理坐标为 35°34′50.54″N，113°09′31.74″E，海拔 954 m。2012 年春末对附城镇丈河流域进行调查时，再次复查了该遗址（原称麻节窑），由于 20 世纪村民圈养牛羊对遗址造成了破坏，后又受洪水威胁，同年秋对遗址进行了抢救性小面积试掘。

麻吉洞为一石灰岩洞穴，洞前为一干枯的季节性小河流，河道遍布洪水期从上游冲下来的石灰岩石块，大小不一。洞口朝向西南，长约 15 m，洞内地面相对于河道的高度接近 5 m。20 世纪 60—70 年代当地村民在洞内圈牛羊，洞口处垒砌一圈石墙。堆积并不在洞内，而在洞口石墙下方，即河道左侧与洞口开阔处相连接的位置，呈斜坡式条状分布，就观察到的部分，长约 6 m，宽 0.5~3 m，推测原来堆积的面积较现在更大些。麻吉洞遗址的文化遗存埋藏在河流相堆积中，从堆积的位置来看，相当于河流二级阶地，这与塔水河岩棚遗址遗存埋藏位置相似。麻吉洞遗址处于 V 形的太行山峡谷中，两侧均为高耸的太行山，山前不对称分布有零星的黄土台地，从狭窄的沟谷出来，就是较为平坦，面积较大的冲积扇。麻吉洞遗址的位置就在狭窄沟谷与冲积扇相接地带。

试掘面积 2 m² 余，深度 1.4 m，文化遗存厚 0.5~0.7 m，收获石制品、化石、烧骨、石块等 1 500 余件，清理用火遗迹面 4 层。本研究是对麻吉洞遗址出土全部石制品的

---

* 任海云：女，33 岁，陕西佳县人，文博馆员，从事旧石器考古研究.

综合分析与研究，不涉及用火遗迹。

2 麻吉洞遗址的石制品

经过观察与统计的石制品共计 929 件（表 1），所用石料的质地有燧石、石灰岩、石英岩、石英等，燧石 719 件，所占比例达到了 77.4%，石灰岩 184 件，比例为 19.8%，石英岩 17 件，比例为 1.8%。很明显，燧石和石灰岩石是最主要的石料，又以燧石为大宗。石制品分为石核、石片、石器和其他四大类，其他中包括断块、断片、碎屑等。

图 1 麻吉洞遗址及文化堆积

Fig. 1 Majidong Site and Paleolithic layers

表 1 麻吉洞遗址各类石制品石料统计

Table 1 Statistics of different lithic materials for making artifacts from Majidong Site

类型	数量	石料质地			
		燧石	石灰岩	石英岩	石英或其他
石核	31	26	4	1	—
石片	203	175	18	3	7
石器	15	11	4	—	—
其他	680	507	158	13	2
合计	929	719	184	17	9

2.1 石核

31 件（表 2）。26 件黑色或黑褐色燧石石料，其余为石灰岩和石英岩。石核原型主要为自然石块，极少量河滩砾石、节理石块。从打片情况观察，均为锤击石核，仅有一件可能采用了压制技术剥片。石核形状不稳定，扁平体、四面体、三面体、不规则等均有。长宽高最大者为 67.9 mm × 5 mm × 35.6 mm，最小者为 18 mm × 15 mm × 8.3 mm。长宽高平均值为 34.1 mm × 22.5 mm × 23.0 mm。

表2 麻吉洞遗址石核台面及石料的对应
Table 2 Comparison of cores and materials from Majidong Site

台面性质	单台面石核		双台面石核	多台面石核		合计
	燧石	石英岩	燧石	燧石	石灰岩	
自然	2	-	2	4	3	11
人工	-	1	3	3	-	7
自然+人工	-	-	3	9	1	13
合计	2	1	8	16	4	31

经观察分析，麻吉洞遗址出土单台面石核3件，双台面石核8件，多台面石核20件。双台面和多台面石核在全部石核中的比重较高，达到了90.32%。以自然面为台面直接进行打片的石核有11件，其中8件石核的石料为燧石。人工台面石核的数量为7件，集中在双台面和多台面石核上，这类石核的人工台面多数是片疤台面，未进行过修整。自然台面和人工台面均有的石核计有13件，其中多台面石核出现这种情况的就有10件。由此来看，在对石料的选择利用上，麻吉洞占据者直接对自然石块进行打片的情况偏多，只要有合适的台面，即保证有平坦面和合适的角度，就不会对台面做过多再处理，而选择了直接剥片。即使是对人工台面的应用，也并不是刻意打出一个可供落锤的平坦面，很可能是在打片过程中，不断旋转观察，只要能剥片就直接将石片疤看做台面实施打片。根据石核体上片疤与石皮各占比例的统计，28件石核核体上自然面比例低于50%，又以核体自然面比例为20%的石核较多，而且石核的体积偏小，不再适合继续剥片，可见对石核的利用率还是比较高的。核体上的片疤大多较深，且宽大于长，硬锤直接打片最为普遍。

2.2 石片

203件（表3和图2至图4）。燧石质地者达175件，其比例是全部石片的86.2%，其次是石灰岩21件，比例为10.3%，石英岩和脉石英质地者共计7件。全部为锤击石片，未见砸击石片。石片平均长宽厚为21.55 mm × 17.72 mm × 6.61 mm。从表3和图2可直观地看到，完整石片164件，占据绝对的优势，其次数量相对较多的是远端石片和近端石片，至于中间石片、断片、左裂片、右裂片等数量都极少。

麻吉洞遗址石片台面性质主要有4个类型：自然台面（包括自然节理台面）、人工台面、不可辨（包括点或线状台面）和无台面（主要指远端石片和中间石片）。从图3可直观看出，麻吉洞遗址石片台面性质以自然台面和人工台面为主，二者数量相当，不可辨台面石片的数量也较多。这个数据与前面石核台面性质有较高的耦合。从石片背面石皮的比例来看，石皮比例超过30%的仅有49件，而背面全部为片疤的石片为122件。从这个方面也说明了麻吉洞遗址石核的利用率是较高的。

表3 麻吉洞遗址石片类型与石料的对应

Table 3　Comparison of flakes and materials from Majidong Site

石片类型	燧石	石灰岩	石英岩	脉石英	合计
完整石片	140	18	3	3	164
近端石片	10	—	—	1	11
远端石片	15	2	—	—	17
左裂片	3	—	—	—	3
右裂片	4	—	—	—	4
中间石片	3	1	—	—	4
合计	175	21	3	4	203

石片形状有四边形、三角形、梯形、弧边三角形、扇形、长方形、不规则等等，以四边形和三角形石片数量最多，除了个别石片形状较规则外，其余即使是四边形和三角形石片，形状也并不完全规则。麻吉洞遗址完整石片数量最多，以之为例，从其柱状图即可看出，石片形态之多之繁杂，尚未规范化。

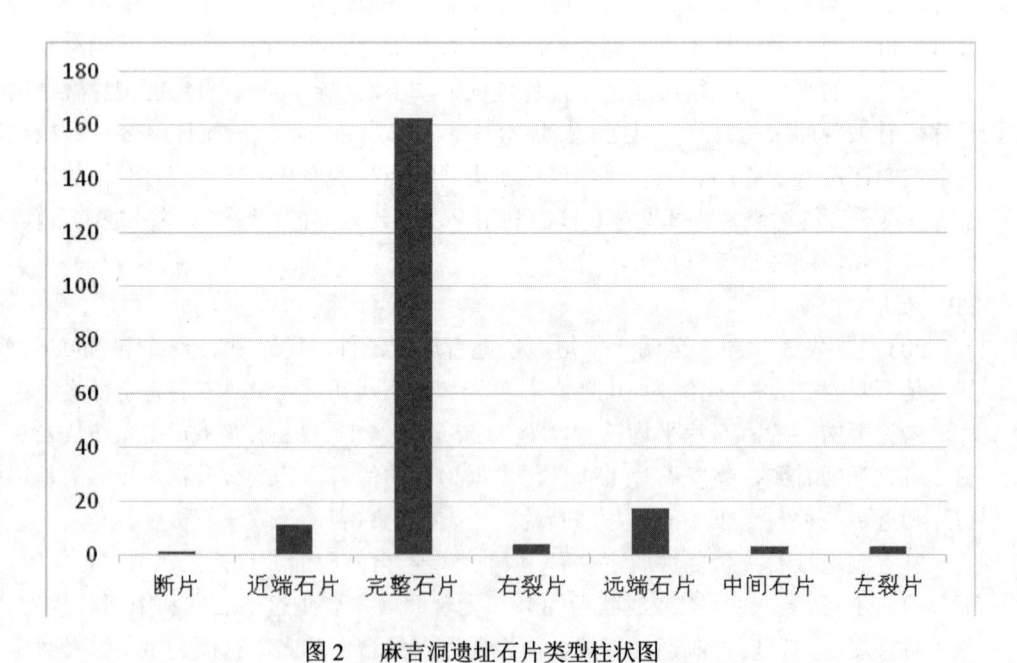

图2　麻吉洞遗址石片类型柱状图

Fig. 2　Histogram of flake patterns from Majidong Site

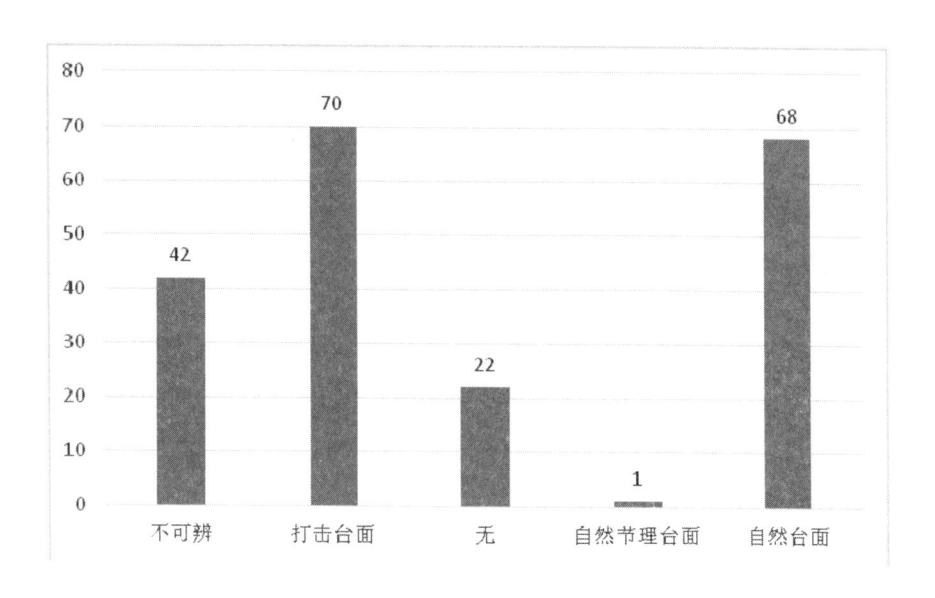

图3 麻吉洞遗址石片台面性质柱状图

Fig. 3 Histogram of characters of flake platforms from Majidong Site

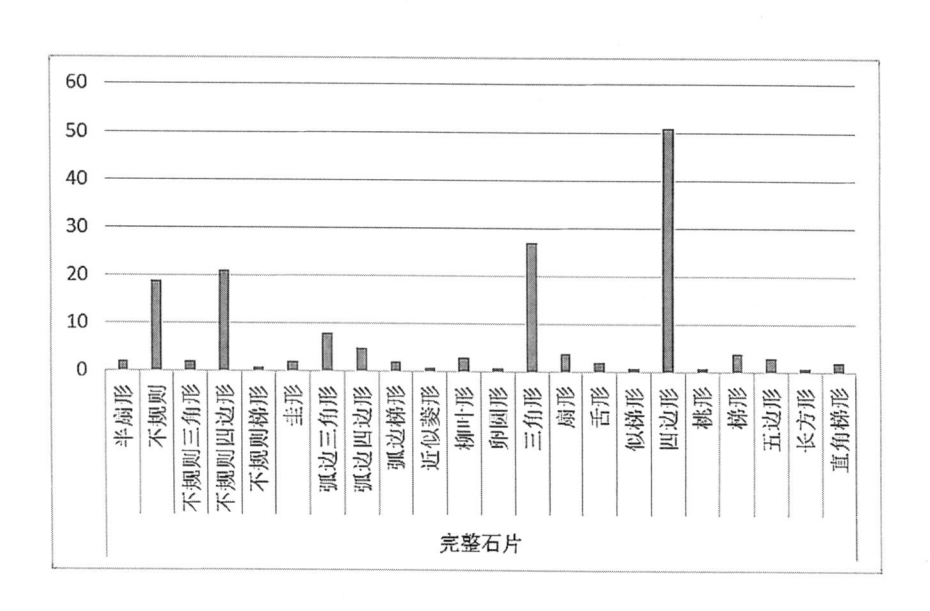

图4 麻吉洞遗址完整石片形状柱状图

Fig. 4 Histogram of complete shapes of flakes from Majidong Site

石片背脊数量变化较大，从 0 条到 6 条均有，以完整石片为例，164 件完整石片中，0 条背脊的石片有 33 件，3 条背脊石片有 43 件，1 条背脊的石片为 51 件，其余背脊数量的石片相对较少。3 条背脊石片的背脊形态一般呈 Y 或倒 Y，也有横 Y 形，但从石片形状来看，有三角形、四边形、不规则四边形，甚至梯形等，没有较为统一的形态。麻吉洞遗址完整石片的平均长 22.83 mm，平均宽 18.24 mm，平均厚 6.96 mm，长宽指数平均值为 1.41，宽厚指数平均值为 3.2，麻吉洞遗址完整石片以长薄石片为主。石片形状受制于背脊形态、台面背缘形态等参数，麻吉洞石片背脊数量变化大，背脊形态不稳定，导致石片形状并没有形成一个统一而规范的形态，这反映了麻吉洞占据者在生产石片中比较随意，从遗址中存在较高比例的长薄石片看，可能已经懂得利用背脊控制石片形状，但并不刻意，这或许与遗址周边石料较为丰富有关。根据对后河洞遗址石片的观察与分析，麻吉洞石片的情形与后河洞遗址类似[1]。

麻吉洞遗址中 182 件石片的尾端形态为羽状，一般情况下，这是石片尾端最常见的形态，此外，14 件石片尾端形态呈现出阶梯状，而这 14 件石片要么是中间石片，要么是近端石片，剩余其他石片尾端形态为卷边或掏底状（图5）。

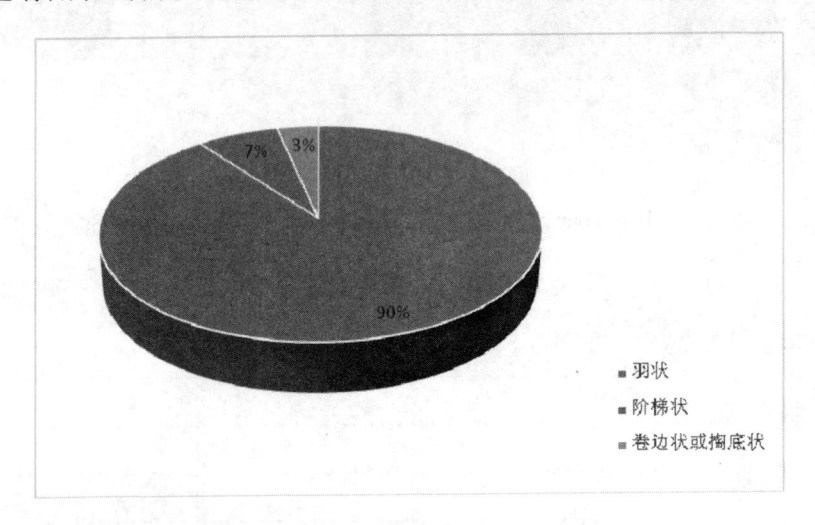

图 5　麻吉洞遗址石片尾端形态饼状图

Fig. 5　Histogram of complete shapes of flakes from Majidong Site

2.3 石器

15 件（表 4，图 6 和图 7）。燧石料者 14 件，1 件石灰岩。刮削器数量最多，尖状器和砍砸器各一。

表 4　麻吉洞遗址石器毛坯加工方式一览

Table 4　Techniques for making lithic artifacts from Majidong Site

类型	刃缘数量	毛坯	加工方式	合计
刮削器	单刃	完整石片	正向4、反向3、错向1	8
		断片	单向	2
		断块	单向	1
		扁平砾石	单向	1
	双刃	完整石片	正向	1
尖状器	尖刃	完整石片	正向	1
砍砸器	单刃	完整石片	反向	1

刮削器，13件。根据刃缘数目及形态，单直刃刮削器较多，弧刃刮削器3件，凹刃刮削器两件。以完整石片为毛坯的刮削器8件，余以断片、断块及扁平砾石为坯。石片毛坯的刮削器，二次加工的部位或在石片左边，或右边，或远端，并不固定，加工方向主要为正向和反向，数量基本相当，错向仅1件。以断片、断片或扁平砾石作为毛坯者，均为单向加工，从较为平坦的一面向另一面加工。观察加工后刃缘上修疤的深度、修疤宽度及修理状态，片疤均较深，宽大于长，且大多修疤呈锯齿状，锤击法应该是最重要的修整方法。长宽厚平均值为46.4 mm × 29.3 mm × 13.8 mm。

尖状器，1件。标本LXM1098，黑色燧石，石片毛坯，左右两边正向加工，形成一个尖刃，两边缘钝，修疤较深，连续分布在两侧边缘，肉眼无法观察到明显的使用痕迹。长宽厚48.9 mm × 21.6 mm × 15.1 mm（图6：1）。

砍砸器，1件。标本LXM348，黑褐色燧石，石片的右边缘反向锤击加工，形成一个直刃，刃缘呈锯齿状，修理疤并不连续，肉眼未曾观察到明显的使用痕迹。长宽厚106.9 mm × 65.3 mm × 52.3 mm（图6：9）。

2.4 其他

680件，包括碎屑、断块、断片、烧石等。碎屑333件，数量最多，燧石质地者达到299件，由于碎屑有些过小，并没对每一件予以测量。烧石32件，表面灰色，应是火烧造成的。断块和断片262件，质地为燧石或石灰岩，部分断块或断片上可见自然节理面，有些在较锐利的边缘还可能有使用痕迹，长宽厚平均值为21.15 mm × 14.43 mm × 8.23 mm。另外，还有自然石块52件，石灰岩质地者就达到了41件。

3 结论

麻吉洞遗址石制品类型比较简单，从图6可直观地看到，碎屑、断片和断块、石片在石制品中数量较高，自然石块的数量相对也较大，石核比之石器要多一些，石器在全部器物中所占比例低，仅为1.6%。石料质地以燧石和石灰岩为主，遗址前的河道里散布的主要为大小各异的石灰岩石块，也有少量燧石。但是与遗址直线距离不超过1.5 km的后河自然河道可见大量的磨圆度较低、大小不一的燧石石块，部分石块上可见自然节理面。综合麻吉洞遗址石料的特征，判断麻吉洞遗址石料来源地就在遗址周边，很可能是从遗址前河道和后河河道捡拾。

麻吉洞遗址石核全部为锤击石核，主要采用硬锤直接打击法生产石片。从石器的加工技术看，个别器物可能用到了压制法，仍然以锤击法修整石器最普遍。石器毛坯主要选择了石片，加工位置并不固定，由于石器数量偏少，石器加工方式集中在正向和反向上，错向加工的石器仅一件，未见其余加工方式。

总体看，麻吉洞遗址石制品个体小，采用锤击法打片、加工工具，石器类型较为单一，刮削器比例相对最高，以石片石器为主。麻吉洞遗址石制品属于石片石器工业。

图 6　麻吉洞遗址的石制品

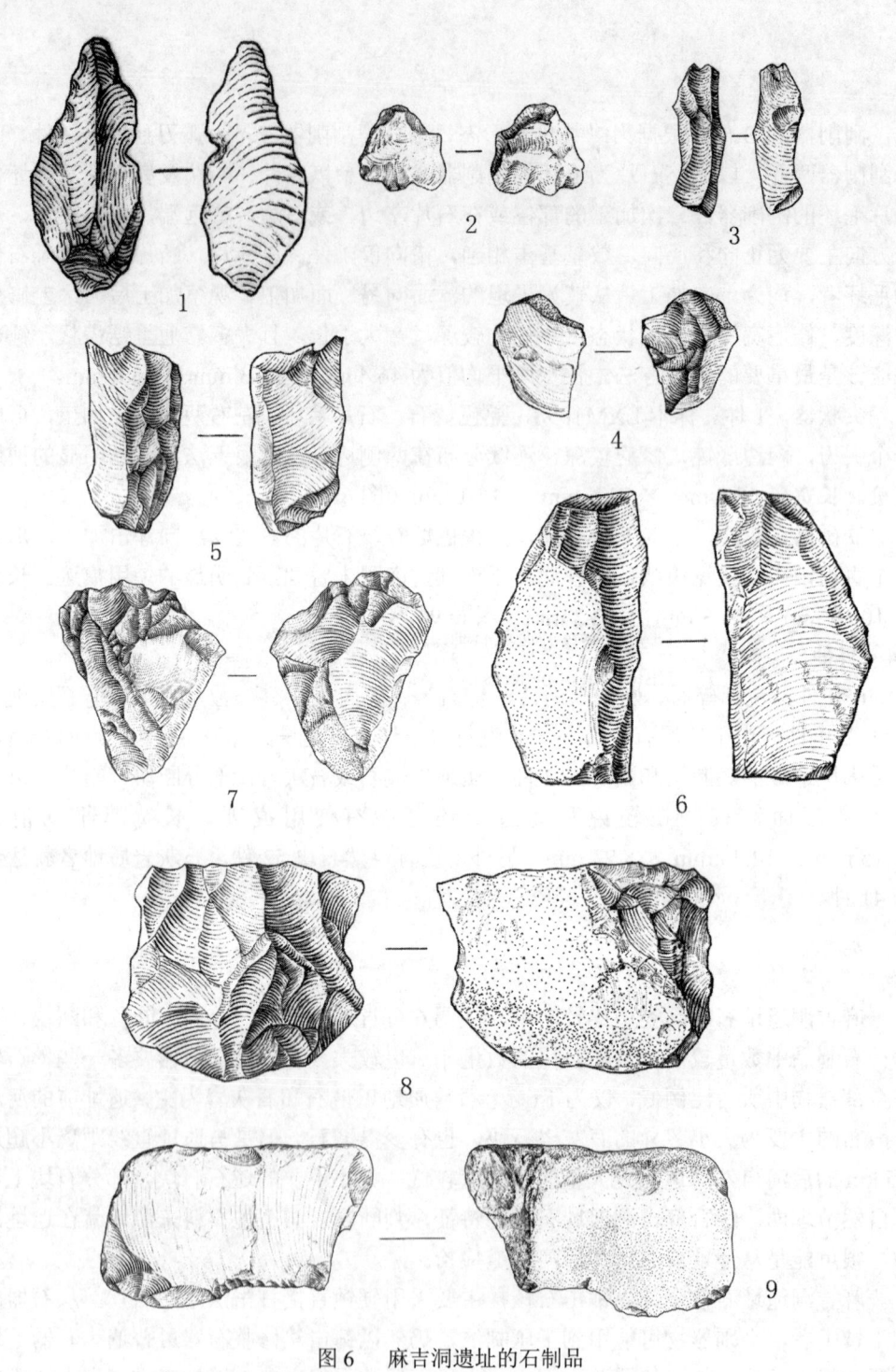

Fig. 6　Lithic artifacts from Majidong Site

1：尖状器；2~4：石片；5~6,8：石核；7：刮削器；9：砍砸器.

其中 7、9 为 1/2 原大，其余均原大.

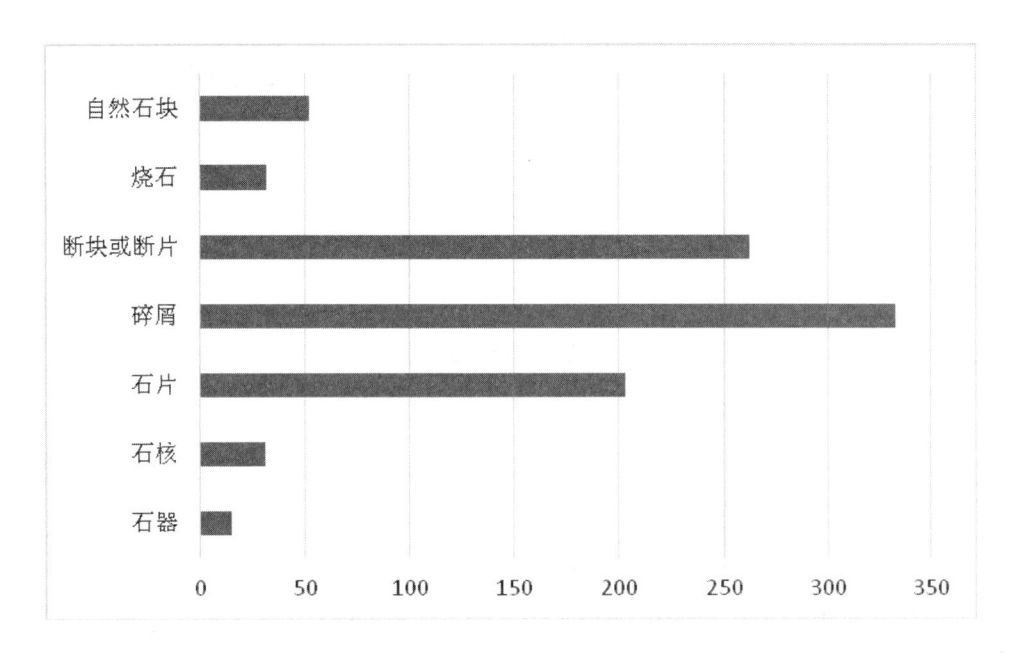

图 7　麻吉洞遗址石制品类型对比横向柱状图

Fig. 7　Histogram of patterns of Lithic artifacts from Majidong Site

对麻吉洞遗址骨化石进行 AMS 测年数据显示，遗址年代下限可能到了 35 ka 前。从文化堆积厚度和用火遗迹面看，该遗址被早期现代人反复占据的频率比较高。遗址中骨化石和烧骨数量较多，多以长骨为主，偶尔有关节头，少见牙齿，而石制品则主要为石片、碎屑和石核居多，表明这里是一处旧石器时代晚期人类反复使用的临时性营地。

参 考 文 献

1　任海云. 山西陵川县西瑶泉村后河洞石制品研究. 见: 山西省考古研究所编. 砥砺集——丁村遗址发现 60 周年纪念文集. 太原: 古籍出版社, 2016. 67-76.

COMPREHENSIVE STUDY ON THE LITHIC ARTIFACTS FROM MAJIDONG SITE IN SHANXI PROVINCE

REN Hai-yun

(*Shanxi Archaeology Institute*, Taiyuan 030001, Shanxi)

ABSTRACT

This paper is focused on a comprehensive study of the stone artifacts excavated in the Maji cave site, which is located in the west of Xiyaoquan village, Lingchuan country, Jincheng city Shanxi province. 929 artifacts have been observed and it is found that flint is the main raw material with the exception of limestone, quartzite and quarts. There are several kinds of stone types including cores, flakes, scrapers, point, chopper, fragments and burned stones et, in which fragments are abundant, the number of cores and scrapers are almost equal. Flakes are certainly in a very important status. It is believed that direct hammering has been widely used in flaking and trimming. Flake scars on the stone implements show that when trimming a tool it is always trimmed from the front to the back. All the evidence like the burned bones, bones and hearths yielded in this site convinced that Maji site had been occupied again and again as a temporary campsite.

Key words   Lingchuan, Shanxi, Majidong Site, Lithic artifacts

贵州省瓮安县黑洞史前洞穴遗址的调查[*]

张改课[1] 王新金[1] 张兴龙[1] 冷 松[2] 李 恒[2]

(1 贵州省文物研究考古所，贵州 贵阳 550004；
2 贵州省瓮安县文物管理所，贵州 瓮安 550400)

摘 要 黑洞遗址发现于 2011 年，遗址地层堆积的地质年代大致为更新世末期至全新世初期，文化遗存分属旧石器时代晚期和新石器时代，该遗址是贵州省瓮安县境内首次发现的史前洞穴遗址。动物遗骸中度或轻度石化，种类有鸟纲、食肉目、啮齿目、鹿科、牛科、猪等。石制品原料以燧石为主，少量为石英岩、硅质灰岩、石英砂岩，剥片以硬锤锤击技术为主，砸击技术有所应用，石核、石片具有连续剥片的特点，石制品个体较小，石器以刮削器为主。黑洞遗址的发现扩展和丰富了黔中地区史前洞穴遗址的分布范围和文化内涵，为在黔中地区开展工作提供了新的线索。

关键词 贵州省瓮安县；黑洞遗址；动物遗骸；石制品；旧石器时代晚期；新石器时代

1 前言

贵州省黔南布依族苗族自治州瓮安县是贵州省古生物化石的富集地区之一，其中以 580 Ma～600 Ma 的瓮安生物群最为著名[1]，但第四纪哺乳动物化石地点发现较少，古人类遗址多年来未有明确发现。2011 年 11 月，贵州省文物考古研究所、瓮安县文物管理所等单位在进行江口至瓮安高速公路瓮安段调查时，在瓮安县松坪乡境内新发现了黑洞洞穴遗址。调查获得动物碎骨、烧骨、骨制品、石制品、陶片等遗物百余件。该遗址是在瓮安县境内首次发现的含有史前时期人类文化遗存的洞穴遗址，具有比较重要的学术意义。

2 地质地貌及洞穴堆积概况

瓮安县地处贵州省中部地区，贵州高原第二级阶梯地带，属黔中北部溶丘洼地高原区，整体地势东南高、西北低、中部平缓。境内河流均属长江流域乌江水系，主要河流有横贯县境北部的乌江干流及纵贯县境的乌江支流瓮安河（图 1）。

黑洞位于贵州省瓮安县城东北约 20 km 的松坪乡场坝村简家寨，距离贵州省省会贵阳市直线距离约 150 km。简家寨一带为较为宽阔的山间洼地地貌，洼地中部有一小溪由东向西流过，原最终汇于乌江支流瓮安河，今中途断流。黑洞即位于洼地北侧山

---

[*] 张改课：33 岁，男，陕西兴平人，馆员，主要从事史前考古学研究. Email: 251926614@qq.com

脚处，洞向东，洞口宽约 6 m，高约 10 m，进深 45 m（未到底），相对洞前小溪高程约 10 m。

在洞穴中部南壁残存有部分文化堆积，已暴露的堆积可分 4 层。

第 1 层：黄褐色黏土，厚约 5~10 cm。其中含少量动物遗骸和骨制品，除部分轻度石化外，多数未见石化现象；此外还见有夹砂绳纹陶片 1 片，表面呈红褐色，火候较低。

第 2 层：浅灰褐色黏土，夹杂大量角砾，土质坚硬，厚约 5~30 cm。包含较为丰富的动物遗骸、石制品、烧骨、烧石等。

第 3 层：灰褐色黏土，厚约 5~10 cm。包含较为丰富的动物遗骸和石制品。

第 4 层：浅灰褐色黏土，厚约 5~10 cm，未到底。包含少量动物遗骸和石制品。

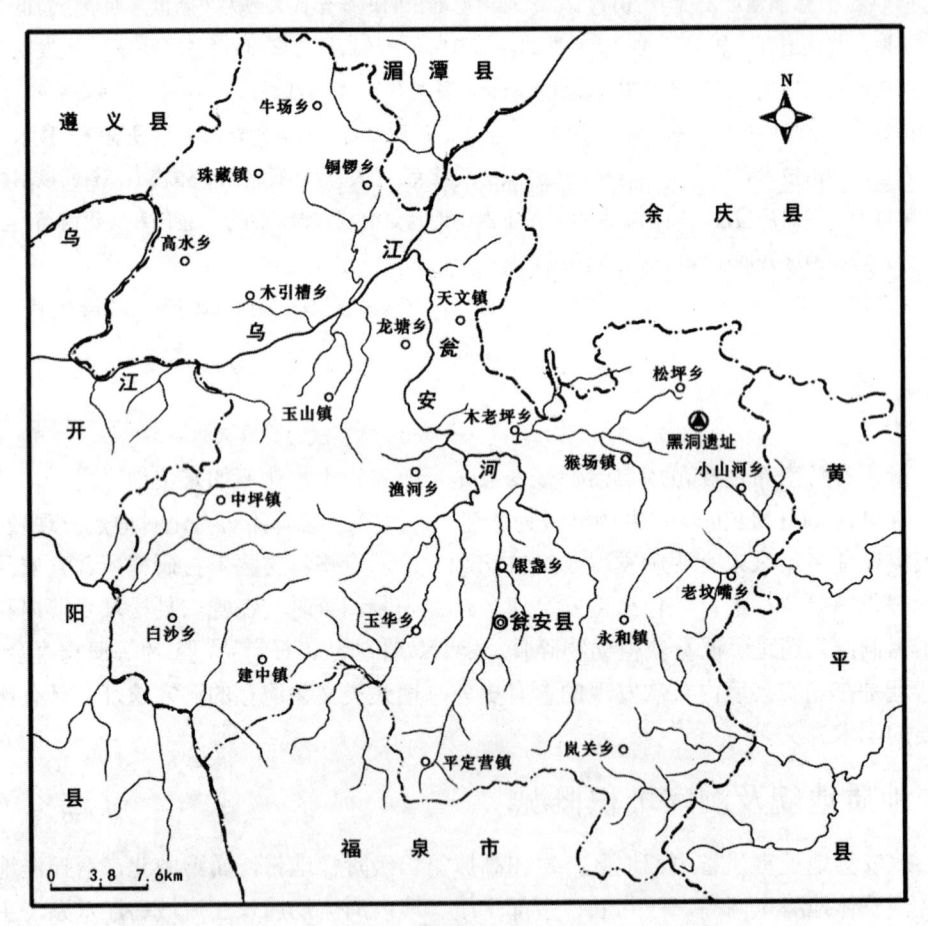

图 1　黑洞遗址地理位置

Fig. 1　Location of Heidong Site

3　动物遗骸及骨制品

黑洞遗址发现动物遗骸 163 件，以肢骨为多（N=135），少量动物牙齿（N=28）。可鉴定标本数为 38，最小个体数为 21。初步鉴定，主要有鸟纲（Aves）、食肉目

(Carnivora)、啮齿目（Rodentia）、鹿科（Cervidae）、牛科（Bovidae）、猪（*Sus scrofa domesticus*）等。

163件遗骸中，除动物牙齿外，大部分见有人工敲砸痕迹，但多与敲砸食用有关，比较明确的以修理骨器为目的仅有1件人工钻孔的穿孔骨片，另外还见有具有火烧痕迹的烧骨16件。

根据出土地层由早及晚分别记述如下。

第4层出土动物遗骸11件，中度或轻度石化。包括动物碎骨8件，动物牙齿两枚，烧骨1件。可鉴定标本数为4，可辨属种仅牛科一种，最小个体数为2。动物牙齿均为牛牙（图2），分别为右下第三臼齿，左上前臼齿，从齿冠面磨损程度看，分别代表了一个中年和青年个体。动物碎骨多系人工敲击砸碎，表面未见动物啃咬痕迹，但未见明显修理迹象。

第3层出土动物遗骸44件，中度或轻度石化。包括动物碎骨34件，动物牙齿4件，烧骨6件，可鉴定标本数为8，可辨属种有鹿科、牛科、鸟纲3种（图3），最小个体数为3。动物牙齿包括牛牙3枚，分别为右下臼齿、上臼齿、前臼齿，齿冠面中度磨损；鹿牙1枚，为前臼齿，齿冠面轻度磨损。鸟类肢骨2件，1件为前肢（残），1件为后肢，骨骼保存较完整。动物遗骸至少代表了1只中青年的牛，一只青年的鹿，一只鸟。动物碎骨多系人工敲击砸碎，表面未见动物啃咬痕迹，亦未见明显修理迹象。

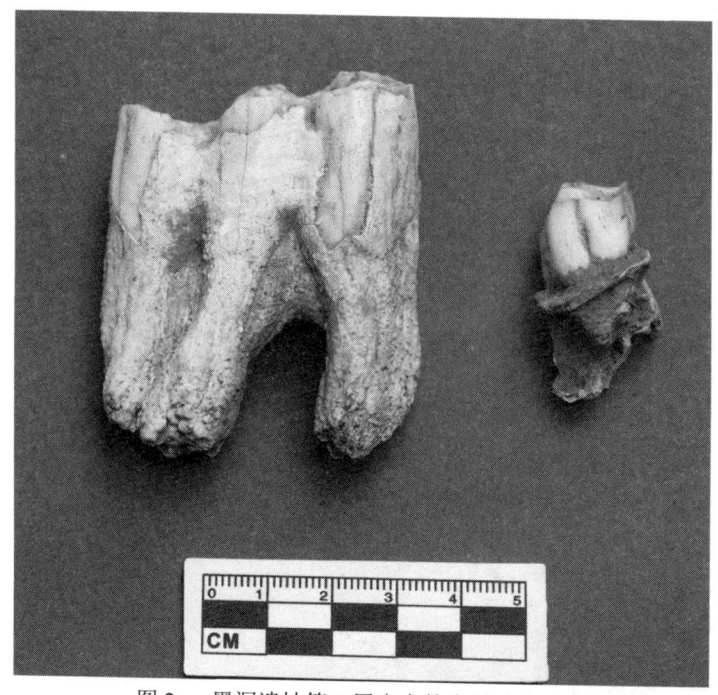

图2　黑洞遗址第4层出土的牛科动物牙齿

Fig. 2　Bovid teeth from Layer 4 of Heidong Site

第2层出土动物遗骸53件，中度或轻度石化。包括动物碎骨36件，动物牙齿11件（图4），烧骨6件，可鉴定标本数为15，可辨属种有鹿科、牛科、猪、食肉类，最小个体数为8。鹿牙6件，分别为左下前臼齿1枚，齿冠面中度磨损；右下前臼齿1枚，齿冠面中度磨损；右下臼齿4枚，其中两枚中高度磨损，白垩质出露，两枚中轻度磨损。牛牙3枚，分别为右下第三臼齿，齿冠面中度磨损；右下臼齿，齿冠面中度磨损；门齿，重度磨损，齿冠磨损至接近齿根。猪牙1枚，为臼齿，几乎无磨损。食肉目门齿1枚，齿冠完整，齿尖中度磨损。动物遗骸至少代表了两只中老年的鹿，两只中青年的鹿，1只中年的牛，1只老年的牛，1头青年的猪，1只中年食肉类动物。动物碎骨多系人工敲击砸碎，表面未见动物啃咬痕迹，亦未见明显修理迹象。

表1 黑洞遗址出土动物遗骸统计
Table 1 Statistical list of vertebrate remains at Heidong site

动物	脱层 NISP	MNI	第1层 NISP	MNI	第2层 NISP	MNI	第3层 NISP	MNI	第4层 NISP	MNI	总计 NISP	MNI
鹿科	2	1	3	3	9	4	3	1			17	9
牛科	1	1			4	2	3	1	4	2	12	6
猪			4	2	1	1					5	3
啮齿目	1	1									1	1
食肉目					1	1					1	1
鸟纲							2	1			2	1
合计	4	3	7	5	15	8	8	3	4	2	38	21

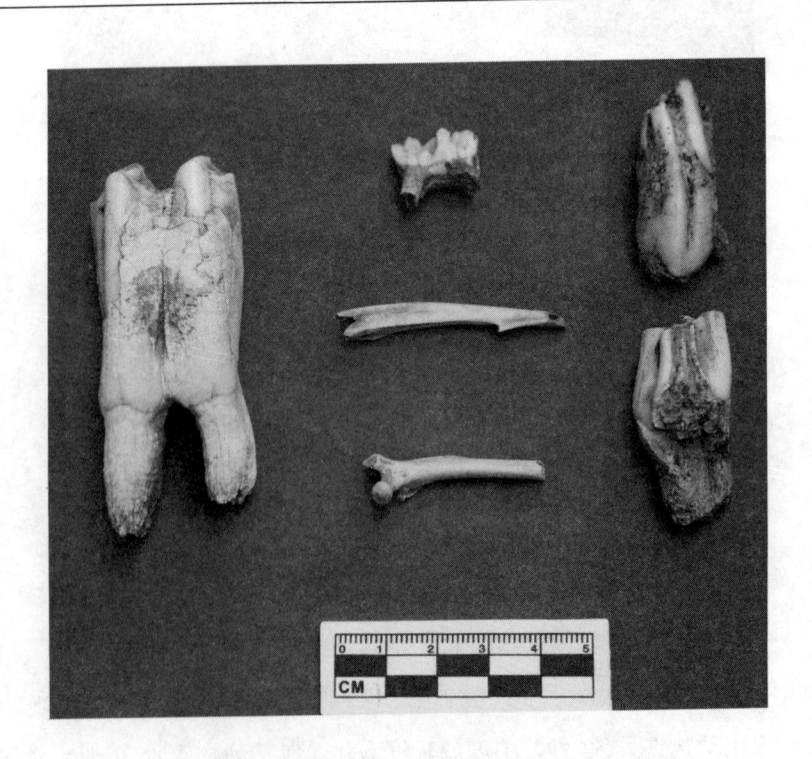

图3 黑洞遗址第3层出土的动物遗骸
Fig. 3 Vertebrate bones from Layer 3 of Heidong Site

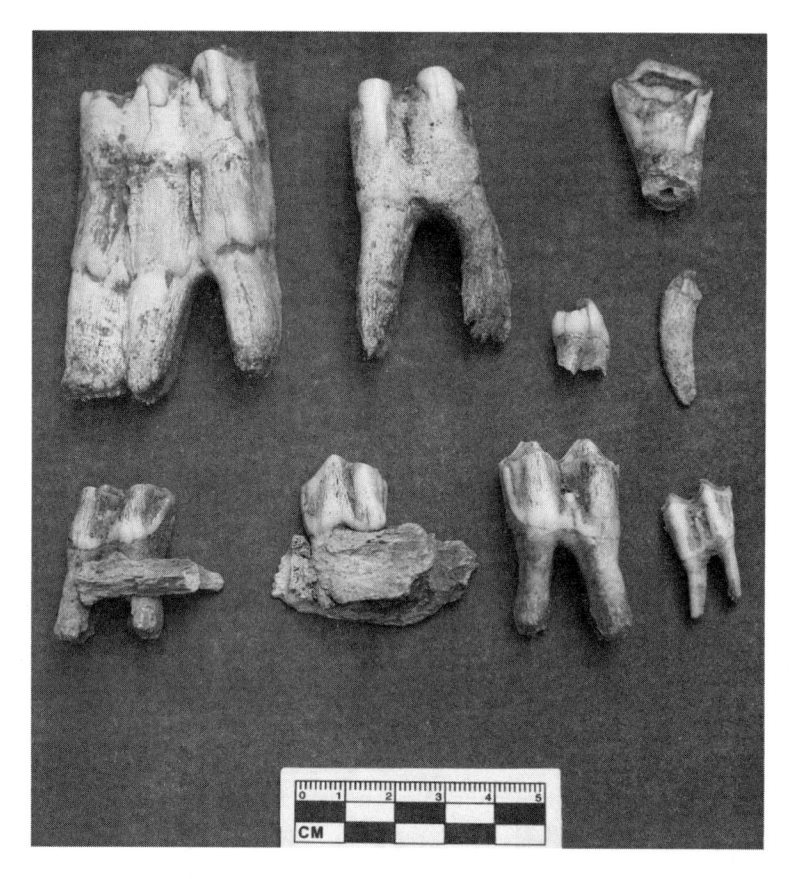

图 4　黑洞遗址第 2 层出土的哺乳动物牙齿

Fig. 4　Mammalian teeth from Layer 2 of Heidong Site

第 1 层出土动物遗骸 23 件，轻度石化或未石化。包括动物碎骨 15 件，动物牙齿 7 件（图 5），穿孔骨片 1 件。可鉴定标本数为 7，可辨属种有鹿科、猪两种，最小个体数为 5。鹿牙 3 枚，包括右下第三臼齿两枚，齿冠面轻度和中度磨损；右上臼齿 1 枚，齿冠面重度磨损。猪牙 4 枚，分别为右下第三臼齿、犬齿、右犬齿、右犬齿，齿冠面磨损均较轻。动物遗骸至少代表了青年、中年、老年的鹿各 1 只，青年的猪两头。动物碎骨多系人工敲击砸碎，表面未见动物啃咬痕迹，具有明显人工修理痕迹的仅有 1 件，为穿孔骨片，原为肢骨残片，长条形，长 4.78 cm，宽 1.42 cm，厚 0.73 cm，两面对穿成孔，孔径 0.25 cm（图 6）。

地表采集动物遗骸 34 件，石化程度不一。包括动物碎骨 24 件，动物牙齿 4 件，烧骨 6 件，可鉴定标本数为 4，可辨属种有鹿科、牛科、啮齿目，最小个体数为 3。牛牙 1 件，为左上臼齿，齿冠面重度磨损；鹿牙两件，分别为左下第三臼齿和右下第三臼齿，均轻度磨损；啮齿目左下颌一件，保存门齿、臼齿。动物遗骸至少代表了 1 只青年的鹿，1 只老年的牛，1 只啮齿类动物。

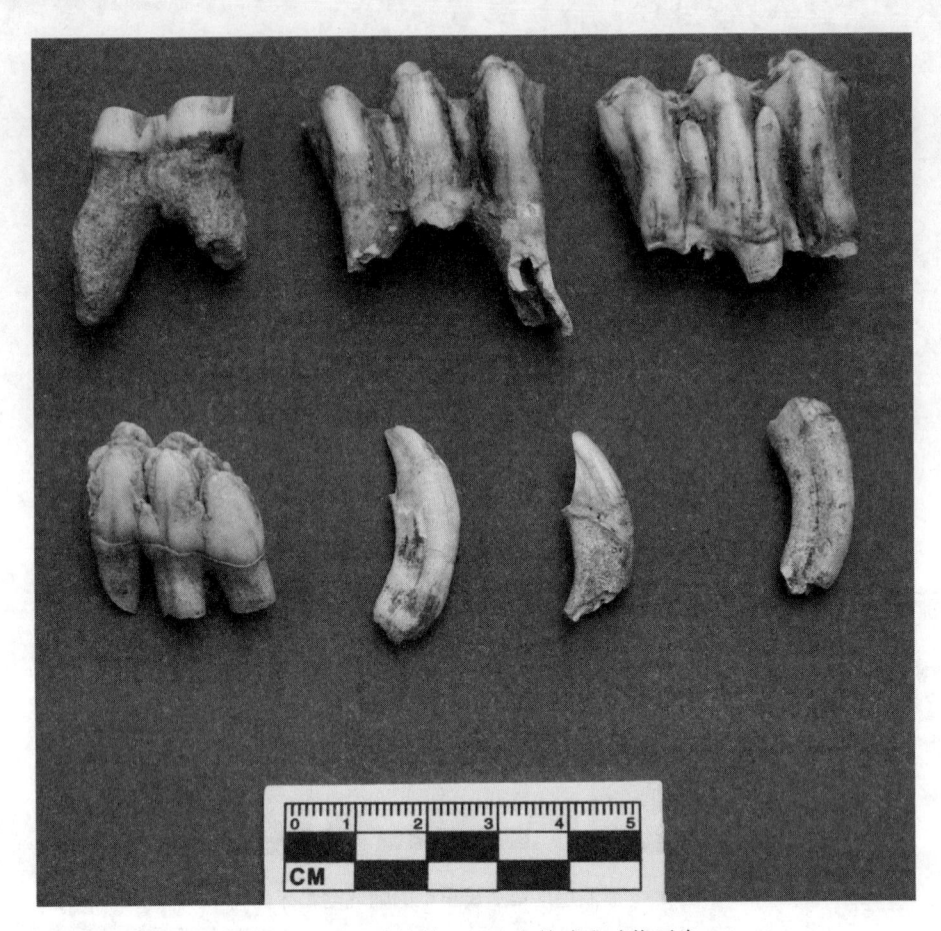

图 5　黑洞遗址第 1 层出土的哺乳动物牙齿

Fig. 5　Mammalian teeth from Layer 1 of Heidong Site

从动物遗骸表面痕迹和动物种类分析，第 2~4 层中的动物遗骸表明鹿科、牛、猪等动物应是人类主要猎取食用的对象。第 1 层中的鹿科、猪等也是人类猎取食用的对象，同时有比较明确的证据表明，在该时期人类已经开始使用动物遗骨制作工具或装饰品。

4　石制品

调查发现石制品 32，其中地表采集 9 件，第 2 层出土 15 件，第 3 层出土 7 件，第 4 层出土 1 件。类型包括石核、石片、石器、片屑及断块等（表 2），石器所占比例较小，且类型简单，仅有石锤、刮削器两种。刮削器又分单刃和双刃两类，以单刃刮削器为主。

4.1　石核

共 4 件。原型均为砾石，1 件原料为石英岩，3 件为燧石（表 3）。根据台面数量可分为单台面和多台面两种。石核台面多不进行修理，以自然台面为主。可以确定两件为砸击石核（GWH.③P:2、GWH.③P:3），另外两件属锤击石核或无法确切的判断出剥片方法的石核。

图 6 黑洞遗址第 1 层出土穿孔骨片（左正右反）

Fig. 6 Perforated bone flake (both sides) from Layer 1 of Heidong Site

单台面 3 件，均燧石质。标本 GWH.③P:1，不规则多边体，尺寸为 69 mm × 42 mm × 39 mm，重 140 g，锤击或无法确切的判断出剥片方法，自然台面，单向剥片，1 个剥片面，两个石片疤，台面角范围 86°~103°，较大剥片面长 51 mm、宽 45 mm，较大的石片疤长 42 mm、宽 36 mm，自然面比 60%，节理发育，进一步剥片难度大（图 7:2）。标本 GWH.③P:2，不规则四边体，尺寸为 49 mm × 35 mm × 26 mm，重 45 g，砸击法剥片，有疤台面，单向剥片，1 个剥片面，3 个以上石片疤，台面角范围 66°~88°，较大剥片面长 48 mm、宽 34 mm，较大的石片疤长 28 mm、宽 14 mm，自然面比 30%，进一步剥片难度中等（图 7:3）。

表 2 黑洞遗址石制品构成一览

Table 2 List of stone artifacts categories in Heidong site

器物类型			数量	百分比 /%
石核			4	12.5
石片			5	15.6
石器			8	25.0
	石锤		2	25.0
	刮削器		6	75.0
		单刃	5	83.3
		双刃	1	16.7
片屑及断块			15	46.9
总计			32	100.00

多台面 1 件。标本 GWH.②P:1,石英岩，呈不规则四边体，尺寸为 83 mm × 52 mm × 33 mm，重 224 g。3 个台面，两个为自然台面，1 个为有疤台面，锤击或无法确切的判断出剥片方法，6 个剥片面，10 个以上石片疤，台面角范围 69°~84°，较大剥片面长 81 mm、宽 32 mm，最大石片疤长 23 mm、宽 52 mm，自然面比 60%，进一步剥片难度中等（图 7:1）。

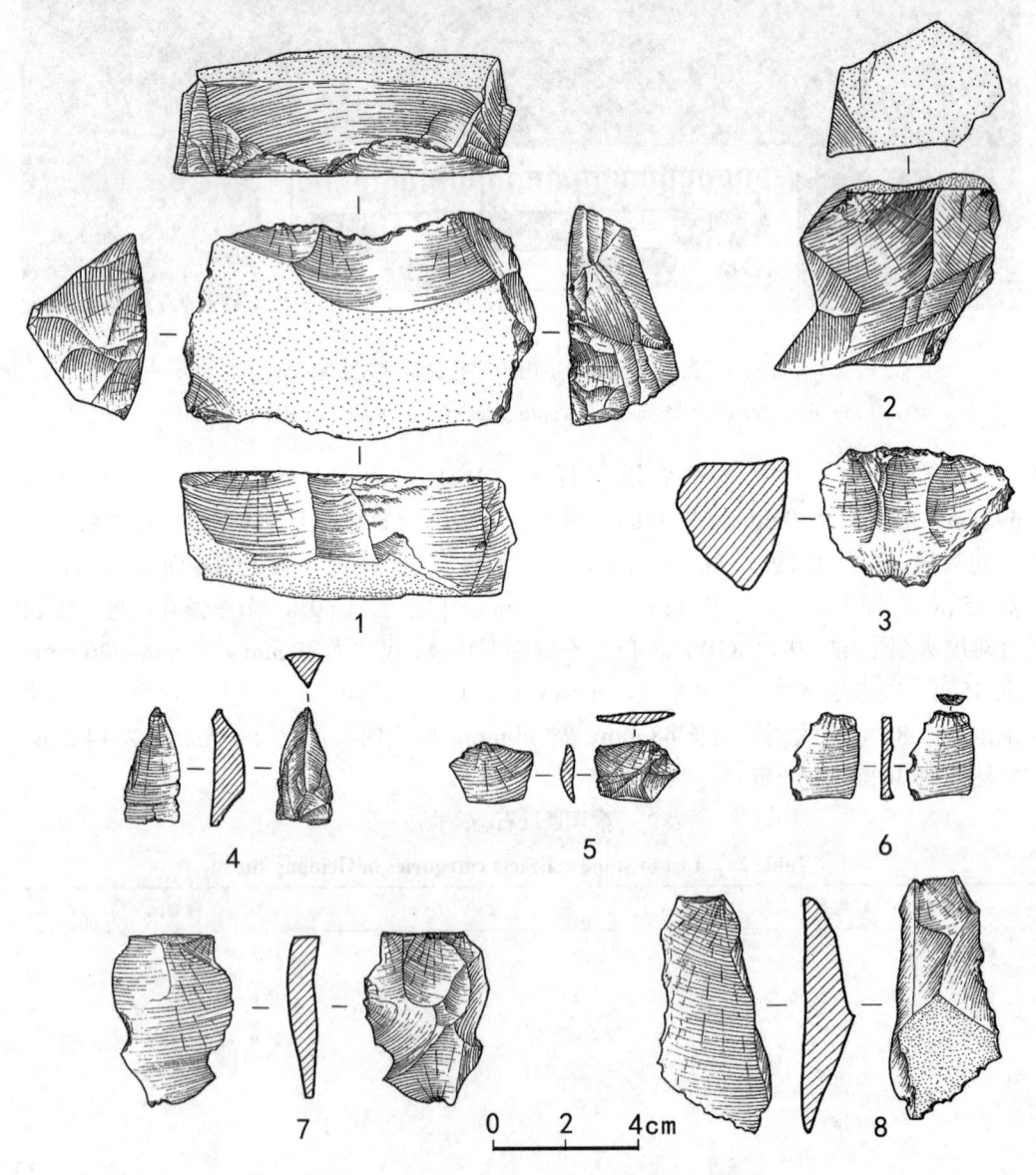

图 7　黑洞遗址调查发现的石核与石片

Fig. 7　Cores and flakes from Heidong Site

1: 多台面石核（GWH.②P:1）; 2: 单台面石核（GWH.③P:1）; 3: 单台面两极石核（GWH.③P:2）; 4: Ⅵ型石片（GWH.②P:7）; 5: Ⅵ型石片（GWH.CP:1）; 6: Ⅵ型石片（GWH.②P:4）; 7: Ⅲ型石片（GWH.②P:6）; 8: Ⅴ型石片（GWH.②P:5）.

调查中仅发现了4件石核，并不足以反映更多的信息。但从石核体上留下的石片疤和工作面数来看，可以在一定程度上说明古人剥片方式比较多样，技术掌握较为娴熟。

表3 黑洞遗址调查发现的石核数据一览
Table 3 List of cores from Heidong site

标本编号	类型	原料	长×宽×厚/mm³	重量/g	台面数量	台面性质	台面角/(°)	剥片面/个		自然面比/%
②P:1	多台面	石英岩	83×52×33	224	3	自/人	69-84	6	>10	60
③P:1	单台面	燧石	69×42×39	140	1	自	86-103	1	2	60
③P:2	单台面	燧石	49×35×26	45	1	人	66-88	2	>3	30
③P:3	单台面	燧石	29×25×24	16	1	人	69-87	2	>5	20

4.2 石片

共5件，皆完整石片，均属锤击或无法确切的判断出剥片方法（表4）。原料方面，包含燧石（$N=2$）、石英岩（$N=2$）、硅质灰岩（$N=1$）3种。类型方面，Ⅲ型石片1件，Ⅴ型石片1件，Ⅵ型石片3件。石片尺寸多为中小型，大多数石片的长度大于宽度。石片形态多不规则。从石片角的统计情况来看，均是在石核台面角度小于90°的情况下剥取的。从石片台面保存的情况看，有疤台面、点状台面等人工台面所占比例远多于自然台面。石片背面方面，自然面所占比例很小，大多数石片背面已无自然面，背面石片疤的数量多在3个以上。石片的上述特征表明，连续性剥片现象较为普遍。有两件石片（图7:6；图7:8）的边缘可见有微小的疤痕，这些疤痕给我们的感觉是绝非刻意修理而成的，应当是属于石片直接投入使用之后而形成的崩疤，因而我们认为，使用石片在黑洞遗址里是存在的。

表4 黑洞遗址调查发现的石片数据一览
Table 4 List of Flakes from Heidong site

标本编号	类型	原料	远端	长×宽×厚/mm³	重量/g	石片角/(°)	台面宽×厚/mm²	打击点	疤数	疤向	自然面/%
CP:1	Ⅵ	燧石	羽状	16×23×3	1.1	93	17×2	浅	5	↙↓→	0
②P:4	Ⅵ	石英岩	崩断	21×16×3	1.6	92	9×3	浅	3	↓←	0
②P:5	Ⅴ	硅质灰岩	羽状	57×27×11	18	98	13×3	深	5	↓←	40
②P:6	Ⅲ	石英岩	崩断	42×31×7	10	108	22×6	浅	>5	↘↕	0
②P:7	Ⅵ	燧石	羽状	29×14×9	3	106		浅	5	↑	0

4.3 石器

黑洞发现的石器共有8件,占石制品总数的25%(表5和表6)。原料方面,有燧石(N=4)、石英岩(N=1)、石英砂岩(N=1)、硅质灰岩(N=6)4种。石器类型简单,仅有石锤和刮削器两种。从石器的毛坯来看,除石锤外,均以石片为毛坯。这似乎表明,古人在选择材料时,比较注重毛坯的形态。

标本GWH.②P:12是一件以Ⅵ型双阳面石片为毛坯制作的单刃刮削器,燧石质,材质细腻,尺寸47 mm × 39 mm × 7 mm,重37 g。在最后一次剥片形成的阳面远端反向修理出刃缘,刃缘显得不平齐,呈齿状,修疤细小,连续不满刃,最大修疤宽4.8 mm、深1.7 mm,刃角38°。此外,在右侧见有零星的细小疤痕,可能为使用痕迹(图8:4)。

表5 黑洞遗址调查发现的石器数据一览

Table 5 List of retouched tools from Heidong site

标本编号	石器类型	原料	毛坯	长×宽×厚/mm³	重量/g
②P:8	石锤	石英岩	砾石	122×68×32	521
②P:9	石锤	石英砂岩	砾石	60×50×28	121
②P:10	单刃刮削器	燧石	Ⅵ型石片	29×24×9	7.2
②P:11	单刃刮削器	燧石	Ⅵ型石片	56×32×22	33.5
②P:12	单刃刮削器	燧石	Ⅵ型石片	47×39×7	12.9
②P:13	单刃刮削器	燧石	Ⅵ型石片	46×36×25	37
③P:4	单刃刮削器	硅质灰岩	Ⅴ型石片	32×27×11	12.1
③P:5	双刃刮削器	硅质灰岩	Ⅴ型石片	52×43×19	52.6

表6 黑洞遗址调查发现的石器数据一览

Table 6 List of retouched tools from Heidong site

标本编号	加工部位/方向	刃缘形态	刃缘长/mm	刃角/(°)	长宽指数/%	宽厚指数/%
②P:8	两端一侧一面				56	47
②P:9	一端一面				83	56
②P:10	右侧/正向	直	28	45	83	38
②P:11	左侧/反向	凸	59	43	57	69
②P:12	远端/反向	齿状	39	38	83	18
②P:13	左侧/反向	直	43	50	78	69
③P:4	右侧/转向	直	30	52	84	41
③P:5	两侧及远端/反向	凸/直	39/32	67/55	83	44

4.4 片屑和断块

本文中所指的片屑和断块,是指在剥片或者石器的修理过程中崩落的片状和块状副产品，片状副产品，称为片屑，块状副产品称为断块。黑洞发现的片屑和断块共 15 件，占石制品总数的 46.9%，均是燧石质。片屑和断块形状大多数不规则，均可见人工打击痕迹。片屑和断块个体大小变异较大，最小者尺寸为 20 mm × 18 mm × 6 mm、重 2.6 g，最大者为 59 mm × 34 mm × 31 mm、重 58.9 g，总体上以中小型为主，这和这里的燧石原料个体较小有关。

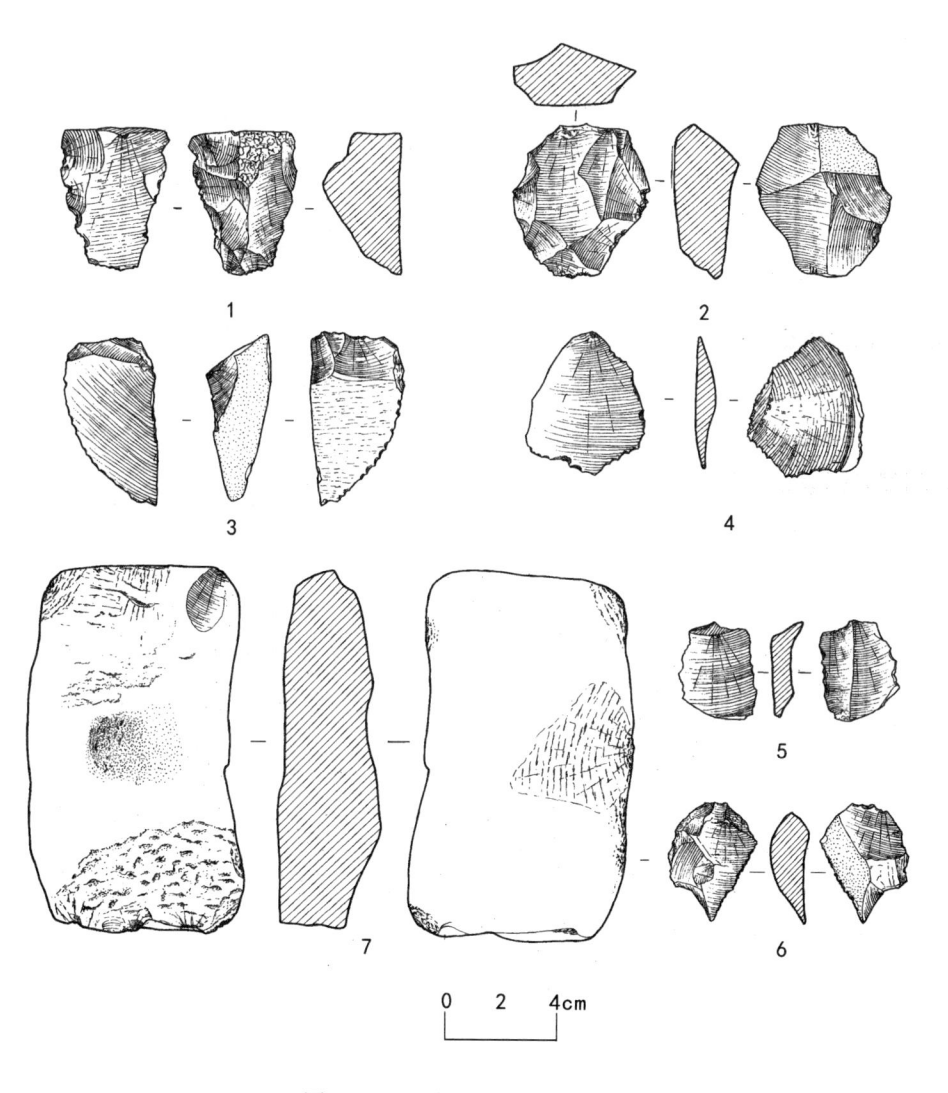

图 8　黑洞遗址调查发现的石器

Fig. 8　Retouched stone tools from Heidong Site

1:单直刃刮削器（GWH.②P:13); 2:双刃刮削器（GWH.③P:6); 3:单凸刃刮削器（GWH.②P:11); 4:单齿状刃刮削器（GWH.②P:12); 5:单直刃刮削器（GWH.②P:10); 6:单直刃刮削器（GWH.③P:4); 7:石锤（GWH.②P:8)

5 讨论与小结

5.1 石制品

黑洞遗址所获石制品尽管数量较少，但也可以看出具有以下一些特点。

（1）石制品原料：以燧石为主，占半数以上，此外还有少量的石英岩、硅质灰岩、石英砂岩。石英岩、硅质灰岩和石英砂岩可能取材于附近的小河河漫滩，绝大多数燧石可能取材于山体岩层中。

（2）剥片技术：以硬锤锤击技术为主，部分石核上可见比较明显的砸击法剥片特征，表明了砸击技术的存在。石核、石片具有连续剥片的特点，显示出古人制作石器的技术比较娴熟，石核利用率相对较高。

（3）石制品大小：整体以 10 cm 以下的中小型石制品居多，燧石质石制品尤其显得体型较小，砾石石制品稍大。这和石制品原料的可获得性存在较大的关联性，燧石原料多采自山体岩层中，且多有节理发育，不易获得较大个体的原料；而砾石原料则多源自河漫滩，相对容易获得较大个体的原料。

（4）石器组合：由于标本数量较少，石器组合情况不甚清楚，从已有标本来看，总体显得简单，除石锤外，皆为刮削器，且刮削器以单刃的为多。石器毛坯以片状为主，刃角变化范围较小，整体上较锐。

5.2 时代

根据黑洞遗址地层堆积中的伴出遗物，大体可将遗址已知地层分为两组。第一组为第 1 层，该层中出土动物遗骸轻度或未石化，并见有穿孔骨片和陶片，暂未发现石制品，对比周边地区的陶器特点，大体可以确定该层的时代为新石器时代。第二组为第 2~4 层，该组地层中出土动物遗骸有鹿科、牛、鸟、猪、食肉目等，中度或轻度石化，未见绝灭种，也未见陶器，石制品具有旧石器时代晚期的风格，大体可以确定其地质时代为更新世末期至全新世初期，文化时代为旧石器时代晚期。

5.3 文化关系

瓮安县虽隶属于贵州省黔南布依族苗族自治州，但在地理单元方面却属于广义上的黔中地区，黑洞遗址所在的位置亦属于乌江流域，其文化遗存的主要特点，如原料以燧石为主；打片方法以锤击法为主，砸击法偶有使用；石核、石片形状多不规则，石核台面很少进行修理；石器类型以刮削器为主，存在使用石片，单刃工具较多；工具修理主要使用锤击法，加工方式多样，修理多不规整等，整体面貌与黔中地区已试掘或发掘的普定穿洞[2]、平坝牛坡洞[3]等遗址出土的石制品具有较多相似的特点，同时也见有黔北地区马鞍山等遗址[4]文化因素的影响。总之，黑洞遗址的发现进一步丰富和扩展了黔中地区史前洞穴遗址的分布范围和文化内涵，为在黔中地区开展工作提供了新的线索，有助于相关研究工作的开展。

致谢 参加前期调查工作的还有贵州省文物考古研究所韩前进、唐文魁；贵州省文物考古研究所党国平女士清绘了线图。贵州省文物考古研究所王新金研究员和张兴龙先生给予了热情帮助与指导，分别观察和鉴定了全部动物遗骸和石制品，特致谢意！

参 考 文 献

1　袁训来，王启飞，张昀. 贵州瓮安磷矿晚前寒武纪陡山沱期的藻类化石群. 微体古生物学报, 1993, 10(4): 409-420.
2　张森水. 穿洞史前遗址（1981年发掘）初步研究. 人类学学报, 1995, 14(2):132-146.
3　中国社会科学院考古研究所华南一队, 贵州省文物考古研究所, 平坝县文物管理所. 贵州平坝县牛坡洞遗址2012~2013年发掘简报. 考古, 2015 (8): 16-34.
4　张森水. 马鞍山旧石器遗址试掘报告. 人类学学报, 1988, 7(1):64-74.

INVESTIGATION OF HEIDONG PREHISTORIC CAVE SITES IN WENG'AN COUNTY OF GUIZHOU PROVINCE

ZHANG Gai-ke[1]　WANG Xin-jin[1]　ZHANG Xing-long[1]　LENG Song[2]　LI Heng[2]

(1 Institute of Archaeology and Cultural Relics of Guizhou Province, Guiyang 550004, Guizhou;

2 Administration of cultural relics of Weng'an, Guizhou Province, Weng'an 550400, Guizhou)

ABSTRACT

The Heidong site was discovered in 2011, strata accumulation of the site is roughly the end of the Pleistocene to early Holocene, cultural relics belong to the late Paleolithic and Neolithic age, it was the first discovery of prehistoric cave site at Weng'an County in Guizhou Province. Animal remains, mostly birds, Carnivora, Rodentia, Cervidae, Bovidae, *Sus domesticus*, are moderately or mildly fossilized. Most lithic raw material of stone artifacts was chert, and a small amount of quartz rocks, siliceous limestone, quartz sandstone. Hard hammer direct percussion was the main technique for flaking, bipolar technique was also used. Cores and flakes have the characteristics of continuous exfoliation. Most of the lithic artifacts are small in size, scraper is the main retouched tools. The founding of Heidong cave site, expanded the range of prehistoric cave sites, enriched the cultural connotation in central Guizhou region, and provides a new clue for carrying out the research in central Guizhou region.

Key words   Weng'an, Guizhou, Heidong site, animal remains, stone artifact, late Paleolithic, Neolithic age

渭水流域手斧研究*

石 晶

(吉林大学边疆考古研究中心，吉林 长春 130012)

摘 要 本研究从已发表的材料出发，根据形态特征将渭水流域手斧分为三型九式，通过其与长江流域和岭南地区手斧的比较，发现渭水流域手斧拥有自身特色的同时又融合了其他地区的元素，并试图探讨造成渭水流域手斧形态多样性的原因。

关键词 渭水流域；手斧；多样性

1 前言

作为阿舍利工业代表性器物的手斧，已成为学术界备受关注的工具类型之一。有关手斧的分类和名称，国内外多位学者曾提出自己的观点[1-8]，但由于缺乏规范化的界定，迄今尚未取得一致的认识，这也成为学术界争论的焦点。在此本研究将其总结为五大特征：两面刃；有尖；正、侧面观器体均基本对称；有一定重量；属挖掘工具，尖部为重点使用部位。

在世界范围内，除了欧洲和非洲之外，东南亚和南亚等地也发现了手斧，国内目前发现的手斧集中分布在黄河中游、长江中下游及岭南3个地区，随着国内旧石器考古工作的逐步开展及与外界交流的加强，我国的学者也参与到手斧这一国际性课题研究之中，新材料新证据的出现也将为学者们提供更新的认识。

2 渭水流域手斧发现与研究概况

作为黄河的一级支流，渭水发源于甘肃省境内，向东流经陕西关中、渭南，至潼关注入黄河，流域面积约13万 km²，主要的支流有泾河、洛河和灞河等。更新世的一系列地质作用使渭水流域在连续的黄土堆积中，不仅贮存了大量的自然环境信息，也为我们提供了丰富的人类文化信息，使得这一区域成为学者们研究古环境和古文化的理想之地[9]。

从20世纪前半叶起，这一流域内就发现了不少古人类材料及旧石器，同时这一区域也成为我国北方手斧分布最为集中的地带。目前根据已发表的材料，共搜集手斧246件。洛南盆地发现手斧243件：其中旷野地点采集236件，均收录在《花石浪（Ⅰ）》中，采集手斧的旷野地点主要分布于Ⅱ级阶地，判断年代属中更新世，石器均属旧石器时代早期，报告将洛南盆地发现的手斧划分为原型手斧和阿舍利手斧两大类，并对

---

* 石 晶：女，28岁，博士研究生，从事旧石器考古学研究.

手斧进行了整体、全面的计量统计分析和对比[10]；2011年在张豁口遗址的地层中发掘出手斧7件[11]，详细资料尚未发表。其余3件分别发现于蓝田地区及乾县大北沟，戴尔俭[14]、盖培、尤玉柱[12]、邱中郎等[13]学者早期在研究陕西蓝田及乾县地区的旧石器时提供了3件手斧的原始材料，对它们的发现和基本特征予以描述。这些工作为之后的各项研究提供了较为详实的基础材料，但目前的研究大多只限于个别手斧的零散描述，分类也十分模糊，没有给出具体的分类特征，分类结果易引起争议。

作者拟在前人研究的基础之上，对本区已发现的手斧进行整理分类，并试图通过其与长江流域和岭南地区手斧的对比，分析其异同，并探讨造成这一状况的原因。

3 分类研究

3.1 分类

在已发现的246件手斧中，目前搜集到42件标本的详细资料，作为研究的基础材料。本研究以形态类型学的方法，将本区手斧共分为三型九式，差异显著（表1）。现将渭水流域手斧的分类情况分述如下。

A型　尖刃夹角小于60°，尖部锐利，最大宽度位置位于器身中下部。

Ⅰ式：跟部平直，与横截面大致平行，如洛南盆地99LP59:31（表1）、乾县手斧P.5768；

Ⅱ式：跟部圆钝，呈寰状，如洛南99LP46:041（表1）、平梁手斧P.3468；

Ⅲ式：跟部修理出钝尖，如洛南99LP53:26（表1）、02LP149:202。

B型　尖刃夹角大于60°，与A型相比较钝，最大宽度位置仍位于器身中下部，但较A型似稍有提升。

Ⅰ式：跟部平直，与横截面大致平行，如洛南02LP155:02（表1）、95LP10:013；

Ⅱ式：跟部圆钝，呈寰状，如洛南97LP28:137（表1）、95LP07:571；

Ⅲ式：跟部为钝尖，如洛南00LP103:184（表1）、涝池河手斧。

C型　无明显尖刃，刃较平呈舌状，整个器身呈长条形，最大宽位于器身中部，变化较明显。

Ⅰ式：标本暂无；

Ⅱ式：跟部圆钝，呈寰状，如洛南95LP10:19（表1）；

Ⅲ式：跟部修理出钝尖，如洛南95LP21:054（表1），99LP75:22。

3.2 统计分析

根据初步统计发现，在42件有详细资料的手斧中（表2）。

（1）平梁[14]、涝池河[12]、乾县等[13]单个地点发现的手斧中缺少C型，且A、B型中亦无跟部有尖的Ⅲ式手斧；洛南盆地手斧除C型Ⅰ式暂缺外，其余均有发现，且以B型占据绝对优势。

（2）从每型手斧的数量看，A、B、C三型分别为12件、25件和5件，各占总数的28.6%、59.5%和11.9%。

（3）从每型中各式手斧所占的百分比来看：Ⅰ式在A型中的比例为41.7%，在B型中占32.0%，C型为0；Ⅱ式在A型中的比例为16.6%，在B型中占52.0%，C

型为40.0%；Ⅲ式在A型中为41.7%，在B型中为16.0%，在C型中所占的比例是60.0%（图1）。

表1 渭水流域手斧分类
Table 1 Classification of handaxes from Weishui valley

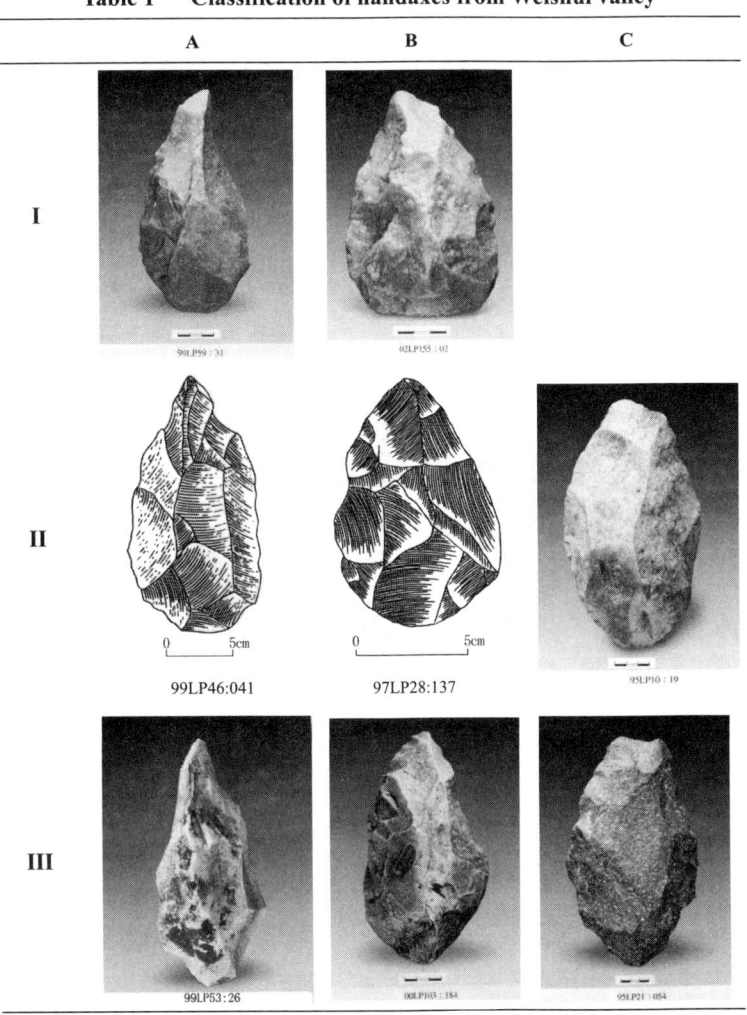

资料来源：陕西省考古研究院等[10]

表2 渭水流域手斧类型统计
Table 2 Statistics of handaxes from Weishui valley

遗址	A型			B型			C型		
	Ⅰ	Ⅱ	Ⅲ	Ⅰ	Ⅱ	Ⅲ	Ⅰ	Ⅱ	Ⅲ
陕西蓝田平梁	0	1	0	0	0	0	0	0	0
陕西蓝田涝池河	0	0	0	0	1	0	0	0	0
陕西乾县大北沟	1	0	0	0	0	0	0	0	0
洛南盆地旷野地点	4	1	5	8	12	4	0	2	3

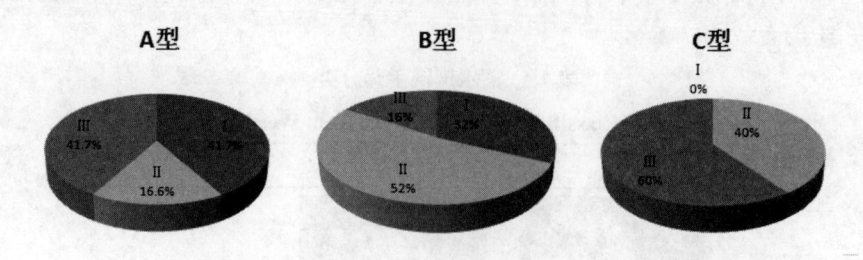

图1　每型中各式手斧比例

Fig. 1　Proportion of each pattern of handaxes in every type

（4）从各式手斧在总数中的比重来看，I、II、III 式分别占总数的 30.9%、40.5% 和 28.6%，II 式手斧的数量最多（图2）。

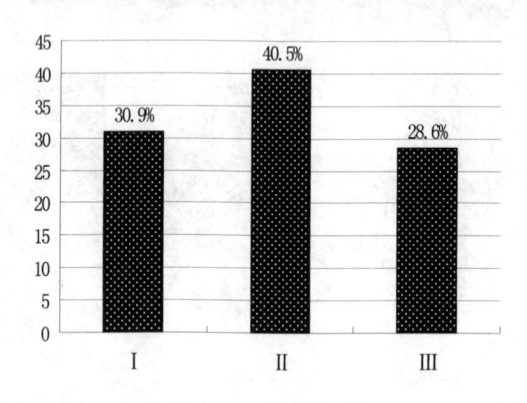

图2　各式手斧比例

Fig. 2　Proportion of each pattern of handaxes

从手斧最大宽度处距器体跟部的距离与手斧长度之比值看，数量最多的 B 型手斧最大宽度位置一般在器体 1/3 处上下；由于 A 型手斧体型更为纤细，最大宽度的位置更靠近跟部；与两者相比，C 型手斧最大宽约位于器体 1/2 处，接近器身中部；由 A 型到 C 型，手斧的重心在整体向尖部转移（图3）。

3.3　特征

通过观察分析，可将本区手斧的特点归纳如下。

（1）分布及毛坯：分布以洛南盆地最为密集；年代集中于中更新世，热释光测年数据为距今 500 ka~250 ka[10]；原料多为石英岩；大多以石片为毛坯；多为地表采集所得。

（2）工具组合：含手斧地点的工具组合中虽共存有刮削器等小型工具，但重型工具比例较高，在洛南盆地，手斧、手镐、砍砸器和石球等重型工具约占工具总数的 42%[10]。

（3）测量特征：长 99~265 mm；宽 48~167 mm；厚 27~106 mm；重 159~3 131 g；宽/长 0.4~0.9；厚/宽 0.25~0.9[10]。

（4）修理状况：通体加工的比例较高，在洛南盆地手斧通体加工的比例高达 47.03%，修理疤痕覆盖大部分器表的占 38.14%[10]；且修疤多浅平连续，加工精致。

（5）形态特征：在类型划分中，数量最多的 B 型手斧应为本区手斧代表类型，其中尤以 B 型 II 式最为典型；由 A 型到 C 型，手斧最大宽度的位置呈现出向尖部转移的趋势。

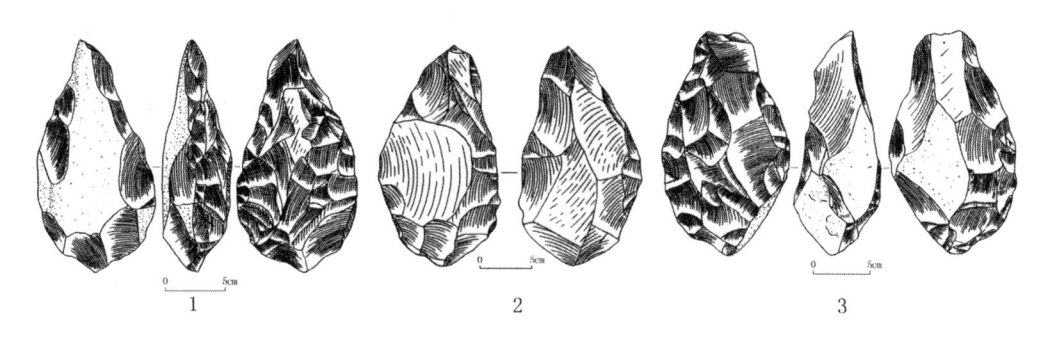

图 3　渭水流域三型手斧最大宽度位置对比[10]

Fig. 3　Comparison of the maximum width position of handaxes from Weishui valley[10]

1：洛南 99LP59:32(A 型 III 式); 2：洛南 02LP190：08(B 型 III 式); 3：洛南 99LP55:64(C 型 III 式).

4　形态对比研究

4.1　尖部形态对比

除渭水流域外，长江中下游和岭南地区是我国手斧分布较为集中的另外两个区域。其中长江流域发现的手斧数量较少，但分布较广，陕西的梁山[15-16]、龙岗寺[17]和腰市盆地[18]，湖北的襄阳山湾[19]，湖南澧水流域[20]、丹江口库区[21]，江西的潦河流域[22]以及安徽[23-24]境内均有发现（图4）。岭南地区的手斧则集中出自广西百色盆地，自 20 世纪七八十年代以来就有不断发现，地点较多，材料丰富，小梅、杨屋、檀河、大同、百谷等地点均有分布[25]（图4）。

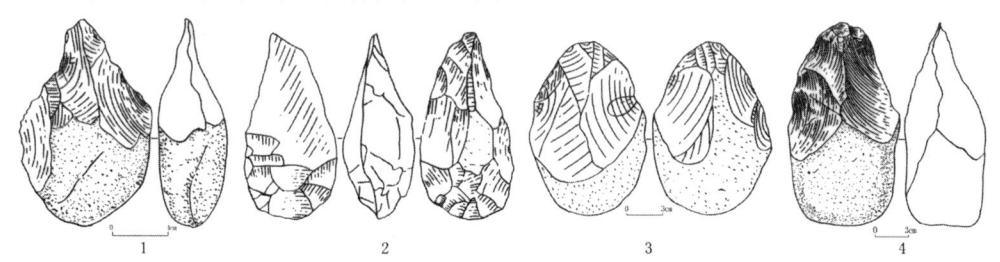

图 4　长江流域与岭南地区手斧

Fig. 4　Comparison of handaxes from Yangtze River and Lingnan Region

1：梁山 P.4171[5]; 2：澧水 JH:13①; 3：檀河 30[25]; 4：杨屋 019[25].

通过对比发现以梁山 P.4171（图 4: 1）为代表的长江流域典型手斧大都呈现出尖部锐利的特征，与渭水流域 A 型手斧更为接近。而以檀河 30（图 4: 3）为代表的岭南地区手斧则整体多呈长条形，尖刃较宽，与渭水流域呈舌状尖的 C 型手斧接近。本区数量最多的 B 型则介于两者之间，由此推测渭水流域手斧在一定程度上吸收了

---

① 袁家荣. 略谈湖南旧石器文化的几个问题.

其他两个区域的元素，形成上述3种类型。而作为以挖掘为主要功能的重型工具，手斧尖部形态的不同则反映了不同区域之间地理环境的差异。作者推测渭水流域、长江中下游和岭南地区手斧尖部形态的不同可能是由于3个地区不同的地表堆积物所致。

处于长江中下游地区的湖北、江西等省因长江水系的搬运作用，中下游地区广泛分布着与上游相比较小的砾石，特别是这一地区中更新世的堆积为典型的红土砾石堆积，这种泥砾堆积要求本区的挖掘工具尖部突出，否则难以深入堆积层内部，体现在本区手斧上的特点是其突出加工的锐尖。

而岭南地区为典型的南方红土分布区，依据地貌、新构造运动和岩性等特征，推测百色手斧的原生地层为中更新世的红土层[26]。红土是一种在湿热条件下经受长时间强烈化学风化而形成的堆积，它主要表现为土壤中的黏土矿物分解。基于其湿热的气候条件和高黏性的细腻土质，使本地区的挖掘工具不需要有十分突出的尖部，而应有一个较大的土壤接触面方便于挖掘，拥有宽大舌状尖的百色手斧即是很好的证据。

渭水流域所处的黄河中游地区属黄土区大型河谷地貌，黄土是本区域第四纪的主要地层堆积物，其质地均一，且有显著的垂直节理，除遇水外，一般情况特别是干燥状态下较稳定，不易坍塌。且早更新世的午城黄土和中更新世的离石黄土比晚更新世的马兰黄土粒度更细，时代较老的黄土中黏土矿物的含量也要高于较新的黄土[27-28]，所以中更新世及其之前的黄土堆积更为细腻致密。这种质地介于长江流域泥砾堆积和岭南南方红土的堆积物决定了渭水流域古人类所使用的手斧应该是具备一定尖刃的钝尖三角形手斧，形态亦介于长江和岭南地区手斧之间。

4.2 跟部形态比较

本区手斧跟部可区分为平直、寰状和尖状3种不同的形态。而长江流域和岭南地区手斧的跟部与本区Ⅱ式手斧相近，基本为统一的寰状，并没有呈现出明显的变化。

手斧的尖部形态与功能相关，与之相应，跟部形态则可能更多地与其使用方式相联系。在渭水流域的手斧中，侧面观Ⅲ式手斧跟部的厚度均小于其器身的最大厚度（图5），推测其跟部钝尖应为史前人类有意修理，相比于Ⅰ、Ⅱ式来讲，跟部呈尖状形态的Ⅲ式手斧不便于以手执握直接使用，而可能是与某种附加装置配合作为复合工具使用。当然这需要实验考古学及痕迹分析的证据予以支持。

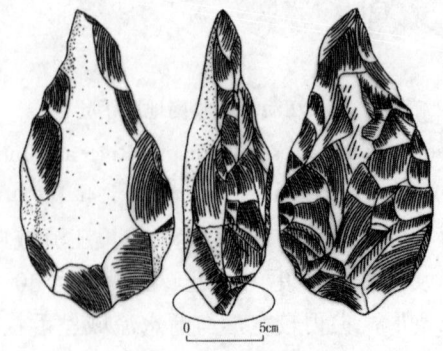

图 5 跟部特征

Fig. 5 Feature of heel of handaxes

洛南99LP59:32[10]

5 结语

渭水流域是我国北方发现手斧最为集中的地区。本研究从我国境内已发表的材料出发,着重对渭水流域发现的手斧进行了系统的分类研究,以尖部和跟部形态为依据,将其划分为三型九式。并通过比较发现长江流域手斧与 A 型相似,尖部锋利;岭南地区手斧则与 C 型接近,多为舌状尖;而处于过渡形态且数量最多的 B 型钝尖手斧应为本区典型手斧。进一步推测尖部形态的差异是由各地区地表堆积包含物的不同造成的,渭水流域手斧吸收了其他两个地区的手斧元素。同时发现在本区内部存在跟部有尖的 III 式手斧,其使用方式可能出现了多样化。

渭水流域大量手斧的发现无疑为这一争议颇多的学术热点增添了新的材料,对其进行全面系统的分类有利于从不同角度去审视这一器型,亦可为之后的研究提供基础。本研究建立在前人研究的基础之上,但已发表的材料不能提供所有手斧的全面信息,这在客观上给研究带来了一定困难,且限于作者水平,对很多问题难以驾驭,有待于在以后的研究中进一步完善。

致谢 本文在选题和写作过程中得到了陈全家老师的悉心指导,作者在此谨表谢意!

参 考 文 献

1. Kleindienst M R. Components of the East African Acheulian assemblage:an analytic approach. In: Mortelmans C, J Nenquin eds. Actes du IV' Congres Panafrican de Prehistoire et de l'Etude du Quaternaire. Cambridge: Cambridge University Press, 1962. 81-105.
2. Clark J D. Kalambo Falls Prehistoric Site. II. The Later Prehistoric Cultures. Cambridge: Cambridge University Press, 1974. 287-289.
3. Isaac G L I. Olorgesailie: Archeological Studies of a Middle Pleistocene Lake Basin in Kenya. Chicago: The University of Chicago Press, 1977. 1-272.
4. 安志敏. 中国的原手斧及其传统. 人类学学报, 1990, 9(4): 303-311.
5. 黄慰文. 中国的手斧. 人类学学报, 1987, 6(1): 61-68.
6. 林圣龙. 对九件手斧标本的再研究和关于莫维斯理论之拙见. 人类学学报, 1994, 13(3): 189-208.
7. 谢光茂. 关于百色手斧问题——兼论手斧的划分标准. 人类学学报, 2002, 21(1): 65-73.
8. 高星. 中国旧石器时代手斧的特点与意义. 人类学学报, 2012, 31(2): 97-112.
9. 张宏彦. 渭水流域旧石器时代的古环境和古文化. 西北大学学报(哲学社会科学版), 1999 (2): 146-153.
10. 陕西省考古研究院, 商洛地区文管会, 洛南县博物馆. 花石浪(I)——洛南盆地旷野类型旧石器地点群研究. 北京:科学出版社, 2007. 129-140.
11. 陕西省考古研究院. 2011年陕西省考古研究院考古发掘新收获. 考古与文物, 2012 (2): 3-13.
12. 盖培, 尤玉柱. 陕西蓝田地区旧石器的若干特征. 古脊椎动物与古人类, 1976, 20(3): 198-203.
13. 邱中郎. 陕西乾县的旧石器. 人类学学报, 1984, 3(3): 212-214.
14. 戴尔俭. 陕西蓝田公王岭及其附近的旧石器. 古脊椎动物与古人类, 1966, 10(1): 30-32.

15 黄慰文, 祁国琴. 梁山旧石器遗址的初步观察. 人类学学报, 1987, 6(3): 236-244.

16 鲁娜, 黄慰文, 尹申平, 等. 梁山遗址旧石器材料的再研究. 人类学学报, 2006, 25(2): 143-152.

17 陕西省考古研究所汉水考古队. 陕西南郑龙岗寺发现的旧石器. 考古与文物, 1985 (6): 1.

18 王社江, 胡松梅. 丹江上游腰市盆地的旧石器. 考古与文物, 2000 (4): 36-42.

19 李天元. 襄阳山湾发现的几件打制石器. 江汉考古, 1983 (1): 39-42.

20 储友信. 石门大圣庙旧石器遗址发掘报告. 湖南考古辑刊, 5: 1-6.

21 李超荣, 冯兴无, 李浩. 1994年丹江口库区调查发现的石制品研究. 人类学学报, 2009, 28(4): 337-354.

22 李超荣, 徐长青. 江西安义潦河发现的旧石器及其意义. 人类学学报, 1991, 10(1): 34-41.

23 房迎三. 安徽宁国县河沥溪镇发现的旧石器. 文物研究, 1988 (4): 11-20.

24 房迎三. 安徽铜陵地区发现的旧石器. 文物研究, 1993 (8): 93-100.

25 广西壮族自治区博物馆. 百色旧石器. 北京: 文物出版社, 2003. 56-70.

26 袁宝印, 夏正楷, 李保生, 等. 中国南方红土年代地层学与地层划分问题. 第四纪研究, 2008, 1(1): 1-13.

27 武汉地质学院. 地貌学及第四纪地质学. 北京: 地质出版社, 1981. 290-322.

28 夏正楷. 第四纪环境学. 北京: 北京大学出版社, 1997. 54-60.

THE HANDAXES FROM WEISHUI VALLEY

SHI Jing

(Research Center for Chinese Frontier Archaeology, Jilin University, Changchun, 130012, Jilin)

ABSTRACT

Starting from published materials, this article divided the handaxes from Weishui Valley into different types according to morphology. By comparison, we can find that these handaxes contain the characteristics both from the middle and lower reaches of the Yangtze River and Lingnan Region while holding its own style. And we also attempt to explore the cause of this situation.

Key words   Weishui Valley, Handaxe, diversity

湖南道水上游伞顶盖旧石器遗址石制品的初步研究*

李意愿

(湖南省文物考古研究所，湖南 长沙 410008)

摘 要 作者介绍了湖南道水上游的旧石器考古调查发现概况，并对其中伞顶盖遗址发现的石制品进行了初步研究。该遗址共发现石制品632件，包括石核、石片、断块和工具类型，以燧石原料为主，个体以中小型居多。石器工业面貌具有华北地区石片石器工业的主要特征，同时保留有部分华南砾石石器工业的影响。此次新发现对探讨湘西北晚更新世时期古人类的石器技术特点和适应性生存行为有着重要价值。

关键词 湖南；道水上游；伞顶盖；旧石器；晚更新世

1 前言

湘西北澧水流域的旧石器考古工作在全国起步相对较晚，主要开始于20世纪80年代末，但随着对其埋藏的红土地层取得突破性认识后，陆续发现了大量旧石器时代遗址[1-2]，从而也促进了整个华南地区旧石器发现和研究的高潮。经过近30年的探索和研究，澧水流域在埋藏地层、旧石器文化发展序列、石器工业区域性特点等方面取得了重要收获[3-4]。

考古发现表明自中更新世开始至晚更新世时期，古人类一直在澧水流域生存和繁衍，这里是旧石器时代古人类活动和文化交流的重要区域。其中属澧水南部支流的道水流域是晚更新世阶段旧石器遗址分布较为集中的区域，典型地点有乌鸦山、朱家山、五指山、陈家山、虎山和划山等，以乌鸦山遗址为典型代表，研究者命名为乌鸦山文化，代表着澧水流域旧石器时代晚期文化阶段[5]。但以往发现的遗址主要分布于道水下游接近澧水主干流的一个较小范围内，对道水上游流域更大区域的旧石器遗址分布及石器工业情况缺少工作。初步考察表明，道水上游河流阶地发育，第四纪红土大面积出露，蕴育着丰富的人类活动遗迹和环境信息，对进一步认识和探讨湘西北晚更新世时期古人类的石器技术特点和适应性生存行为有着重要价值。

2 地质、地貌与调查概况

道水是湖南省西北部的一条重要河流，为湖南洞庭盆地"四水"水系之一——澧水的一条重要支流。其干流发源于常德市慈利县，由南、北两支汇集而成，南支源于

---

* 基金项目：教育部人文社会科学研究重大项目（课题编号：2009JKD780002）。
李意愿：男，34岁，副研究员，主要从事旧石器时代考古学研究。Email: liyiyuan1982@163.com

五雷山东麓，北支系山涧泉流组合，沿途流经慈利、石门、临澧和澧县，在澧县道河口注入澧水，最后汇入洞庭湖。道水全长 102 km，在临澧县境内流程最长，为 51 km，石门县境内流程长 31 km，澧县境内约 20 km。本研究所指的道水上游大致以临澧县城所在的望城镇为界的以上河流段，行政区划主要包括部分临澧县、石门县和慈利县。

道水流域处于洞庭盆地的西部边缘，为中国第二级阶梯和第三级阶梯的过渡地带。在该地区流经华南板块的核心，扬子陆块江南地块，西与八面山褶皱带毗邻，南与华南加里东—印支褶皱带相接。地层发育齐全，岩相较复杂，出露地层从老至新有元古界冷家溪群、板溪群；古生界震旦系、寒武系、奥陶系、志留系、泥盆系、石炭系、二叠系；中生界三叠系、侏罗系、白垩系；新生界第三系和第四系。前第四纪地层主要分布在湖盆周缘，湖盆内则广布第四系[6-7]。该河流形成于第三纪末至第四纪初之时，受构造运动和切割侵蚀等作用，流域内发育多级阶地。流域区内的新构造运动主要以断块掀斜和线状活动断裂为主要表现形式，第四纪区内断块掀斜和不均衡升降作用共有六次，上升期湖盆萎缩，缺失沉积，河床上升形成阶地，下降期湖盆扩大而接受沉积[8]。由于地理位置上位于武陵山余脉向洞庭湖平原的过渡地带，道水流域大部分地区现今为丘陵、岗地和平原等多种地貌单元，近源头处则多为高山深谷，为古人类和古生物提供了丰富多彩的生存环境。

2011 年 4 月上旬和 8 月中旬，为进一步了解道水流域晚更新世时期旧石器的分布情况，湖南省文物考古研究所组织专业队伍先后两次在道水上游流域进行了专题调查。因近年来国家土地开发项目正在调查区域内开展，大量丘陵山岗原来长满的草木等植被均大部分被清除，土壤被翻松改造成耕土过程中也形成了一些厚度不一的断面，虽在客观上对不少遗址造成了破坏，但动土行为也给我们的调查工作带来了很大的便利。通过详细的踏勘，发现了 23 处旧石器旷野地点（图 1），共采集 1 217 件石制品（无人工痕迹的砾石均未采集）（表 1），其中少量直接出自地层。不过，因仍受调查人力、时间和经费的限制，此次调查工作的广度和深度依然较为有限，可推测在这一区域的实际遗址数量应更多。

此次发现的旧石器地点均埋藏于道水南北两岸的二至四级阶地堆积，从石制品调查现场和出露的地层观察，均应出自阶地堆积上部的均质红土地层中。随后我们对其中一处遗址（LP23 地点，即条头岗遗址）进行了考古发掘，出土了大量石制品，也证实了调查中对遗物埋藏层位的观察。下面主要对此次调查发现的伞顶盖旧石器遗址（LP09）进行详细的介绍。在该地点中采集的石制品数量最多，其石器工业面貌最具有代表性。其他 21 处旧石器地点中的石制品，拟另文介绍。

3 石器工业

伞顶盖遗址调查发现石制品共计 632 件，占所有旧石器地点采集品的 51.93%。类型包括石核、石片、断块和工具。分类统计显示（表 2），石片数量居多，占 68.83%，其次是断块，占 18.35%，石核和工具数量相当且较少，分别占 6.33%和 6.49%。受调查采集过程中的选择性影响，石制品组合不完整（如没有发现石锤、碎屑等），但大体上也应反映了该遗址的石器工业概貌。

表1 道水上游旧石器遗址调查统计
Table 1 Statistics of Paleolithic sites in the upper reaches of Daoshui River

序号	编号	名称	地理坐标	行政区划	材料摘要（件）
1	SP01	枫林岗	29°25′34.2″N, 111°23′49.3″E	石门县夹山镇六组	完整石片7，断块9，断裂片7，工具3
2	SP02	梭金山	29°25′35.3″N, 111°23′53.2″E	石门县蒙泉镇梭金山村五组	完整石片5，断块6，断裂片2
3	SP03	蒋家湾	29°23′53.8″N, 111°28′21.6″E	石门县蒙泉镇礼阳山村五组	完整石片6，断块7，断裂片4
4	SP04	后山	29°23′53.3″N, 111°28′28.4″E	石门县蒙泉镇礼阳山村九组	完整石片2，断块2，残片3，断裂片2
5	SP05	蒋家山	29°29′25.2″N, 111°28′27.9″E	石门县夹山镇三板村四组	完整石片7，断块7，残片3，石核1，工具2
6	SP06	杨家湾	29°24′08.1″N, 111°29′13.8″E	石门县蒙泉镇礼阳山村	完整石片16，断块9，断裂片1，石核6，工具1
7	SP07	白洋湖	29°23′37.8″N, 111°27′53.2″E	石门县白洋湖园艺场第三工区	完整石片1，断块4，残片1，断裂片4，石核1，工具1
8	LP08	石岗村	29°27′00.2″N, 111°29′59.1″E	临澧县高桥村石岗组	断块1，工具2
9	LP09	伞顶盖	29°25′11.1″N, 111°30′37.2″E	临澧县余市桥镇长湖村顺家组	完整石片277，断块116，残片28，断裂片130，石核40，工具41
10	LP10	溪咀山	29°28′31.2″N, 111°31′32.0″E	临澧县余市桥镇双溪村	完整石片12，断块5，残片3，断裂片7，石核2，工具3
11	LP11	刘家岗	29°27′33.1″N, 111°33′9.8″E	临澧县余市桥镇中心村	完整石片16，断块2，断裂片3，石核4，工具3
12	LP12	袁家棚	29°29′8.9″N, 111°32′16.9″E	临澧县尖峰村	完整石片11，断块3，石核5，工具1
13	LP13	黄家台	29°28′56.3″N, 111°31′31.5″E	临澧县尖峰村	完整石片8，断块1，断裂片1，石核4，工具2
14	LP14	尖峰	29°27′28.8″N, 111°32′17.7″E	临澧县尖峰村	完整石片7，断块4，断裂片3，石核8，工具1
15	LP15	荆坪	29°28′55.5″N, 111°32′41.6″E	临澧县余市桥镇荆平村罗家组	完整石片4，断块7，残片3，断裂片5，石核6，工具2
16	LP16	木目岗	29°25′27.5″N, 111°33′24.5″E	临澧县文家乡丰登村	完整石片12，断块3，残片2，断裂片6，石核10，工具2
17	LP17	下湾	29°25′03.1″N, 111°33′36.4″E	临澧县文家乡丰登村下湾组	完整石片11，断块8，断裂片7，石核6，工具1

续表

序号	编号	名称	地理坐标	行政区划	材料摘要（件）
18	LP18	打城岗	29°25′29.3″N, 111°33′31.7″E	临澧县文家乡丰登村余家冲	完整石片4，残片1，断裂片2，工具1
19	LP19	庙山	29°25′33.7″N, 111°32′59.5″E	临澧县丰登村生家组庙山	完整石片4，断块3，断裂片4，石核5，工具3
20	LP20	娃娃山	29°25′57.1″N, 111°32′54.9″E	临澧佘市桥镇桃花村新台组	完整石片17，断块7，残片4，断裂片10，石核4，工具1
21	LP21	黑虎山	29°25′33.1″N, 111°38′01.0″E	临澧县望城余家村	完整石片48，断块28，残片7，断裂片28，石核9，工具10
22	LP22	栗山岗	29°25′53.5″N, 111°38′09.7″E	临澧县安福镇望城乡周家巷	完整石片21，断块5，断裂片4，石核7，工具1
23	LP23	条头岗	29°26′14.3″N, 111°32′09.6″E	临澧县佘市桥镇桃花村三眼桥	考古发掘，未统计入本文，另文介绍

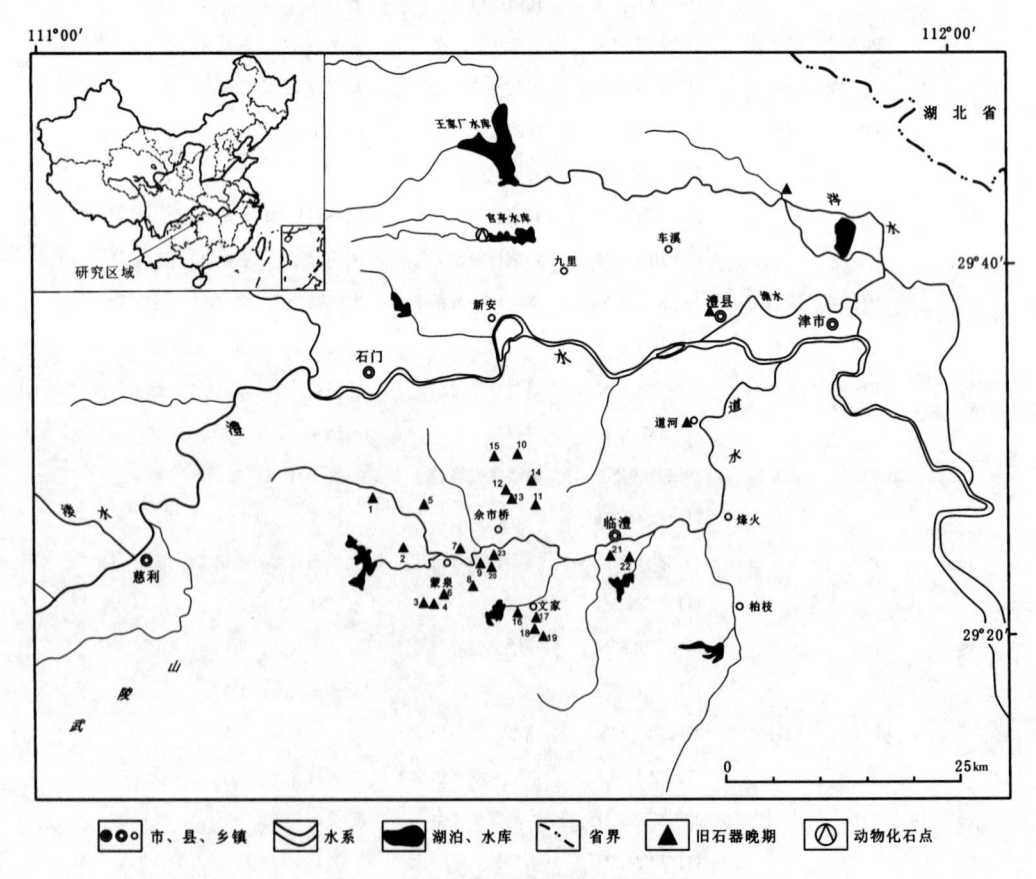

图 1　道水上游旧石器地点的地理分布

Fig. 1　Geographic distribution of Paleolithic localities in the upper reaches of Daoshui River

表2 伞顶盖遗址石制品类型统计

Table 2 Statistics of lithic artifacts from Sandinggai Site

类型		数量/件	总计	百分比
石核	单台面	14	40	6.33%
	双台面	13		
	多台面	11		
	盘状	2		
石片	完整石片	277	435	68.83%
	不完整石片	158		
断块		116	116	18.35%
工具	砍砸器	2		
	手镐	4		
	重型刮削器	5		
	凹缺器	3	41	6.49%
	刮削器	23		
	尖状器	3		
	雕刻器	1		
合　计			632	100%

3.1 原料

石制品的原料以燧石占绝对多数（n=496,78.48%），石英砂岩（n=100,15.82%)和石英岩(n=34,5.38%）各有一部分，仅有个别为石英和硅质岩。燧石的颜色多样，但以白色或灰白色为主，黄色、棕色、青色次之，红色较少，个别为黑色。对燧石质量的初步观察，优质或较为优质的燧石约占40%，一半以上的燧石石料内部节理较多、质地不均匀，显示为较低的质量。从石制品表面保留的石皮情况看，遗址的石料应均来自于磨圆度较高的河流砾石。

在湖南以往的旧石器考古发现中，这样高比例地使用燧石是少见的现象。一般认为这可能与古人类随着认知能力的提高和石器技术的发展，对优质原料的利用程度逐渐增强有关。据对阶地断面出露底砾层的调查，这些古河床中含有较为丰富的燧石砾石，也有石英砂岩和石英岩等，与遗址中石制品的岩性基本一致，因此该遗址的原料可能仍是较近距离的产地，没有出现长途运输的现象，因地制宜、就地取材进行选择原料在很大程度上仍旧是古人类的一种资源获取策略。

3.2 石制品大小

依标本最大直径可将石制品分为微型（L<20 mm)、小型(20≤L<50 mm)、中型(50≤L<100 mm)、大型(100≤L<200 mm)和巨型(L≥200 mm)[9]。对全部标本的统计显示,伞顶盖遗址的石制品以小型占多数(n=380, 60.13%),其次为中型(n=221,34.97%),大型（n=25)、巨型(n=2)、微型(n=4)标本均数量很少。具体到各类型来看，石核以大中型者居多，石英砂岩巨型石核有1件；石片以小型石片的数量最多，中型石片次之，

大型石片很少；工具以中、小型占大部分，比例要远高于大型者，但也有1件巨型标本。

石制品的尺寸分布情况与其重量分布区间是大体符合的（图2），绝大部分在 200 g 以下，50 g 以下的标本约占 75%，200~500 g、500 g 以上的标本分别仅占 4% 和 3%。

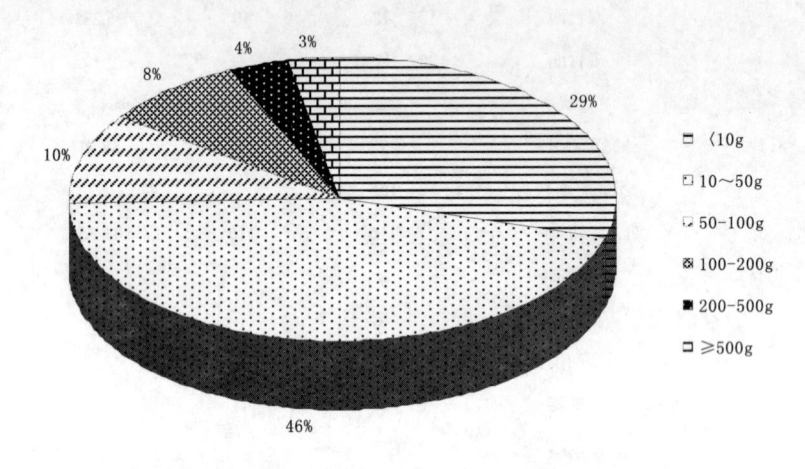

图 2　伞顶盖遗址石制品重量统计
Fig. 2　Statistics of weight of lithic artifacts from Sandinggai Site

同时，石制品的上述大小分布情况与其原料也存在着一定的对应关系：个体尺寸较大、重量较重者多数为石英砂岩或石英岩原料。以遗址中的完整石片和工具两个类型的尺寸为例（图3和图4），工具中的大型者主要为重型刮削器、手镐和砍砸器，但这三类工具均为石英砂岩或石英岩等岩性原料，石片的观测同样也可以看到存在类似的情形。非燧石类石料往往在打制前即有较大的个体，因而一般也用于生产较大型的工具，在没有充分利用的情况下，留在遗址中的最终形态因之也就较大。在一个存在多种生活行为的遗址中，具备大型和小型的工具组合可能是普遍性的需求，而选择不同原料制作出不同类型的工具也体现了古人类对资源和环境的一种适应。

3.3　石制品分类描述

3.3.1　石核

共 40 件，根据台面和打片特点，石核可分为单台面（n=14）、双台面（n=13）、多台面（n=11）和盘状石核（n=2）。原型大部分为砾石（n=30,75%），少量为断块（n=6）和石片（n=2），个别不确定。原料以燧石为主，石英砂岩次之，石英岩仅 1 件。石核台面最多者为 4 个，以自然砾面为主（n=19)，自然/打制台面（n=11）次之，打制台面较少（n=8)，另有石皮+片疤台面（n=2)。石核个体以中型为主，大型次之，小型者很少，平均长、宽、厚分别为 60.58 mm、83.91 mm、55.81 mm，平均重 483.71 g。

石核仅见以硬锤锤击法剥片，也不对石核进行预制修理，为简单剥片石核。剥片过程中仍力求不断转动剥片面或翻转以增加剥片数，显示出古人类力图将石料加以更深度利用的企图。但从石核的保留体积、台面角（62°−104°，平均80°）、表面残留的自然石皮（介于 10%~65%，平均 43%）等情况看，石核仍然存在较大的剥片空间，总体利用率属中等、深层次。主要的剥片方向包括单向（n=14）、双向（n=8）、垂直（n=3）、对向（n=3）、向心（n=2）、多向（n=10），除向心石核体现出人类在剥片过程中一定的系统性和计划性外，大部分石核难以反映出打片的复杂性认知能力。

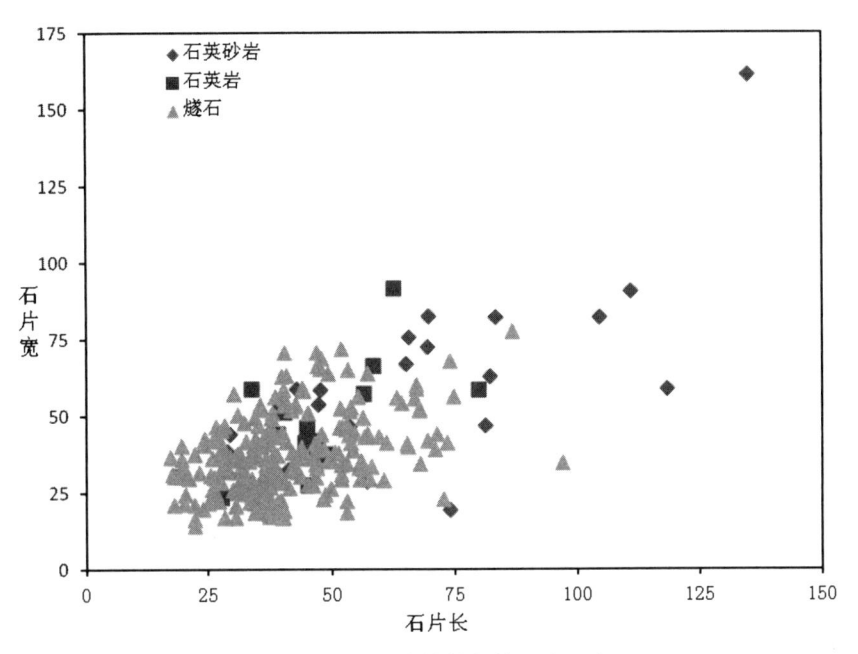

图3　伞顶盖遗址的完整石片尺寸

Fig. 3　Dimensions of complete flakes from Sandinggai Site

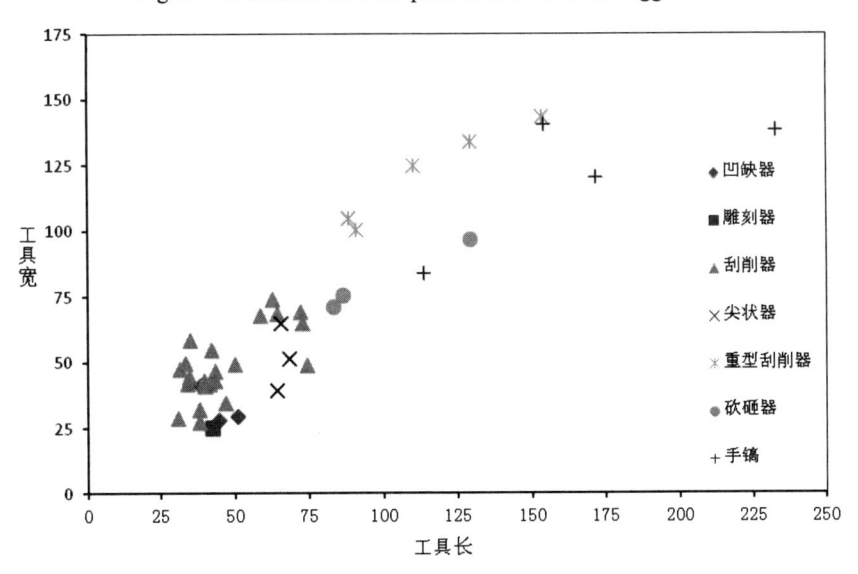

图4　伞顶盖遗址的工具尺寸

Fig. 4　Dimensions of tools from Sandinggai Site

LP09-289：Ⅰ3型石核，原型为砾石，灰青色燧石，长、宽、厚为48.46 mm × 88.58 mm × 44.18 mm，重224.8 g。1个自然台面，台面角82°，1个剥片面，5个剥片阴痕，主片疤长45.01 mm，宽42.42 mm。石核通体片疤比40%（图5:1）。

LP09-180：Ⅱ2 型石核，原型为砾石，黄色燧石，长、宽、厚为 73.31 mm × 110.34 mm × 60.29 mm，重 647.7g。1 个素台面和 1 个自然台面，共用一个剥片面进行对向剥片，素台面为主台面，台面角 85°−92°。剥片面上可见有 7 个剥片阴痕，最大片疤长 61 mm，宽 35.52 mm。石核通体片疤比 50%（图 5:2）。

LP09-394：Ⅱ2 型石核，原型为砾石，白色燧石，长、宽、厚为 56.8 mm × 69.67 mm × 42.35 mm，重 201.1 g。两个素台面，面间相交，台面角 80°−89°。2 个剥片面，5 个片疤，最大的片疤长 46.62 mm，宽 31.63 mm。石核通体片疤比 50%（图 5:3）。

LP09-487：Ⅲ 型石核，原型为砾石，白色燧石，长、宽、厚为 59.80 mm × 76.25 mm × 45.27 mm，重 170.3 g。3 个打制台面，主台面为素台面，主台面连续剥取多个片疤后，以该剥片面为台面在石核两侧进行剥片，最后以其中的一侧片疤面为台面再次进行剥片，台面间均为相交，台面角 74°−80°。3 个剥片面，片疤多于 10 个，最大的片疤长 46.71 mm，宽 24.99 mm。石核通体片疤比 70%（图 5:4）。

LP09-403：盘状石核。原料为白色燧石，形状大致为圆形，原型不确定，可能为砾石。长、宽、厚为 63.89 mm × 57.33 mm × 25.55 mm，重 77.45 g。一面为平坦面，仍保留有大部分自然砾面，仅有两个剥片，另一面为剥片加工面，用锤击法向心打下较大的片疤。在局部刃缘似有修理，断续分布，修疤浅平（图 5:5）。

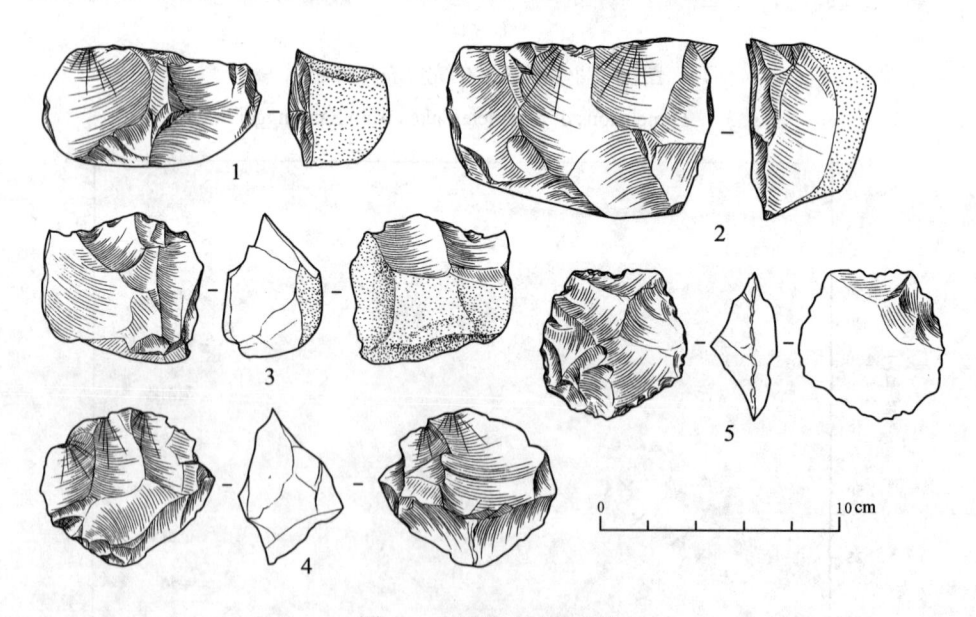

图 5　伞顶盖遗址的石核
Fig. 5　Cores from Sandinggai Site

3.3.2　石片

共 435 件，据保存状况可分为完整石片和不完整石片。

完整石片 277 件，占所有石片的 63.68%。依石片台面和背面的特征，可将完整石片划分为 6 种类型[10]。除Ⅳ型石片外，其余类型的石片具有一定数量。以自然台面的石片占主（$n=167,60.29\%$),其中Ⅰ型石片20件，Ⅱ型石片81件，Ⅲ型石片66件；打制台面的石片较少（$n=110,39.71\%$),其中Ⅴ型石片57件，Ⅵ型石片53件。可见，完全以片疤为背面的石片（Ⅲ型和Ⅵ型）数量所占比例较小，约42.96%，表明该区域古人类的剥片多处于初中级阶段。石片形态多为不规则，极少数呈长石片形状，平均长、宽、厚为43.27 mm、39.3 mm、14.38 mm,平均重36.88 g。

不完整石片共158件，包括左裂片42件，右裂片33件，近端断片24件，远端断片311件，残片28件。

3.3.3 断块

共116件，占石制品总数的18.35%，是数量较多的一个类型，块体带有人工打制的痕迹，应是剥片过程中崩落形成所致。没有保留石皮的断块数量为27件，1/4石皮的为54件，1/2石皮的为31件，大于1/2石皮的仅4件。个体大小绝大部分为中小型，平均长、宽、厚为51.52 mm、34.91 mm、21.94 mm，平均重57.6 g。

3.3.4 工具

共41件，类型以刮削器居多，另有凹缺器、尖状器、雕刻器等轻型工具和砍砸器、重型刮削器、手镐等重型工具。轻型工具为主体，约占工具总数的73.17%。原料以燧石为主，另有石英砂岩和石英岩。毛坯以石片为主（$n=34,82.93\%$),其次为砾石（$n=4$)和断块($n=3$)。工具均为锤击法修理，存在修型和剥坯加工两种方式，修型的产品数量少，主要为部分砍砸器和手镐，大部分工具是以石核剥坯后生产的石片进行二次加工形成，以正向修理较多，反向加工次之，另有少量复向和转向。整体考察，石器修理多比较简单，对毛坯原始形态的改变较小，但也存在一些刮削器、尖状器是经过仔细加工、形制规整的精致品。

3.3.4.1 刮削器

23件，按刃缘数量可分为单刃刮削器（$n=18$)、双刃刮削器（$n=4$)和多刃刮削器($n=1$)。每类刮削器根据刃口形状和位置，又可分为直刃、凸刃、凹刃等形态。多数标本修理较为简单，往往在刃口边缘稍作加工，修疤大小不一；少量修疤浅平，刃缘较为规整，显示出较高的修理技术。

LP09-615:单直刃型，原料为白色燧石，形状不规则，片状毛坯，背部保留有部分自然石皮，长宽厚为30.48 mm × 24.08 mm×14.29 mm,重14.51 g。在较长的刃缘，采用锤击法正向加工而成，修疤连续、修疤呈鱼鳞状分布，最大修疤长、宽为14.24 mm ×12.66 mm。刃呈平齐状态，略有锯齿感，刃缘长26.75 mm,刃角68°（图6:1）。

LP09-437：单凸刃型，原料为白色燧石，形状不规则，毛坯为Ⅴ型石片，长宽厚为34.72 mm × 42.48 mm ×11.96 mm, 重17.49 g。修理部位为远端，锤击法正向加工而成，单层连续分布的鱼鳞形浅平修疤，最大修疤长、宽为3.19 mm ×4.65 mm。刃缘长39.06 mm,刃角62°（图6:2）。

3.3.4.2 凹缺器

3件，均以白色的优质燧石为原料，毛坯均为完整石片，修理较为典型。

LP09-220：形状不规则，毛坯为Ⅵ型石片，长、宽、厚为32.01 mm × 28.35 mm × 9.25 mm,重7.18g。加工部位为石片的右侧刃缘，锤击反向加工而成，缺口由两个片疤构成，宽深为 16.65 mm ×3.68 mm, 凹口刃角 53°（图 6:3）。

3.3.4.3 尖状器

3 件，以燧石为原料，尺寸均为中型，是工具中修理较为典型、精致的一种类型。

LP09-55：原料为青色燧石，毛坯可能为 II 型石片，长、宽、厚为 68.29 mm × 52.24 mm × 34.31 mm，重 97.84 g。腹面因两侧修疤交汇而略有隆起，背部保留部分自然砾面，较为平坦。由左右两侧锤击反向加工，在远端汇聚成尖状。修疤连续，片疤较长、深，最大修疤长、宽分别为 24.9 mm × 21.82 mm。尖刃角 58°，边刃角 81°，左右两侧边刃长分别为 59.29 mm、68.11 mm（图 6:4）。

LP09-392：原料为浅棕色燧石，片状毛坯，长、宽、厚为 64.27 mm × 37.10 mm × 16.16 mm,重 39.03 g。由两长侧反向锤击加工，并在一端汇聚成尖状，然后再在尖端正向修理一片疤而成。修疤连续、片疤呈单层鱼鳞状，修疤较长、深，最大修疤长、宽为 22.66 mm × 26.87 mm。尖刃角 66°，边刃角 65°，左右两侧边刃长分别为 54.73 mm、33.54 mm（图 6:5）。

3.3.4.4 雕刻器

仅 1 件。LP09-340,浅青色燧石原料，毛坯为断片。在石片的近端和右侧部反向修理一系列中型修疤，形成角尖状，然后以近端的断裂平坦面为台面横向朝右侧打下一个削片，形成雕刻器小面。尖部雕刻器刃角为 77°。长、宽、厚为 42.6 mm × 25.13 mm × 18.3 mm,重 28.62 g。

3.3.4.5 重型刮削器

5 件，全部以石英砂岩（n=4)和石英岩(n=1)为原料，毛坯均为大型石片，整体形态厚重，与传统意义上的刮削器有明显的区别。平均长、宽、厚为 114.46 mm、121.37 mm、44.8 mm，平均重 737.84 g。

LP09-173：锯齿状多刃砍砸器，原料为棕色石英砂岩，不规则形，毛坯为 V 型石片，长、宽、厚为 98.77 mm × 133.47 mm × 56.47 mm，重 893.1 g。锤击法正向修理，修理部位为左、右侧和远端，修理片疤长、深，修理深度 41.25 mm，大部分为单层连续分布的鱼鳞形修疤，局部刃缘有少量的细部修理，最大修疤长宽为 41.25 mm × 51.22 mm。刃缘长 242.47 mm，刃角 65°–78°。刃部腹面有少量的使用崩疤（图 6:6）。

3.3.4.6 砍砸器

2 件，均为单刃，以砾石为毛坯。平均长、宽、厚为 106.21 mm、83.89 mm、49.68 mm，平均重 516.05 g。

LP09-402:原料为石英砂岩砾石，在砾石一个长侧开始单向连续剥取多个石片进行修理，然后转向修理 1 个片疤，形成弧凸刃口。在相对一侧的端部，向两侧各打下一个大片疤进行去薄，以便于握手。长、宽、厚为 129.28 mm × 96.57 mm × 60.84 mm，重 774.7 g。

3.3.4.7 手镐

4 件，均以石英砂岩或石英岩为原料，毛坯包括砾石（n=2)和石片(n=2)。

LP09-174：原料为浅紫色石英岩，毛坯为 V 型石片，腹面平坦，背面中部凸起，长、宽、厚为 174.59 mm × 119.42 mm × 62.97 mm，重 1 326.9 g。锤击法正向加工而成，修理部位为左侧和右侧，两侧刃缘在远端汇聚成锐尖。修疤长且较深，修理深度 57.29 mm,单层连续分布的鱼鳞形修疤，最大修疤长、宽为 57.29 mm × 46.42 mm。尖刃角 67°，边刃角 74°－90°，左右两侧边刃长分别为107.27 mm、131.89 mm（图 6:7）。

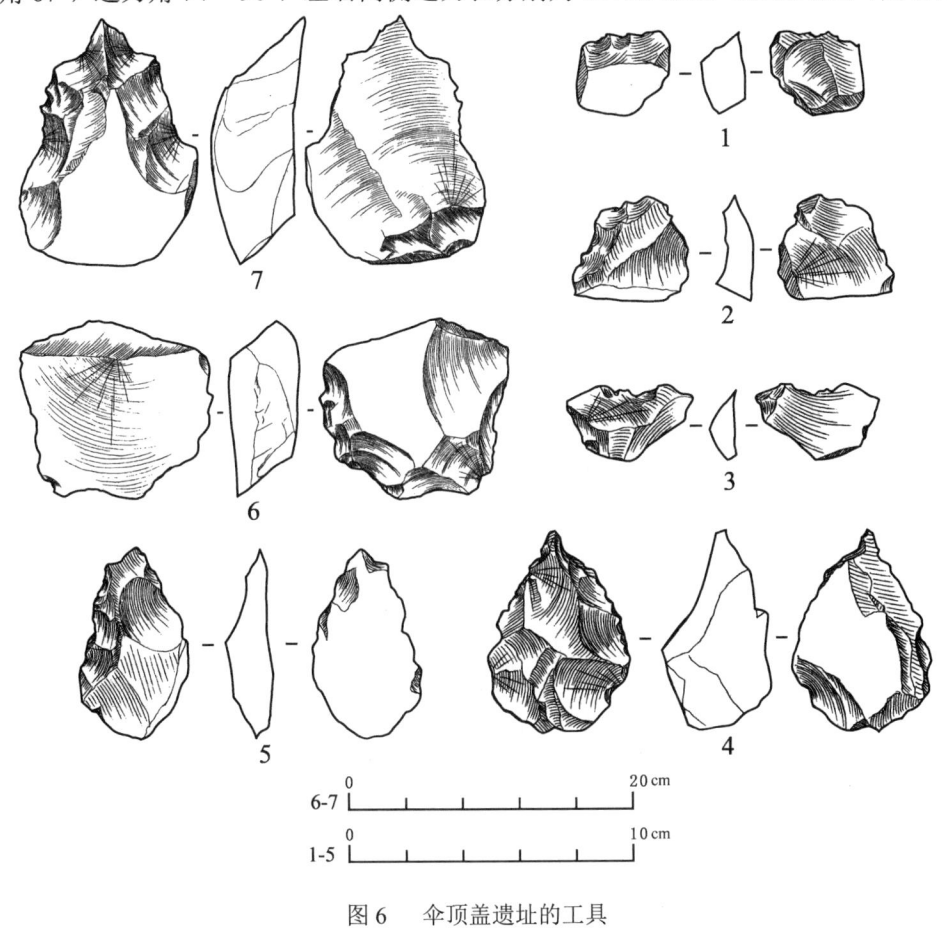

图 6　伞顶盖遗址的工具

Fig. 6　Tools from Sandinggai Site

4　讨论与结语

4.1　石器工业特点

伞顶盖遗址发现的石制品从原料、组合、大小甚至技术方面都体现出与本地区以往旧石器遗存的差异性，具有一种新的石器工业面貌。这一特点也见于道水上游调查发现的其他旧石器地点的石制品中，因而应是一种区域性特征。以下对该遗址的石器工业特点进行简要概述。

（1）原料以各种色泽的燧石占绝对优势，占总数的3/4以上，是以往遗址中少见的现象，另有以往多数遗址中常见的石英砂岩和石英岩。根据这些石料的形态特征，古人类仍是从遗址附近的阶地底砾层中就地开发资源，但对优质原料的开发利用应体现了人类认知能力的进步。

（2）石制品类型包括较为完整的组合，有石核、石片、断块和工具，尺寸以中小型为主（95.1%），个体大型者很少且主要为石英砂岩和石英岩的器物。

（3）工具组合包括轻型工具和重型工具，前者有刮削器、凹缺器、尖状器和雕刻器，占73.17%，后者包括砍砸器、重型刮削器和手镐，占26.83%。以各类刮削器占主体地位，部分工具修理较为精致；手镐虽仍保持着大型尺寸，但形态、风格等与澧水流域早中期常见的三棱状手镐有明显差异。

（4）工具毛坯以片状毛坯居多，主要为完整石片，占总数的82.93%；块状毛坯（砾石和断块）较少。少量重型工具也较多使用石片为毛坯。

（5）剥片和修理仅见硬锤锤击法。剥片中发现有少量盘状石核，体现出一定的计划性，大多数石核仍属普通石核，剥片中不见预制修理行为。工具的修理以单向为主，正向居多，反向次之，另有少量复向和转向。石核和石片特征显示对原料的利用率处于中等程度，或许与部分石料存在节理、质量不高，以及遗址附近石料较丰富有一定关系。

综上所述，伞顶盖遗址及道水流域新发现旧石器地点的石器工业具有华北地区石片石器工业的主要特征[11]，但同时仍保留了部分华南砾石石器工业的影响，呈现出某种过渡性的特点。

4.2 年代

调查的旷野遗址中缺少可供测年的哺乳动物化石和其他有机质材料，主要根据地貌发育和地层对比等进行年代的推断。对澧水流域旧石器所埋藏的河流二元相结构的阶地本身形成的年代已有研究者进行过研究[3]，但在阶地形成之后的阶地面上可再次形成堆积，近年对这种阶地及其上覆堆积的成因也有一些讨论[12]。据对一些南方红土剖面的观察，自上而下通常存在均质红色黏土、弱网纹红土、网纹红土、砾石层等堆积序列，研究者一般认为其上的均质红色黏土层年代为晚更新世时期[13]。伞顶盖旧石器地点石制品埋藏于均质红土层之中，应晚于所处的三级阶地形成的年代，结合石制品特征观察，推测其时代应在晚更新世中晚期阶段。在发掘的条头岗遗址进行的初步光释光年代结果也大致与上述的推断吻合。

4.3 考古学意义

华南旧石器时代石器工业与华北地区有着相对不同的发展道路，有研究者曾依考古材料划分为南、北方两大主工业[11]，南方主工业因大量以河床砾石作为原料，制作粗犷,石制品以大型的重型石器为主，包括砍砸器、手镐、手斧、石球等，因而又被称为砾石石器工业。澧水流域发现的早期石器具有典型的南方砾石工业特点，以三棱状大型手镐、石球和大石片最具特色。同时，也有不少学者注意到了华南地区在旧石器时代晚期的发展演变，即由砾石石器工业向石片石器工业的转变[14]。这种发展在不同的遗址中得到了越来越多的证实，如鸡公山遗址[15]、乌鸦山遗址[5]、银锭岗遗址[13]等。伞顶盖遗址及道水上游新发现的旧石器地点在原料开发利用、毛坯选择、器物组合、形态和大小等层面上与华南地区早期旧石器的石器工业相比，均显示发生了比较明显的变化，唯剥片技术和修理方式保持了较为稳定的持续性发展，其石器工业如上所述具有北方石片石器工业的主要特征，因而与以往研究者提出的华南地区石器工业的整体发展态势是一致的,但这种转变的时间节点从目前的发现看也许应比此前的认识提前。

砾石石器工业的影响虽然已很微弱,但仍可在这一区域的晚更新世中晚期遗址中见到,这可能与较为稳定的环境和古人类的多样性需求有关。华南地区大量旧石器晚期遗址的发现也表明,砾石石器工业的影响可能一直贯穿始终,只是在不同时段其所占的比例强弱有别。

有研究者曾提出中国旧石器考古中应摒弃"旧石器中期"的 3 期断代模式,而改为早、晚两期,并认为在北方地区以大致 40~50 ka 出现长石片-细石器工业时作为旧石器早期、晚期的时间分界点[16],这种观点对我们认识华南地区旧石器文化的发展演变也具有启发意义。王幼平教授对华北南部织机洞遗址的研究同样表明,由以砾石为原料的大型石器工业到以燧石和石英等块状原料加工的小型石片石器工业的演变发生于 40~50 ka 期间,并认为这种转变的发生是由于现代人在当地的出现及其行为特点所引起的[17]。华南旧石器文化具有的明显早、晚两期的石器技术,其转变的过程发生于何时,是否与北方地区具有同步性?伞顶盖遗址所呈现的早期石片石器工业的发展和过渡性文化特征,是早期人类行为变化的一种折射,进一步对遗址的年代框架、石器技术及人类行为进行深入研究,将对探讨上述问题有着重要意义。

参 考 文 献

1　向安强. 洞庭湖区澧水流域发现的旧石器. 见:四川大学博物馆, 中国古代铜鼓研究学会编. 南方民族考古(第三辑). 成都:四川科学技术出版社, 1991. 249-268.

2　袁家荣. 略谈湖南旧石器文化的几个问题. 见:中国考古学会编. 中国考古学会第七次年会论文集. 北京:中国文物出版社, 1992. 1-12.

3　袁家荣. 湖南旧石器的埋藏地层. 见:于炳文主编. 跋涉集. 北京:北京图书馆出版社, 1998. 13-26.

4　袁家荣. 湖南旧石器文化的区域性类型及其地位. 见:何介钧主编. 长江中游史前文化暨第二届亚洲文明学术讨论会论文集. 长沙:岳麓书社, 1996. 20-46.

5　封剑平. 澧县乌鸦山旧石器遗址调查报告. 湖南考古辑刊, 1999, 7: 6-20.

6　中国调查地质局. 二十世纪末中国各省区域地质调查进度. 北京:地质出版社, 2003. 236-251.

7　湖南省地质矿产局水文地质工程地质二队. 湖南省洞庭湖盆地第四纪地质研究报告. 长沙. 1990. 10-11.

8　湖南省地质矿产局水文地质工程地质二队. 湖南省洞庭湖平原环境地质问题综合评价报告. 长沙. 1991. 66-68.

9　卫奇. 石制品观察格式探讨. 见:邓涛, 王原主编. 第八届中国古脊椎动物学学术年会论文集. 北京:海洋出版社, 2001. 209-218.

10　Toth N. The Oldowan reassessed: A close look at early stone artifacts. Journal of Archaeological Science, 1985, 12:101-120.

11　张森水. 管窥新中国旧石器考古学的重大发展. 人类学学报, 1999, 18(3): 193-214.

12　来红洲, 莫多闻, 李新坡. 洞庭盆地第四纪红土地层及古气候研究. 沉积学报, 2005, 23(1): 130-137.

13　浙江省文物考古研究所, 长兴县文物保护管理所编. 七里亭与银淀岗. 北京:科学出版社, 2009. 186-256.

14　王幼平. 更新世环境与中国南方旧石器文化发展. 北京:北京大学出版社, 1997. 1-170.

15 刘德银, 王幼平. 鸡公山遗址发掘报告. 人类学学报, 2001, 20(2): 102-114.

16 高星. 关于"中国旧石器时代中期"的讨论. 人类学学报, 1999, 18(1): 1-16.

17 王幼平. 织机洞的石器工业与古人类活动. 见: 北京大学考古文博学院编. 考古学研究（七）. 北京: 科学出版社, 2007. 136-147

PRELIMINARY STUDY ON THE LITHIC ARTIFACTS FROM SANDINGGAI PALEOLITHIC SITE IN THE UPPER REACHES OF DAOSHUI RIVER, HUNAN PROVINCE

LI Yi-yuan

(*Hunan Provincial Institute of Cultural Relics and Archaeology*, Changsha, 410008, Hunan)

ABSTRACT

This paper briefly introduces the Paleolithic survey in the upper reaches of Daoshui river, Hunan Province, and mainly studies the stone artifacts discovered from Sandinggai site. Totally 632 lithic artifacts were found in this site, including cores, flakes, chunks and tools. Most of their raw materials are flint, and small to medium sized specimens are dominant. The lithic industry in this site possesses the main characteristics of flake industry in North China, with partial influence of cobble industry in South China. This new discovery has important significance in the study of the lithic technology and adaptive behavior of the ancient humans in Northwest of Hunan Province during the late Pleistocene.

Key words   Hunan, upper reaches of Daoshui River, Sandinggai, Paleolithic, Late Pleistocene

江西省新发现的旧石器材料*

崔 涛[1]　李超荣[2]　徐长青[1]　熊淑珍[3]　甘小桃[4]

(1 江西省文物考古研究所，江西　南昌 330003；
2 中国科学院古脊椎动物与古人类研究所，中国科学院脊椎动物演化与人类起源重点实验室，北京 100044；
3 江西省安义博物馆，江西　安义 330500；4 江西省靖安博物馆，江西　靖安 330600)

摘　要　2015 年 5-6 月在江西的安义、靖安和奉新进行了史前考古调查，发现了旷野遗址 15 处，年代涵盖了旧石器时代的早、中、晚期。考察发现石制品 200 余件，其中有石核、石片、石锤、石砧、刮削器、石球、砍砸器和薄刃斧等。此次重要的收获是从网纹红土地层发现精美的石球和砍砸器，该地层的年代初步推测逾 500 ka，这些材料对研究江西的史前历史具有重要的学术意义，也为研究中国的旧石器文化提供了新的资料。

关键词　江西省；石制品；网纹红土；旧石器时代遗址

1　前言

江西省旧石器时代考古调查与研究始于 20 世纪的 60 年代，中国科学院古脊椎动物与古人类研究所的黄万波和计宏祥在江西境内洞穴调查中，曾在乐平县的一洞穴堆积中发现几件石片。80 年代，陈万勇、邱中郎和许春华在萍乡市洞穴调查和发掘。80 年代末 90 年代初中国科学院古脊椎动物与古人类研究所的李超荣与江西文物考古研究所徐长青根据文物爱好者胡贤钢提供的线索，在安义发现了一些旧石器地点。后来，我们又在新余考察发现了一些旧石器地点。这些新发现的地点为研究江西的旧石器文化打下了扎实的基础[1-2]。26 年后，2015 年 5 月 7 日李超荣与徐长青和文物爱好者胡贤钢结缘在安义，与江西文物考古研究所的崔涛和国家图书馆的赵俊华在江西安义、靖安和奉新进行了史前考察，发现了旧石器时代旷野遗址 15 处，年代涵盖了旧石器时代的早、中、晚期。此次重要的收获是在遗址的网纹红土地层发现精美的石球和砍砸器等，年代初步推断逾 500 ka。这是江西旧石器考古的重要发现，对研究江西的旧石器文化具有重要的学术意义。为研究中国的旧石器文化提供了新的重要材料。

2　旧石器地点

由中国科学院古脊椎动物与古人类研究所、江西省文物考古研究所、江西省安义博物馆、江西省靖安博物馆和文物爱好者等组成的考古队，在江西潦河两岸的第二级

---

* 基金项目：国家自然科学基金（批准号：40972016）。
　崔　涛：男，33 岁，江西省文物考古研究所馆员，主要从事考古学工作.

和第三级阶地进行考察，发现旧石器地点 15 处旧石器地点（图 1 至图 8）。采集石制品 200 余件，其中部分标本出自地层。

图 1　安义舒家垄 I 旧石器遗址
Fig. 1　Shujialong I Paleolithic Site at Anyi

图 2　出自舒家垄 I 网纹红土地层的石球
Fig. 2　A core from Shujialong I Paleolithic Site at Anyi

在安义发现的旧石器地点有燕窝、舒家垄1号（图1至图4）、舒家垄2号、回春寺、茅店（图5）、野鸡垄（图6）、山下高家、郭家村和大长机砖厂。在这些地点中发现了石制品175件，其中有石核83件、石片63件、碎片14件、石锤6件、石砧2件、石球1件、砍砸器2件和刮削器4件。

在靖安发现的旧石器地点是庙公头、荆坪砖厂、九里岗（图7）和香田村。发现石制品16件，其中包括石核8件、石片6件和砍砸器2件。

在奉新发现的旧石器地点有岗上村熊家砖厂和南官村两个地点。11件石制品包括石核8件、石片1件、砍砸器1件和薄刃斧1件（图8）。

图3　出自舒家垄Ⅰ网纹红土地层的砍砸器

Fig. 3　A chopper from Shujialong I Paleolithic Site at Anyi

3　结语

我们此次考察最主要的收获是在网纹红土的地层中，发现了精美的石球和砍砸器等标本，另外还采集到了手斧。根据地质地貌和地层，我们初步确定潦河第三级阶地网纹红土的地质时代属于中更新世，考古学年代是旧石器时代早期，距今大约逾500 ka。潦河第二级阶地发现的石制品的地质时代为晚更新世，考古学年代为旧石器时代的中、晚期。

从发现的200余件石制品初步观察分析来看，石器的打片方法和石器的加工技术和类型都与广西百色盆地的石制品类似。石制品出土网纹红土地层也与广西百色盆地网纹红土地层类似[3]。这些新材料的发现为对研究江西的史前文化具有重要的学术意义，对深入研究中国的手斧增加了新的材料。

图 4 野鸡垄旧石器早期遗址
Fig. 4 Yejilong early Paleolithic Site

图 5 安义茅店采集的手斧和手镐
Fig. 5 Hand axes and hand picks from Maodian at Anyi

图 6　靖安九里岗采集的手斧

Fig. 6　Hand axes from Jiuligang at Jingan

图 7　奉新岗上村熊家砖厂薄刃斧

Fig. 7　Cleaver from Shangcun at Fengxingang

关于石器地点的文化内涵和遗址的地质年代，还需要考古工作者，今后发掘重要的旧石器地点和综合深入研究来解决。

致谢 在我们的调查中，江西省文物考古研究所、中国科学院古脊椎动物与古人类研究所、安义文化局和靖安文化局给予大力支持。文物爱好者胡贤岗也给我们的工作热情支持，作者特致谢意。

参 考 文 献

1　李超荣，徐长青. 江西安义潦河发现的旧石器及其意义. 人类学学报, 1991, 10(1): 34-41.
2　李超荣，侯远志，王强. 江西新余新发现的旧石器. 人类学学报, 1994, 13(4): 309-313.
3　广西壮族自治区博物馆. 百色旧石器. 北京：文物出版社, 2003. 1-180.

THE STONE ARTIFACTS OF NEW FIND IN JIANGXI PROVINCE

CUI Tao[1]　LI Chao-rong[2]　XU Chang-qing[1]　XIONG Shu-zhen[3]　GAN Xiao-tao[4]

(1 *Jiangxi Province Institute of Archaeology,* Nanchang 330003, Jiangxi; 2 *Key Laboratory of Vertebrate Evolution and Human Origins of Chinese Academy of Sciences, Institute of Vertebrate Paleontology and Paleoanthropology, Chinese Academy of Sciences,* Beijing 100044; 3 *Anyi Museum,* Anyi 330500, Jiangxi; 4 *Jingan Museum,* Jingan 330600, Jiangxi)

ABSTRACT

Fifteen Paleolithic sites were found in May and June, 2015, in Jiangxi Province by our archaeology team. There are about 200 stone artifacts, including cores, flakes, hammer stone, anvils, scrapers, stone ball, choppers and cleaver. According to the study of stratigraphy and the characters of stone artifacts, these sites may be dated to the Late Pleistocene and Middle Pleistocene. Some good stone ball and choppers were found in patterned red soil of Shujialong Paleolithic site. It is a very important discovery. The age of the site may be dated about 500 ka BP.

Key words　Jiangxi Province, stone artifacts, patterned red soil, Paleolithic sites

广西革新桥遗址打制石制品研究*

陈晓颖　林　强　谢光茂

(广西文物保护与考古研究所，广西　南宁 530003)

摘　要　革新桥遗址位于百色市百色镇东笋村百林屯东南面约 300 m 的台地上，地理坐标为 23°53′07″N，106°33′15″E。2002 年发现，同年 10 月至 2003 年 3 月发掘，发现一大型石器制造场，出土数以万计的文化遗物和自然遗物。年代为距今 6 000~5 500 年。文化遗物以石制品为大宗，分为打制石制品和磨制石制品两大类。打制石制品占很高比例，种类有石核、石片和工具。剥片以锐棱砸击法为主，石核台面未经修理；石片多宽大于长；工具多用锤击法加工而成，以单面加工为主，类型包括砍砸器、手镐和刮削器，以砍砸器为主。总体而言，革新桥遗址的打制石制品和广西地区旧石器时代晚期的相似，表现出相同的工业传统。

关键词　打制石制品；新石器时代；革新桥遗址

1　前言

革新桥遗址位于百色市百色镇东笋村百林屯东南面约 300 m 的台地上，东北距百色市约 10 km，地理坐标为 23°53′07″N，106°33′15″E，海拔高程为 128 m。背山面水，自然环境非常优越。2002 年发现，分布面积约 5 000 m²。2002 年 10 月至 2003 年 3 月，广西文物保护与考古研究所为配合基建而对遗址进行抢救性发掘，揭露面积 1 600 m² 余。发现一处面积约为 500 m² 的石器制造场和两座墓葬，出土数以万计的石制品及大量动植物遗存。遗址时代为新石器时代中晚期，绝对年代为 6 000~5 500 a BP。革新桥遗址是百色地区面积较大、保存最好的新石器时代中晚期遗址。特别是这里发现的石器制造场，其规模之大，石制品之丰富，保存之完好，在全国也是罕见的，对于研究当时的石器制作流程、制作工艺与技术以及社会分工等方面具有非常高的学术价值。因此，该遗址的发掘，被评为 2002 年度"中国十大考古新发现"之一。

革新桥遗址地层堆积共有五层，其中第一、第二层为近现代文化层；第三至第五层为新石器时代文化层。新石器时代的文化遗存分为两期。第一期，即第五层，包括墓葬和石器制造场，出土遗物除大量石制品外，还有少量陶片，年代为 6 000 a BP；第二期，包括第三、第四层，没有发现遗迹，出土石制品和陶片，年代为 5 500 a BP。两期的石制品均可分为打制石制品和磨制石制品两大类，其中打制石制品占很高比

---

*陈晓颖：女，34 岁，吉林蛟河人，助理研究员，主要从事旧石器时代考古学研究。E-mail 75666253@qq.com

例。两期的打制石制品之间没有明显的差别。本课题仅就遗址出土的打制石制品进行初步的研究。

2 打制石制品的介绍

2.1 原料

革新桥遗址出土的打制石器多用砾石制作，石制品原料有砂岩、硅质岩、辉绿岩、玄武岩、石英等，以砂岩为主，其次为硅质岩。不同的器类，原料的比例有所不同。石核以砂岩和硅质岩为主要原料，比例分别为80.8%和8.2%；石片也是砂岩的数量最多(70.5%)，其次为硅质岩（11.3%）；砍砸器以砂岩为原料的占59.5%，以辉绿岩为原料的占22.5%；手镐多以砂岩为原料（53.3%），其次为辉绿岩（40%）；刮削器则以砂岩为原料的最多（53.5%），硅质岩次之(23.2%)。

2.2 石片

革新桥遗址出土石片247件，其中第一期238件，第二期9件。石片的原料有砂岩、玄武岩、硅质岩、辉绿岩等，其中砂岩数量最多，其次为硅质岩和玄武岩，其他原料数量很少。形状有四边形、三角形、椭圆形、长叶形、不规则等，其中以不规则形状的最多，约占43%，其次为四边形，叶形最少。绝大多数石片为自然台面，人工台面（素台面）很少。剥片方法有锤击法、碰砧法和锐棱砸击法，其中锐棱砸击法的标本最多（49%），次为锤击法（41%），碰砧法最少（10%）。具有双锥体的标本很少。宽大于长的石片较多，占55%。多数石片的背面保留有或多或少的砾面。所有石片均未见使用痕迹（图1:6）。

2.3 石核

革新桥遗址出土石核75件，其中第一期73件，第二期2件。石核的原料有砂岩、石英、硅质岩、玄武岩、辉绿岩等5种，其中砂岩数量最多，占80%以上，其次为硅质岩，玄武岩和辉绿岩都很少。形状有圆形、椭圆形、三角形、四边形和不规则等，其中不规则形数量最多，其次为圆形，三角形最少。台面有单台面、双台面和多台面等3种，其中单台面最多。打片方法有锤击法、锐棱砸击法、碰砧法等3种，其中锤击法最多，次为砸击法，碰砧法最少。可分自然台面和人工台面(素台面)，其中前者较多，后者较少。石核尺寸较大，多数在10 cm以上（图1:7）。

2.4 工具

2.4.1 砍砸器

共293件，其中第一期275件，第二期18件，是工具类中数量最多的一种。多以砾石为素材，个别标本的素材是石核或石片。原料中砂岩最多，次为辉绿岩。多数使用锤击法单面加工，制作简单，多数刃面仅由一层或两层片疤组成，具有三层以上片疤的标本极少。把手部分均保留有一定程度的砾石面，大多数标本未见使用痕迹。可分为单边刃砍砸器、双边刃砍砸器、多边刃砍砸器、尖状砍砸器和盘状砍砸器5种，其中单边刃砍砸器数量最多，盘状砍砸器最少。器身长度一般在10 cm左右，重约500 g，刃角在55°–65°之间。一些标本的把手部位有砸击坑疤，表明该标本还作为石锤使用(图1:1~5)。

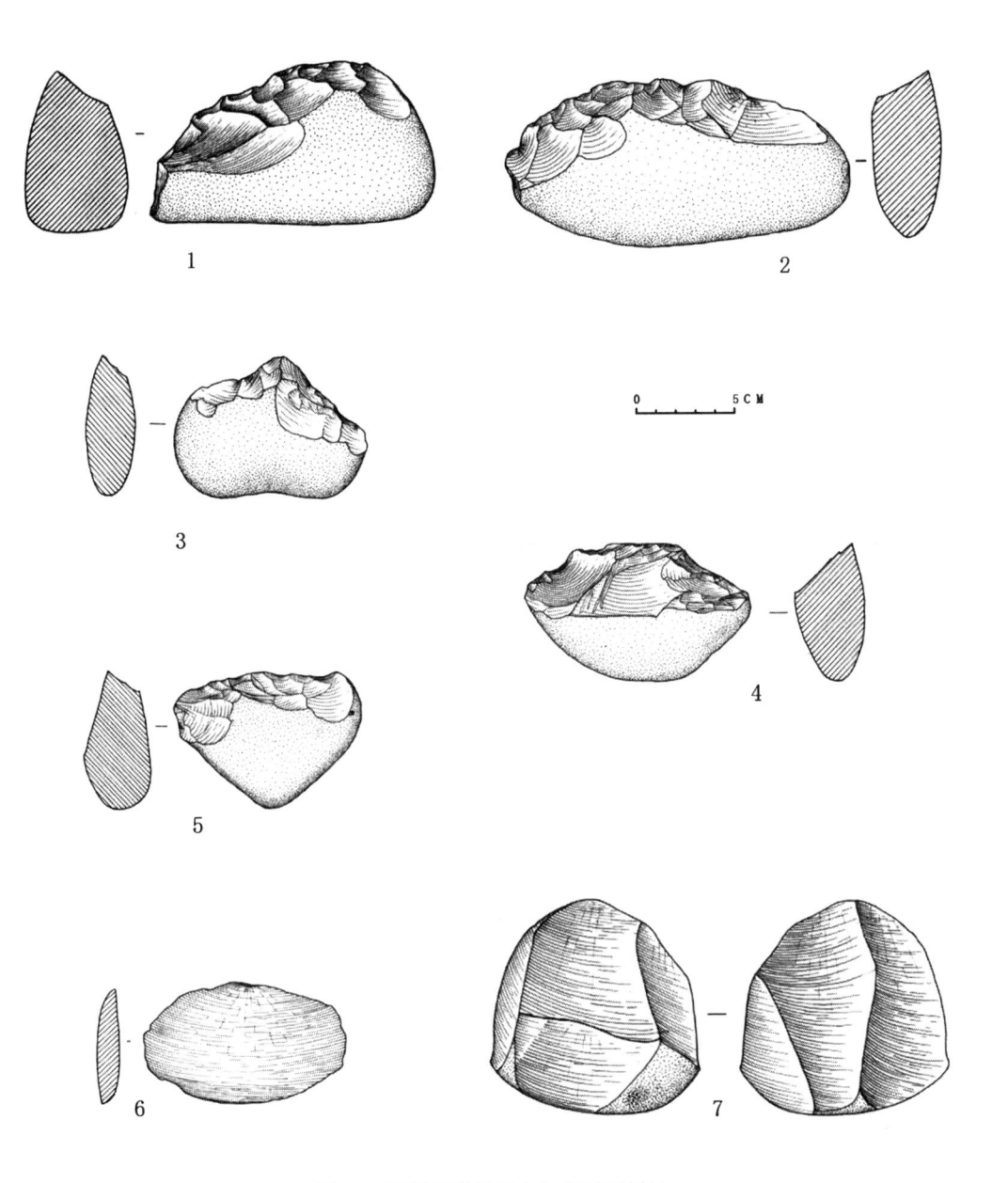

图 1　革新桥遗址出土的打制石制品

Fig.1　Chipped stone artifacts from Gexinqiao site

2.4.2　手镐

共 42 件，其中第一期 30 件，第二期 12 件。手镐全部以砾石为素材，原料以砂岩、辉绿岩为主，其他岩性的很少。通常由砾石两侧向一端打制出尖刃，多为单面加工，两侧刃缘整齐，修疤浅平，部分标本上部可见两侧片疤相交而成的纵脊。少数标本具有使用痕迹。器身多为梨形，三角形最少。平均长度为 11 cm，重 420 g。少数手镐还作为石锤使用（图 2: 1, 4~5）。

2.4.3 刮削器

刮削器数量不多，只有 61 件，其中第一期 56 件，第二期 5 件。原料中砂岩最多，次为硅质岩。刮削器的素材种类比砍砸器和手镐丰富，有砾石、石片和断块 3 种，其中以砾石为素材的最多，其次为石片。多数为锤击法单面加工，极少数为两面加工，绝大多数没有使用痕迹。刃缘多位于器身的一端或一侧，偶见双刃及复刃，刃缘齐平和呈锯齿状的各占一半。根据刃缘的位置及数量可以分为单边刃刮削器、双边刃刮削器、多边刃刮削器和盘装刮削器 4 种。器身平均长 9 cm，重 200 g（图 2:2~3）。

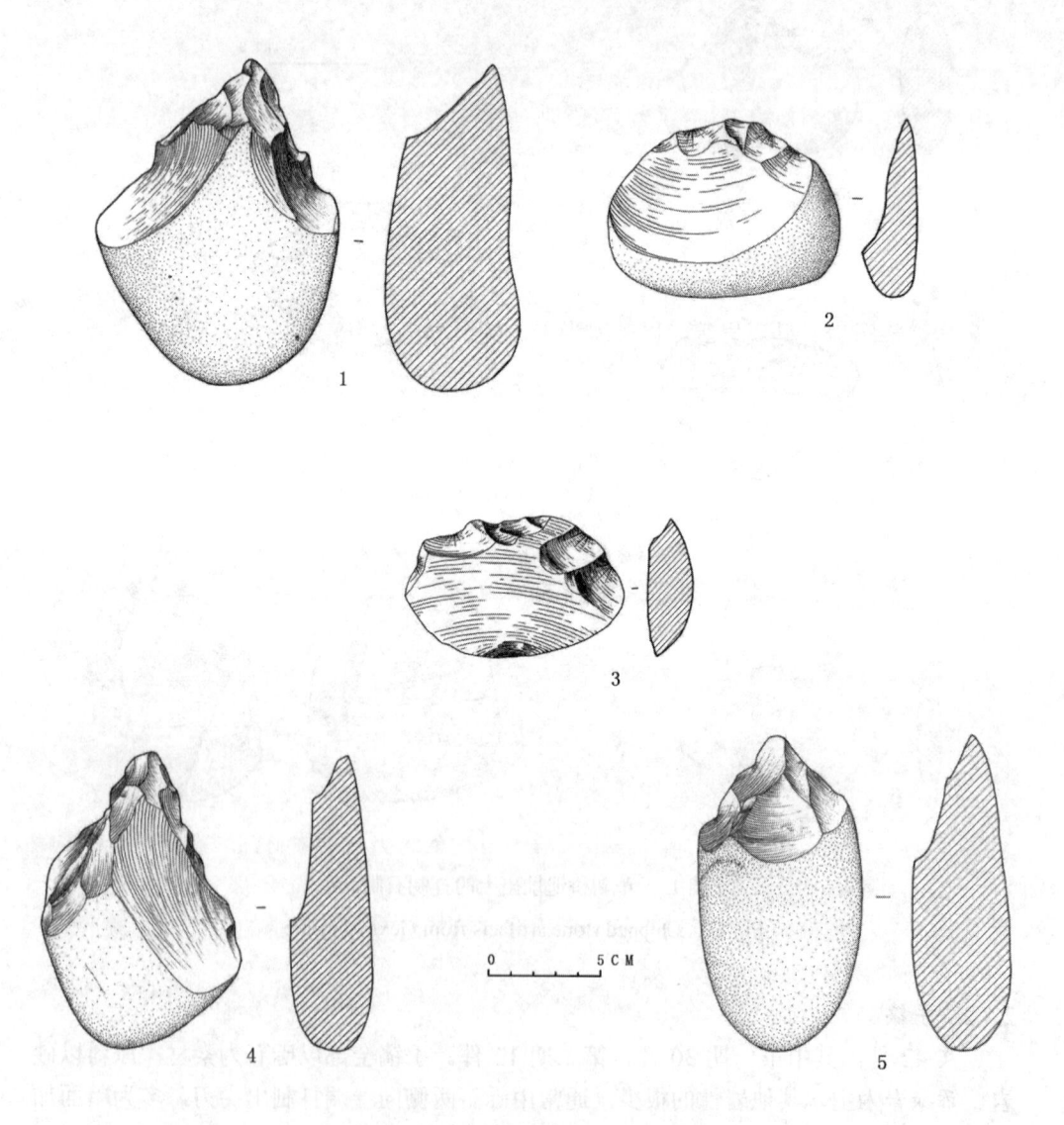

图 2　革新桥遗址出土的打制石器

Fig.2　Chipped stone tools from Gexinqiao site

3 革新桥遗址打制石制品的主要特征

3.1 原料的选择

石制品原料是史前人类制造工具和从事生产、生存活动的最重要的生产资料,人类对特定石料资源的利用程度揭示着该人类群体的石器制作水平和对生态环境的适应能力[1]。一个遗址石器工业面貌的成因,离不开自然因素和人类不同经济活动的因素,但同时原料对石器的工业面貌也有着非常大的影响。原料的结构特征和产出情况对人类行为的特征具有十分重要的影响。不同的石料特性在某种程度上决定了人类加工石器的技术情况。比如一些石料节理发育,这就使得精细加工变得困难,会产生许多形制不甚规范的石器,如节理十分发育的石英,加工成形制规整的石器比较困难,产出率较低。而匀质性及硬度较好的原料使得加工者更容易获得理想中的工具形制,比如燧石便是制作石器的理想原料。

革新桥遗址出土石制品原料种类较多,其中砂岩的数量最多,占所有原料的大部分。在革新桥遗址的一类工具中,石锤的岩性主要是砂岩和辉绿岩;石砧和磨石都是以砂岩为主;砺石的岩性单一,只有砂岩一种;打制石器中,砍砸器的岩性有多种,有砂岩、辉绿岩、硅质岩等,以砂岩为主,辉绿岩也占有较大比例;刮削器也是以砂岩为主。这是因为砂岩的匀质性和硬度适合制作石器。

古人类在开发利用石器原料资源方面所付出的代价与收获之间关系主要取决于原料的分布、人类获得原料所需的时间和体力上的安排,"就地取材"或"因地制宜"在相当长的时间里是早期人类选择原料的原则,时代越早,这个原则表现得越突出[1]。通过发掘者的调查及分析,革新桥遗址附近的右江河滩的砾石和六劳溪岸边的岩块不论是岩性、形状和大小,还是石料的颜色和风化程度,都和遗址出土的石料高度一致,表明革新桥人就地取材,从河边将石料搬运到遗址来进行石器加工[2]。

遗址出土的石器多以砂岩为原料,很大一部分原因是遗址附近极易获得砂岩原料。硅质岩和辉绿岩,在右江的河滩上和东侧的支流也均有发现,古人类从河边将石料搬运到遗址来进行石器加工,是非常方便易行的。原料被利用的程度体现了一个遗址中石器的制作和使用的过程,革新桥遗址打制石器使用的原料利用率低,第二步加工较为简单,出土的各种工具,在很大程度上能推断出石器素材的形态,这是因为绝大多数工具都是用砾石直接加工而成,器身大部分保留砾石的形状。通过比对遗址出土的石料和石器的分析,可以看出,人类对原料的选择具有很强的目的性和倾向性,对岩石的特性有较高的认识。

3.2 剥片方法

从石核上剥离石片是古人类最基本的加工行为,打片体现了人类对石核的利用程度。革新桥遗址打制石片的方法包括锤击法、锐棱砸击法、碰砧法3种,其中大部分使用锐棱砸击法打制,其次为锤击法,碰砧法使用不多。遗址出土的石片台面几乎不加修理,直接以砾石面为台面,并且石片的背面都保留有砾石面,个体较小,边缘也很少发现使用痕迹。这表明当时的石核利用率较低,且石片的利用程度也很低。

3.3 石器加工技术

石器的制作一般都要经过剥片和修整，不同的器形，不同的素材加工过程会有差别。革新桥遗址制作砍砸器和手镐的素材大多为砾石，而制作刮削器的有砾石、石片、断块。基本都是使用锤击法直接加工而成，不见压制修理技术。在加工方式方面，单面加工的石器占95%以上，两面加工的数量极少。加工的部位多在器身的一端或一侧，多数器身保留有砾石面，少见通体加工的标本。这些表明革新桥遗址的加工技术较为成熟，不论从原料的选择、工具的加工方式、加工部位都较为稳定成熟，部分工具较为精美，具有一定的进步性。

3.4 工具组合

旧石器时代中国南方砾石石器工业中，工具类型主要有砍石砸器、手镐、石球、刮削器、手斧、盘状器、半月形器等。此外，还有大量的石核、石片[3]。广西地区的情况也基本相同。到了新石器时代，广西地区打制石器的工具组合没有发生大的变化。砍砸器一直是新石器时代打制石器的主要工具类型，特别是在早、中期，晚期所占比例有所下降。

刮削器在新石器时代早期遗址中发现的不多，甚至甑皮岩[4]遗址未见有刮削器。革新桥遗址出土的工具有砍砸器、手镐、刮削器，均是较为常见的器形。砍砸器的数量最多，其次为手镐，刮削器数量最少。多数标本是使用砾石加工而成，利用断块及石片加工的极少。事实上，革新桥打制石器中工具组合和广西的北大岭遗址[5]、坡六岭遗址[6]、百达遗址[7]、坎屯遗址等[7]新石器时代遗址的基本一致，只是不同的遗址中各类工具的比例略有不同。

4 讨论与小结

4.1 革新桥遗址出土的打制石制品继承了本地旧石器的传统

广西地区目前已发现的新时期时代遗址约400多处，其中已发掘的大约有40余处，主要为为洞穴、阶地、贝丘3种类型。目前经过发掘的广西新石器时代遗址都有一个明显的特点，就是打制石制品与磨制石制品共存。在新石器时代早期，打制石制品占据支配地位；随着时间的向后推移，打制石制品的比例逐渐下降，到了新石器时代晚期降为次要地位，并逐步谈出历史舞台。革新桥遗址虽然属于新石器时代中、晚期，但因地处西部山区，打制石制品仍占很高的比例。

该遗址出土的打制石器主要以砾石为素材，剥片方法主要有锐棱砸击法、锤击法和碰砧法。石核利用率低；石器多使用锤击法加工，以单面加工为主，通常由素材校平的一面向另一面面打击，偶见两面加工的工具也是以一面加工为主；另一面加工仅为辅助性，加工部位也多为一侧或一端，加工比较简单，器身通常保留了较多的砾石面；工具组合主要有砍砸器、手镐、刮削器，以砍砸器为主。这些特征均和广西旧石器时代、特别是旧石器时代晚期的砾石石器相同，表明这一地区新石器时代的打制石制品继承了旧石器的传统。但也有不同之处，比如在原料发生了明显的变化，节理发育，不易加工的石英和韧性较大的石英岩几乎不见，说明新石器时代的人类对原料的选择和驾驭能力更强。同时革新桥遗址的打制石器的素材较为扁平，石器的尺寸也较小，形制更为稳定。这些都是进步的表现。

4.2 与周边文化的交流

革新桥遗址出土的石片多数都是锐棱砸击石片，这种技术最早见于贵州穿洞遗址[8]，贵州水城硝灰洞遗址[9]，兴义猫猫洞[10]也多以锐棱砸击技术为主，这一技术在云贵高原较为盛行。由于百色盆地西面与云贵高原相邻，右江、红水河均发源自云贵高原边缘，因此云贵高原东南边缘的原始文化与百色盆地的原始文化会有许多的交流与碰撞。比如新石器时代早期的百达遗址已使用了这种技术，而在革新桥遗址中锐棱砸击法成为主要的剥片方法。这表明革新桥遗址既有本土文化的鲜明特征，也具有周围地区的文化因素[11]。

4.3 打制石器延续时间长，分布范围广

岭南的（特别是广西的）打制石器从旧石器时代早期一直到新石器时代晚期都长期存在。缘何打制石器能够如此长时间、大范围存在？这是因为在冰后期，全球气候进入全新世大暖期，广西境内喜暖湿的植物繁盛，水生动物开始大量繁殖、生长，特别是贝、螺、蚌等，为早期人类提供了丰富的食物资源。因此史前人类的生业模式也由旧石器时代的狩猎采集经济，逐渐转化为渔猎采集经济，特别是到了新石器时代中晚期，渔猎经济占据了主导地位。

从革新桥遗址出土有大量哺乳动物骨骼和水生动物遗存的现象来看，具有典型的华南临近地区的依赖水生食物的采集渔猎方式，即广谱的或"富裕的食物采集文化"。此外，植物学家对革新桥遗址周围的植物做了调查，发现可供人类食用的植物多达 30 余种，包括果实类、块茎类和草本类，这些都为史前人类维持生存提供了很好的食物资源，也正是因为水生动物和植物资源的丰富，史前人类也更倾向于捕捞和采集而非需要漫长时间种植培育的稻属作物栽培，所以广西的农耕活动相对较少，而采集渔猎经济一直延续到新时期时代晚期才有所改变。这种生业经济和旧石器时代晚期没有多大的变化，与之相适应的生产工具——打制石器与旧石器时代的也就基本相同了。

参 考 文 献

1　裴树文，侯亚梅. 东谷坨遗址石制品原料利用浅析. 人类学学报，2001, 20(4): 271-281.

2　广西文物考古研究所. 百色革新桥. 北京：文物出版社，2012. 1-593.

3　刘礼堂，祝恒富，解宇. 旧石器时代南方砾石工业初探. 武汉大学学报（人文科学版），2010(5):631-635.

4　中国社会科学院考古研究所，等编. 桂林甑皮岩. 北京：文物出版社，2003. 1-775.

5　林强，谢广维. 广西都安北大岭遗址考古发掘取得重要成果. 中国文物报， 2005-12-2.

6　林强. 广西红水河流域新石器时代台地遗址的发现和研究. 南方文物，2007 (3): 54-58.

7　谢光茂. 广西百色百达遗址考古发掘获重大发现. 中国文物报，2006-4-7.

8　张森水. 穿洞史前遗址（1981 年发掘）初步研究. 人类学学报，1995, 14(2): 132-149.

9　曹泽田. 贵州水城硝灰洞旧石器文化遗址. 古脊椎动物与古人类，1978, 16(1): 67-74.

10 曹泽田. 猫猫洞旧石器之研究. 古脊椎动物与古人类, 1982, 20(2): 155-168.

11 李大伟, 谢光茂. 试论广西新石器时代打制石器. 见: 广西文物考古研究所编: 广西考古文集第四辑. 北京: 科学出版社, 2010. 348-365.

A STUDY OF THE CHIPPED STONE ARTIFACTS FROM GEXINQIAO NEOLITHIC SITE

CHEN Xiao-ying   LIN Qiang   XIE Guang-mao

(*Guangxi Institute of Cultural Relics Protection and Archaeology*, Nanning 530003, Guangxi)

ABSTRACT

The prehistoric site of Gexinqiao is located at 23°53′07″ N, 106°33′15″ E, near Bailin Village, about 10 km west to Baise City, Guangxi, South China. It was excavated by the Guangxi Institute of Cultural Relics and Archaeology from October, 2002 to March, 2003 due to the construction of an express way. Five stratigraphic layers were identified of the deposits. Layer 1 (from the surface) and layer 2 are historic and had been much disturbed in recent times. Layer 3 to layer 5 are Neolithic. These five layers equate to four cultural layers with three being the Neolithic.

A stone workshop of about 500 m^2 and two burials were discovered. 22,440 artefacts were recovered from Gexinqiao, excluding debitage and the cobbles and fragments from cultural Layer 2 and Layer 3. These cultural remains include stone artifacts and pottery. In addition to this, large quantities of animal and plant remains were found. Stone artifacts dominate, accounting for 22,363 items, most of which come from the stone workshop. Based on stratification and cultural remains unearthed, the Gexinqiao assemblage consists of two phases. Cultural Layer 1, including the stone workshop and burials, belongs to Phase I; cultural Layer 2 and Layer 3 belong to Phase II. Based on radiocarbon dating and cross-cultural comparison with those found in Guangxi region, Phase I is dated to about 6,000 a BP, and Phase II to 5,500 a BP.

Stone artifacts were unearthed from all three cultural layers but the vast majority came from the stone workshop in depositional Layer 5. They can be divided into six categories: raw materials, percussion stone, abrading stones, chipped tools, ground tools, and debitage.

Chipped stone artifacts consist of cores, flakes, choppers, scrapers and picks. Choppers are most abundant.

Raw material for the chipped tools are mostly sandstone, others are diabase, siliceous rock and, rarely, quartz and basalt. The average size of a cobble is 5-10 cm in length. A comparative study of the raw materials with the cobbles and rocks in the area near the site shows that the cobble material came from the gravel of the Youjiang lower terrace.

a) Flakes

It is difficult to distinguish the deliberately made flakes from the by-products of tool making, but at least most of the small ones about 3 cm below in length belong to the latter group, for they are usually amorphous. No flakes from this site show any mark of platform preparation, and more or less cortex remains on the back of the flakes, especially the large ones. No traces of use can be found on the flake edges(Fig. 1: 6).

b) Cores

Cores are small in number. They are usually large in size, some even enormous. There is a variety of shapes, and most of them are amorphous. Direct percussion, line-platform technique and anvil technique are used for flake detachment. Cores with one platform are the most common. No prepared platforms were found. There was a very low usage of cores (Fig. 1: 7).

c) Choppers

Choppers comprise the largest number in this series. Nearly all are made on cobbles that are usually of flattish oval, elongated oval, or circular shape. Sandstone comprises the main raw material, diabase and siliceous rock are also identified. On the tools, one face is partly flaked and trimmed and the other is left as the original cortex. Average length is about 10 cm, and near 500 g in weight. The working edges are usually straight or slightly convex. Edge angles vary from 55° to 65°. Few utilized traces can be observed on the working edge. Some choppers bear pits at the butt end, indicating they were also used as a hammer (Fig. 1: 1-5).

d) Picks

All the picks were made on cobbles, and in most cases were worked on the upper surface only, leaving large areas of cortex. They have a plano-convex or triangular cross section at the pointed part. The average length is about 11 cm, and weight, about 420 g. The secondary working was often made on the tip. A few of picks are also served as hammers （Fig. 2: 1,4-5）.

e) Scrapers

Most of the few scrapers were made on cobbles, followed by flakes and rare fragments.

They were mostly made unifacially. Those made on cobbles often have a flat base which is left unflaked. Their average length is near 90 cm, and weight, 200 g. Few traces of use can be observed on the edges （Fig. 2: 2-3）.

The chipped stone tools from Gexinqiao Neolithic site belong to the pebble/cobble tool industry. They are very similar to the Palaeolithic assemblages of this region, especially those of late Palaeolithic. Therefore, the chipped stone tools from Gexinqiao inherited from the late Palaeolithic cultures in this region, and developed locally. Their continuous exist in the Neolithic mainly due to the similar natural and ecological environments..

Key words   Retouched stone artifacts, Neolithic, Gexinqiao Site

泥河湾盆地象头山科普走廊构想*

岳峰[1] 刘佳庆[1] 李凯清[1] 赵文俭[1] 侯文玉[2] 贺伟[2]
王元[3] 同号文[3] 董为[3] 卫奇[3]

(1 河北省泥河湾国家级自然保护区管理处,河北 张家口 075000；

2 泥河湾博物馆,河北 阳原 075800；

3 中国科学院古脊椎动物与古人类研究所,中国科学院脊椎动物演化与人类起源重点实验室,北京 100044)

摘 要 泥河湾盆地象头山开设科普走廊,以象头化石的发现开展科学普及。不仅说明这里发现了早更新世较早时期的南方猛犸象（*Mammuthus meridionalis*）头骨,还介绍了长鼻类以及生物系统演化,同时阐明泥河湾、泥河湾盆地、泥河湾期、泥河湾组、泥河湾动物群、泥河湾文化的概念。

关键词 头骨化石；南方猛犸象；科普走廊；泥河湾盆地

1 前言

2007 年夏天,中国科学院古脊椎动物与古人类研究所裴树文在泥河湾盆地组织旧石器时代考古野外调查,河北省阳原县大田洼乡东谷它村贾全珠和白瑞花在钱家沙洼发现一处化石地点,这个地点位于大水沟和小水沟之间的一个土山南坡,我们称这个土山为象头山。化石地点的地理坐标 40°11′45″N, 114°39′06″E,海拔 882 m。

2014 年河北省泥河湾国家级自然保护区管理处经国土部批准对这个化石地点进行了发掘,出土一具相当完整的真象头骨[1-2],经中国科学院古脊椎动物与古人类研究所金昌柱、张兆群、王元和台湾自然科学博物馆张钧翔等鉴定其头骨属于南方猛犸象（*Mammuthus meridionalis*）[3]。

为了宣传泥河湾,2015 年河北省泥河湾国家级自然保护区管理处决定在象头山就地建立化石（模型）展示厅,并设置科普走廊,尝试科学走向社会走向群众,为创造社会效益做点力所能及的有效贡献。诚然,泥河湾在走向世界的同时,更须让更多的人了解泥河湾。

泥河湾是桑干河畔的一个普普通通的村庄,1911 年法国神父林懋德在这里设立教堂传教[4]。1923 年英人巴尔博首先进入泥河湾盆地进行考察,提出"泥河湾层"[5],1924−1926 年在泥河湾和小水沟发现和发掘出建立了"泥河湾动物群"[6-7]。1948 年,杨钟健向第 18 届国际地质大会提交的论文中,阐明"泥河湾哺乳动物群与周口店动

---

* 基金项目：河北省国土资源厅地质遗迹保护专项资金.
  岳 峰：男,32 岁,地质工程师。Email: 286170343@qq.com.

物群关系更近",动物群特征"利于把泥河湾期看做更新世的开始"[8],但是"就中国之一般地质现象"认为以周口店期底部作更新统的开始"为最合适"[9]。1954年,在北京猿人第一个头盖骨发现25周年纪念会上,周明镇按照第18届国际地质大会意见,将"泥河湾期"正式列为早更新世[10]。

1953年,北京大学地质地理学系王乃樑、欧阳青、曹家欣和杨景春等在泥河湾盆地开展地貌与第四纪地质学教学实习,并进行了有关的研究工作[11]。后来国内外的许多科学工作者涌入泥河湾盆地考察研究,涉及晚新生代的方方面面[12-15]。特别值得一提的是:在1963年和1965年,中国科学院古脊椎动物与古人类研究所太原工作站王择义发现了峙峪遗址和虎头梁遗址,首先打开了泥河湾盆地旧石器时代的大门[16-17]。同时,在中国第一次从地层中发现了细石器,解决了东亚地区细石器无地层根据的特大难题。1972年,盖培在泥河湾村上沙嘴发现早更新世旧石器,揭开了泥河湾盆地早更新世的旧石器时代[18],实现了中外科学家近半个世纪的梦想,而且继山西西侯度遗址的发现再一次叩响了中国1 Ma历史的大门[19]。

泥河湾盆地,晚新生代地层如同一部深邃的历史经典,记录着数百万年以来的沧桑巨变和生物的演化以及远古人类活动的大量信息。目前,旧石器时代考古和地层古生物方面已经获得长足进展。盆地的旧石器时代遗存,数量众多,遗物丰富,形成一个更新世从早到晚完整而连续的古文化剖面,堪为世界考古一绝。美国印第安纳大学旧石器考古学家Nicholas Toth评说:"泥河湾盆地是真正的'东方之奥杜威峡谷'"。作为坦桑尼亚人而且在奥杜威峡谷工作大约15年的地质学家Jackson Njau说:"泥河湾盆地是奥杜威峡谷在东亚的卓绝典范。"[20] 在中国甚至东亚,发现的早更新世旧石器遗址大多集中在泥河湾盆地,目前分布在大田洼乡官厅村的黑土沟遗址可以追索到1.77 Ma~1.95 Ma前的较早时期,而且其文化性质具有鲜明的地区特色。泥河湾盆地的旧石器时代考古,如果说巴尔博、桑志华和德日进是科学奠基人,那么王择义是真正的开荒人,而盖培是解读1 Ma历史的第一人,可以说这是3个划时代的重要里程碑。第四个里程碑的创建将是发现泥河湾猿人化石或者找到比黑土沟遗址时代更早的旧石器[11]。

2 科学背景

2.1 泥河湾的由来

泥河湾原本是桑干河畔的1个普通的小山村(图1),因为这里有教堂[4],1923年英国地质学家巴尔博(图1下左)发现小渡口的河湖相沉积并定名"泥河湾层"[5],1924−1926年他与桑志华(图1下中)和德日进(图1下右)将泥河湾和下沙沟发现大量哺乳动物化石种类,称为"泥河湾动物群"[6-7],从此,泥河湾作为科学术语便走向世界。

2.2 走近泥河湾

数万年前桑干河盆地是1个大湖[21],民间也有"洪洋江"的传说。湖水存在时常有扩大和缩小交替变化,水位最高时可达海拔1 110 m[22]。湖盆里堆积了逾1 km厚的河流和湖相的地层。湖水消失后,桑干河出现,河湖相地层被切割逾100 m深(图2),

露头地层恰似一部打开的史书，记载着这里的沧海桑田的环境变迁以及古人类和100多个种类的哺乳动物曾经在湖滨的活动踪迹[15, 23-24]。目前，在泥河湾盆地发现的可以确认的最早古人类遗迹是大田洼乡官厅村黑土沟遗址，其年龄接近1.95 Ma[20, 25]。

图 1　泥河湾村与最早的科学开拓者

Fig. 1　Nihewan Village and the earliest scientific pioneers

2.3　泥河湾盆地

泥河湾盆地原先指的是桑干河盆地中泥河湾一带的桑干河河谷[6-7]，属于河流侵蚀盆地。实际上，泥河湾盆地就是桑干河盆地[11]，它是一个形状不规则的构造断陷盆地，也称泥河湾裂谷[15, 26]，面积达9 000 km²[21]，占据河北省张家口市的影响和蔚县部分与山西省大同市和朔州市的一些区县部分[11]。

图 2　泥河湾盆地的岑家湾台地和泥河湾陡坎

Fig. 2　The Cenjiawan platform and Nihewan cliff in Nihewan Basin

2.4　泥河湾盆地晚新生代地层出露综合剖面

泥河湾盆地，晚新生代地层出露超过200 m，地形呈台地和深沟大壑。底部可见上新统红色砂质黏土及其砾石层，或许还有更老的地层。最为醒目的是由灰黄相间的黏土、粉砂和砂砾层层叠叠构成的河湖相沉积，包括了下更新统泥河湾组、中更新统小渡口组和上更新统许家窑组，顶部覆盖晚更新世末期 12 m 左右厚的风成黄土。地层剖面恰似打开的史书，大量哺乳动物化石和原始人类的石器以及其他科学信息展示给世人[28]。这部分拟选择几张代表性地层剖面图和地质图展示。

2.5 泥河湾的概念

泥河湾的概念与泥河湾盆地、泥河湾期、泥河湾组、泥河湾动物群、泥河湾文化、"泥河湾人"的概念是属种关系（图3）。泥河湾盆地与桑干河盆地概念全同[11]。泥河湾期是更新世早期，其时间大致在 1 Ma ~ 2.858 Ma。泥河湾组是下更新统，即更新世早期形成的河湖相地层。泥河湾动物群是泥河湾期或下更新统泥河湾组的化石哺乳动物组合。泥河湾文化（Nihewanian Culture）是起源于泥河湾盆地的旧石器工业复合体（Nihewanian Industrial Complex），它一直延续到晚更新世[29]。"泥河湾人"是泥河湾文化的创造者，它是属于早期猿人的能人还是属于晚期猿人的直立人，或者是另外一种尚未发现的猿人，有待化石发现说明。泥河湾盆地存在猿人化石，他的发现只是在什么时间、什么地点、什么层位和谁先找到的问题[20]。

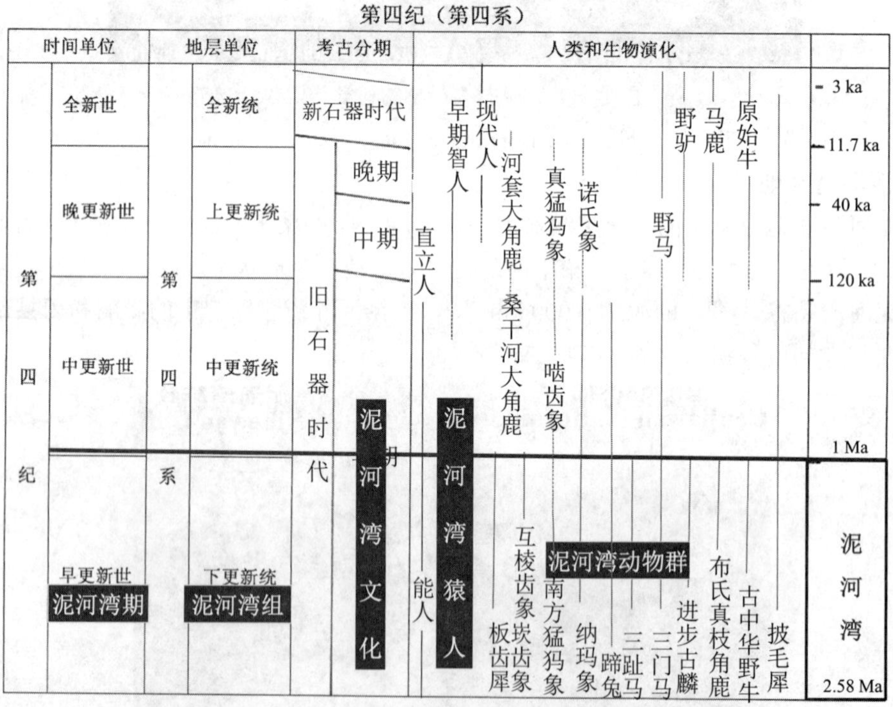

图 3　泥河湾的概念
Fig. 3　Concept of the Nihewan

3 发现与发掘

3.1 象头山化石地点

象头山（图 4）位于桑干河支流壶流河的右岸，隶属于河北省阳原县化稍营镇钱家沙洼村。象头山地貌部位相当于壶流河较高级阶地后缘，其地形被水流侵蚀而成山包，地层基本由泥河湾组河湖相沉积构成。2014年这里出土南方猛犸象的一个相当完整的头骨化石和零星的肢骨残片，还有马、犀、鹿和羚羊等的骨骼和牙齿化石。根据中国地质科学院地质研究所迟振卿和王永研究，该地点的年代为 1.77 Ma ~ 1.95 Ma 之间。

图 4 象头山鸟瞰

Fig. 4 A bird's eye view of the Xiangtou (Elephant head) mountain

3.2 发现

象头山化石地点是中国科学院古脊椎动物与古人类研究所裴树文于 2007 年组织野外调查时由东谷它村民贾全珠和白瑞花（图 5）发现的[2]。当时只发现一些象门齿化石碎片，2013 年，河北省泥河湾国家级自然保护区管理处勘探查明两边门齿都存在，后面还有头骨。

图 5 2007 年发现象门齿化石

Fig. 5 Fragments of elephant tusk discovered by Jia Quan-zhu and Bai Rui-hua in 2007

3.3 发掘

2014年经国土资源部批准进行正式发掘（图6），出土了一具象头骨化石[3]，其完整程度在中国极为鲜见。化石发现时，右门齿（大象牙）前部分已经缺失，顶骨略有变形。第3臼齿13个齿板，第2臼齿尚存5个齿板，门齿向外弯曲并逆时针扭转，施氏角小于90º。

图6 发掘情景

Fig. 6　Excavation at the site

3.4 象头化石安全出土，科学走向公众

南方猛犸象头骨化石安全出土，运到河北省张家口市国土资源局暂时保管，今后将在落成的中国地质博物馆张家口馆收藏展出。

在象头化石发掘过程中，到现场参观的群众和各级领导络绎不绝。拟展示一些群众参观及领导视察的照片。

4 有关长鼻类的知识

4.1 泥河湾盆地发现的其他种类象化石

长鼻类的骨骼和牙齿化石在泥河湾盆地较为常见，除了南方猛犸象外，还有延续到更新世早期的互棱齿象（*Anancus* sp.）、轭齿象（*Zygolophodon* sp.）、有更新世早期开始出现的纳玛古棱齿象（*Palaeoloxodon namadicus*）和草原猛犸象（*Mammuthus trogontherii*），在3.6 ka泥河湾盆地有亚洲象（*Elephas maximus*）存在（图7）。1972年泥河湾村上沙嘴发现的纳玛古棱齿象是一具相当完好的头骨化石，它的复原骨架陈列在台湾自然科学博物馆大厅里镇馆，它的发现指示这个物种在更新世早期在泥河湾盆地已经形成。在丁家堡附近桑干河床发现的亚洲象是东亚地区分布最晚最北的化石记录。

4.2 长鼻类的演化路线

长鼻类动物都长有由鼻和上唇构成的长鼻。它们是陆地上最大的哺乳动物，大多是生活在森林或草原上。长鼻类动物臼齿发达，且齿上多横嵴适于研磨，故可以吃坚韧的植物。现生长鼻类动物的代表就是我们熟悉的大象。目前已知最古老的象化石记录是摩洛哥的初象，发现在大约 60 Ma 前的古新世地层中[30]。初象略比兔子大一些，长鼻类动物在演化中体型由小变大，然后再由大变小，在上新世-更新世早期个体最大，大象近亲蹄兔变化最为显著，泥河湾盆地发现的更新世早期的蹄兔个体如同狮虎，但它在非洲的原始和现生种类且只有兔子那么大。在泥河湾盆地也发现了较为小型蹄兔，其出土层位可能时代较晚。

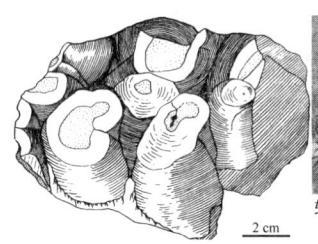

互棱齿象(*Anancus* sp.)发现在阳原县黑土沟和蔚县东窑子头水库沟与北水泉东沟的下更新统和上新统

轭齿象(*Zygolophodon* sp.)发现在蔚县大南沟的下更新统

亚洲象(*Elephas maximus*)发现在阳原县丁家堡桑干河河底全新统，其年龄3.6 ka

纳玛古棱齿象(*Palaeoloxodon namadicus*)头骨化石发现在泥河湾上沙嘴下更新统，年龄 1.6 Ma～1.7 Ma，该物种在泥河湾盆地更新世早中期普遍存在

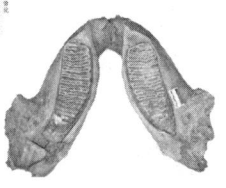

草原猛犸象(*Mammuthus trogontherii*)发现在阳原县山神庙嘴和马圈沟以及蔚县大南沟下更新统

图 7 泥河湾盆地发现的其他种类的象

Fig. 7 The others Elephants from Niohewan Basin

4.3 南方猛犸象在长鼻类时空演化中的位置

长鼻类的现生种只有亚洲象和非洲象，但是在史前的新生代曾经繁盛过，在大约 60 Ma 的演化过程中它们前仆后继表现得形形色色。化石发现表明，长鼻类在非洲北部产生后，大约经过了 300 ka，在渐新世晚期分化成恐象、短颌乳齿象和长颌乳齿象 3 个子系，长颌乳齿象经过剑齿象等阶段，最后演化到现在。在中新世-上新世，长鼻类扩展到欧亚大陆和北美洲，第四纪更新世扩散到南美洲。南方猛犸象、草原猛犸象和纳玛古棱齿象均为泥河湾盆地更新世早期出现的种类（图 8）。

4.4 猛犸象复原图

体形高大的猛犸象，主要繁盛时期在 150 ka 左右，约距今 10 ka 的时候突然全部绝灭了。猛犸象已知最大的种类草原猛犸，肩高 4.5 m，体重达 10～12 t，个别雄性的体重超过 12 t，象牙狰狞弯曲，长达 2 m[33]。

4.5 早期猛犸象地理扩散路线图

科学家认为，早期的猛犸象从非洲演化而来，然后扩散到欧亚大陆。晚更新世可能与人类一同到达美洲[33]。

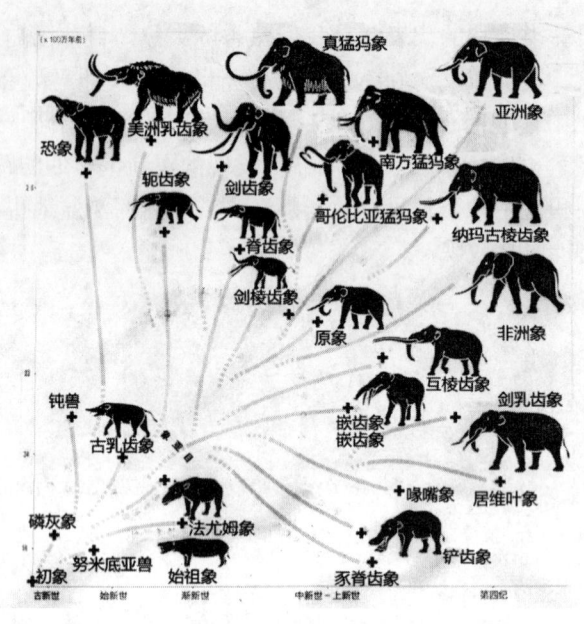

图 8　南方猛犸象在长鼻类演化中的位置[32]

Fig. 8　Position of *Mammuthus meridionalis* in the Proboscidea evolution

4.6　猛犸象的演化略图

科学家认为猛犸象家族是从罗马尼亚象经过南方象演化而来，经历了南方猛犸象-草原猛犸象-真猛犸象和哥伦比亚象的演变（图9）[33]。

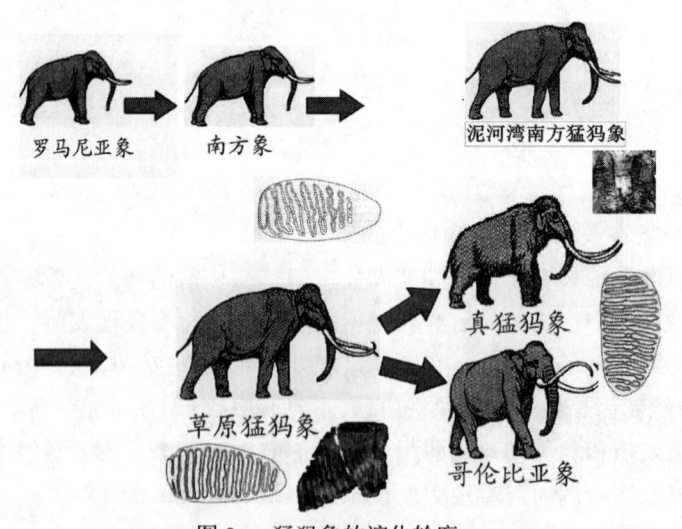

图 9　猛犸象的演化轮廓

Fig. 9　Evolution contour of the mammoth

4.7　真猛犸象的生态环境

真猛犸象(*M. primigenius*)，又称长毛猛犸象，是猛犸象属的能适应干冷的寒带生存的一个物种。它在距今大约 800 ka 起源于西伯利亚东北部的草原猛犸象，随着环境的变化扩散至欧亚大陆和北美的冻土地带[33]（图10），直至 3.7 ka 前才最后绝灭于西伯利亚的 Wrangel 岛。猛犸来自日文，它源于俄文的"犸猛"(мамонт)。

图 10　真猛犸象的生态环境

Fig. 10　Ecological environment of *M. primigenius*

4.8　认识现生的亚洲象和非洲象

目前，世界上生存的象只有亚洲象和非洲象它们虽属板齿型真象科，但属于不同的属种，其差异是显著的（表1）。

表 1　亚洲象和非洲象的区别

Table 1　Difference between *Elephas maximus* and *Loxodonta africanna*

特征	亚洲象	非洲象
体型	较小	较大
耳朵	四边形	三角形，较大
象牙	短，雌性没有	长，雌雄皆有
鼻子	光滑	多粗糙环形皱纹
鼻端	一根指状物	两根指状物
脊背	略微向上弓起	向下塌陷
额头	两边凸起中间凹下	平
指	前肢5指	前肢4指
趾	后肢4趾	后肢3趾
身高部位	头部	肩部和臀部
肋骨	19根	21根
尾椎	33块	26块
栖息环境	森林或丛林	草原或稀树草原

4.9　展示在博物馆的象骨架化石

展示在法国巴黎自然历史博物馆的猛犸象的祖先南方象骨架化石（图11左图）和展示在中国内蒙古自治区扎赉诺尔历史文化陈列馆的中国草原猛犸象的骨架化石（图11右图）。

4.10　地球生物演化知识

地球形成以后，过了很长时间才出现生物。地球上的生物生生息息，由简单到复杂，由低级到高级，变化不断。人类形成于 6 Ma ~ 7 Ma，如果将地球的历史 4.6 Ga 比作 24 h，人类是在 23:59 半才出现。在泥河湾盆地，南方猛犸象曾经与人类和谐共存过。

图 11　展示在博物馆的象化石骨架

Fig. 11　Elephant fossil skeletons displayed in museums

5　结语

泥河湾盆地的科学开发是从地层古生物研究开始的，而地层是泥河湾盆地研究之本[15]，也是旧石器时代考古研究的基础，因为在任何一个特定的地区内，史前文化的顺序是靠这一地区的含有各种工业堆积物的地层学研究来确定的[34]。只有通过沉积岩相的系统分析，在地层工作细化、量化、理性化的基础上，才有可能较为准确地建立泥河湾盆地晚新生代开放而复杂的时空系统模型，从而达到对华北早期文化发展规律和早期人类在东亚地区对自然环境适应从定性到定量、从感性到理性的认识[28]。因此，建立泥河湾盆地第四系标准剖面，进行较大范围的地层对比，才有可能适应科学研究飞速发展的需要。

南方猛犸象头骨化石的发现不仅为泥河湾动物群增加了新的成员，而且也为科学普及创造了直观的可视性。泥河湾是科学圣地，因此，泥河湾的开发，立足于科学研究；泥河湾的保护，为的是"有利于开展科学研究工作"[35]。象头山科普走廊的建设，考虑到当下泥河湾的显示情况，特别增添了认识泥河湾需要的有关知识。其科普走廊不仅是为了宣传泥河湾，提高泥河湾的知名度，更是为了让科学走向社会，走向群众，进而创造社会效益以及知识经济效益。

参 考 文 献

1　王雪威, 田建辉, 全辉. 泥河湾遗址群发现象头化石. 河北日报, 2014-08-22.

2　赵文俭, 李凯清, 刘文晖, 等. 泥河湾盆地钱家沙洼象头山地点 2014 年发掘简报. 见: 董为. 第十五届中国古脊椎动物学学术年会论文集. 北京: 海洋出版社, 2016. 69-86.

3　李凯清, 赵文俭, 岳峰, 等. 河北泥河湾盆地晚新生代的长鼻类化石. 见: 董为. 第十五届中国古脊椎动物学学术年会论文集. 北京: 海洋出版社, 2016. 87-96.

4　安俊杰. 泥河湾寻根记. 北京: 中国文史出版社, 2006. 1-223.

5　Barbour G B. Preliminary observation in Kalgan area. Bull Geol Soc China, 1924, 3(2): 167-168.

6　Barbour G B, Licent E, Teilhard de Chardin P. Geological study of the deposits of the Sangkanho basin. Bull Geol Soc

China, 1926, 5(3-4): 263-279.

7 Teilhard de Chardin P, Piveteau J. Les mammifères de Nihowan (Chine) . Annales de Paléontoloqie, 1930, 19: 1-134.

8 杨钟健. 中国上新世-更新世界限（1948年英国第18届国际地质大会论文, 邱占祥译）. 见: 杨钟健文集, 北京: 科学出版社, 1982. 122-131.

9 杨钟健. 上新统更新世的分界. 科学, 1949, 31(11): 332-334.

10 周明镇. 从脊椎动物化石上可能看到的中国化石人类生活的自然环境. 见: 郭沫若等编. 中国人类化石的发现与研究-中国猿人第一个头盖骨发现二十五周年纪念会报告专集. 北京: 科学出版社, 1955. 19-38.

11 卫奇. 泥河湾盆地考证. 文物春秋, 2016 (2): 3-11.

12 卫奇, 谢飞. 泥河湾研究论文选编. 北京: 文物出版社, 1989. 1-574.

13 周廷儒, 李华章, 刘清泗, 等. 泥河湾盆地新生代古地理研究. 北京: 科学出版社, 1991. 1-162.

14 陈茅南编. 泥河湾层的研究. 北京: 海洋出版社, 1988. 1-145.

15 袁宝印, 夏正楷, 牛平山. 泥河湾裂谷与古人类. 北京: 地质出版社, 2011. 1-257.

16 贾兰坡, 盖培, 尤玉柱. 山西峙峪旧石器时代遗址发掘报告. 考古学报, 1972 (1): 39-58.

17 盖培, 卫奇. 虎头梁旧石器时代晚期遗址的发现. 古脊椎动物与古人类, 1977, 15(4): 287-300.

18 盖培, 卫奇. 泥河湾更新世初期石器的发现. 古脊椎动物与古人类, 1974, 12(1): 69-74.

19 卫奇. 泥河湾盆地建树考古里程碑的先驱. 化石, 2012 (2): 36-42.

20 卫奇, 裴树文, 贾真秀. 东亚最早人类活动的新证据. 河北北方学院学报, 2015, 31(5): 28-32.

21 卫奇, 张畅耕, 解廷奇. "大同湖"-雁北历史上的一个湖泊. 地理知识, 1977 (2): 10-12.

22 欧阳青. 阳原盆地古湖岸阶地. 见: 卫奇, 谢飞编. 泥河湾研究论文选编. 北京: 文物出版社, 1989. 344-346.

23 卫奇. 泥河湾盆地考古地质学框架. 见: 童永生等. 演化的实证-纪念杨锺健教授百年诞辰论文集. 北京: 海洋出版社, 1997. 193-208.

24 王希桐. 泥河湾盆地出土哺乳动物化石汇编. 石家庄: 河北科学技术出版社, 2013. 1-152.

25 卫奇, 裴树文, 贾真秀, 等. 泥河湾盆地黑土沟遗址. 人类学学报, 2016, 35(1): 43-62.

26 袁宝印. 泥河湾裂谷-中国新生代地质历史的辉煌篇章. 见: 王希桐编. 中外专家情系泥河湾. 石家庄: 河北科学技术出版社, 2013. 29-47.

27 卫奇, 吴秀杰. 许家窑-侯家窑遗址地层穷究. 人类学学报, 2012, 31(2): 151-163.

28 卫奇. 关于泥河湾盆地马圈沟旧石器时代考古问题. 见: 董为主编. 第十二届中国古脊椎动物学学术年会论文集. 北京：海洋出版社, 2010. 159-170.

29 卫奇. 泥河湾盆地黑土沟遗址考古地质勘探. 见: 董为. 第十五届中国古脊椎动物学术年会论文集. 北京: 海洋出版社, 2016. 175-190.

30 周忠和, 王向东, 王原. 十万个为什么（第六版）-古生物. 上海: 少年儿童出版社, 2013. 160-163.

31 王元. 东亚地区第四纪中华乳齿象(Sinomastodon, Proboscidea)系统研究. 中国科学院研究生院博士论文, 2011. 1-132.

32 冨田幸光, 伊藤丙雄・冈本泰子. 灭绝的哺乳动物图鉴（张颖奇译）. 北京: 科学出版社, 2013. 1-82

33 Lister A M, Bahn P. Mammmoths: Giants of the Ice Age. Berkeley: University of California Press, 2007. 1-308

34 Oakley K P. Man the tool-maker. Chicago: The University of Chicago Press, 1976. 1-426

35 中华人民共和国文物保护法. 第一章总则第一条. 北京：中国法律出版社, 2013. 1.

AN IDEA OF SCIENCE CORRIDOR IN NIHEWAN BASIN

YUE Feng[1] LIU Jia-qing[1] LI Kai-qing[1] ZHAO Wen-jian[1] HOU Wen-yu[2]
HE Wei[2] WANG Yuan[3] TONG Hao-wen[3] DONG Wei[3] WEI Qi[3]

(1 *Nihewan National Nature Reserve Management Office of Hebei Province,* Zhangjiakou 075000, Hebei;

2 *Nihewan Museum,* Yangyuan County 075800, Hebei;

3 *Key Laboratory of Vertebrate Evolution and Human Origins of Chinese Academy of Sciences, IVPP, CAS,* Beijing 100044)

ABSTRACT

A popularization science gallery is established at Xiangtoushan (i.e. Elephant Head Hill) in Nihewan Basin. It tells the story of the skull of *Mammuthus meridionalis* excavated from the Lower Pleistocene of the hill and introduces the knowledge of Proboscidea as well as the evolution of biological systems, and explains the concepts of the Nihewan, the Nihewan Basin, the Nihewan Formation, the Nihewan fauna, the Nihewanian Culture, etc.

Key words Skull fossils, *Mammuthus meridionalis*, Popularization science gallery, Nihewan Basin

中国科学院古脊椎动物与古人类研究所标本馆馆史*

马 宁　邱中郎

(中国科学院古脊椎动物与古人类研究所，北京 100044)

摘　要　中国科学院古脊椎动物与古人类研究所标本馆成立于1956年，初名标本室，1983年更名为标本馆。其前身可追溯到1922年农商部地质调查所地质矿产陈列馆增设古生物化石展室起。标本馆是在杨钟健的亲切关怀和大力支持下成立的。古脊椎所标本与中国地质博物馆和周口店遗址博物馆等机构之间有着密切关系。

关键词　标本；古脊椎所；标本馆；地质调查所；陈列馆

1　前言

我国古脊椎动物学的开创者杨钟健在谈到博物馆展品时曾说过，"陈列品并不在多而在于精，但是储藏的标本应当特别多。"[1]因此不断扩充藏品数量，丰富藏品种类，提高藏品质量一直是古脊椎所标本馆的立馆宗旨。目前，馆内有各类藏品22万余件，主要包括脊椎动物化石、人类化石、旧石器时代文化遗物、现代脊椎动物骨骼和现代人骨骼等五大类。

古脊椎所的前身是成立于1929年的农矿部地质调查所新生代研究室，但标本馆内藏品却有一部分是采集自1929年之前。例如1920年法国古生物学家桑志华（Emile Licent）在甘肃庆阳幸家沟（今属华池县）黄土层中发现的旧石器时代石英岩石核；1921年瑞典地质学家安特生（Johan Gunnar Andersson）在辽宁锦西（今葫芦岛市）沙锅屯发掘的新石器时代人类遗骸；1921–1923年美国古生物学家格兰阶（Walter Granger）在四川万县（今重庆万州区）盐井沟采集的第四纪早期哺乳动物化石；1922–1923年奥地利古生物学家师丹斯基（Otto Zdansky）采集自山西、河南等地的第三纪晚期哺乳动物化石等。因此，古脊椎所标本馆的历史与古脊椎所相关标本的来历和下落要从1929年之前说起。

2　民国时期

1916年7月，地质调查局地质矿产博物馆在丰盛胡同3号成立，不久后更名为地质矿产陈列馆；10月，地质调查局恢复为地质调查所[2-3]。

---

* 基金项目：国家科技基础条件平台——国家岩矿化石标本资源共享平台.
　马　宁：男，33岁，馆员，从事标本管理和旧石器时代考古学研究.

2.1 北京（北平）时期

1921年，地质调查所在丰盛胡同3号"大门内隙地添建新馆两间，民国十一年落成。此两间专为陈列古生物化石之用，现亦大致整备。暂以东一间为中生代及新生代化石室，而人类之史前古物附焉"[4]。

也就是说1922年农商部地质调查所在地质矿产陈列馆中增设了古生物化石展室，说明此时陈列馆收藏的古生物标本在类型和数量上已初具规模，具备了单独陈列布展的条件。

今日古脊椎所标本馆中就收藏有一些1929年之前地质调查所及与其有密切合作关系的国外学者所采集的标本；此外，地质调查所新生代研究室成立之后采集的标本也有很大一部分在陈列馆中展示和存放，因此以地质调查所地质矿产陈列馆增设古生物化石展室为标志，可以看做是中国科学院古脊椎动物与古人类研究所标本馆的前身。

至1925年时，陈列馆中已有古生物陈列室甲室（即古生代化石展室）和乙室（即中生代及新生代化石展室）等，另尚有相关标本并未陈列而暂存于兵马司胡同9号①标本储藏室中[3-5]。

为了适应周口店大规模发掘及开展广泛的人类古生物学调查，1929年4月19日，农矿部批准了地质调查所所长翁文灏与协和医学院②解剖系主任步达生（Davidson Black）签订的协议，共同组建地质调查所新生代研究室，杨钟健为研究室副主任[6]。

随之而来的是古脊椎动物、古人类及其文化遗物的日益增多。从1927年周口店开始系统发掘起，大量的标本除部分在陈列馆展出外，一些存放于地质调查所陈列馆后楼；另有些暂存于协和医学院娄公楼③和B楼④（即解剖系楼），以便于步达生等观察研究，包括北京直立人以及20世纪20年代早期安特生在河南、辽宁、甘肃和青海等地采集的新石器时代、青铜时代的人类学材料。具体上，地质调查所陈列馆后楼存放石器和骨器，协和医学院娄公楼存放古生物学及考古学材料，B楼存放人类学材料[7-8]。

到1931年时，陈列馆中除古生物陈列室甲室和乙室在展标本外，另有新生代研究室正在研究的脊椎动物化石约3 000件，储存者约2 000箱，尚未展出[5]。

2.2 南京、北平时期之一

1935年秋，地质调查所南迁南京水晶台珠江路942号⑤，称为本所。"至在北平，因为华北调查之便利及新生代发掘之工作，仍留分所"[9]。陈列馆也在这一时期分为南京总馆和北平分馆两部分。

南京总馆于1937年春全部对外开放，其中脊椎动物化石陈列室标本约1 000件，史前文化陈列室标本约1 500件[9]。

北平分馆自地质调查所南迁以后，"陈列馆之标本亦大部移至南京陈列，故平地

---

① 今兵马司胡同15号，地质调查所旧址。
② 1917年由美国洛克菲勒基金会创办，今北京协和医学院。
③ 建于1906年，1986年拆除，当时为协和医学院教学楼。
④ 今东单三条9号，北京协和医学院2号楼。
⑤ 今珠江路700号，南京地质博物馆。

之陈列馆除新生代化石陈列室,尚维持现状外,其他颇不充实"[10]。贾兰坡与李悦言数度前往京郊、山西采集岩石标本,并将协和医学院娄公楼存放的部分周口店脊椎动物化石拿来补充[11]。经贾、李等人整理扩充,分馆于 1937 年 2 月下旬正式对外开放"任人参观矣"[10]。与古脊椎动物标本有关的不仅是古生代及中生代化石陈列室、新生代化石陈列室,还新增了周口店猿人洞陈列室。

除了两馆展出的标本外,尚有大量标本正在研究中和储藏于库房中,其中脊椎动物化石"研究中者约二千件,储存者约八千件";史前古物"未陈列者约二千件"[9]。

七七事变后,北平沦陷。1937 年 10 月,北平分所除新生代研究室外,其余科室全部撤销,遗留资产由刚从法国留学归来的裴文中负责看管,一些重要标本则转移到娄公楼[1, 3]。具体到分馆则由贾兰坡负责,杨钟健在去南京前一再叮嘱贾兰坡,"这个所保存的标本还很多,很重要,能保一天是一天"[12]。

1941 年 12 月,太平洋战争爆发。伪华北政务委员会实业公署华北地质研究所接管了地质调查所北平分所及分馆内所有标本,日军将存放于陈列馆内的一部分标本转移到了西郊陆谟克堂①[3]。协和医学院被日军占领后,大量的标本遭到了损毁,有的被拉到朝阳门外倒掉[11, 13];有的"拉至东城根焚毁,……大批的骨骼也被打成粉碎,散布满地"[14-15];剩下的标本像垃圾一样,乱七八糟地被堆放在医学院东门外的一间库房里和 B 楼的天花板上[8, 16]。这期间最令人痛惜的莫过于珍贵的北京人和山顶洞人化石等在太平洋战争爆发之际下落不明。

2.3 长沙时期

1937 年秋,淞沪会战开始。11 月中旬,地质调查所"仓卒奉命后,即全部动员",将重要的标本图书等装箱,运抵长沙上黎家坡 33 号湖南地质调查所内的临时办事处[17]。剩余物资等则由留在南京的盛莘夫负责继续装箱,另行设法运出。遗憾的是,"旋以本所待运之件甚多,而交通工具日感困难,遂将采集较易或过于笨重之标本留置南京,然尚有已装之百余箱重要标本仓卒间未及运出"[9]。

南京沦陷后,由日本人组织的"学术资料教授委员会"对地质调查所等机构未及转运走的标本进行了收集整理;1941 年 5 月,日本"中支建设资料整理委员会"向汪伪中华民国行政院文物保管委员会"移管"了部分图书和古物[18]。

1938 年 1 月,地质调查所迁入长沙城北喻家冲新址,此次建设中并没有陈列馆,由南京运至此处的标本大多都没有来得及开箱整理[1, 19]。

2.4 重庆、昆明时期

1938 年 7 月,地质调查所西迁重庆小梁子复兴观巷 5 号,借用四川地质调查所恢复工作。另杨钟健等人前往昆明,7 月 25 日在翠湖公园通志馆成立办事处,后迁至黄公东街,最后搬到了瓦窑村关帝庙[1, 20-21]。1940 年,杨钟健在昆明成立了地质调查所脊椎动物化石研究室②,任研究室主任,同时兼任新生代研究室名誉主任[1, 6]。著名的许氏禄丰龙就是在这一时期发现的。

---

① 今西直门外大街 141 号北京动物园内,古脊椎所办公楼,原属国立北平研究院生物研究所.
② 脊椎动物化石研究室由随杨钟健南下的新生代研究室人员组成,仅为与留守北平的新生代研究室相区别,主要是用于发表新生代以外的脊椎动物化石文章时使用,二者实为一个机构,1949 年之后不再使用这一名称.

1939年春，地质调查所陆续迁往北碚文星湾42号，临时借用中国西部科学院[①]惠宇大楼办公，并在其北面庙嘴后建新楼。在北碚时期地质调查所各机构散布多处，其中标本等在存放于何家院出租房内；图书馆在青杠坡；1940年10月，昆明办事处撤销，杨钟健从滇入川后的新生代研究室位于天生桥一租用的小楼内[9, 22]。从昆明运来的化石开始都置于天生桥，但杨钟健住在牌坊湾，相距较远甚感不便，后终于在距离住地1 km多的图书馆旁边找到两间房子将其研究的化石全部转移到这里，"解决了大问题"[1]。

1941年夏，地质调查所更名为中央地质调查所。

然而北碚空间有限，"所有标本均在原箱贮藏，未能陈列"，新近采集的上万件标本"亦多藏于箱内"[9]。

1944年12月，中国西部科学博物馆在惠宇大楼正式成立，地质调查所捐赠了包括脊椎动物化石在内的一批地质标本[23-24]。

2.5 南京、北平时期之二

抗战胜利后，国民政府还都南京。1946年1月，地质调查所派代表参加教育部南京区清点接收封存文物委员会，接收本所标本及图书。重庆标本陆续运回[25]。据李传夔讲，刘东生曾说过有一箱新生代研究室的标本在回宁途中不慎坠入长江。还有很多化石"因托运时仓卒装箱，不够谨慎小心，所以运到南京后，有许多破碎不堪"[1]。

北平分所方面，由裴文中等接收伪华北地质研究所与伪华北开发公司调查局地质所的全部资产，并收回寄存在外的原有资产[26]。

新生代研究室以前有部分工作在协和医学院开展，但由于该院一直未能恢复"现以计划集中办公，即将全部迁回兵马司九号"[25]。寻找和搬运研究室分散在各处的标本可以说是费尽周折，在协和医学院东小门外库房，"我们雇车拉，肩扛，用了好几天才搬完。原来，这批材料中有'北京人'遗址及其他地点出土的脊椎动物化石和石膏标本模型和模子。"[14]；原在陈列馆展示的周口店第13地点的一副犀牛骨架居然"跑到"了文津街静生生物调查所[②]去了[7]；还有寄存在东交民巷法国古生物学家德日进（Pierre Teilhard de Chardin）处和被日军转移到陆谟克堂的标本[3, 27]。这些寻回的标本都一同堆放在了兵马司9号地质调查所北楼上，贾兰坡、刘宪亭从1946年秋就开始整理清点，但由于标本凌乱且人手有限，一直到北平解放也没有整理完[7-8]。当时是按照地区和属种进行分类整理，参与整理工作的还有杜恒俭和杨鹤汀。

新生代研究室还接收了一批北疆博物院[③]的标本。1940年夏，德日进将北疆博物院的一些重要标本等搬迁到北平，建立了地质生物学研究所。1946年，在德日进等人返回法国前夕把该研究所的一批标本存放在新生代研究室，并写道，"在德日进和罗学宾[④]再次返回北平之前，这批标本由裴文中博士负责保管。"但是这批标本实际上确切的移交种类和数量[28-30]，及过程还有待进一步考证。

北平分所陈列馆恢复基本陈列后，具体事务由贾兰坡继续管理分所标本和陈列

[①] 今重庆自然博物馆.
[②]《周口店发掘记》中误印为"竞生生物研究所"，静生生物调查所是今中国科学院植物研究所和动物研究所的前身.
[③] 今天津自然博物馆.
[④] Pierre Leroy，法国动物学家.

馆，但未对外开放，仅限于专业人员随时进出查看[3, 12]。

南京本所陈列馆此时也是面目全非，大量的标本从重庆运回后，就开始了整理工作。新生代研究室的标本由刘东生、胡承志和王存义整理[31]，托运回来的化石"破碎者要连接起来，标签失脱者要重新补上。此二工作连续了较长时间，最后也未完全完成"[1]。刘东生来到新生代研究室后的第一项工作就是在陈列馆二楼整理原来留在南京和由重庆运回来的脊椎动物化石[32]。

1948年10月，南京总馆重新开馆，有史前文化、周口店、第三纪前脊椎动物化石、新生代地层及古生物等展厅，在一、二层中厅展出有许氏禄丰龙、霸王龙化石等[3]。其中许多古生物标本是由新生代研究室提供，并负责更换的[33]。

解放战争开始后，地质调查所工作虽受战事影响，但直至建国前夕，两馆并未受到破坏。

3 新中国成立以后

新中国成立后，中央地质调查所等地质机构被撤销，原有人员分别转入先后成立的中国科学院和中国地质工作计划指导委员会[①]。

原地质调查所陈列馆属地委会管理[33]，下辖南京和北京两馆。几经变迁，现在的中国地质博物馆和南京地质博物馆即分别是由原地质调查所地质矿产陈列馆北平分馆和南京总馆转变而来。新生代研究室存放在陈列馆的标本也大多随之转入两地地质博物馆。

3.1 兵马司时期

1951年5月，中国科学院古生物研究所[②]在南京正式成立[6, 34]。古生物研究所下设新生代及脊椎古生物研究组，杨钟健为主任，工作地点仍然在北京兵马司胡同9号。不久之后研究组更名为新生代及脊椎古生物研究室。

1952年12月，古生物研究所在北京的新生代及脊椎古生物研究室成为院部直属的独立研究室[34]。

研究室在这一阶段的工作重点就是整理旧有标本和新近从周口店以及山东莱阳采回的标本，同时通过其他途径接收了地质生物学研究所的一些化石[28]。标本均堆放于兵马司9号北楼以及丰盛胡同陈列馆后楼，由贾兰坡管理。但由于研究室空间分散狭小而标本甚多，造成原本"已经整理清楚之标本互相合并，如此一来，致使已分类之标本又恢复零乱状态。"另外，在南京尚有300箱标本和在兰州的80箱标本（裴文中1947-1948年间采集自西北地区），等待运回北京。

3.2 二道桥时期

1953年1月，研究室迁往地安门二道桥2号[③]。4月1日，中国科学院古脊椎动物研究室正式成立，杨钟健为主任[6]。在研究室新址开幕会上杨钟健指出，"关于标本的整理是十分繁重的工作"，除了在抗战期间标本的损毁外还有后来在兵马司内部的

---

① 今国土资源部.
② 今中国科学院南京地质古生物研究所.
③ 今北河胡同.

多次搬动，因而标本存放管理很凌乱，并建议"订出计划分重要与次要分别按一定次序储藏"。因此研究室刚刚成立之时，就将工作重点放在了标本的室内整理上。

此时虽然没有专门的标本管理机构，但相关标本作为研究室的重要资产也随之从丰盛胡同和兵马司胡同搬往二道桥，有些标本并未带走，留在了地质陈列馆。当时搬家大多数标本都用汽车搬运，但是一些珍贵及易散的标本则亲自用手推车步行运输，速度虽慢但力求安全。邱中郎回忆，"贾先生[①]担心大猩猩骨架在搬运途中给碰坏了，叫我雇辆三轮手扶着送去"[35]。刚到二道桥时，研究室仅是一个两进四合院，空间狭小并没有专门的标本存放场地。标本都分散在研究人员办公室里，个体较小的标本就放在木柜中，而一些新近发现的重要化石特别是人类化石则放在保险柜内。邱中郎就曾管理过现代人和现生猿类的头骨以及保险柜[35]。一些不重要和易采集的标本则置于屋外走廊过道的柜子里，甚至是厕所边上。

1954年初，研究室提出建立经常性的整理标本制度，以保证标本整理工作的连续性和稳定性。为此成立了标本整理小组，由于没有专门的标本管理人员，因此从各研究组抽调实习研究员参与标本管理。标本整理小组由贾兰坡负责，这是今日古脊椎所最早的标本管理组织形式。整理小组是一个较为松散的组织，为此贾兰坡建议最好能每星期抽出半天时间专门用来整理标本而不要和研究工作相混合。6月4日，研究室通过了"本室标本整理保管简则"，这是目前已知古脊椎所最早的标本管理制度。

随着业务的恢复和扩大，研究室陆续把周围的房子并了进来。但大量标本运至北京特别是像马门溪龙这样的大型恐龙化石在狭窄的办公室中是无法摆放的；山东莱阳的恐龙化石在1954年底装架完毕，却无法陈列；此外1955年初从南京运回的标本因没有空间而不能开箱整理。

1956年7月初，科学院将东皇城根42号[②]科学出版社的书库和周围一些房屋拨给研究室使用，其中书库面积200 m^2。该处位于二道桥研究室东南逾400 m的大取灯胡同内。

7月7日，研究室第13次室务会议就标本管理及储存事宜决定，贾兰坡不再负责整理标本的领导工作，由各组负责整理和保管自己的标本；其中现代动物骨骼标本由高等脊椎动物组保管……建立健全的管理制度，做到标本随要随取；东皇城根书库作为标本室，用来储存及陈列标本；标本室为内部陈列室，拟让王存义任保管员。

此次会议标志着标本室正式成立了，这是今日中国科学院古脊椎动物与人类研究所标本馆的起点。

8月8日，研究室任命刘宪亭为保管主任，王存义为副主任负责具体工作的指导，另配一名练习生为助手；原则上是将整理好的标本送去标本室储存。据此可知刘宪亭即为标本室的第一任主任。

在把标本搬往标本室的过程中杨钟健多次强调，"东皇城根标本陈列室不能弄成堆房，由刘先生[③]负责整理好。"此外研究室还在东皇城根自建了5间临时性的竹房子，

[①] 这里贾先生指贾兰坡.
[②] 今东皇城根北街16号.
[③] 这里刘先生指刘宪亭.

用来修理化石和存放标本。但因标本室和研究室不在一起,"参考和领导上有时感到很不方便"。

标本室成立后,原先分散在各研究组的标本以及堆放在走廊和会议室等处的标本都陆续集中在了一起,虽然具体在标本的支配使用上仍由各组分别管理,但标本室也配有专人负责登记标本的存取,可以说对标本管理上有双重性。标本室除存放标本外,还作为临时陈列室担负有为科普服务的展览职能,因此有时也称为标本陈列室或陈列室。

1957年8月27日,研究室成立标本管理委员会,但是委员会的组成名单并未产生。

9月1日,研究室更名为中国科学院古脊椎动物研究所,杨钟健任所长[6]。他在研究室改所会上谈到工作中特别应注意的几个问题时,"第一个问题是标本室的充实与扩充。我们的标本室虽然已粗具规模,可是距理想还很远。……应当说标本室就是我们自己生产资料的一部分,没有一个很好的标本室就要严重影响我们的生产——研究工作。而在另外一方面,一个好的标本室无论对于国内有必要参观或参考用的专家和有关这专业的青年学生,也很有用"[36]。

从这段话中不难看出杨钟健对标本室是相当重视的,他很敏锐地指出扩充标本室的重要性,丰富的藏品是做好科研工作的坚实后盾,同时标本室应当在条件合适的时候开拓展陈功能。

9月27日,研究所公布了标本管理委员会的组成名单,低等组保管员刘宪亭,助理保管员叶祥奎;高等组保管员周明镇,助理保管员胡长康和李玉清;人类组保管员贾兰坡,助理保管员邱中郎和刘昌芝。在刘宪亭的指导下,各组负责人带人前往标本室整理标本。

随着标本室和标本管理委员会的成立以及1955–1958年间许香亭、王淑珍、刘增、王刻、段雨霞、王淑琴先后分别在3个研究组中协助管理标本,王存义具体管理标本室,同时野外领号及标本登记和定级制度也在这一时期形成。可以说标本室在标本管理和整理方面渐趋规范,标本室的工作逐渐走向正规。

1958年6月21日,研究所取消标本管理委员会,仍由各研究组组长负责本组标本管理;王存义继续负责标本室的日常工作;指定专人制订新的标本陈列储藏规定。

这一时期研究所(室)会议上经常有关于标本整理和标本室的议题,反映出杨钟健对标本室工作的支持和重视。他还经常亲自向新来的大学生讲解标本收藏、管理等业务[37],并建议"标本除了研究以外,不要随便拿出来,尽量减少标本的搬动。"在他的关心和指导下标本室在做好标本收藏保管工作的同时,也非常注重陈列展示功能。所谓的陈列室其实就是标本室,空间虽小,但所挑展品多为精美和新近发现的标本。陈列室仅限于内部参观交流,并不对外开放。但根据时事需要标本室也会向社会开放,比如1957年11月为了纪念苏联"十月革命"40周年同时宣传保护"龙骨",以及1959年10月为庆祝建国10周年及北京猿人头盖骨发现30周年。

1960年1月27日,研究所任命由贾兰坡负责标本室工作,各研究室主任为保管员,并指定一名青年参加标本管理工作;标本室在业务上领导修模室。这是标本室第一次在业务范围上突破了传统的陈列储存,将化石修理和模型制作也纳入进来。

4月11日,研究所正式更名为古脊椎动物与古人类研究所[6]。

除上所述,整个二道桥时期与古脊椎所标本来源和去向还有较大关系的3件事情就是周口店陈列室①的建立,太原工作站的成立和中央自然博物馆筹备处新馆②的建设。

1953年春,研究室开始筹建周口店陈列室,并提供了全部展品。9月,在研究室的直接领导下中国猿人陈列室正式对外开放[38]。

1956年10月,研究室在山西太原文庙③成立了太原工作站,借用山西省博物馆④房屋办公。其主要任务是配合研究所（室）在山西及其周边省份进行野外调查和发掘,并将采集回的标本寄送回北京。

作为我国自然博物馆事业坚定的践行者,在杨钟健和裴文中等人的积极运作下,1959年中央自然博物馆筹备处新馆正式对外开放,杨钟健兼任馆长。开馆之初展品很少,杨钟健即协调研究所为自然博物馆提供了大批古生物标本[39]。

3.3 祁家豁子时期

随着古脊椎所规模的扩大特别是1959年中苏古生物考察采集回300箱左右的脊椎动物化石无处安放,空间问题再次突显。1960年10月,研究所主体迁往德胜门外祁家豁子中国科学院地质研究所⑤办公楼[6],在东皇城根的标本室仍继续使用。因为是合用办公楼,没有合适的开阔场所用来放置全部标本,大部分标本（以化石为主）仍然留在东皇城根,并被称为第一陈列室。搬运来的标本只能是分散零乱地存放在各处:办公楼6层几间办公室为第二陈列室,专门存放现生动物标本;办公楼东侧的14号楼内有几间房屋,用来临时堆放和修理化石;又在办公楼北面用竹木搭建了一个竹房子作为简易仓库,放置大型化石。

面对搬家造成的标本存放混乱状况,杨钟健指导各研究室对各自标本进行科学的分类整理,标本室完善标本借用保管制度力争做到标本随要随取。经研究室和标本室的讨论修订后,新的标本管理制度于1962年年底实施:各研究室主任兼任保管员,另配副保管员1~2人,统一负责全室标本事宜;凡研究完毕或暂不使用的标本交由标本室保管并办理交接手续;需要留在各室的标本应由专人保管;各类标本的整理工作由该类研究人员负责;如需借用标本时按照标本室的规章办理手续。1963年春,经讨论协商后由标本室统一管理调配标本登记编号及野外采集地点编号。

1964年7月,研究所搬入祁家豁子新办公楼[6]。标本室借此机会将分散在各处的标本进行整合,办公楼1层为标本室,兼用储存和陈列。7月底,在贾兰坡的指导下标本室将东皇城根的第一陈列室搬迁至此,陈列面积约330 m²[40]。1层大厅以楼梯为界分为南北两个展厅,北展厅为低等脊椎动物展区,在展厅中央为半地下室的"龙池",里面有装架的大型恐龙化石,如禄丰龙,青岛龙等;南展厅主体为哺乳类,在展区西

---

①今周口店遗址博物馆.
②今北京自然博物馆.
③今山西省民俗博物馆.
④今山西博物院.
⑤今中国科学院地质与地球物理研究所.

南角为古人类和旧石器展区；在南展厅再往南，有一个与办公楼相连的房屋，这里用来存放现生动物标本。除了上述空间外，在办公楼的5层有两间办公室存放着浸制标本和现代人骨骼；在办公楼南侧的3号楼地下室堆放着大量研究所早期采集来的标本；在办公楼东侧自建"龙宫"（大型简易仓库），用来给化石装架和堆放大型标本；原来的竹房子仍然保留着，放着一些不易搬动和不常用的标本。

1965年2月19日，研究所将技术部门（修理间、模型间、绘图间和照相间）在业务上划归标本室领导。从现有资料看，这一阶段贾兰坡为标本室主任。

1972年3月2日，研究所科室调整，标本室与绘图、照相、切片、修理、模型、图书等辅助部门合并，称为五室，室主任崔憨德，其中标本室的负责人为贾兰坡。

太原工作站几经调整，最终于1972年撤销[6]，有部分标本留在了当地。邱中郎和黄为龙于1961年4月至1962年12月间在这里工作，据邱中郎回忆，当时工作站上没有存放太多的标本。

1972年10月，周口店新馆正式开放，原陈列室更名为北京猿人展览馆，由研究所直接领导[41-42]。

3.4 西直门外、祁家豁子时期

从1973年夏起，研究所主体陆续搬迁至现址西直门外大街142号办公楼[6]，也就是现在的实验楼[①]，此外还有周边的一些附属房屋。祁家豁子仅保留了五室所占办公楼1层（标本室）及周围附属建筑，大部分标本存放在此。新近发现的标本则堆放在西直门外办公楼楼道甚至是楼外，以及东北侧一座简易小楼的2层，标本开始陆续搬至新址。

文化大革命期间，"我所标本散放各处，管理混乱，问题严重，长期得不到解决。"甚至还有红卫兵在祁家豁子标本库内住过，对标本也造成了一定的破坏和损失。

1977年，五室改称四室，业务范围包括标本保管陈列、化石修理装架、绘图照相、年代测定、孢粉分析等工作。四室主任耿业，具体到标本室负责人仍为贾兰坡。

1979年下半年，邱占祥因研究工作需要开始参与到标本室的工作中，制订新的标本管理章程和整理计划。

1981年，四室分建为标本室和技术室；标本室主任邱占祥。此时标本室包括了一部分技术人员，不久之后技术人员划入了技术室。这一时期标本室开始转变标本管理模式，将标本从各研究室陆续收回，由过去的各室分散管理改为标本室集中管理。

1983年10月13日，研究所机构改革，正式将标本室升级为标本馆；撤销技术室，原修理、装架、模型业务并入标本馆。10月26日，任命邱占祥为标本馆馆长。12月5日，研究所将分散的技术人员组建标本馆修理室，配合野外调查发掘和负责修理装架等工作。

标本室更名为标本馆反映出研究所对标本管理工作的高度重视和大力支持。标本馆各方面业务在这一年取得了重大进展。保管方面，基本收集齐了《古脊椎动物学报》1973—1983年间发表的动物化石和1949—1983年间发表的一、二级石制品。陈列部分，

[①] 建于1958年，也称为南楼、旧楼.

将祁家豁子标本室整改为陈列馆,并已接待内部参观。技术部分,进行了新材料和新工艺的实验。

1984年,标本馆下设标本组、修理组和模型组。

1985年,标本馆新增技术组。7月,贾航任标本馆馆长。历经3年的整顿,至1987年时标本库房面貌得到了显著改善。祁家豁子一库存放有1973年以前发现的鱼类化石,二库存放有部分哺乳类化石;西直门外库房存放有1973年以来发表过的动物化石及一些石制品。

1987年6月初,祁家豁子部分标本库因属违章建筑要拆除而仓促搬迁,周口店遗址及其他地点的标本临时存放在租借的北京猿人遗址管理处①南面水泥厂办公楼地下室[42],甚至是露天堆放;还有一些则就近转移到祁家豁子其他未拆建筑里(如陈列馆、3号楼地下室、大气所大塔库房等);只有一小部分运回了西直门外。面对大量标本无处安置的现状,研究所在周口店新建一座周转库房,于1989年春竣工使用,面积327 m²。但是标本存放空间问题依然严峻。

1992年5月22日,研究所把化石修理、模型制作、装架等技术工作从标本馆中分出;任命邱占祥兼标本馆馆长。这一年标本馆开始尝试计算机管理。

自从研究所主体搬迁到西直门外后,标本的管理、查阅和存取非常不便,一直是个突出问题。为此研究所几经努力终于获批新建标本楼,也就是现在的综合楼②。

1993年,标本馆所有工作都是围绕着所庆65周年及新楼陈列馆开馆而展开。为此标本馆于6月分设保管部和陈列部,实际上标本馆内部并未对此作出相应的人事安排。

3.5 西直门外时期

从1993年11月初起,标本馆开始了从祁家豁子往西直门外新楼搬迁标本的工作,12月末基本完成。为确保搬迁过程中的标本安全,标本馆在1992年10月至1993年3月间对标本进行了加固。

1994年,为适应新楼展陈工作的需要,标本馆下设收藏部和展览部。收藏部使用面积共计1 015 m²,其中新楼4层为化石库房;5层西侧一间为现代人和现生动物骨骼库房,一间为古人类模型以及石制品库房;另在旧楼和新楼西侧2层和3层楼梯之间相连的走廊(封闭空间)内放置浸制标本。展览部为3层多角半圆形结构。

但新楼用于标本储存的空间仍不足以把在祁家豁子的标本全部搬迁过来,3号楼地下室新石器时代人类遗骸等标本仍留原处。

随着新楼的投入使用标本馆进入了新的发展阶段。在保管方面,全面推广计算机管理系统,改进库存方式,更新存储设备。在展陈方面,新楼陈列馆命名为中国古动物馆,为了使其能在所庆纪念活动期间开放,标本馆投入了很大的精力。

1994年10月18日,所庆纪念活动当天,中国古动物馆如期正式开馆,但并未对公众开放。11月4日,研究所正式组建中国古动物馆,隶属于标本馆。实际上二者为同一机构。

---

① 当时周口店遗址的管理机构.
② 1990年开工,1993年落成,也称为主楼,新楼.

11月19日，标本馆更名为中国古动物馆，下设展览部、保管部和技术部；陈冠芳为保管部主任。邱占祥兼任中国古动物馆馆长。

经过1993–1994年间，搬家、所庆、开馆等一系列活动之后，从1995年起标本管理工作逐步恢复正常。

1995年12月，中国古动物馆正式对外开放。古脊椎所作为杨钟健终身奋斗的地方，终于通过不断的努力亲自将其毕生追求的自然博物馆事业变成了现实。

1996年1月31日，中国古动物馆分建为中国古动物馆和标本馆；标本馆馆长唐治路，顾问邱占祥。此时标本馆下设保管部和技术部。

1999年1月，研究所颁布了《中国科学院古脊椎动物与古人类研究所标本馆标本管理规定》。

2000年2月1日，中国古动物馆与标本馆合并为中国古动物馆，王元青兼任馆长；下设展览部和收藏部；原标本馆修理室（技术部）分出。5月9日，研究所任命唐烽为古动物馆收藏部主任。

随着野外采集标本的增多，标本馆库存空间紧张的问题又显现出来。一些不常用的标本被堆置在地下车库或者室外临时搭建的篷子里，一些研究过的标本也不得不装箱临时堆放在周口店。

2002年夏，研究所综合楼进行整体装修改造，新增了两个地下库房用于存放标本。

2003年1月2日，收藏部从中国古动物馆中分出，成立标本馆（图1）；王元青兼任标本馆馆长。这次机构调整奠定了今天标本馆职能范围，即标本征集、收藏和保护，数据库建设和维护，模具管理等。

2004年5月27日，研究所任命刘丽萍为标本馆馆长。同年，研究所对综合楼地下车库进行改造，将西半部改建为标本馆地下库房。

2008年7月7日，研究所任命刘金毅为标本馆馆长。

2011年秋，研究所对实验楼3层进行装修改造，将其中一间作为骨学准备室交付标本馆使用，用来存放部分模具和新石器时代及历史时期人类遗骸。

2015年夏，研究所把陆谟克堂3层西半部交予标本馆，用于存放现生动物及现代人骨骼标本；原综合楼5层库房改造为观察室。至此标本馆在西直门外的总使用面积达到1 758 m²。

研究所下辖的北京猿人展览馆和遗址管理处在1994年10月更名为周口店遗址博物馆，这年5月展览馆把存放在水泥厂地下室的标本运回库房[42]。

2002年8月，周口店遗址博物馆与研究所脱离了隶属关系。根据协议，古脊椎所负责遗址的科研工作，拥有发掘权、标本所有权和研究权；博物馆更名为周口店北京人遗址博物馆[6, 42]。

协议签署后，在博物馆展出的标本保持不动，但存放在周口店库房的大量标本又面临着转移问题。2002年11月，研究所在昌平区小辛峰村工业园区①建立小汤山工作站，主要用于标本修理和储存等。小汤山工作站建成后，研究所立即组织将存放在祁

---

① 今西辛峰工业区四区2号.

家豁子 3 号楼地下室和周口店的大部分标本搬运至此。但是由于这次搬迁时间也很仓促，而且标本众多，最终有一些与周口店无关的标本未能及时发现，最终留在了周口店。

目前，标本馆在小汤山工作站共有 6 个库房，北院为模具库和大型标本库，南院为周转库，总使用面积为 1 396 m²。

图 1　西直门外时期的标本馆局部内景

Fig. 1　Some interior views of the Specimen Collection Museum

4　结语

4.1　标本馆的发展历程

1954 年成立的标本整理小组是古脊椎所在标本管理方面最早的组织形式，比较松散。1956 年夏标本室的建立及人事任命，标志着标本室（馆）自此成为研究室（所）的重要组成机构。1983 年标本室改称标本馆，体现出研究所对标本管理工作的重视。当前，标本馆定位于建立化石标本和现代骨骼标本收藏中心。

鉴于标本馆目前早期藏品的采集年代以及新生代研究室与地质调查所陈列馆之

间的密切关系，可以把 1922 年农商部地质调查所在地质矿产陈列馆中增设古生物化石展室，看做是标本馆的前身。

4.2 标本馆发展史上的重要人物

杨钟健不仅仅是古脊椎所的创始人也是标本馆的奠基人。在其早年留学德国期间就已开始注意欧洲各国的陈列馆，之后多次发文阐述陈列馆对于国家建设及国民教育等方面的重要意义。新中国成立后特别是 1953 年古脊椎动物研究室成立以后，杨钟健经常在会议中强调标本整理及陈列工作的重要性，并提出一些建设性的意见。在平时的工作中他亲自向新来的同事介绍标本管理方面的知识，带头整理标本。标本室正是在他的亲切关怀和悉心指导下建立的。面对标本室长期存在的空间拥挤情况，杨钟健多次向上级写申请反映问题，在他的指示下研究所也多次把修建一座多功能的标本室列入发展规划。

自 1935 年陈列馆主体随地质调查所南迁后，贾兰坡就开始参与到了北平分馆的管理工作中来。从 1946 年北平分所恢复后到 1956 年古脊椎室标本室成立期间，贾兰坡实际上就一直负责着研究室标本的收集、整理和管理工作，并提出了标本整理保管的原则和制度。从 1960 年起一直到 1980 年间，贾兰坡长期担任标本室主任（组长）职务。这一时期内频繁的政治运动严重影响了标本室的正常工作，在贾兰坡的竭力维护下标本室才得以维持下来。

无论是杨钟健还是贾兰坡二者皆有繁重的科研和行政工作要承担，因此标本室的日常管理工作主要是由王存义来负责。王存义自 1938 年辗转到昆明与杨钟健汇合后，就开始负责保管及整理新生代和脊椎动物化石研究室的标本。随着古脊椎动物研究室的成立，王存义参与了标本整理工作，并在标本室成立后担任副主任，保管员等职务，他在化石修复、模型制作、现生剥制等方面的技艺也颇为精湛。

4.3 与古脊椎所标本密切相关的机构

中国地质博物馆和南京地质博物馆作为地质调查所陈列馆的延续，继承了大量新生代研究室的标本，主要是周口店地区的动物化石。无论是杨钟健从南京返回北京，还是研究室从兵马司搬到二道桥，均有些标本没有带走而是留在了两地地质博物馆。

作为自然博物馆事业的大力倡导者，杨钟健长期兼任北京自然博物馆馆长。为了填补自然博物馆在古生物藏品方面的空白和短缺，研究所曾向其提供了许多标本。

周口店遗址博物馆，历来是研究所标本陈列展示和存储周转的"重地"，但随着博物馆体制的改变，致使原先陈列储藏在此的大批标本存在所有权和使用权长期分离的问题。

德日进在 1946 年离开中国前夕曾将一批天津自然博物馆的标本委托裴文中保管，然而目前研究所内已知的这批标本不论是在种类上还是在数量上都与清单中所列相距甚远。对于这批标本的移交过程是否有更多的记录及标本种类和数量确切的统计，需要进一步考证核实。

致谢 谨以此文纪念古脊椎所标本馆成立六十周年。本文在写作过程中得到了古脊椎所标本馆刘金毅馆长的大力支持；期间多次向李传夔、邱占祥、吴新智等先生请教有关问题；张宏、唐治路等诸多退休同志和标本馆同事提供了许多重要线索和信息；档案室的陈竑高级工程师给予了热情的帮助。笔者在此对他们的帮助表示最诚挚的谢意。

参 考 文 献

1 杨钟健. 杨钟健回忆录. 北京: 地质出版社, 1983. 1-209.

2 农商部地质调查所. 地质调查所沿革事略. 北京: 农商部地质调查所, 1922. 1-6.

3 张尔平, 曹希平. 地质调查所地质矿产陈列馆考析. 中国科技史杂志, 2007, 28(3): 227-240.

4 农商部地质调查所. 地质矿产陈列馆第一次报告. 见: 农商部地质调查所编. 地质调查所办事报告. 北京: 农商部地质调查所, 1925. 1-16.

5 实业部地质调查所. 中国地质调查所概况——本所成立十五周年纪念刊. 北京: 实业部地质调查所, 1931. 1-30.

6 李传夔, 周忠和. 中国科学院古脊椎动物与古人类研究所. 见: 王扬宗, 曹效业主编. 中国科学院院属单位简史(第一卷·上册). 北京: 科学出版社, 2010. 426-442.

7 贾兰坡, 黄慰文. 周口店发掘记. 天津: 天津科学技术出版社, 1984. 1-223.

8 贾兰坡. 山顶洞人. 上海: 龙门联合书局, 1951. 1-95.

9 经济部中央地质调查所. 中央地质调查所概况——二十五周年纪念. 重庆: 经济部中央地质调查所, 1941. 1-42.

10 无名氏. 地质界消息. 地质论评, 1937, 2(2): 199-222.

11 胡承志. 我所在的新生代研究室. 见: 高星, 陈平富, 张翼, 等主编. 探幽考古的岁月: 中科院古脊椎所 80 周年所庆纪念文集. 北京: 海洋出版社, 2009. 51-74.

12 贾兰坡. 周口店记事(1927-1937). 上海: 上海科学技术出版社, 1999. 1-152.

13 胡承志. 忆新生代研究室与周口店的发掘工作. 见: 程裕淇, 陈梦熊主编. 前地质调查所(1916-1950)的历史回顾——历史评述与主要贡献. 北京: 地质出版社, 1996. 121-127.

14 贾兰坡. "北京人"的劫难. 见: 程裕淇, 陈梦熊主编. 前地质调查所(1916-1950)的历史回顾——历史评述与主要贡献. 北京: 地质出版社, 1996. 128-129.

15 杨钟健. 解放以来脊椎动物化石的新发现. 科学通报, 1951, 2(3): 257-259.

16 王仰之. 中国地质调查所新生代研究室简史. 见: 中国地质学会地质学史研究会, 中国地质大学地质学史研究所合编. 地质学史论丛 3. 北京: 地质出版社, 1995. 84-91.

17 无名氏. 地质界消息. 地质论评, 1937, 2(6): 585-598.

18 孟国祥. 故宫文物留存南京研究. 南京社会科学, 2011(4): 125-132.

19 无名氏. 地质界消息. 地质论评, 1938, 3(1): 95-103.

20 无名氏. 地质界消息. 地质论评, 1938, 3(4): 465-467.

21 杨钟健. 抗战中看河山. 重庆: 独立出版社, 1944. 1-222.

22 侯江. 抗战内迁北碚的中央地质调查所与中国西部科学院. 地质学刊, 2008, 32(4): 317-323.

23 王国方. 我国早期地质陈列馆概略. 中国科技史料, 1989, 10(2): 67-72.

24 侯江, 欧阳辉. 重庆自然博物馆溯源——中国西部科学院博物馆和中国西部博物馆. 上海科技馆, 2010, 2(4): 84-92.

25 无名氏. 地质界消息. 地质论评, 1946, 11(3-4): 301-318.

26 无名氏. 地质界消息. 地质论评, 1946, 11(1-2): 161-168.

27 田本裕, 宋鸿年, 刘宪亭. 前地质调查所北平分所(1945~1949)的回顾. 见: 程裕淇, 陈梦熊主编. 前地质调查所(1916-1950)的历史回顾——历史评述与主要贡献. 北京: 地质出版社, 1996. 65-66.

28 陆惠元. 关于北疆博物院的史料(1914 年-1952 年). 见天津市文化局文化史志编修委员会办公室编. 天津文化史料第二辑. 天津: 天津市文化局文化史志编修委员会, 1990. 1-13.

29 邱占祥. 桑志华和他的哺乳动物化石藏品——试谈桑志华藏品中哺乳动物化石的历史及现实意义. 见: 孙景云主编. 天津自然博物馆建馆 90 周年文集. 天津: 天津科技出版社, 2004. 6-10.

30 邱占祥. 德日进与桑志华及北疆博物院. 见: 天津自然博物馆编. 天津自然博物馆论丛(2015). 北京: 科学出版社, 2015. 3-17.

31 潘云唐. 揭开黄土的奥秘——刘东生. 北京: 新华出版社, 2008. 1-246.

32 刘东生. 难忘的一课. 见: 中国科学院古脊椎动物与古人类研究所, 北京自然博物馆编. "大丈夫只能向前"——回忆古生物学家杨钟健. 西安: 陕西人民出版社, 1981. 98-100.

33 潘江. 前地质调查所地质矿产陈列馆概况. 见: 程裕淇, 陈梦熊主编. 前地质调查所(1916-1950)的历史回顾——历史评述与主要贡献. 北京: 地质出版社, 1996. 84-88.

34 杨学长, 周建平, 王海峰. 中国科学院南京地质古生物研究所. 见: 王扬宗, 曹效业主编. 中国科学院院属单位简史(第二卷·上册). 北京: 科学出版社, 2010. 380-404.

35 邱中郎. 点点滴滴的回忆. 见: 高星, 陈平富, 张翼等主编. 探幽考古的岁月: 中科院古脊椎所 80 周年所庆纪念文集. 北京: 海洋出版社, 2009. 82-89.

36 杨钟健. 在中国研究古脊椎动物的特殊性和面临的几个问题. 古脊椎动物学报, 1958, 2(1): 60-64.

37 胡长康. 学习杨老热爱科学事业的精神. 见: 中国科学院古脊椎动物与古人类研究所, 北京自然博物馆编. "大丈夫只能向前"——回忆古生物学家杨钟健. 西安: 陕西人民出版社, 1981. 119-121.

38 刘宪亭. 中国科学院古脊椎动物研究室周口店陈列室开幕. 科学通报, 1953(10): 98.

39 甄朔南. 中国自然历史博物馆的拓荒人——杨钟健. 见: 甄朔南著. 甄朔南博物馆学文集. 北京: 中国大百科全书出版社, 2004. 275-282.

40 增. 中国科学院古脊椎动物与古人类研究所化石陈列室迁移新址. 古脊椎动物与古人类, 1964, 8(4): 420.

41 周明镇, 张锋. 中国科学院古脊椎动物与古人类研究所动态. 古脊椎动物与古人类, 1973, 11(2): 227-230.

42 张森水, 宋惕冰. 周口店遗址志. 北京: 北京出版社, 2004. 1-468.

HISTORY OF SPECIMEN COLLECTION MUSEUM OF INSTITUTE OF VERTEBRATE PALEONTOLOGY AND PALEOANTHROPOLOGY, CHINESE ACADEMY OF SCIENCES

MA Ning   QIU Zhong-lang

(Institute of Vertebrate Paleontology and Paleoanthropology, Chinese Academy of Sciences, Beijing 100044)

ABSTRACT

The Specimen Collection Museum of IVPP was founded in 1956, the first named Collection House, renamed now in 1983. Museum dating back to 1922, former Museum for Geological and Mineral Specimens of GSC, which added a new exhibition room of Paleontology. YOUNG Chung-Chien was a founder of Specimen Collection Museum. IVPP's specimens has close relationship with the Geological Museum of China and the Zhoukoudian Site Museum and other units.

Key words   specimen, Institute of Vertebrate Paleontology and Paleoanthropology (IVPP), Specimen Collection Museum of IVPP, Geological Survey of China (GSC), Museum for Geological and Mineral Specimens of GSC

现生标本搬迁保护初探*

李东升　马　宁　娄玉山

(中国科学院古脊椎动物与古人类研究所，北京 100044)

摘　要　现生动物和人的骨骼标本因其不规则性，在搬迁中容易产生损坏。本文以现生标本库 3 083 件标本搬迁为基础，先根据标本的特点进行分类：盒装标本、装架标本、托盘装标本和较大型零散标本，然后采取不同的保护措施和使用不同的保护材料，较为安全快速地将这些标本搬迁完成。整理后发现标本无任何丢失，绝大多数标本无肉眼可见损坏，同时发现鼻骨等脆弱的地方是下一步需要探索的地方，此外，还发现标本在日常存放中需要注意保存条件以减少自然断裂。

关键词　现生动物与人骨骼标本；搬迁；分类；保护

1　前言

中国科学院古脊椎动物与古人类研究所（以下简称研究所）的前身是 1929 年在今北京市西城区兵马司胡同成立的农矿部地质调查所新生代研究室。经过 80 多年的发展，研究所几代人收集了大量化石标本、现生动物与现代人标本、石制品和模型等，共计 22 万余件。标本馆即是收藏这些标本的部门，主要分为哺乳动物化石库、低等脊椎动物化石库、人类化石及石制品库和现生标本库。

现生标本库从 1919 年收集标本至今，库存标本可分为两大类，即现生动物标本和现代人标本，其中现生动物标本来源于各大洲（南极洲除外），涵盖脊椎动物亚门（Vertebrata）中的 8 纲，83 目，237 科，598 属，977 种，共计 2 806 件（个体）；现代人标本则来源于亚洲和欧洲，全部为智人（*Homo sapiens*），共计 617 件。

因各种历史原因，研究所经历数次搬迁，最终于 1973 年搬至现址，各类标本也随之进行了多次搬迁，积累了大量经验。本文以近期现生标本库的搬迁为例，对标本保护的分类与方法进行初步的探讨，对其中的成功与不足进行总结，同时对未解决问题进行初浅分析，以期获得更大范围或更多相关问题的进一步探讨。

2　标本的分类与保护

现生标本库因库存标本不断增加而导致空间越来越拥挤，扩充空间的需求越来越迫切。2015 年，研究所陆谟克堂（动物园内）正式投入使用，现生标本库便由本部搬

---

* 基金项目：中国科学院战略生物资源科技支撑体系运行专项-国家岩矿化石标本资源共享平台.
李东升：30 岁，男，馆员，从事标本管理工作，E-mail: lidongsheng@ivpp.ac.cn.

迁至该地，两地相隔约 1.4 km（行车距离）。因时间较为紧迫，经过讨论，我们制定了较为详细的搬迁计划。

标本搬迁主要涉及两个因素，即标本安全和最大程度减少对科研工作的影响，这次搬迁须在尽可能保证标本安全的前提下，以最短的时间完成。而现生动物标本属于不规则物体，大小、尖钝、脆弱程度等均不一致，无法找到统一的方法加以保护，所以首先就要对标本以不同的特点进行分类，其次根据不同的类型，采取不同的、快捷的方式进行保护。

2.1 标本的分类

依据标本的大小和标本盒的类型，将标本分为以下几类。

2.1.1 盒装标本

这类标本可细分为盒装动物标本和盒装现代人标本，数量为 2 428 件，占比约 76%，体型较小，一般小于 25 cm × 18 cm × 19 cm（长、宽、高）。盒装动物标本主要是较大或中等体型动物的头骨与下颌和小型动物的完整骨架，如狗（*Canis lupus familiaris*）、喜鹊（*Pica pica*）、灰鼠蛇（*Ptyas korros*）等。因有不同规格的标本盒，所以这些标本基本都放置在比标本略大的标本盒中，特点是标本的上下左右晃动均较少。盒装人骨标本主要是现代人类头骨与下颌，因标本盒尺寸固定，而头骨及下颌尺寸因年龄和产地的不同而相差较大，所以这类标本相对晃动较大。

2.1.2 装架标本

这类标本可细分为大型装架标本和小型装架标本，数量为 41 件，占比约 1%。大型装架标本主要是一些哺乳动物的完整骨架，如角马属未定种（*Connochaetes* sp.）、亚洲象（*Elephas maximus*）、大猩猩（*Gorilla gorilla*）等。这类标本的特点是骨骼活动范围相对较大，因为它是将原本属于单个个体的完整骨架按照原接触关系放置，骨骼间以细铁丝或细铁架相连，整体以铁架支撑，固定在一个平台上，同时外部罩以玻璃罩进行保护，故体积可达 200 cm × 55 cm × 150 cm。小型装架标本主要是一些小型哺乳动物和爬行动物，如中华竹鼠（*Rhizomys sinensis*）、三索蛇（*Coelognathus radiatus*）、大鳄龟（*Macrochelys temminckii*）等，这些标本的骨骼活动范围很小，因为虽然它也同样是将原本属于单个个体的完整骨架按照原接触关系放置，但骨骼之间以软组织或胶状物固定，并辅以细铁丝支撑，同时整体以铁丝支撑或胶着在一块小木板上，体积一般小于 110 cm × 35 cm × 15 cm。

2.1.3 托盘装标本

这类标本主要是某些中等或较大型动物的头后骨骼，如美洲野牛（*Bison bison*）、山羊（*Capra hircus*）、黑猩猩（*Pan troglodytes*）等，或较大量现代人的头后骨骼，如肱骨、股骨、髋骨等，数量为 697 件，占比约 22%。这些标本的特点是，骨骼均零散堆积于不同大小的标本托盘中，骨骼间的晃动较小但摩擦相对于其他几类较大，同时由于托盘没有上盖，大部分托盘中放置的标本高度超过托盘本身。体积一般介于 25 cm × 18 cm × 19 cm 与 70 cm × 50 cm × 18 cm 之间。

2.1.4 较大型零散标本

这类标本主要是一些零散的、不规则的较大型标本，如带角大羚羊头骨

（*Taurotragus oryx*）（图1）、带角满洲马鹿头骨（*Cervus canadensis xanthopygus*）、鸵鸟骨盆（*Struthio camelus*）等，数量为37件，占比约1%。这类标本的特点是，体积较大（大于70 cm×50 cm×18 cm中的一项或多项）和形状不规则，故无法放置于任何合适的标本盒或标本托盘中，且不同部位的尖锐及脆弱程度不一。

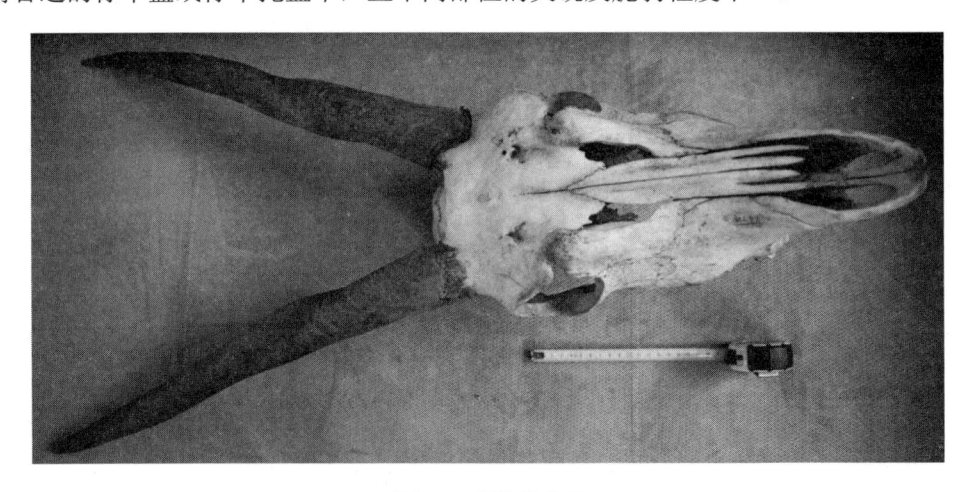

图1 大羚羊头骨

Fig. 1 Skull of *Taurotragus oryx*

该头骨长94 cm，两角末端间宽47 cm，高34 cm，两角末端为尖锐的地方，鼻骨为脆弱的地方.

2.2 标本的保护

标本的保护主要是通过包裹或垫护各种不同硬度的保护材料，从而减少标本自身的晃动和标本之间的碰撞与摩擦以及标本与标本盒等容器间的碰撞与摩擦。依据搬运过程，可将保护分为搬运前的保护和搬运中的保护。

2.2.1 搬运前的保护

搬运前的保护主要是针对不同类型的标本，用不同的方法和不同的保护材料进行保护。本着经济适用的原则，用到的保护材料基本是原本库存的或市面上很容易买到的：EPE 珍珠棉板材（以下简称珍珠棉）、气泡膜、保鲜膜、抽纸、卫生纸、棉花、塑料袋、胶带、PP打包带、绳和纸箱。珍珠棉较厚，整体相对较硬而表面又具有一定的伸缩性，同时易于裁剪，主要用于填充空隙；气泡膜与保鲜膜较薄，伸缩性很好，主要用于标本表面的缠裹；棉花与卫生纸很柔软，同时又具有很强的可塑性，主要用于脆弱部位的垫护和较小缝隙的填充，其余材料主要起固定、打包等作用。针对不同类型的标本，分别采取以下措施。

2.2.1.1 盒装标本的保护

首先对因长时间使用而破损或即将破损的标本盒进行更换，将原本大小不太合适的完好标本盒更换为更合适的。

然后，对于装有头骨和下颌的盒装标本，因为头骨和下颌的摆放经常为上下关系，所以先用合适大小的气泡膜垫护在头骨和上下颌的接触面上（对于非上下关系的头骨和下颌则将接触面进行垫护；如无接触面，则之间以珍珠棉分割），然后将骨骼调整位置至晃动最小，并用裁剪后的珍珠棉、棉花、卫生纸等材料对缝隙进行填充，以达到晃动标本盒，标本不晃动为标准（图2）。

以现代人头骨与下颌为例。首先将下颌用气泡膜（图2中使用较为柔软的纸）包裹，然后将下颌放置于标本盒中，再将头骨放置与下颌上，调整位置使其晃动最小，然后用裁剪好的珍珠棉对标本四周的空隙进行填充，使标本在平面上无法晃动，随后在头骨顶部覆盖一较薄的珍珠棉，最后盖上标本盖，同时检查标本盖与标本盒接触是否紧密。

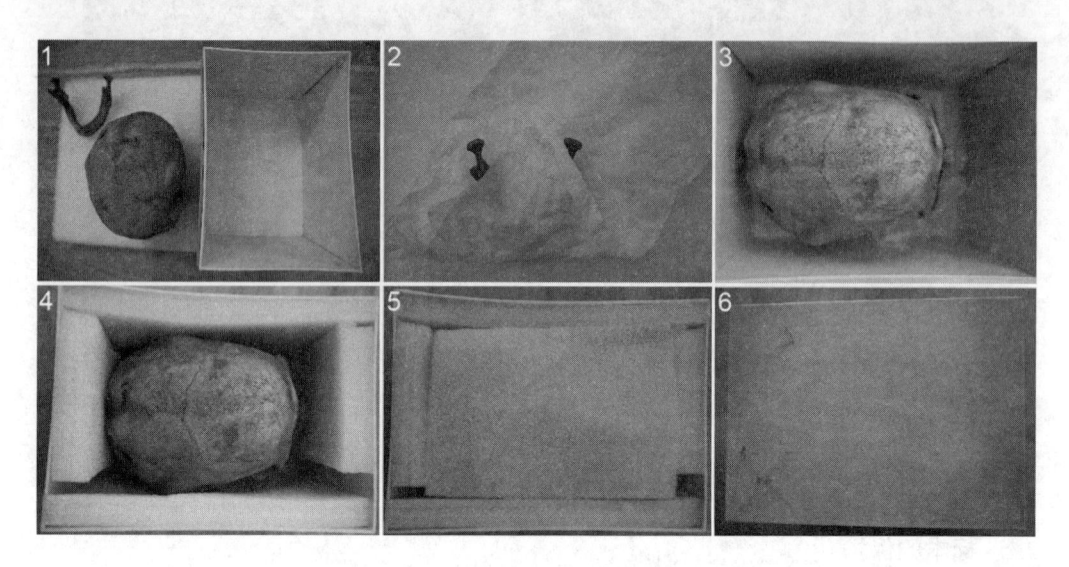

图 2　盒装标本的保护步骤

Fig. 2　Protective steps of boxed specimens

对于装有小型动物完整骨架的盒装标本，则先用棉花充填肋骨之间的区域，随后用珍珠棉等将缝隙填充。

随后，对标本盒和标本盖之间的牢固程度进行检验，如发现较易打开，则用保鲜膜或胶带缠裹固定。

最后，将保护好的标本盒放入纸箱中，同样对纸箱的空隙用珍珠棉等材料进行填充，对纸箱封口后用PP打包带进行打包。

2.2.1.2 装架标本的保护

对于大型装架标本，首先将玻璃罩与标本分开，然后将头部骨骼取下，因其是通过枕骨大孔悬于一根横向较短铁棍上，取下的头部骨骼按照较大型零散标本进行保护；随后将晃动幅度较大的骨骼，特别是一些未固定的肢骨，绑于铁架上，最后检查铁架与平台的连接，若有松动则进行加固。对于一些相对较小型的标本，再用黑色塑料袋包裹，并用胶带适当缠绕、封口。

对于小型装架标本，如能放入合适的标本盒，则放入其中，并填充空隙；否则就用黑色塑料袋进行缠裹，并以胶带加固。

2.2.1.3 托盘装标本的保护

对于单个个体的头后骨骼，首先将四肢骨骼放置于托盘最下边，然后将肋骨等较为脆弱的骨骼放置在上边，如若超高，则分开放置；对于大量同样的骨骼，如现代人的股骨，则以晃动最少为原则，调整摆放，保证不超高；然后用气泡膜当作托盘盖进行封口，随后将3个托盘叠放，用PP打包带进行捆扎。

2.2.1.4 较大型零散标本的保护

对于这类标本，要进行分区域包裹。如头部骨骼，先将头骨的两只角分别用保鲜膜缠裹数层，然后再将头骨其余部位用保鲜膜缠裹，当鼻骨较为脆弱时，先用棉花或卫生纸进行垫护；之后用气泡膜将两只角和其余部分分别缠绕数层，并在交界区域进行重叠缠绕，最后用胶带从外部使用适当力气收紧，使保护层较为紧凑且与头骨接触紧密不至脱落；对于下颌骨，先用珍珠棉裁剪成适当的大小，放置于下颌骨水平支和上升支之间，以避免下颌骨折断，然后用保鲜膜包裹数层，随后用气泡膜缠绕，最后用胶带固定。

2.2.2 搬运中的保护

搬运中的保护主要措施有：①使用推车少量多次的搬运标本以减少途中的颠簸；②用棉被将货车车厢底部垫护以减少已经保护后的标本和车厢间的摩擦；③箱装标本和托盘装标本集中放置且叠摆高度适当以减少掉落的可能性；④装架标本和较大型零散标本均匀平铺在棉被上以减少相互之间的磕碰；⑤慢速开车以减少运输中的颠簸。

3 结果与讨论

经过43个工作日，将3 083件标本打包保护完成，共133箱，139托盘，装架及大型零散骨骼78个。经过两天6次运输，将标本运送至陆谟克堂。经过一个月的整理后，发现标本没有任何丢失，绝大多数标本无肉眼可见损坏，1件标本有较大损坏，个别标本有较小损坏。对损坏标本进行初步分析后，发现较大损坏的标本是一个盒装标本，使用珍珠棉填充缝隙，但珍珠棉的尺寸略小，可能导致在之后的过程中产生晃动而损坏；较小损坏的标本主要分为两种，一种是鼻骨的断裂；另一种是牙齿釉质的断裂。鼻骨的断裂应与保护方式关系较小，因垫护棉花或卫生纸的鼻骨与没有垫护的均有断裂，主要原因可能还是因为该部位比较脆弱，需在日后探索更为特殊的保护方式。牙齿釉质的断裂主要原因可能还是日常存放过程中已经产生裂纹，在搬运中产生晃动而致彻底分离。

因此，实践证明这次搬运标本的保护措施还是比较有效，关于鼻骨这类很脆弱的骨骼的保护还需进一步的探索，同时在标本的日常存放中，应该采取办法减少因温度湿度变化而导致标本的自然断裂。

标本搬迁除了实体标本外，还有标本信息的搬迁，本文暂不予与讨论。标本搬迁的保护是标本保护这一大命题中较少发生但影响很大的方面，除此之外，标本保护还包含标本日常的保护，如标本摆放的保护、借阅的保护、损坏标本的修复、温湿度的控制等。标本保护同样也只是标本管理中的一个方面，标本管理还包括库房与标本柜的设计规划、标本征集登记、标本摆放的设计、标签管理、借阅管理、数据库设计与建设等多方面，而各个方面也存在或多或少的经验与问题，本文则期望能引起大家对该领域的关注，并展开多方面更深入的讨论。

致谢 感谢研究所苗建明书记和刘金毅馆长在此次标本搬运中给予重要的指导意见；感谢刘金毅馆长在文章写作中提出重要的修改意见；感谢标本馆和管理部门各位同事在标本搬运中给予的帮助。

PROTECTION OF EXTANT ANIMAL AND HUMAN'S SKELETONS IN RELOCATION

LI Dong-sheng   MA Ning   LOU Yu-shan

(Institute of Vertebrate Paleontology and Paleoanthropology, Chinese Academy of Sciences, Beijing 100044)

ABSTRACT

Due to their irregular shapes, extant animal and human's skeletons are very vulnerable during relocation. Based on relocation of modern collection last year, we implement our idea to decrease the risk of broken. First, we classified them into four different categories based on their distinct characters, which are boxed specimen, mounted specimen, pallet packaging specimen and single large specimen. And then, we use specific methods and materials to protect them. Finally, we find our idea implemented very well except for several parts of skull, etc. nasal which is quite fragile, and further exploration should be done to protect those parts in the future. Meanwhile, we find out daily protection of skeletons are significant as well, since some teeth appears some fissures during storage.

Key words Extant animal and human's skeletons, relocation, classification, protection

天津自然博物馆前身北疆博物院的创建与发展

高渭清

(天津自然博物馆，天津市 300201)

摘　要　北疆博物院是天主教耶稣会在天津建立的综合性的自然历史博物馆，其创办人桑志华神父依靠教会完成了对中国北方大部分地区的全面考察，获得了大量具有很高研究价值的标本。北疆博物馆虽然具有殖民色彩，但是它把西方先进的博物馆理念和办馆方法引入了中国，同时它也是西方人了解中国，在中国进行多方面考察的主要渠道。桑志华卓有成效地组织挖掘和研究工作，为中国自然科学事业做出了突出贡献，也为天津自然博物馆的建立奠定了馆藏基础。

关键词　北疆博物院；桑志华；天津自然博物馆

1　前言

北疆博物院是天津自然博物馆的前身，筹建于 1914 年，是法国天主教耶稣会神父桑志华（Emile Licent）创办的中国北方建立最早、藏品最丰富的自然科学博物馆，是集标本收藏、科学研究和陈列展览、刊物出版于一体的综合性博物馆，其藏品主要来自中国北部地区，特别是黄河、白河（指潮白河和海河）流域，内容涉及地质学、岩石矿物学、古生物学、古人类学、动物学、植物学和民俗文化等多方面内容，尤以新生代古生物化石享誉中外。北疆博物馆院收藏的标本有少部分出于研究目的赠与巴黎博物馆和欧洲几个研究机构，少数几位采集者和专家，一部分于战乱中转移至北京（现保存于中科院古脊椎动物与古人类研究所），其余大部分均保存在北疆博物院，从而成为天津自然博物馆重要的馆藏和建馆基础。

2　北疆博物院的建立

2.1　北疆博物院创始人桑志华简历

桑志华（1876–1952）1876 年出生于法国诺尔省瓦朗谢纳市东部罗别镇（出生地原文：La commune de Rombies, canton Est de l'arrondissement de Valenciennes, Département du Nord），法国天主教耶稣会神父，原名保罗·埃米尔·黎桑（Paul Emile Licent），来华以后取中文名"桑志华"。19 岁时他立志成为一名神职人员，曾在法国服兵役 3 年，服役期间大部分时间所从事的工作与探险活动有关。他取得文学硕士学

---

*高渭清：女，48 岁，副研究馆员，主要研究方向为古鱼类、古两栖类和天津自然博物馆馆史。

位之后，1912年在马赛又取得了由法兰西学院颁发的动物学博士学位。

桑志华于1914年3月来到天津，至1938年年底回法国，在华期间对中国北方大部分地区进行了全面考察，时间跨度长达25年，行程总长约45 000~50 000 km，考察内容涉及多个学科，发掘和收藏了大量具有很高学术价值的标本，并建立中国北方最早的综合性历史博物馆——北疆博物院。

桑志华回法国后定居巴黎，晚年在巴黎博物馆担任法国昆虫学会会长，潜心于研究工作，直至1952年去世，享年76岁。

2.2 北疆博物院创建的历史背景

天主教耶稣会在我国从事宗教事务以外的科学考察活动由来已久，最初并未设立任何专门机构，只是通过各个教区的神职人员默默地进行。上海徐家汇天主教堂集中保存了传教士从各处收集的标本，由于藏品数量不断增多，最终促成了徐家汇自然历史博物馆的建立（1868年）。徐家汇自然历史博物馆藏品的收藏范围主要集中在长江中、下游，我国北方在当时还是一片未被探索和考察的区域，北疆博物院的建立是在这样的背景下提到教会日程上的。

1912年桑志华取得法国科学院动物学博士学位以后，向教会上层提出建立北疆博物院的计划，正如桑志华在北疆博物院丛刊第39期（1935年出版）中所述：

在这个期刊中，我所阐述的成就，其计划始于1912年。该计划曾经得到当时直隶省东南教区（献县教区）耶稣会会长金道宣神父（R. Gaudissart）、法国北方耶稣会省会长朴烈神父（L. Poullier）和耶稣会总会长魏恩兹神父（Fr - x. Wernz）采纳并一致通过。

中国此时仍然是一个不为人们所完全了解的国家，尤其是北方腹地（黄河流域、内蒙古及西藏附近），其地质和动植物区系，不论从纯科学角度，还是经济角度，还有许多宝藏等待人们去发掘。的确，过去已有不少探险家到过这些地区，提出过某些计划，但是一些人往往把注意力集中于某个地区或特殊问题上，至于进行全面的考察，还没有人付诸实施。

因此为了研究中国北方疆域的自然资源、包括矿产、农业及其他，为解决已经出现的科学问题，需要设立一个考证资料和藏品的研究中心，而非一所大学。这就是从1914年开始，促使我下定决心前往中国北方各地进行考察旅行，并在天津创立一个博物馆的动机。

北疆博物院丛刊第39期中还记载了桑志华的考察计划：

（1）系统地考察黄河、白河（海河）、滦河、辽河，即所有注入渤海湾诸水系以及这些流域的周围地区，由北（蒙古腹地、戈壁及鄂尔多斯地区）向西（青海及青海湖）做地域性考察；

（2）搜集包括地质学、岩石矿物学、古生物学、动植物学、史前史学、经济学研究资料；采集藏品，尽可能保持其完整；

（3）在博物馆中安置这些藏品；

（4）从事藏品的研究活动，出版刊物；

（5）为科学研究机构提供考察资料；

（6）成立情报服务处，与高等院校进行合作，设立陈列室。

桑志华这个计划十分符合教会上层的构想，很快被法国天主教耶稣会总会长魏恩兹神父、中国北方耶稣会会长金道宣神父采纳，并获得法国外交部资助。为得到学术界人士的关注，桑志华特意在成行之前登门拜访了许多知名学者，为其后续工作做了必要的铺垫。

桑志华来华考察之前，3个关键问题已经得到解决：①经费：桑志华来华的经费主要由献县教区、法国尚帕涅省、法国外交部提供；②基地：献县教区上层指定天津献县教区财务管理处（崇德堂）作为桑志华的临时落脚点[1]；③人员：依靠教会传教网络和分布在各处的教堂，桑志华可以获得食宿、交通工具、向导、劳动力、情报等多方面资源。

2.3 桑志华在华考察经历

1914年春，桑志华从欧洲出发，乘火车沿西伯利亚铁路来到中国，经满洲里辗转来到天津，到津后他很快投入到考察活动中。他的考察方式主要是徒步旅行，偶尔与沙漠商队同行，随身携带照相机、地质锤、猎枪、网具、毒液采集瓶等必需品，随时采集标本，随时记录行程、采集情况和绘制地图。沿途中的教堂是旅途的中转站，桑志华不仅可以得到休整和物资补充，存放资料和标本，还能够从当地教民那里了解信息、得到线索。桑志华在华25年中，对中国北方的山东、直隶（河北）、山西、河南、陕西、甘肃、东北、内蒙以及西藏以北地区有计划的进行了十分详细的科学考察，行程总长约45 000~50 000 km[1]。

桑志华在旅途中留下的大量笔记详细记录了各种事物，诸如所到之处的驻军、居民人口、民俗民风、地形、地貌、路线图等等。截至1935年年底，桑志华记满的笔记本（150~180页）已达到63本，拍摄的照片有9 000余张，涉及地理学、地质学、人种学、工业、植物学、动物学等多个学科[1]。

考察时间与路线一览：

1914−1917年考察路线：河北平原、山西北部和南部、渤海湾、陕西中部、热河和张家口西北戈壁。

1918−1919年考察路线：甘肃、青海湖、蒙古东部。

1920−1922年考察路线：山西中北部、鄂尔多斯、甘肃东北部、山东及沿海。

1923−1924年桑志华-德日进（P. Teilhard de Chardin）法国古生物考察团考察路线：初次考察鄂尔多斯北部和西部；考察团第二次考察蒙古东部和河北桑干河。

1925年考察路线：山西北部桑干河的源头、山西大同云岗石窟、三次来到桑干河。

1926−1927年与德日进结伴考察路线：到山西南部、河北桑干河、南满、蒙古东部、热河。

1928−1929年考察路线：第六次考察桑干河、杨家坪。

1930年考察路线：和植物学家塞尔神父（H. Serre）结伴到宣化以东山区采集动植物标本；和生物学家罗学宾神父（P. Leroy）一起考察山东海滨；独自赴日本旅行，考察东京附近新时期时代人类骨骼地层。

1931−1933年考察路线：开平煤矿、内蒙古西北、内蒙和大同以北戈壁、黄旗海；

和罗学宾神父再次考察山东沿海海滨；和博物院助理人员柯兹洛夫先生（M. I. Kozlov）及巴甫洛夫先生（P. Pavlov）前往哈尔滨；考察鄂尔多斯东南部、山西中北部。

1934–1935年考察路线：同汤道平神父到山西南部考察。

1936年赴山东泰安、新泰、蒙阴一带采集动植物标本；和罗学宾一起到青岛、威海采集海洋动物标本。

1937年到太原、呼和浩特、包头、河套西北部杭锦后旗、陕坝河套外进行挖掘。

2.4 北疆博物院的建立

1914–1922年间，桑志华搜集的藏品一直存放在天主教耶稣会献县教区前财务管理处（天津法租界圣路易斯路18号），由于标本逐渐增多，崇德堂的各个房间甚至地下室几乎都被占满了，急需更大的空间存放标本、开展整理和研究工作，于是桑志华向教会上层提出了建立博物院的请求。当时正值献县教区耶稣会和天津教区主教文贵宾（S. E. Monseigneur Jean de Vienne）拟建一所高等学府（工商学院），便邀请桑志华将博物院建在校园内，两家相邻便于相互协作。多年前献县教区已在马场道南侧（紧邻英租界）华界中一处叫清鸣台的地方购置了土地，准备作为工商学院的院址，献县教区耶稣会会长让·德布威神父（Jean Debeauvais）在这块土地中为桑志华划拨了一部分，供其建设博物院。

1922年4月北疆博物院第一座建筑（北楼）开始动工兴建，同年9月工程告竣。建筑工程委托给当时著名的比利时和法国合资的公司——义品公司（又名远东信贷银行 Crédit Foncier d'Extrême-Orient）设计和监造。北楼是一座砖混结构的欧式建筑，共分3层，高21 m，占地面积300 m^2。桑志华曾仔细研究了许多欧洲博物馆的建馆方案，在对建筑进行设计时，他特意把窗户位置提高，以便把取暖散热器和电灯安置在高处，留出墙面用于安置藏品柜。建筑物连同水、电及采暖设备共耗资30 000块大洋（当时折合30万法郎）[1]。桑志华将博物院命名为"Musée Hongho-Paiho"（意为"黄河白河博物院"），中文名"北疆博物院"。

由于访者和藏品数量不断增加，加之引人注目的大型标本需要场地整理和安放，特别是教育界向博物院提出了向公众开放的愿望，上述诸多因素促成了北疆博物院陈列室的建设。1925年桑志华筹到经费后开始动工修建陈列室。它紧贴北楼西侧，与北楼相连通，共分3层，每层面积为165 m^2，1层、2层设计为展室，3层用来存放标本和物品。建筑工程委托给法国永和营造公司（Etablissement Brossard-Mopin, S. A.）设计建造，工程师柯基尔斯基（J. Koziersky）在中国首次采用具有美学外形的中心牛腿柱内框架结构，即由4个具有突头支撑面的圆形牛腿柱支撑着三块钢筋混凝土楼板，使墙壁不承受压力。桑志华精心设计了嵌入式高窗，把平板花玻璃直接嵌入钢筋混凝土窗框上，这一设计别具匠心，一方面杜绝了雨水和砂尘侵入室内损害藏品，另一方面由于窗户位置很高，既留出了墙面安置陈列柜，又保证了室内光线充足。建设陈列室所使用的建筑材料均具有防火性能，整体建筑总造价为26 000块大洋[1]。陈列柜由法国斯特拉斯堡冶金厂（Forges de Strasbourg）提供，是固定在墙面上的立式柜，柜面用螺丝固定，可以拆卸。陈列柜的安装总计花费12 000块大洋[1]。

一层陈列室陈列地质学、古生物学、考古学藏品，某些体积过大的展品陈放于室中央两个大玻璃柜中,例如:披毛犀骨架化石、象和长颈鹿骨骼化石,鹿科的各种角化石,以及大型陶器等。二层陈列室陈列动物学、植物学和民俗类藏品,有将近 400 种鸟类安置在玻璃柜上的架格中,大体积的展品陈列于室中央两个大玻璃柜中,有些悬挂在墙上和天花板上。

展品的标签全部使用法文,为了突出某些标本,还在版面中加入了英文和中文标题。不同时期,编写并出版了几种不同版本的法文《参观指南》。

1928 年 5 月 5 日下午,北疆博物院举行开馆仪式,邀请了许多宾客和观众,驻天津之英、美、意、德、比、奥、日、法各国领事馆、各国军队司令部、直隶省公署、外交委员,及中西各报馆都有代表应邀参加。院长桑志华致开幕词,报告了博物院建院经过,指出因人员较少,所以现在陈列品还不够充足,期望将来北疆逐渐发展成为一个完美无缺的博物馆。

举行开馆仪式后陈列室正式对外开放,开放时间为每周三、六、日下午,票价成人 0.3 元,儿童 0.2 元。除个人观众外,每年约有 40 次中小学生集体参观[1]。

随着藏品数量逐年增加,参与工作的人员也随之增加,1929 年北疆博物院不可避免的进行了第二次扩建。新楼(南楼)以北楼高度为标准,设计为二层,与北楼平行排列,南北两座建筑在二层以通道(过廊)相连接,使北疆博物院建筑外形形成了"工"字形格局。南楼的建筑工程仍然委托法国永和营造公司设计、施工和监造[1]。桑志华在南楼设立了图书室,将所有书橱统一安置在一层,并亲自设计了可以调整隔板的铁质书架。南楼一层库房存放岩石、矿物、古人类、和庆阳、鄂尔多斯出土的古生物化石;二层存放在泥河湾和榆社出土的古生物化石。

桑志华在北疆博物院楼后的空地上开辟了一个"天津植物引种试验园",用整整 10 年时间种植了 500 余种野生植物,有近 300 种获得了成功,其中包括 90 种木本植物[1]。

2.5 北疆博物院人员编制

教会曾指定两位神父作为桑志华的合作者,负责地质学和生物学方面的考察和研究工作,1915 年德军进攻法国尚帕涅省时这两位神父不幸遇害。1923 年前,除辅助人员以外,桑志华一直独自进行野外考察,1923 年以后,陆续参与进来了具备专业知识的教会神父和来自法国、俄国的科研人员。桑志华担任北疆博物院院长,除野外考察、标本采集还负责管理全院事务。另外,在编人员中还有 6 位负责藏品日常管理的辅助工人和一位中文秘书(表 1)[1]。

2.6 收藏与研究

北疆博物院新生代哺乳动物化石收藏在国际上具有重大影响,这些化石主要来自我国北方 4 个地区:甘肃庆阳、内蒙萨拉乌苏、河北泥河湾和山西榆社。一部分化石运往巴黎进行研究;一部分于战乱中转移至北京,现保存在中国科学院古脊椎动物与古人类研究所,其余保存在北疆博物院。天津自然博物馆现存 4 个地区化石件数为:甘肃庆阳 1 547 件、内蒙萨拉乌苏 1 188 件、河北泥河湾 2 194 件、山西榆社 2 298 件,其中一级品 30 件,二级品 146 件。

表 1　北疆博物院科研人员一览表
Table 1　Staff members of Musée Hongho-Paiho

任职时间：任职人员，主管的工作
1923–1924 年：法籍德日进神父（P. Teilhard de Chardin），组成桑志华-德日进法国古生物考察团，进行野外考察
1921 年、1927 年、1932 年、1934 年：比利时籍司义斯神父（G. Seys），研究、整理鸟类标本
1928–?年：法籍金道宣神父（R. Gaudissart），植物标本管理
1928–1929 年：法籍鞘翅类专家杜歇诺（J. Duchaine），鞘翅目昆虫分类研究
1930/1936–1946 年：法籍罗学宾神父（P. Leroy），北疆出版物编辑，沿海标本采集、研究
1930–?年：俄籍柯兹洛夫（I. Kozlow），植物腊叶标本整理
1930–1935 年：俄籍巴甫洛夫（P. Pavlov），鞘翅目、爬行类、两栖类标本研究整理
1930–?年：俄籍雅各甫列夫（B. Jakovleff），鱼类、哺乳类、蛛形纲标本研究整理
1930–1932 年：俄籍斯特莱尔科夫（V. Strelkow），英文翻译、鞘翅目研究
1933–1945 年：法籍汤道平神父（M. Trassaert），陪同桑志华考察、膜翅目研究
1936–1945 年：法籍罗伊神父(J. Roi)，植物分类研究

桑志华收藏的藏品涉及门类广泛，包括解剖学、经济学、采矿工业、病态植物、寄生虫、动物畸胎、药理等，可谓五花八门。

人文学方面收藏有 3 000~3 500 件民俗物品，包括招牌、界碑、靴、帽、首饰、服装、手工艺品、家用器具、狩猎用具、武器、宗教用品等。

北疆博物院多年来始终坚持边收藏边整理研究的原则，桑志华回国前已经完成脊椎动物、化石、岩石、显花植物及蕨类植物标本的整理和鉴定工作，苔藓植物、部分膜翅目、鞘翅目、软体动物、蛛形纲等也进行了研究[1]。模式标本有 200 余种，1 000 余件标本在自然科学文献中有记载。

2.7　刊物出版与发行

北疆博物院出版物共计 51 期，北疆研究人员在其它各类刊物发表主要著述有 74 篇，内容涉及古人类学、植物学、动物学、古生物学、岩矿、地质学等，这些出版物多数由法文图书馆发行，在市场上公开出售。

桑志华撰写的《1914–1923 年黄河流域勘察报报告》（4 卷，1924 年出版）、《1923–1933 年黄河流域十一年勘察报告》（4 卷，1936 年出版）将其长期从事的考集活动进行了系统总结，书中以手绘地图和照片形式详细记录了环境、地貌、气候、特色动植物和风土人情等，留下了十分珍贵的历史资料。

2.8　资金募集与利用

北疆博物院经费的主要来源是私人募集，总体分为定期、不定期经费来源和巨额捐赠 3 部分：①巨额捐赠：建设南楼和北楼、仪器设备和家具均由献县教区和法国尚帕涅省资助，总计约 15 万美元；天津法租界公议局资助白银 9 600 两（折合 14 000 美元），用于修建陈列室；意大利租界当局资助白银 500 两（折合 740 美元）。②定期经费主要来自献县教区、法国外交部、法国公益局、领取庚子赔款结余款项和每年接受的布施。③不定期经费主要是桑志华提供资料的报酬、法国外交部赠与、法国古生物考察团来华考察接受的资助、法国驻北京使馆的资助等[1]。

2.9 北疆博物院的历史沿革

1914-1938年是北疆博物院从筹建、建立到飞速发展的25年,为表彰创办人桑志华的特殊功绩,1927年4月法国教育部、外交部和科学院提名,授予桑志华法兰西共和国"铁十字骑士勋章"[2]。

抗日战争爆发后,中国东北、华北和华东大部分地区陆续沦陷,天津也不例外,由于整个欧洲同时处于战火之中,导致北疆博物院经费来源受阻,无法正常开展工作。1938年底教会将桑志华调回法国巴黎,委派罗学宾神父(P. Leroy)接替其工作,并担任副院长职务[4],此后北疆博物院的各项工作基本处于停顿状态。1939年6月日军封锁英、法租界时,北疆仅留下几位工友和一位神父看守门户,其他人员均转移至北京。同年8月,天津地区暴发罕见的洪涝灾害,马场道积水深度接近2 m,从当年留下的标记可以看出,北疆一层已完全浸泡在洪水中。1940年6月利用日军对英、法租界暂时解除封锁的有利时机,罗学宾等人以建立一个"私立北京地质与生物研究所"的名义,把北疆博物院一批重要标本、实验室设备和部分图书资料转移至北京使馆区东交民巷台基厂三条3号。研究所由著名古生物学家德日进神父(P. Teilhard de Chardin)担任名誉所长,罗学宾神父担任所长,汤道平神父(M. Trassaert)和罗伊神父(J. Roi)为研究员。研究所的成立使北疆博物院藏品的研究工作重新开展起来[5]。

1940年北疆博物院南楼清空后,借给工商学院(教会大学)暂时使用,北楼一层、二层暂时借给工商附中(位于工商学院旁的教会中学)做学生宿舍,博物院仅留下陈列室和三楼标本库房由盖斯杰神父(Alber Ghesquieres)看守。

1946年抗日战争胜利后,迫于国内的局势,教会将罗学宾和德日进调回法国,从此"私立北京地质与生物研究所"的工作不得不停止。回国前他们将一部分北疆博物院化石存放在刚刚恢复的"北京地质调查所新生代研究室",委托裴文中先生代为保管,并声明新生代研究室拥有标本的使用权,直至德日进、罗学宾返回中国为止。交接清单上列出的标本总计11 775件,其中人类学标本5 329件,脊椎动物化石5 237件,现生哺乳动物骨骼、皮张449件,地质岩矿标本760件。而实验室的所有设备、图书资料和一部分研究过的化石,仍然保存在"私立北京地质与生物研究所",由巴智勇神父(P. Pattyn)看管[2]。

1949年天津解放后,法国留守神父盖斯杰故意与中国学生发生摩擦,借暑假放假之机强行断水断电,并监禁前来交涉的学生和教师。盖斯杰的种种行为触犯了中国法律,最终受到了拘役15天的处罚,事后不久他就回法国了[3]。

1951年2月,教会暂时委派津沽大学(工商学院于1948年改名为津沽大学)法籍教授明兴礼神父(P. Jean Monsterleet)兼任北疆博物院主任,此时的北疆博物院成了津沽大学的附属博物馆。不久在"三反"运动中,教会退出津沽大学,由政府接管并改名为"国立津沽大学",明兴礼随即回国。同年国立津沽大学委派地理学教授董绍良担任主任职务并接管北疆博物院,于9月26日举行了接收典礼,黄松龄部长主持仪式,黄敬市长到场祝贺。此时北疆博物院全部工作人员只有4人,经济还未独立,标本、财产尚未清点。1952年1月,"三反"工作队进入北疆,对北疆标本、财产进行了一次粗略核点。不久全国高等院校开始院系调整，取消了国立津沽大学的建制。1952年7月，北疆博物院由天津市文化局接管，成立天津市人民科学馆，1958年更名为天津自然博物馆[4]。北疆博物院历任管理者如表2所示。

在北京地质生物研究所负责看管物品的巴智勇神父，由于从事与身份不符的非法活动而被北京市公安局处以管制，不久回国[2]。他所看管的设备、图书和一些研究过的化石由政府接收。多年后天津自然博物馆古生物研究人员发现那批化石已收藏在中科院古脊椎动物与古人类研究所。建国后裴文中先生所在的"北京地质调查所新生代研究室"于1953年组建为"中国科学院古脊椎动物与古人类研究所"。德日进和罗学宾回国前委托裴文中先生代管的标本，一直完好的保存在古脊椎动物与古人类研究所[5]。

1952年新成立的天津市人民科学馆对北疆博物院藏品进行了彻底清点，统计化石12 225件、动物145 311件、植物61 659件，各类标本总数达20余万件，图书15 752册[4]。

表2　北疆博物院历任管理者
Table 2　Successive directors of Musée Hoangho Paiho

任职年份	姓名	职业与身份
1914—1939	桑志华	天主教神父、博物学家、自然科学家
1939—1945	罗学宾	天主教神父、动物学家
1951—1952	明兴礼	天主教神父、津沽大学教授
1951—1959	董绍良	国立津沽大学地理系教授

3　结语

（1）北疆博物院是20世纪初天主教耶稣会在天津创办的中国藏品最丰富、研究成果最为突出的自然科学博物馆，是西方势力为了满足其在中国殖民统治的需要而设立的机构。

（2）北疆博物院陈列室每周只开放3个半天（后增至4个半天），标签均使用法文书写[1]，说明其开放目的不在于向民众进行科学普及，所以对社会的影响力很小，除方便专家研究与交流外，亦有炫耀藏品之嫌。

（3）从中国博物馆发展的角度来看，教会在中国创办各种博物馆无疑对中国博物馆事业的发展具有推动作用，西方博物学家的办馆方法和理念，对中国博物馆人的影响十分深远。

（4）从科学研究的角度来看，桑志华在古人类学和古生物学方面的重大发现，使其成为中国旧石器考古先驱和古哺乳动物学研究的开创者之一，为这两门学科在中国的发展奠定了坚实的基础。

（5）桑志华是第一个在中国组织大规模野外发掘的科学家，也是第一个发现大规模哺乳动物化石群的科学家。新中国成立前中国所发现的具有代表性的新生代哺乳动物群主要是：保德的三趾马动物群、榆社的上新世动物群、泥河湾的早期真马动物群、周口店的中更新世动物群和萨拉乌苏的晚更新世动物群，其中3个都是以北疆博物院的藏品为依据而建立的[6]，可见北疆博物院收藏的哺乳动物化石在中国新生代地层和哺乳动物化石研究中所起的作用是举足轻重的。

参 考 文 献

1　Licent E. Vingt deux années d'exploration dans le Nord de la Chine, en Mandchourie, en Mongolie et au Bas-Tibet (1914-1935). Tianjing: Mission de Sienhsien, 1935.

2　陆惠元. 关于北疆博物院史料. 天津文化史料, 1990 (2): 1-13.

3　陈德仁. 盖斯杰事件. 见: 天津新科院历史所. 天津历史资料 13 期. 天津社会科学院历史研究所, 1980. 17-21.

4　陈锡欣等. 栉风沐雨八十春. 见：天津自然博物馆编. 天津自然博物馆 80 周年. 天津: 天津科技出版社, 1994. 47-69.

5　邱占祥. 桑志华和他的哺乳动物化石藏品——试谈桑志华藏品中步入动物化石的历史及现实意义. 天津自然博物馆建馆 90 周年文集. 天津: 天津科技出版社, 2004. 6-10.

6　邱占祥. 德日进与桑志华及北疆博物院. 天津自然博物馆论丛. 天津: 天津科技出版社, 2015. 3-17.

THE ESTABLISHMENT AND DEVELOPMENT OF MUSÉE HONGHO PAIHO, THE PREDECESSOR OF TIANJIN NATURAL HISTORY MUSEUM

GAO Wei-qing

(Tianjin Natural History Museum, Tianjin 300201)

ABSTRACT

Musée Hoangho Paiho was a comprehensive natural history museum established in Tianjin by Catholic Jesuit, Père Emile Licent, who carried out scientific explorations and investigations in the most areas of northern China and collected a large number of specimens with important scientific value during his stay in China from 1914 to 1935. Musée Hoangho Paiho was a result of foreign colonization, but also an introduction of western concept of musicology and methods of scientific research to China. The museum is a window for scientific exchange between westerner countries and China. Père Emile Licent made an outstanding contribution to Chinese natural history and provided the primary collections for the later establishment of Tianjin Natural History Museum.

Key words　Musée Hongho Paiho, Emile Licent, Tianjin, Natural History Museum

关于生命的阴阳大年生灭论*

徐钦琦

(中国科学院古脊椎动物与古人类研究所,北京 100044)

摘　要　据沃利斯尔和我们研究,在生命的历史上,在层次较高的大年(如宙年,宏年,代年,纪年,世年,期年等)的冬末(即类春分点的前夕),世界上会出现生物事件的第一幕,即旧物种的灭绝事件;在大年的春季(即类春分点过后),则会发生第三幕,即新物种的诞生事件;而第二幕(短暂的间隔,即在类春分点的前后)是第三幕新物种的孕育期,应出现在新旧大年之间。所以包括上述三幕的生物事件在时间上表现为"瞬间"性的事件,所以它可代表大年的界线。生物事件在空间上反映了生命史上的巨大变革。它是时间的内涵对生命的心起作用的结果。在人类的历史上,轴心时代相当于生命史上的新物种的诞生事件,故应出现在以长约1 400年为周期的大年的春季。

关键词　生命科学;进化;阴阳大年;生灭论

1　前言

生命是宇宙间最灵动的元素。生命的本质和中心是心(心智,心灵等等)。心,生命,生命的基因等等都是信息的载体。德日进认为,宇宙万物并不是时刻不断地在发生,亦不是到处都发生[1]。不过,生命史,人类史已经实证了生命进化的存在;我们人类本身便是生命经历了几十亿年的进化的最新的成果。所以生命的本质是信息,生命进化的本质是信息的进化,是生命的基因的进化,是生命的心的进化。

2　东西方两种文化各有所长

东西方两种文化各有所长。西方文化长于对空间的研究;而东方文化则长于对时间的内涵的探索。在我们看来,它便是自然国学的时间观。

时间具有周期性。例如地球自转一周,是一天。地球围绕着太阳旋转一周,为一年。这是最常用的两个时间单位。由于各种天文因素的综合作用,气候会呈现多种不同尺度的,周期性的变迁[2]。早在2 000多年前,我国古代伟大的思想家庄子在《逍遥游》一文中统称它们为大年和小年。1893年英国伟大的思想家T·H·赫胥黎[3]也提出了大年的概念。他认为,大年相当于佛教中的"劫"[3]。因此在T·H·赫胥黎看来,每经历一个大年(如宙年,宏年,代年,纪年,世年,期年),生物界的面貌都会发

---

* 徐钦琦:男,79岁,研究员,从事古哺乳动物、古气候和生物进化研究.

生一次相当大的变革，即出现一次相应的生物事件。大年的层次越高，生物事件的规模就会越大。

我国宋朝的卓越的思想家，理学象数学派的创始人邵雍（1011-1077年）对于大年命名了4个种类[4]：元、会、运、世，以此为宇宙历史的周期，1元12会，1会30运，1运12世，1世30年。它们属于周期较短的，层次较低的大年。在地学的研究领域，地质年代单位具有代、纪、世、期4个等级，它们代表了另外4种周期较长的，层次较高的大年（即代年，纪年，世年，期年）。在本世纪初在古气候学研究的新成果的基础上[5]，中国的科学家又提出了层次更高的宏年，宙年等概念[6]。对于每一时间单位，中华传统文化，或自然国学常将它们一分为二，如阳半年与阴半年；夏半年与冬半年。也可1分为4，如春、夏、秋、冬，我国的先人称它们为4时。又可1分为8，以文王八卦的震、巽、离、坤、兑、乾、坎、艮为序。还可以1分为12，即子、丑、寅、卯、辰、巳、午、未、申、酉、戌、亥。甚至可以一分为24，如一年中的24个节气。对于生命的心，尤其是对于我们人类的心而言，不同的时间单位，或时间单位内的不同的时间段都会具有惊人的，截然不同的影响。我们称这样的影响为时间的内涵。生命史和人类史告诉我们：时间的内涵是生动活泼的、具有极其丰富多彩、神奇美妙的内容。然而这些时间的内涵未被西方科学家所认识，从而使下面将涉及的两大科学难题迟迟得不到正确的答案。

3 宇宙万物并不是时刻不断地在发生，亦不是到处都发生

1984-1995年德国著名的古生物学家沃利斯尔，和28位世界一流的古生物学家（他们来自美、德、英、法、俄、爱沙尼亚、加拿大、捷克、以色列等9个国家）在一起，共同从事了长达12年的合作研究，他们对生命进化的历史做了一个全面的，很好的总结。他们根据古生物学的资料，通过逻辑检验和鉴别，他们发现：在过去的540 Ma内，世界上至少曾出现过65次全球性的生物事件（Global Bio-Event）。每次生物事件都包括3幕：第一幕是旧物种的灭绝事件，表现为一批旧的物种突然消失了。沃利斯尔称第一幕为灭绝事件（Extinction event）。第三幕是新物种的诞生事件，沃利斯尔称第三幕为辐射事件（Radiation event），表现为另一批新的物种骤然出现了，它们取代了在第一幕中已经灭绝了的旧物种，重新填补了原来生态系统中被空缺出来的生态位。于是自然界重又恢复了昔日可持续发展的、稳定的、平衡的、和谐的状态。介于上述两幕之间的是第二幕，即短暂的间隔(brief interval)。第二幕是第三幕新物种的孕育期。生物事件的这3幕的持续时间都非常短促，从而使一个包括3幕的，完整的生物事件在生物史上表现为"瞬间"性的事件。沃利斯尔称它为灭绝-辐射序列（The Extinction-Radiation sequence）。然而在两次生物事件之间，生命世界却处于极为漫长的，变革的停滞状态，沃利斯尔称它为常规进化（nomismogenesis）。正是因为这个缘故，德日进才深刻地指出，"宇宙万物并不是时刻不断地在发生，亦不是到处都发生。"生命世界正是通过上述65次极其短促的生物事件，从简单跃向复杂，从原始跃向进步，从低级跃向高级。上述的生物事件才是生命世界的，与时俱进的真实写照。惟有生物事件才是生命史上的大变革。在沃利斯尔看来，生命史上的这一切事实都是达尔

文的生物进化论所无法解释的[7]。

1984年从事第四纪研究的中美两国的古生物学家发现，生物事件与天时变化密切相关，它规律性地发生在寒冷期的末尾[8-9]，或出现在温暖期的开始[10]。因为温暖期和寒冷期乃是持续地，反复地，交替着出现的，所以寒冷期的末尾即温暖期的开始，两者以大年的类春分点为界。故中美两国学者的认识乃是大体上相同的。这一规律的发现是古生物学研究中的一项重大的突破。

4 关于生命科学的若干问题的探讨

1998年中国学者受自然国学时间观的启迪，在上述规律的基础上提出了阴阳大年的见解[11]。正如中美两国的古生物学家所发现的，生物事件出现的时间乃是有规律的，它们是受时间的内涵所控制的。它们规律性地出现在较高层次的大年（如宙年，宏年，代年，纪年，世年，期年等）的类春分点的前后。其中第一幕旧物种的灭绝事件发生在旧的大年的冬末（位于类春分点的前夕，相当于寒冷期的末尾），它属于大年的艮卦。《周易》的《说卦传》阐释了时间进程中的"艮卦"的内涵："成言乎艮"；"艮，东北之卦也，万物之所成终而所成始也，故曰成言乎艮"；"终万物始万物者莫盛乎艮"。换言之，按照自然国学时间观，艮卦既是生命的历史进程中一切旧物种的终点，也是以后即将出现的一切新物种的起点。第三幕新物种的诞生事件则出现在新的大年的春季（位于类春分点的过后，相当于温暖期的开始），它属于大年的震卦。《周易》的《说卦传》阐释了"震卦"的内涵："帝出乎震"；"万物出乎震"。换句话说，一切代表生命新时代的新物种都是在大年的震卦才诞生的。而第二幕（短暂的间隔）恰好代表了旧的大年的结束和新的大年的开始，它是新旧大年之间的界线。所以三幕合一的生物事件代表了各类地质年代单位之间的界线。地质学和古生物学所提供的历史事实正是这样的[6]。在两次生物事件之间的那段时间，它代表了一个完整的大年，我们称它为一个完整的生命周期。生命周期始于震，终于艮，与周易的文王八卦或后天八卦相吻合。沃利斯尔等[7]认为，在生命周期中，整个生命世界处于常规进化的状态，即变革的停滞状态。所以停滞状态是生命世界进化的常态。

为什么在同一个大年之中，春夏秋冬会对生命的心起着4种完全不同的作用呢？我国宋朝伟大思想家邵雍认为，时间或天时具有消长盈虚的变化。他说，"长而长为春，长而消为夏，消而长为秋，消而消为冬。时之消长，其变如此"（皇极经世，第389页）[4]。所以在邵雍看来，在冬末（艮卦），由于时间的内涵不断地消而又消，因此时间的内涵会逐渐趋向于"致虚极"的状态。在这样的条件下，旧物种的心的生命力会不断地消散，于是旧物种才会陆陆续续地走向灭绝，地质历史上的古生物的大变革正是这样的。所以按照邵雍的这套理论，我们便可以言之成理地解释：生物事件的第一幕出现在大年的冬末的历史事实。同理，在新的大年的春季，时间的内涵会长而又长，因此春季的时间的内涵便会逐渐趋向于越来越充盈的状态。在这样的条件下，处在潜伏期的，未来的新物种的心的生命力便会越来越旺盛。当条件完全成熟时，新物种便会自然地应运而生。这样我们便可以根据邵雍的理论，解释生物事件的第三幕发生在新的大年的春季的历史事实。按照这一逻辑，生物事件的第二幕应出现在旧的大年的冬末与新的大年的春季之间。总之，根据邵雍的时间内涵的理论，我们可以阐明生物事件发生在大年的冬末春初的历史事实。

综上所述，生命世界的变革全都源于时间的内涵对生命的心（心智，心灵）起作用的结果。德日进把这个意义上的"心"称之为"心智"[1]。王红旗称它为"生命智力"[12]。在2008−2011年间，笔者也曾使用"心智"的说法[6]。在各学者之间的用词的不同，反映了他们的宇宙观的不同。中华传统文化历来主张：君子和而不同。我们认为，在生命进化的全过程中，心的进化始终起着主导的和先行的作用[13]。关于生命科学的最根本的问题，我国的一位名医潘德孚先生在《人体生命医学》一书中做了非常宝贵的探索[14]。他认为，在中国古代，对人体生命是有过许多精辟见解的。《淮南子·原道训》指出："形者，生之舍也；气者，生之充也；神者，生之制也。一失位，三者俱伤。"生命是由三部分组成的：曰形；曰气；曰神。"形"指的是"身体"，"身体"是生命"居住"的"房舍"。神者，生之制。"制"，制约者或掌权者之义，即生命的"领导"——意识系统。气者"生之充"，"充"指的是"充实"或"被使用"的意思，亦即本能系统。也就是说，生命信息有两重系统，意识系统和本能系统，它们不可分地"居住"并体现在躯体系统里。躯体就包括四肢、躯干、器官等全身所有的硬件部分。

潘先生接着说，《淮南子》所说的"性命"，是只说人的生命，不是泛指所有（包括细菌、病毒）的生命。在这里说的生命，是泛指的。如果用于医学，则是指人。在现代，很多人分不清生命与身体的原因，在于只看到身体与生命的相互依附性和不可分性，却完全忽视了生命的独立性和主导性。像电脑，软件必须依附于硬件才能得到显现和应用。但软件毕竟是有其独立性的东西。我们虽然不可能把生命从身体上分离出去，但我们可以发挥原生态循象辩证思维，把生命信息还原到整个生态时空里，否则，我们就无法理解生命的出生、成长、壮大、衰老和死亡这一过程，即中华传统文化所言的"生长壮老已"的过程。

对于潘先生的这两段话，他对生命科学的形气神的认识十分重要。因为心是生命的主宰，所以把意识系统划归心（心智，心灵）的范畴似更为恰当些。在我们看来，生命的本质和中心是心。心，生命，生命的基因等等都是信息的载体。由于基因的作用，生命的历史才得以传承，变革，进化。所以生命的本质是信息，生命进化的本质是信息的进化，是心的进化，是生命的基因的进化。简而言之，生物事件的第一幕是旧物种的灭绝事件，它出现在旧的大年的冬末；第三幕是新物种的诞生事件，它出现在新的大年的春季；第二幕是第三幕的孕育期，它代表了新旧大年的界线。因为生命进化的具体表现为新旧物种的生灭盛衰的过程，所以我们称这项理论为"生命的阴阳大年生灭盛衰理论"，简称为"生命的阴阳大年生灭论"。

5 "轴心时代"的形成

1954年德国哲学家雅斯贝尔斯[15]提出了轴心时代的观点。他说，"非凡的事件都集中发生在这个时期（公元前800−公元前200年）。中国出现了孔夫子和老子，中国哲学中的全部流派都产生于此。"印度也如此，佛教的创始人乔答摩（即释迦牟尼）

与孔子恰好同时；古希腊的一大批思想家也都先后出现在这一历史时期。因此雅斯贝尔斯认为，"所有这些巨大的进步都发生于这少数几个世纪，并且是独立而又几乎同时地发生在中国、印度和西方"[15]。可惜西方学者缺乏对时间的内涵的认识，所以至今仍然不知道轴心时代为什么会形成。

2003年受自然国学时间观的启示，中国科学家提出，新思想和新物种都是心的进化的成果，所以两者都应该出现在大年的春季[6]，事实果然如此。据中国科学院地理研究所的张丕远等[16]对古气候学的研究，在中国的历史上存在着以大约1400年为周期的两个大年，其中前一个大年被称为春秋战国—秦汉南北朝大年（公元前800－公元600年）[16]。故雅斯贝尔斯的"轴心时代"大体上相当于张丕远等的春秋战国时期（公元前800－公元前300年），它大约相当于这个大年的春季和夏季。犹如新物种在大年的震卦应运而生那样，那个时期的，东西方学者的，大量的新思想和新观点恰好在这个大年的春季（震卦）分别在中国，印度和希腊，同时喷涌而"生"。这样的过程还持续了一段时间，代代相传，从这一大年的春季延续到了它的夏季。从而造就了雅斯贝尔斯所定义的那个轴心时代。对上述两个世界性难题的新认识，一名老古生物学家圆了他的中国梦。

在春秋战国-秦汉南北朝大年过去之后，中华民族迎来了隋唐宋元—明清大年（公元600-2000年），它是第二个长约1400年的大年。在这个大年的震卦（或春季），中国人的心的进化又获得了一次历史性的重大的新进展，于是出现了光辉灿烂的盛唐文化，以及随后出现的，儒释道三家渐趋融合的，崭新的北宋文化。邵雍正是在北宋应运而生的。在这一大年的后半段（公元1300-2000年），它在中国被称为"明清寒冷期"，在国外则被命名为"小冰期"（《简明不列颠百科全书》），这是因为气候变迁乃是全球性的缘故。进入21世纪后，世界上的气候学家普遍认为，那个"小冰期"现已一去不复返了，所以我们正在经历的乃是一个新的，很可能是又一个以大约1400年为周期的，大年的春季，或新的大年的震卦。按照我们已经获得的规律性的认识，未来的300年将是我国的一个极好的发展机遇期，因为一个新的轴心时代或新的圣人时代已经悄悄地到来了[6, 13]。

我真诚地希望，每个中国人，特别是中国的知识分子应该珍惜这千年一遇的美好时机。30多年来，我亲身感受到，一批又一批新的人才像雨后春笋般地在我国的大地上涌现出来。他们受天时（大年的震卦）的激发，他们的心的进化迎来了又一个飞跃式发展的新时期。我深信，他们的新萌生出来的聪明才智将能够解决我们这个新世界所面临的各式各样的难题。周易告诉我们，当处于震卦时，我们会碰到各种困难，如不测之灾，飞来之祸；我们可能遭遇巨大的损失。但是这一切都是前进道路上的沟沟坎坎，它们并不可怕。周易的震卦的"象"告诫我们："君子以恐惧修省"，反省和修炼正是我们知识分子为人处世的最重要的一门功课，我们应当诚心诚意地奉行。我坚信：在新的轴心时代，在新的圣人时代，在以习近平同志为首的党中央的领导下，我们每个人都可能有所作为，中华民族的伟大复兴指日可待！。

6 天时的内涵对人类的心的作用

中华传统文化是崇尚信仰的。由经典名著《周易》和《道德经》可知，中国文人历来信仰的是天，他们相信天道，天时，天意，天人合一，自天佑之吉无不利等等。诚如周易所言："天行健，君子以自强不息。""地势坤，君子以厚德载物。"在君子的心目中，天并不是虚空的，其中存在着太阳，月亮，以及无数的星星，包括恒星，行星和流星。如前所述，在地球的历史上，各种天文因素的综合作用造就了地质历史上不同层次的大年，于是世界会自动地上演一场又一场，反映风云变幻的，鲜活灵动的，魅力四射的，史诗般的，划时代的巨型"戏剧"。而生物事件正是发生在各个历史阶段之间的，伟大的历史性的变革。从现象看，它似乎只是达尔文所描述的生物的形态的变革，只是新物种替代了旧物种；其实在本质上，最深刻的变革乃是生命的心的变革，是生命的基因的变革，是信息的变革！

在中国古动物馆，或在世界各国的自然历史博物馆，我们可以看到上述的，信息进化的历史画卷。化石已经证明，"生命都是有条不紊地、义无返顾地朝着越来越高的意识境界发展的"[17]。换句话说，生命中的信息系统是在进化着的。我国宋朝伟大思想家邵雍认为，天时具有消长盈虚的变化。他说，"长而长为春，长而消为夏，消而长为秋，消而消为冬。时之消长，其变如此"（皇极经世，第389页）[4]。他认为，人世间的一切变化皆源于天时；在我们看来，生物界或生命世界的一切变化也都来自于天时。我们认为，在天则为长消盈虚，在物则为生灭盛衰，在人则为治乱兴废，皆不能逃乎数也。物者，生命也，生物也，新旧物种也。故长消盈虚者，天之时也；生灭盛衰者，物之命也；治乱兴废者，人之事也[13]。

总之，在生命世界中，在人世间，一切变革全都源于天时的内涵对生命的心起作用的结果。中华传统文化把这一现象称之为"天心、地心、人心融为一体"。毕生的科学实践使我觉察到：天时对我的思想的进步确实是有过巨大的影响的。东方的天和西方的上帝是相近的。在人生的道路上，探索之道是崇真；为人之道是求善；欣赏之道是惟美。对于天时的内涵的开发将是未来科学发展的一大任务。我希望中国的科学家能为此做出伟大的历史性的贡献。

参 考 文 献

1　德日进著（1955）（李弘祺译）．人的现象. 北京：新星出版社, 2006. 1-233.

2　Mitchell J L. An overview of climatic variability and its causal mechanisms. Quaternary Research, 1976 (6): 481-493.

3　Huxley TH and Huxley J. Evolution and Ethics. London: Pilot Press LTD, 1947. 33-102.

4　邵雍.皇极经世. 北京：九州出版社, 2003. 1-600.

5　Frakes L A, Francis J E, Syklus J I. Climate Modes of the Phanerozoic. New York: Cambridge University Press, 1992. 99-188.

6　徐钦琦.天地生与人类社会交叉研究. 北京：地质出版社, 2011. 1-160.

7　Walliser O H (ed). Global Events and Event Stratigraphy in the Phanerozoic. Berlin, Heidelberg, New York:

Springer-Verlag, 1996. 1-333.

8   Repenning C A. Quternary rodent biochronology and its correlation with climatic and magnetic stratigraphies. In: Mahaney W C (ed). Correlation of Quaternary Chronologies. Toronto: York University, 1984. 105-118.

9   Vrba E S. Ecologiical and adaptive changesassociated with early hominid evolution. In: Delson E (ed). Ancestors: the Hard Evidence. New York: Alan R. Liss Inc, 1985. 63-71.

10 徐钦琦. 华北更新世人和哺乳动物的进化与气候变迁的关系. 史前研究, 1984（2）: 93-98.

11 徐钦琦. 生物进化与大年的春季. 见: 徐钦琦, 李隆助主编. 垂杨介及她的邻居们. 北京: 科学出版社, 1998. 189-199.

12 王红旗. 生命智力简史. 香港: 光道新世界国际出版社, 2012. 1-354.

13 徐钦琦. 自然国学之时间观. 大众日报, 2014-5-7:11.

14 潘德孚. 人体生命医学. 北京: 华夏出版社, 2014. 1-453.

15 Jaspers K. Way to Wisdom. New Haven and London: Yale University Press, 1954. 1-191.

16 张丕远. 中国历史气候变化. 济南: 山东科学技术出版社, 1996. 1-533.

17 德日进著. 王海燕等译. 德日进集. 上海: 上海远东出版社, 2004. 1-397.

ON THE LIVING AND EXTINCTION THEORY WITH THE GREAT YEAR OF YIN AND YANG IN THE LIFE SCIENCES

XU Qin-qi

(*Institute of Vertebrate Paleontology and Paleoanthropology, Chinese Academy of Sciences*, Beijing 100044)

ABSTRACT

Life is the best active and intelligent element in the cosmos. The centre of the life is the heart (intelligence, spirit, Noosystem etc.). The heart, the life, and the intelligence gene etc. ,are the carriers of the information. The information is nothing less than the substance and heart of life in the process of evolution.

On the basis of the work of Walliser (1996) and me (1998, 2011, 2014), near the ends of the winter of the great year, i.e. the Era Year, the Period Year, the Epoch Year , and the Stage Year ,etc., the different kinds of extinction of the old species must have occurred. Walliser (1996) calls it the extinctions of a Global Bio Event. It was named the first act of a

Global Bio Event. While at the beginnings of the spring of the different kinds of the great years, the different kinds of appearance of new species must have occurred. Walliser (1996) called it the radiation events of a Global Bio Event. It was named the third act of a Global Bio Event. The second act of a Global Bio Event was named the brief interval by Walliser (1996). The second act was the gestation period of the appearance of new species of the third act, and it was between the old Great Year and the New Ones. The Global Bio Event was the great changes in the life history. It was the result of the within of the time to act on the heart of the life.

Key words   Life sciences, evolution, The Great Year of Yin and Yang, the living and extinction theory

二元相似性系数在动物群研究中的应用[*]

董 为

(中国科学院古脊椎动物与古人类研究所，北京 100044)

摘 要 不同的动物群之间的比较是古生物学研究中的重要工作，作者尝试将二元相似性系数应用于动物群的比较中，将进行比较的所有动物群放在同一个框架内逐一比较，定义了动物群的古老系数及动物群之间的二元相似性系数，从而使得动物群的比较更加全面，结果更客观。而参与比较的动物群的种类越多，比较的结果就越可靠。作者以6个早更新世动物群的比较为例详细介绍了二元相似性系数的应用。

关键词 二元变量；二元相似性系数；动物群；相对年代

1 前言

地史上不同地区、不同地点的动物群之间的比较是古生物学研究中的一项基本工作。通常是将不同动物群的成员进行比较统计，找出相同的属和种的数量、统计计算各个动物群所含绝灭种和现生种的百分比、不同气候和生态类型的百分比等进行数量上的统计比较，然后判断某个动物群属于哪个动物区系、属于哪种气候和生态类型、动物群在组成上的相似程度以及动物群的相对年代[1-3]。陈铁梅在研究华北晚更新世的丁村、许家窑、萨拉乌苏、峙峪、小南海和山顶洞6个动物群的年代时，尝试应用了考古学中的Brainerd-Robinson（B.-R.）方法对这6个动物群的相对年代做了计算排序。B.-R.方法是考古研究中用以对多个遗址或墓葬按它们的文化器物特征及出现频率来排列其相对年代先后的一种数理统计方法[4-5]。将这一方法应用到动物群分析时在动物群与动物种的选择上有以下考虑：所选各动物群全属于相同的地理地区，以减少地区气候差异对动物群组成的影响，尽量使时代上的差别是影响动物群组成的主要因素；被选的每一个动物群中能被鉴定的动物种必须是足够多；选择了大型哺乳动物作为对比动物，所得出的结果基本上与绝对年龄测定的年代顺序相同[4-5]。作者在研究驼子洞、乌兰木伦等动物群时也应用了这一方法，把这一方法从动物群年代的排序扩展到动物群相似性上[6-7]。下面通过一些应用实例来介绍这一方法。

2 原理与方法

某个物种在某个动物群中的存在与否是一个二元变量[5]，二元变量之间的匹配系

---

[*] 基金项目：国家自然科学基金项目（41372027）.
董 为：男，57岁，研究员，从事晚新生代哺乳动物研究.

数（R_{ijk}）可以用来评估两个动物群之间的相似程度。如果某物种 k 在动物群 i 和动物群 j 中均存在或均不存在，则定义这个种在这两个动物群间的匹配系数为 $R_{ijk} = 1$ [4-5]（作者把相似种也这样定义）；而如果这个种 k 仅在动物群 i 或动物群 j 中存在，则定义这个种在这两个动物群间的匹配系数为 $R_{ijk} = 0$ [4-5]。有时标本的鉴定只能做到属一级，则定义匹配系数为 $R_{ijk} = 0.5$ [4-5]（作者把只能鉴定到科一级的种类也这样定义）。因为动物群是由很多种类组成的，所以把两个用来比较的动物群之间的二元相似性系数 R_{ij} 定义为所有种类的匹配系数总和的两倍，即：

$$R_{ij} = 2 \times \sum_{k=1}^{n} R_{ijk} \text{ [4-5]}$$

此外，将选择出来比较的各个动物群中的所有绝灭（古老）种类定义为一个假设的古老动物群，而把所有的现生种类定义为一个假设的现生动物群，然后将这两个假设的动物群与所有选出比较的动物群分别进行两两比较，再根据上述公式计算得出每一对动物群的二元相似性系数。作者把其中假设的古老动物群与每一个具体的动物群之间的二元相似性系数定义为这个动物群的**古老系数**（antiquity coefficient）[6-7]。

3 应用例举

在研究产于南京汤山驼子洞洞穴堆积中的哺乳动物群时，作者应用了二元相似性系数比较的方法[6]。用来进行比较的动物群产自巫山的龙骨坡、建始的龙骨洞、柳城的巨猿洞、元谋的大那乌和崇左的三合大洞等。由于动物群的种类越多，比较的结果越可靠，但是介绍起来的篇幅过于庞大繁杂。为了顺利介绍这项应用，在此把动物群的数量缩减到 6 个，动物群的种类只考虑偶蹄类，如表 1 所示。为了使用办公软件 Excel 计算一种动物在两个动物群之间的二元匹配系数，作者将某一动物群中可以鉴定到种或相似种 k 的**种类系数** R_k 定义为 1，以李氏野猪（*Sus lydekkeri*）为例，它在假设的古老动物群和驼子洞动物群中都存在（表 1），那么李氏野猪在这两个动物群中的种类系数都是 1（表 2）；把只能鉴定到属或科 k 的**种类系数** R_k 定义为 0.5，例如在大那乌动物群中猪类只能鉴定到属（*Sus* sp.）（表 1），那么猪属在大那乌动物群中的种类系数就是 0.5（表 2）。这样就可以根据前一节中陈铁梅对动物群种类的二元匹配系数的定义将每一对动物群中的每个种类的匹配系数 R_{ijk} 计算出来，即将种类 k 在动物群 i 和动物群 j 的种类系数 R_{ik} 和 R_{jk} 相加后减去 1，然后再取绝对值。用公式表达就是：

$$R_{ijk} = |(R_{ik} + R_{jk} - 1)|$$

如果在 Excel 表格中种类 k 在 K 行（K 呈数字形式），动物群 i 在 I 列（I 呈特定的大写字母形式）而动物群 j 在 J 列（J 呈特定的大写字母形式），那么匹配系数 R_{ijk} 在 Excel 中的计算公式则是：

$$R_{ijk} = \text{ABS}((IK + JK - 1))$$

表 1　代表性及假设的早更新世动物群中的偶蹄类
Table 1　Artidactyls from the representative and presumed Early Pleistocene faunas

	古老群	驼子洞	龙骨坡	龙骨洞	巨猿洞	大那乌	三合	现生群
Potamochoerus nodosarius	+				+			
Hippopotamodon ultimus	+		+		+		+	
Sus lydekkeri	+	+				sp.		
Sus peii	+		+	+	+		+	
Sus xiaozhu	+		+	+	+		+	
Sus liuchengensis	+		+		+			
Dorcabune liuchengensis	+				+			
Moschus moschiferus plicodon			+					+
Muntiacus nanus	+			sp.				
Muntiacus lacustris	+		+		+	+	+	
Paracervulus attenuatus	+		cf.			+		
Metacervulus capreolinus	+	cf.	+			+		
Eostyloceros longchuanensis	+					+		
Cervavitus ultimus	+	+	+			+		
Cervavitus fenqii	+			+	+		+	
Axis shansius jiangningensis	+	+				cf.		
Axis rugosus	+					cf.		
Cervus (Sika) grayi	+	cf.	sp.					
Cervus (Sika) magnus	+	cf.						
Cervus (Rusa) unicolor				cf.				+
Cervus (Rusa) yunnanensis	+			+	+	+	+	
Cervus (Rusa) stehlini	+					+		
Procapreolus stenos	+					+		
Budorcas taxicolor	+			sp.				
Capricornis jianshiensis	+			+				
Nemorhaedus griseus				?sp.				+
Megalovis guangxiensis	+	+	+		+		+	
Spirocerus peii	+		+					
Spirocerus wongi	+		cf.					
Gazella sinensis	+	cf.				sp.		
Gazella blacki	+							
Leptobos (Smertiobos) brevicornis	+		sp.					
Leptobos (Smertiobos) crassus	+	cf.						
Bibos			sp.	sp.	sp.	sp.		+
Bovinae				indet.		indet.		+

表2 根据表1的数据转换出的动物群中每个种的种类系数
Table 2 Taxon coefficients of every taxon of the faunas based on table 1

	古老群	驼子洞	龙骨坡	龙骨洞	巨猿洞	大那乌	三合	现生群
Potamochoerus nodosarius	1	0	0	0	1	0	0	0
Hippopotamodon ultimus	1	0	1	0	1	0	1	0
Sus lydekkeri	1	1	0	0	0	0.5	0	0
Sus peii	1	0	1	1	1	0	1	0
Sus xiaozhu	1	0	1	1	1	0	1	0
Sus liuchengensis	1	0	1	0	1	0	0	0
Dorcabune liuchengensis	1	0	0	0	1	0	0	0
Moschus moschiferus plicodon		0	1	0	0	0	0	1
Muntiacus nanus	1	0	0	0.5	0	0	0	0
Muntiacus lacustris	1	0	1	0	1	1	1	0
Paracervulus attenuatus	1	0	1	0	0	1	0	0
Metacervulus capreolinus	1	1	1	0	0	1	0	0
Eostyloceros longchuanensis	1	0	0	0	0	1	0	0
Cervavitus ultimus	1	1	1	0	0	1	0	0
Cervavitus fenqii	1	0	0	1	1	0	1	0
Axis shansius jiangningensis	1	1	0	0	0	1	0	0
Axis rugosus	1	0	0	0	0	1	0	0
Cervus (Sika) grayi	1	1	0.5	0	0	0	0	0
Cervus (Sika) magnus	1	1	0	0	0	0	0	0
Cervus (Rusa) unicolor	0	0	0	1	0	0	0	1
Cervus (Rusa) yunnanensis	1	0	0	1	1	1	1	0
Cervus (Rusa) stehlini	1	0	0	0	0	1	0	0
Procapreolus stenos	1	0	0	0	0	1	0	0
Budorcas taxicolor	1	0	0	0.5	0	0	0	0
Capricornis jianshiensis	1	0	0	1	0	0	0	0
Nemorhaedus griseus	0	0	0	0.5	0	0	0	1
Megalovis guangxiensis	1	1	1	0	1	0	1	0
Spirocerus peii	1	0	1	0	0	0	0	0
Spirocerus wongi	1	0	1	0	0	0	0	0
Gazella sinensis	1	1	0	0	0	0.5	0	0
Gazella blacki	1	0	0	0	0	0	0	0
Leptobos (Smertiobos) brevicornis	1	0	0	0.5	0	0	0	0
Leptobos (Smertiobos) crassus	1	1	0	0	0	0	0	0
Bibos	0	0	0.5	0	0.5	0.5	0.5	1
Bovinae	0	0	0	0	0.5	0	0.5	1

其中 K 的变化范围在参与动物群比较的种类的总和之间，而 I 和 J 则不变。

例如李氏野猪在假设的古老动物群和驼子洞动物群中均存在，它们之间的二元匹配系数是：

$$R_{ijk} = |(R_{ik} + R_{jk} - 1)| = |(1 + 1 - 1)| = 1$$

这个结果符合陈铁梅对动物群二元匹配系数的定义。李氏野猪在驼子洞动物群中存在而在大那乌动物群中仅能鉴定到属，李氏野猪在这两个动物群之间的二元匹配系数则是：

$$R_{ijk} = |(R_{ik} + R_{jk} - 1)| = |(1 + 0.5 - 1)| = 0.5$$

这个结果也符合陈铁梅对动物群二元匹配系数的定义。李氏野猪在龙骨坡等动物群中不存在，那么它在驼子洞动物群和那些没有李氏野猪的动物群之间的二元匹配系数就是：

$$R_{ijk} = |(R_{ik} + R_{jk} - 1)| = |(1 + 0 - 1)| = 0$$

这个结果也符合陈铁梅对动物群二元匹配系数的定义。李氏野猪在龙骨坡、龙骨洞、巨猿洞、三合大洞和假设的现生动物群中均不存在，李氏野猪在这些动物群中任何两个动物群之间的二元匹配系数就是：

$$R_{ijk} = |(R_{ik} + R_{jk} - 1)| = |(0 + 0 - 1)| = 1$$

这个结果还是符合陈铁梅对动物群二元匹配系数的定义。

这样就可以通过办公软件 Excel 很轻松地将每个种在每一对动物群中的匹配系数计算出来，然后再根据前一节中的公式计算出这一对动物群之间的二元相似性系数，如表3所示。显然，动物群之间的二元相似性系数阵列是个以主对角线为对称轴的矩阵。得出了每一对动物群之间的二元相似性系数之后就可以分析比较动物群之间的相似程度了。

表3 根据表2计算出的每两个动物群之间的二元相似性系数矩阵
Table 3 Matrix of binary similarity coefficients of the faunas based on table 2

动物群	古老群	驼子洞	龙骨坡	龙骨洞	巨猿洞	大那乌	三合	现生群
古老群	70	28	30	20	28	31	22	0
驼子洞	28	70	40	36	34	45	40	42
龙骨坡	30	40	70	36	46	37	48	40
龙骨洞	20	36	36	70	48	35	54	50
巨猿洞	28	34	46	48	70	33	60	42
大那乌	31	45	37	35	33	70	39	39
三合	22	40	48	54	60	39	70	48
现生群	0	42	40	50	42	39	48	70

根据表3可知，假设的古老动物群与其他的动物群之间偶蹄类的二元相似性系数（即动物群古老系数，见前面的定义）由高到低的顺序是大那乌（31）、龙骨坡（30）、巨猿洞和驼子洞（均为28）、三合大洞（22）及龙骨洞（20）。大那乌动物群的古老系数最大，龙骨洞的最低，其他的介于两者之间。所以根据动物群古老系数判断这些动物群从老到新的相对年代顺序应该是大那乌、龙骨坡、巨猿洞和驼子洞（并列）、三合大洞、龙骨洞。

从表3还可知，驼子洞动物群与其他动物群之间以偶蹄类为依据的二元相似性系数从大到小的顺序依次是大那乌（45）、龙骨坡和三合大洞（均为40）、龙骨洞（36）、巨猿洞（34），即驼子洞动物群的偶蹄类与大那乌的最接近，与巨猿洞的差别最大，其他的介于两者之间。根据表3还可以依次找到大那乌、龙骨洞、龙骨坡、巨猿洞及三合大洞动物群与其他动物群之间的相似程度及顺序。

由于每个动物群与其他的动物群之间都有独自的二元相似性系数顺序，每一对动物群在不同的动物群二元相似性系数顺序中的前后关系可能会发生变动，例如在表3中龙骨坡和龙骨洞动物群在驼子洞序列中龙骨坡（40）在前而龙骨洞（36）在后，而在巨猿洞序列中则相反，龙骨洞（48）在前而龙骨坡（46）在后。如果以假设的古老动物群与其他动物群的二元相似性系数顺序为依据，排列出的阵列如表4所示。如果以驼子洞动物群与其他动物群的二元相似性系数顺序为依据，排列出的阵列如表5所示。所以根据不同的标准就可以排列出不同的阵列。那么能否找到一项标准来综合考虑各对动物群的顺序来排列一个二元相似性阵列？陈铁梅建议根据Brainerd-Robinson（B.-R.）方法来排列[4-5]，并根据B.-R.方法对华北的6个晚更新世动物群进行了排序。这个方法原先是考古研究中用来对多个遗址或墓葬按它们的文化器物特征及出现频率来排列其相对年代先后的一种数理统计方法，它的数学公式详见陈铁梅的相关文献[4-5]，其排序标准是数值大的相似性系数集中在主对角线邻近，即二元相似性系数矩阵中每一条平行于主对角线的对角线上的各个系数的平均值按照距离主对角线的远近应该单调下降，而且这些平均值的和最小[4-5]。而根据古老系数排列的表4恰好符合这个标准，即表4同时是按古老系数和B.-R.标准排列的阵列。

表4 根据古老系数顺序排列的二元相似性系数阵列
Table 4 Binary similarity matrix sorted according to antiquity coefficients

动物群	古老群	大那乌	龙骨坡	驼子洞	巨猿洞	三合	龙骨洞	现生群
古老群	70							
大那乌	31	70						
龙骨坡	30	37	70					
驼子洞	28	45	40	70				
巨猿洞	28	33	46	34	70			
三合	22	39	48	40	60	70		
龙骨洞	20	35	36	36	48	54	70	
现生群	0	39	40	42	42	48	50	70

表 5 根据驼子洞动物群顺序排列的二元相似性系数阵列

Table 5 Binary similarity matrix sorted according to Tuozidong's sequence

动物群	驼子洞	大那乌	现生群	三合	龙骨坡	龙骨洞	巨猿洞	古老群
驼子洞	70							
大那乌	45	70						
现生群	42	39	70					
三合	40	39	48	70				
龙骨坡	40	37	40	48	70			
龙骨洞	36	35	50	54	36	70		
巨猿洞	34	33	42	60	46	48	70	
古老群	28	31	0	22	30	20	28	70

在 Excel 中计算矩阵对角线上单元格数据的平均值的方法如下：设对角线上某单元格编号的大写字母列号为 a，阿拉伯数字行号为 β，那么先在工作表空白区域内的某单元格中键入公式：

= OFFSET（$ a $ β, COLUMN（A1）- 1, COLUMN（A1）- 1）

然后把这一格的公式复制到它所在的这一行的其他相应的单元格里，把矩阵对角线上的所有单元格数据都转置到这一行上；然后用同样方法将第二条对角线上的数据转置到第二行上，依此类推；再通过求和及计数等相关公式计算出平均值。若要把对角线上的数据置换到同一列，只要把上述公式中的 COLUMN 更换成 ROW 就行了。

由于寻找符合 B.-R.标准的过程比较复杂，作者在操作时通常做了简化，即在 Excel 中通过行与列的转置把每列系数中距离主对角线最近的单元格系数调整为比它以下的所有单元格系数都大。表 6 是在表 3 的动物群二元相似性系数矩阵的基础上根据简化的 B.-R.方法排列出的阵列。这个阵列所显示的动物群关系首先是综合相似性，相邻的两个动物群的相似程度最高；其次是相对年代顺序，最靠近假设的古老动物群的动物群相对最老，而最靠近假设的现生动物群的动物群相对最新，其他的介于两者之间。

表 6 根据 B.-R.法则排列二元相似性系数后的阵列

Table 6 Binary similarity matrix sorted according to B.-R.'s rule

动物群	古老群	大那乌	驼子洞	龙骨坡	三合	巨猿洞	龙骨洞	现生群
古老群	70							
大那乌	31	70						
驼子洞	28	45	70					
龙骨坡	30	37	40	70				
三合	22	39	40	48	70			
巨猿洞	28	33	34	46	60	70		
龙骨洞	20	35	36	36	54	48	70	
现生群	0	39	42	40	48	42	50	70

4 讨论与结论

研究动物群之间相似程度及动物群之间相对年代顺序的方法较多，而二元相似性系数的应用又为动物群的研究增添了一种方法。由于这种方法是把参与比较的动物群的全部种类整体考虑，所有的比较都是根据统计学定义及排序方法进行的，因此比以单个动物群为单位的绝灭率更全面，也比用共有种的数量、共有属的数量等方法更具体、更客观。

当然使用不同的方法在进行动物群的比较时得出的结果有时会有差异。同样以前一节中的 6 个动物群中的偶蹄类为例，根据绝灭率、古老系数和 B.-R.排序得出的结果有一定程度的差异（表 7）。根据绝灭率的大小得出的从新到老的顺序是三合大洞（77.78%）、巨猿洞（83.33%）、龙骨坡（85.71%）、龙骨洞（90.0%）、大那乌（92.30%）及驼子洞（100%）。根据古老系数得出的从新到老顺序是龙骨洞（20）、三合大洞（22）、驼子洞和巨猿洞并列（同为 28）、龙骨坡（30）及大那乌（31）。根据简略 B.-R.法则排序得出的从新到老顺序是龙骨洞、巨猿洞、三合大洞、龙骨坡、驼子洞及大那乌。相比之下根据古老系数和 B.-R.排序得出的顺序比较接近，而根据绝灭率得出的顺序与古老系数及 B.-R.排序的结果相差稍大。

表 7 根据动物群绝灭率、古老系数及 B.-R.排列综合得出的顺序

Table 7 Comprehensive sequence based on extinction rates, antiquity coefficients and B.-R. sequence

动物群	绝灭率/%	绝灭参数	动物群	古老系数	古老参数	B.-R.排序	B.-R.参数	综合排序	综合参数
三合	77.78	1	龙骨洞	20	1	龙骨洞	1	三合	6
巨猿洞	83.33	2	三合	22	2	巨猿洞	2	龙骨洞	6
龙骨坡	85.71	3	驼子洞	28	3	三合	3	巨猿洞	8
龙骨洞	90.00	4	巨猿洞	28	4	龙骨坡	4	龙骨坡	12
大那乌	92.30	5	龙骨坡	30	5	驼子洞	5	驼子洞	14
驼子洞	100	6	大那乌	31	6	大那乌	6	大那乌	17

作者尝试综合这 3 项比较结果，将每个动物群在绝灭率顺序中从新到老各定义一个**绝灭参数**，其数值等于该动物群在绝灭率顺序中的序数[7]；将每个动物群在古老系数顺序中也从老到新定义一个**古老参数**，其数值也等于该动物群在古老系数顺序中的序数[7]；相应地每个动物群也定义一个 **B.-R.参数**，其数值等于该动物群在 B.-R. 排序中的序数[7]（表 7）。最后根据每个动物群的这 3 个参数的总和进行由小到大的排序，得出的顺序就是综合了绝灭率、古老系数及 B.-R.方法的一个综合结果（表 7），这样依据更多，也更客观一些。

上述定义的绝灭参数和古老参数是简化的、平均分配的和等梯度的。而事实上各个动物群之间的绝灭率和古老系数不是等差的。所以绝灭参数和古老参数也可以根据绝灭率和古老系数之间的差额按如下方法计算得到（表 8）。设某动物群 k 的绝灭参数

为 E_{xk}，最大的动物群绝灭率为 $E_{\max}$，最小的动物群绝灭率为 $E_{\min}$，动物群数量为 n，动物群 k 的绝灭率为 E_k，那么这个动物群的绝灭参数 E_{xk} 根据如下的公式计算：

$$E_{xk} = (E_k - E_{\min}) \div [(E_{\max} - E_{\min}) \div (n-1)] + 1$$

显然，当 $E_k = E_{\min}$ 时 $E_{xk} = 1$；而当 $E_k - E_{\min} = E_{\max} - E_{\min}$ 时 $E_{xk} = n$。

同样，设某动物群 k 的古老参数为 A_{xk}，最大的动物群古老系数为 $A_{\max}$，最小的动物群古老系数为 $A_{\min}$，动物群数量为 n，动物群 k 的古老系数为 A_k，那么这个动物群的古老参数 E_{xk} 根据如下的公式计算：

$$A_{xk} = (A_k - A_{\min}) \div [(A_{\max} - A_{\min}) \div (n-1)] + 1$$

显然，当 $A_k = A_{\min}$ 时 $A_{xk} = 1$；而当 $A_k - A_{\min} = A_{\max} - A_{\min}$ 时 $A_{xk} = n$。

在表7的综合排序中对绝灭率、古老系数及B.-R.排序的重要性是同等考虑的，所以在3个不同的序列中授予动物群的参数都是等同的。如果研究人员认为B.-R.排序更重要，那么在给这个序列中的动物群授予参数时可以进行加权，如将每个动物群的参数乘以一个大于"1"的系数，这个系数代表加权的强度，例如"2"（表8），即加权一倍。这样得出的结果是以B.-R.排序为主要依据的。由表8可见，这样得出的结果就更接近B.-R.排序的结果。这个序列既可以作为各个动物群之间的相对年代的顺序，也可以作为它们的相似程度的排序。

表8 根据动物群绝灭率、古老系数及加权的B.-R.排列综合得出的排序

Table 8 Comprehensive sequence based on extinction rates, antiquity coefficients and weighted B.-R. sequence

动物群	绝灭率/%	绝灭参数	动物群	古老系数	古老参数	B.-R.排序	B.-R.参数	综合排序	综合参数
三合	77.78	1	龙骨洞	20	1	龙骨洞	2	龙骨洞	6.75
巨猿洞	83.33	2.25	三合	22	1.91	巨猿洞	4	三合	8.91
龙骨坡	85.71	2.78	驼子洞	28	4.64	三合	6	巨猿洞	10.89
龙骨洞	90.00	3.75	巨猿洞	28	4.64	龙骨坡	8	龙骨坡	16.33
大那乌	92.30	4.27	龙骨坡	30	5.55	驼子洞	10	驼子洞	20.64
驼子洞	100	6	大那乌	31	6	大那乌	12	大那乌	22.27

根据上述的应用例子及讨论可见，应用动物群二元相似性系数来比较动物群的组成扩大了量化的依据，因而更加客观。在应用这一方法时组成动物群的种类在数量上越多则结果越可靠。另外，在动物群的比较中可以超越单一的动物区系，不同动物区系的动物群之间也可以比较。当然，由于涉及一系列环环相关联的计算，所以动物群组成成员在分类上的微妙变化便会"牵一发而动全身"而影响到所有的后续计算结果。这与分支系统分析中各个种类的性状矩阵的情况相似。所以要求在确定动物群名单及在第一步转换种类系数时要细心准确。虽然应用这一方法涉及很多繁琐的计算，但是在微机已经非常普及的今天这些计算完全可以很轻松地借助计算机完成。

参 考 文 献

1. 金昌柱，刘金毅主编. 安徽繁昌人字洞——早期人类活动遗址. 北京: 科学出版社, 2009. 1-439
2. Han D-f, Xu C-h. Quaternary mammalian faunas and the environment of fossil humans in South China. In: Wu, R-K, Wu X-Z, Zhang S-S, eds. Paleoanthropology in China. Beijing: Science Press, 1989. 338-391.
3. Qi G-q. Quaternary mammalian faunas and the environment of fossil humans in North China. In: Wu, R-K, Wu, X-Z, Zhang S-S, eds. Paleoanthropology in China. Beijing: Science Press, 1989. 277-337.
4. 陈铁梅. 用 Brainerd-Robinson 方法比较华北地区几个主要晚更新世化石动物群的年代顺序. 人类学学报, 1983, 2(2): 196-202.
5. 陈铁梅. 定量考古学. 北京: 北京大学出版社, 2005. 1-287.
6. Dong W, Liu J, Fang Y. The large mammals from Tuozidong (eastern China) and the Early Pleistocene environmental availability for early human settlements. Quaternary International, 2013, 295: 73-82.
7. Dong W, Hou Y-m, Yang Z-m, et al.. Late Pleistocene mammalian fauna from Wulanmulan Paleolithic Site, Nei Mongol, China. Quaternary International, 2014, 347: 139-147.

APPLICATION OF BINARY SIMILARITY COEFFICIENTS TO THE FAUNA ANALYSES

DONG Wei

(Institute of Vertebrate Paleontology and Paleoanthropology, Chinese Academy of Sciences, Beijing 100044)

ABSTRACT

Fauna analyses and comparisons are essential to paleontological research. The presence or absence of a taxon in a fauna is a binary variable, the binary matching coefficients of two faunas can therefore be used to evaluate the similarity of the faunas and to find the relative chronological sequence of the faunas. The introduction of analyses of binary similarity coefficients of all faunas compared makes the results of statistic comparisons of the faunas more comprehensive and reliable.

Key words Fauna analyses, fauna comparison, methods, binary similarity coefficients

中国紧齿犀研究回顾与现状*

孙博阳[1,2]　陈　瑜[1]

(1 中国科学院古脊椎动物与古人类研究所，北京　100044；2 中国科学院大学，北京　100049)

摘　要　作者回顾了紧齿犀的研究历史，并简要论述了中国的紧齿犀材料。中国的紧齿犀共有 4 属 7 种：*Proeggysodon quii*、*Guangnanodon youngi*、*Allacerops* cf. *A. Turgaica*、*Allacerops* sp.、*Ardynia praecox*、*Ardynia altidentata*、*Ardynia* sp.，其中 *Proeggysodon*、*Guangnanodon* 和 *Allacerops* 体现了一定的演化关系。国内紧齿犀材料尚少，但研究前景广阔，如能合理利用材料必有重大突破。

关键词　紧齿犀；演化

1　前言

紧齿犀是生存于古近纪时期的一种小型无角犀牛，具有发达的门齿，粗壮的犬齿和很短的齿隙，相貌十分奇特（图 1）。紧齿犀生存的时期，地球上还生存着巨大的巨犀、笨重且偏爱水畔生活的两栖犀以及纤细似马的跑犀，而且这些类群几乎是在中始新世早期（约 46 Ma）同时分化出来的[1]。这是一种近乎于爆发式的大幅射，在犀类演化乃至哺乳动物演化研究中都是值得重视的一个课题。紧齿犀类作为这一时期犀类演化序列的关键一环，受到古生物学家的广泛关注。

2　紧齿犀研究简史

紧齿犀这一概念是 Roman 首先提出的。1911 年，Roman[2]创建并描述了新属 *Eggysodon*，即紧齿犀属，属名意思是犬齿离前臼齿很近。Roman 将 Shlosser 建立的 "*Ronzotherium*" *osborni* 修订为 *Eggysodon osborni*，并将其作为紧齿犀属的属型种，该种还包括 Filhol 和 Osborn 所描述的产自法国的单个牙齿，以及相同地区出产的完整上齿列。Roman 还将 Rames 所鉴定的 *Acerotherium gaudryi* 修订为 *Eggysodon gaudryi*，并将法国西南部出产的一件上颌骨也归入其中。Roman 还根据法国中部出产的一件上颌材料建立了一个新种 *Eggysodon pomeli*。综合所有的材料，Roman 提出 *Eggysodon* 属的鉴定特征如下：小型犀类，上齿列为连续生长的 3 个臼齿，4 个前臼齿，犬齿和数目不明的门齿。邱占祥、王伴月[3]将该属特征进一步整理概括如下：上前臼齿为异齿型，M3 三角形，犬齿粗壮，近于垂直生长，距离颊齿很近。并且明确指出：具有

---

*孙博阳：男，29 岁，博士研究生，从事新近纪哺乳动物研究.

大的犬齿这一特征与只有第二对下门齿加大并向前伸的真犀有着明显区别。

首次为紧齿犀类建立属以上分类单元的是 Breuning。Breuning[4]于 1924 年以 *Eggysodon* 为模式属建立 Eggysodontinae 亚科，包括 *Eggysodon*、*Prohyracodon*、*Meninatherium* 和 *Praeaceratherium* 4 个属。这一系列的分类单元建立工作看似可以顺理成章的进行下去，然而若干年前建立的 1 个属却使得之后的分类工作陷入长时间的混乱状态。

图 1　紧齿犀头骨

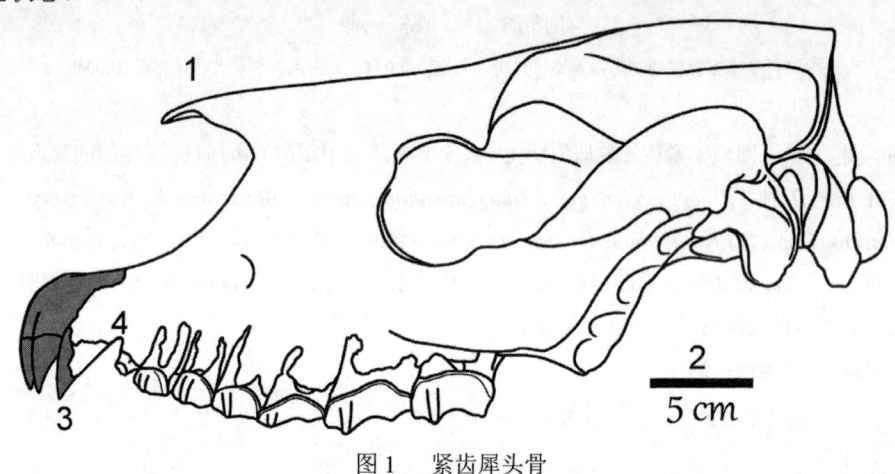

Fig. 1　Skull of eggysodontid

特点 Features：1: 无角 hornless；2: 体型小 small size；3: 犬齿发达 strong canine；4: 犬齿距离颊齿列很近 short diastema

Borissiak[5-6]根据哈萨克斯坦出产的残破头骨、下颌以及肢骨建立并描述了一个新种。由于新材料的前臼齿形态和 Abel 于 1910 年建立的 *Epiaceratherium* 属相似，故将新种命名为 *Epiaceratherium turgaicum*。Dal Piaz[7]指出 *Epiaceratherium* 无下犬齿，并且有加大的第二下门齿，这些都与 Borissiak 建立的新种明显不同。Wood[8]同意 Dal Piaz 的观点，提出哈萨克斯坦的新种应属紧齿犀类。他认为 *Eggysodon* 为无效属名，故建立了一新属 *Allacerops*，即异角犀属，将 *Epiaceratherium turgaicum* 修订为 *Allacerops turgaica* 并将其定为属型种。他还将 Roman 修订和建立的 3 个种分别重新修订为 *Allacerops gaudryi*、*Allacerops osborniana* 和 *Allacerops pomeli*，在这之上又建立了新亚科 Allaceropinae。

此后紧齿犀类的分类出现了很大的争议。Beliajeva[9]、Dashzeveg[10]和 McKenna 等[11]均认为 *Eggysodon* 为无效名，应使用 *Allacerops*。Brunet[12]、Heissig[13]和 Prothero 等[14]认为 *Eggysodon* 和 *Allacerops* 为同属，而 *Eggysodon* 具有优先权，应予以使用。由于被指定为 *Eggysodon* 属型种的 *E. osborni* 曾被归入 *Allacerops*，Reshetov 等[15]便认为 *Allacerops* 属型种即为 *A. osborni*，并认为 *Allacerops* 为无效属名，从而应当为原先的 *A. turgaica* 建立一新种，因此他们建立了新属 *Tenisia*。他们还指出，*Eggysodon* 和 *Allacerops*（即他们的 *Tenisia*）的特征有两点区别，即 *Eggysodon* 无 dp1 且有两对下门齿，*Allacerops* 有 dp1 且有 3 对下门齿，但随后又表示 dp1 是不稳定性状，在分类中意义不大。de Bonis 等[16]描述的材料也表明 *Eggysodon* 中部分种也有 dp1。王海冰等[17]指出法国 Moissac 地区的 *Eggysodon gaudryi* 有 3 对下门齿。Borsuk-Bialynicka[18]根据

蒙古 Ulan Ganga 地区出产的材料建立的 *Allacerops minor* 有两对下门齿。邱占祥、王伴月[3]指出，*Eggysodon* 的下颊齿明显比 *Allacerops* 细长，dp2 和 dp3 的三叶状结构也更长而明显；*Eggysodon* 下颊齿颊侧齿带比 *Allacerops* 更加发育。最终得出结论，以 *A. turgaica* 为代表的亚洲紧齿犀类群与定名为 *Eggysodon* 属的欧洲类群有着明显的差异，应为两个不同的属。至于 Reshetov 等[15]所论述的情况，事实上 Wood[8] 已经指定了 *A. turgaica* 为 *Allacerops* 的属型种，不存在重新立新属的必要。故 *Allacerops* 和 *Eggysodon* 应为两个不同的有效属。最近从事紧齿犀研究的学者，白滨、王元青[19]和王海冰等[17]都赞同这一观点。

亚科级别的分类观点也出现了一定程度的分歧。Wood[8]建立的亚科 Allaceropinae 实际上晚于 Bruening[4]建立的 Eggysodontinae，然而大部分学者误认为前者建立时间更早而认为其具有优先权，并进行普遍使用[3]。因此有效的亚科名应当为 Eggysodontinae。Heissig[13]和 Uhling[20]认为该亚科除了 *Allacerops* 和 *Eggysodon* 之外，还应包括 *Prohyracodon* 和 *Ilianodon*。Dashzeveg[21]认为该亚科包括 5 个属，*Forstercooperia*、*Juxia*、*Armania*、*Eggysodon* 和 *Allacerops*。邱占祥、王伴月[1]指出由于完全不了解 *Prohyracodon* 门齿形态和着生情况以及头骨和下颌等，故对于这个属的真正性质还不清楚；因 *Ilianodon* 的材料只有一件产自中始新世路美邑组的不完整下颌，这个属也是一个分类地位很难确定的属。白滨、王元青[19]指出 *Juxia* 是一种原始的巨犀，而 *Armania* 是一种两栖犀，这使得这一亚科不能成为一个单系群。他们对 *Allacerops* 和 *Eggysodon* 归属于该亚科表示无异议，对尚缺进一步研究的 *Prohyracodon* 和 *Ilianodon* 是否该归属于该亚科持保留态度。邱占祥、王伴月[3]提出 *Ardynia*、*Parahyracodon* 和 *Allacerops* 等亚洲类群由于门齿保留铲形，应归入 Eggysodontinae 亚科。而 *Allacerops* 和 *Eggysodon* 在牙齿性状上也较为接近。Radinsky[22]将 *Parahyracodon* 归入 *Ardynia* 属当中，不过这和上述的分类关系并不矛盾。而且，邱占祥、王伴月[1]在对犀超科进行整体修订时也赞同了这一观点。

紧齿犀类最早被 Roman[2]归于真犀类。1966 年之前犀类的主流分类观点为 5 科：貘犀科（Hyrachyidae）、跑犀科（Hyracodontidae）、两栖犀科（Amynodontidae）、巨犀科（Indricotheriidae）和真犀科（Rhinocerotidae）。Radinsky[22]首次做了大的改动，将两栖犀之外的所有门类重新分为两科——真犀科和跑犀科。Eggysodontinae 被归入了跑犀科。邱占祥、王伴月[3]指出此种分类方式将跑犀科变为一个复系分类单元。邱占祥、王伴月[1]对犀超科分类问题进行了详细的讨论，并重新对其进行分类，将犀超科分为了四个科：貘犀科（Hyrachyidae），包含貘犀亚科（Hyrachyinae）、两栖犀亚科（Amynodontinae）和跑犀亚科（Hyracodontinae）；巨犀科（Praceratheriidae），包含柯氏犀亚科（Forstercooperiinae）和巨犀亚科（Paraceratheriinae）；真犀科（Rhinocerotidae）以及被升为科级分类单位的紧齿犀科（Eggycodontidae）。这种分类方式已为白滨、王元青[19]和王海冰等[17]所沿用。

3　中国紧齿犀材料简述

结合以上分类观点，中国已报道的古近纪犀牛材料中，可归入紧齿犀的有 4 属 7

种，分类位置如下：

紧齿犀科 Eggycodontidae Breuning,1923
 紧齿犀亚科 Eggycodontinae Breuning,1923
  原紧齿犀属 *Proeggysodon* Bai et Wang,2012
   邱氏原紧齿犀 *Proeggysodon quii* Bai et Wang,2012
  广南犀属 *Guangnandodon* Wang et al,2013
   杨氏广南犀 *Guangnanodon youngi* Wang et al,2013
  异角犀属 *Allacerops* Wood,1923
   图尔盖异角犀相似种 *Allacerops* cf. *A. turgaica* Borrissiak,1915
   异角犀未定种 *Allacerops* sp.
  阿尔丁犀属 *Ardynia* Matthew et Granger,1923
   曙光阿尔丁犀 *Ardynia praecox* Matthew et Granger,1923
   高冠阿尔丁犀 *Ardynia altidentata* Qiu et al.,2004
   阿尔丁犀未定种 *Ardynia* sp.

3.1 *Proeggysodon*

白滨、王元青[19]报道了一件产自内蒙古四子王旗额尔登敖包晚始新世乌兰戈楚组（？）（中白层）的紧齿犀材料。材料为一件破碎的下颌骨，具有两对铲状门齿、下前臼齿无臼齿化、下臼齿斜脊与次脊角状连接和无颊侧齿带等特点。作者指出这件材料的性状特征与紧齿犀的现有属种均有显著差异，而相比之下新材料臼齿的长宽比例以及齿隙与颊齿列长度比值都与 *Eggysodon* 相近，而其更小的尺寸、无臼齿化且相对较短的下前臼齿以及下颊齿缺乏颊侧齿带等特征均显示它相比 *Eggysodon* 和 *Allacerops* 都要原始，故新属名为原紧齿犀（*Proeggysodon*）。作者还讨论了紧齿犀类和柯氏犀类（forstercooperes）的关系，指出它们都具有犬齿与颊齿列距离短、上颌具有高而短的联合部以及近乎直立的门齿、上第三臼齿外脊和后脊呈角状相交等特点，并强调 *Proeggysodon* 与柯氏犀类的 *Pappaceras confluens* 在颊齿上有诸多的相似点。这些相似很可能显示两者有较近的亲缘关系。

3.2 *Guangnanodon*

王海冰等[17]报道了产自云南广南盆地砚山组的一段紧齿犀下颌残段。材料上带有p3至m3，具有下前臼齿臼齿化程度低、齿带中等发育、颊侧齿带部分消失等特点。作者通过论证认为，新材料的形态特征与目前已知所有的紧齿犀属种均有显著差异，故建立了 *Guangnanodon youngi* 这一新属新种。并且指出，按照下前臼齿臼齿化的程度来判断，新属种相比 *Proeggysodon* 要进步一些，相比其他渐新世紧齿犀要原始。而且，颊齿上齿带的发育状况也得出了同样的结论。因此，作者推测，*Guangnanodon* 很可能为 *Proeggysodon* 向 *Eggysodon* 和 *Allacerops* 演化过程中的过渡类型。通过对上述的门类进行对比，作者得出结论，新属种的分布时代最有可能是晚始新世最晚期。

3.3 *Allacerops*

邱占祥、王伴月[3]报道了1件甘肃兰州盆地渐新世地层出产的幼年紧齿犀下颌骨。

这件材料下颌联合部短而高，从齿槽上判断，犬齿和颊齿列间距离很短，门齿有 3 对，呈铲状，犬齿比门齿大，前臼齿有 4 个。作者指出上述性状与 Borissiak 和 Reshetov 所描述的 *A. turgaica* 非常相近，但相比起来新材料的下颌整体更加粗壮，联合部和水平支下缘的转角也更尖锐，因此将其定为一个相似种 *Allacerops* cf. *A. turgaica*。这是 *Allacerops* 这一属在中国的首次发现。王伴月、邱占祥[23]报道了产自党河下游地区狍牛泉组下部地层的材料。该材料为一段带有 m1 的左下颌骨。m1 齿冠较高，下三角座约呈 U 形，下前尖的横脊部分较短而低，下跟座的下次脊前端在与下三角座后脊外壁形成深的切迹，齿带中等发育。作者指出上述形态特征与 *Allacerops* 相似，但新材料尺寸更大，m1 下次脊前端下降缓慢，最终因材料太少而暂定为未定种。但新材料的时代却因该地区存在成分丰富的动物群而得以确定，为早渐新世。Daxner-Höck 等[24]指出亚洲发现 *Allacerops* 的地层最早为早渐新世。白滨、王元青[19]确认 Borissiak 最初报道的 *A. turgaica* 的时代为早渐新世。

3.4 *Ardynia*

Matthew and Granger[25]报道了一个新的犀类属种。材料发现于内蒙古阿尔丁敖包（Ardyn Obo），故新属名被定为阿尔丁犀 *Ardynia*。该新属种的特征被定为上前臼齿缩小，原脊与后脊分明；P2 长度仅有 M1 的一半，外脊弯曲；P3 和 P4 比 M1 小，外脊平；M3 真犀型，外脊平，外前肋不发达。Gromova[26]根据相同产地的犀类肢骨建立了一个新属种 *Ergilia pachypterna*。Radinsky[22]将这些肢骨与美国自然历史博物馆收藏的，产自内蒙古额尔登敖包乌兰戈楚组一批含有头骨、下颌以及肢骨的材料进行对比。结果，美国的材料可清楚的鉴定为 *Ardynia praecox*，而 Gromova 的材料与美国材料属于同一个种。Beliajeva[27]根据阿尔丁敖包出产的犀类下颌建立了一个新属种，*Parahyracodon mongoliensis*。Radinsky[22]指出，这一新属种和 *Ardynia praecox* 产地相同，且除了牙齿磨蚀造成的差异之外，没有明显差别，应为同一种。邱占祥、王伴月[1]指出这一观点已经为古生物学界所普遍接受。此后，邱占祥等[28]报道了甘肃临夏盆地牙沟地区 *Ardynia* 新材料，通过与 Beliajeva[27]描述的额尔登敖包材料对比，牙沟材料与 *Ardynia praecox* 在牙齿的轮廓、外脊、原脊和后凹的形态上非常相似，下颊齿容易磨蚀而形成珐琅质环，这一点也与 *Ardynia* 相似。但牙沟材料有着十分特殊的性状：尺寸很大，齿冠很高，后脊短小且位置靠后，具有发达的"小刺"结构。作者认为牙沟材料代表一个非常进步和特化的类群，故定为新种 *Ardynia altidentata*。牙沟还有另一类 *Ardynia* 的材料，其大小与阿尔丁敖包的 *Ardynia praecox* 相近，形态与 Beliajeva[27]描述的额尔登敖包材料相近，而与 *Ardynia altidentata* 差异明显。由于材料过少，被作者暂定为未定种 *Ardynia* sp.。*Ardynia praecox* 发现于内蒙古阿尔丁敖包和额尔登敖包乌兰戈楚组。Radinsky[22]将两个地点都划入早渐新世。白滨、王元青[19]将额尔登敖包乌兰戈楚组划为晚始新世。*Ardynia praecox* 是否能够横跨始新世和渐新世之交有待于进一步的研究和确认。邱占祥等[28]对牙沟动物群进行了整体的分析对比后得出结论，该动物群的时代为晚渐新世，较晚的时代和 *Ardynia altidentata* 非常进步及特化的特征较为吻合。

4 总结和展望

尽管目前中国发现的紧齿犀材料并不算多，但也构成了一个大致的演化序列。*Proeggysodon* 为中国最原始的紧齿犀类，可能是 *Guangnanodon* 的祖先类型，而 *Guangnanodon* 或其亲属类型可能进一步演化并扩散，一支向欧洲扩散，最终演化为 *Eggysodon*；另一支留在亚洲，演化为 *Allacerops*。*Ardynia* 是另一个类群，其形态特殊，但和其他紧齿犀类同样都具有铲状的门齿。该属是否能最早追溯至晚始新世并横跨始新世与渐新世之交有待于进一步确认，其也有可能与 *Proeggysodon* 有着共同的祖先。目前中国境内保有的紧齿犀材料稀少造成了较低的研究程度。上述演化序列的进一步研究还有待于更多保存更完好的新材料，甚至新类群的发现。*Ardynia* 和其他紧齿犀类成员的关系还不是非常清楚，保存于美国自然历史博物馆的内蒙古材料是一个突破口。这批材料较为完整，且具有代表性，如能仔细与国内材料以及其他中国的紧齿犀材料进行对比，必能获得重大突破。

致谢　感谢邱占祥院士的有益讨论。感谢曹颖、周珊两位老师协助查阅文献资料。感谢董为研究员给予文章发表的机会。

参 考 文 献

1. 邱占祥, 王伴月. 中国的巨犀化石. 中国古生物志, 新丙种, 2007, 29: 1-396.

2. Roman M F. Les Rhinocéridés de l'Oligocène d'Europe. Archives Muséum d'Histoire Naturelle de Lyon, 1911, 11: 1-92.

3. 邱占祥, 王伴月. *Allacerops* (奇蹄目、犀超科)化石在我国的发现及其分类地位的讨论. 古脊椎动物学报, 1999, 37(1): 48-61.

4. Breuning S. Beiträge zur Stammesgeschichte der Rhinocerotidae. Verhandlungen der Zoologischen-Botanischen Gesellschaft in Wien, 1923, 73: 5-46.

5. Borissiak A A. On the remains of *Epiaceratherium turgaicum* n. sp. Bulletin de l'Académie Impériale des Siences, Moscow, 1915, 1(3): 781-787.

6. Borissiak A A. Sur l'ostéologie de l' *Epiaceratherium turgaicum* n. sp. Société Paléontologique de Russie, Mémoires 1, 1918. 1-84.

7. Dal Piaz G B. I mammiferi dell'Oligocene veneto. Trigonias ombonii. Memoria dell'Istituto Geologia dell'Università di Padova, 1930, 9: 1-63.

8. Wood H E. Status of *Epiaceratherium*. Journal of Mammalogy, 1932, 13(2): 169-170.

9. Beliajeva E I. Some data on Oligocene Rhinocerotoidea of Mongolia. Tertiary Mammals, Part 3. Trudy Paleontologicheskogo Instituta Academii Nauk U.S.S.R., 1954, 55: 190-205.

10. Dashzeveg D. Hyracodontids and Rhinocerotids (Mammalia, Perissodactyla, Rhinocerotoidea) from the Paleogene of Mongolia. Palaeovertebrata, 1991, 21(1-2): 1-84.

11. McKenna M C, Bell S K. Classification of Mammals above the Species Level. New York: Columbia University Press, 1997. 1-631.

12 Brunet M. Les Grands Mammiferes Chefs de File l'Immigration oligocene en Europe. Editions de la Fondat. Singer-Polgnac, Paris, 1979. 1-281.

13 Heissig K. The Allaceropine Hyracodonts. In: Prothero D R, Schoch R M eds. The Evolution of Perissodactyls. New York: Oxford University Press, 1989. 355-357.

14 Prothero D R, Guérin C, Manning E. The history of the Rhinocerotoidea. In: Prothero D R, Schoch R M eds. The Evolution of Perissodactyls. New York: Oxford University Press, 1989. 322-340.

15 Reshetov V, Spassov N, Baishashov B. *Tenisia* gen. nov.: Taxonomic reevaluation of the Asian Oligocene Phinocerotoid Eggysodon turgaicum (Borissiak, 1915) (Mammalia, Perissodactyla, Hyracodontidae). Geobios, 1993, 26(6): 715-722.

16 De Bonis L, Brunet M. Le Garouillas et les sites contemporains (Oligocene, MP 25) des phosohorites du Quercy (Lot, Tarn-et-Garonne, France) et leurs faunes de vertébrés. 10. Perissodactyla: Allaceropinae et Rhinocerotidae. Paleontographica, Abteilung A, 1995, 236(1-6): 177-190.

17 王海冰, 白滨, 高峰, 等. 云南广南古近纪紧齿犀新材料. 古脊椎动物学报, 2013, 51(4): 305-320.

18 Borsuk-Bialynicka M. *Allacerops minor* (Beliayeva, 1954) (Rhinocerotidae) from the Oligocene of Ulan Ganda, Western Gobi Desert. In: Results of the Polish-Mongolian Paleontological Expeditions, Part 1. Palaeontologica Polonica, 1968, 19: 153-159.

19 白滨, 王元青. 内蒙古四子王旗额尔登敖包晚始新世紧齿犀类一新属. 古脊椎动物学报, 2012, 50(3): 204-218.

20 Uhling U. Die Rhinocerotoidea (Mammalia) aus der unteroligozänen Spaltenfüllung Möhren 13 bei Treuchtlingen in Bayern. Verlag der Bayerischen Akademie der Wissenschaften Abhandlungen. Neue Folge, 1999, 170: 1-254.

21 Dashzeveg D. A new hyracodontid (Perissodactyla, Rhinocerotoidea) from the Ergilin Dzo Formation (Oligocene, Quarry 1) in Dzamyn Ude, Eastern Gobi Desert, Mongolia. American Museum Novitates, 1996, (3178): 1-12.

22 Radinsky L B. A review of the Rhinocerotoid family Hyracodontidae (Perissodactyla). Bulletin of the American Museum of Natural History, 1967, 136(1): 1-46.

23 王伴月, 邱占祥. 甘肃党河下游地区早渐新世哺乳动物化石的发现. 古脊椎动物学报, 2004, 42(2): 130-143.

24 Daxner-Höck G, Badamgarav D, Erbajeva M. 蒙古中部湖泊之谷沉积岩-玄武岩共存的渐新世地层: 蒙古-奥地利合作项目回顾. 古脊椎动物学报, 2010, 48(4): 348-366.

25 Matthew W D, Granger W. The Fauna of the Ardyn Obo Formation. American Museum Novitates, 1923, 195: 1-12.

26 Gromova V. Primitivnye tapiroobraznye iz Paleogena Mongolii. Trudy Paleontologicheskogo Instituta Academii Nauk U.S.S.R., 1952, 41: 99-119.

27 Beliajeva E I. Primitivnye nosorogoobraznye Mongolii. Trudy Paleontologicheskogo Instituta Academii Nauk U.S.S.R., 1952, 41: 120-142.

28 邱占祥, 王伴月, 邓涛. 甘肃临夏盆地牙沟的哺乳动物化石及有关地层问题. 古脊椎动物学报, 2004, 42(4): 276-296.

A REVIEW ON HISTORY AND STATUS OF RESEARCH OF CHINESE EGGYSODONTIDS

SUN Bo-yang [1,2]   CHEN Yu[1]

(1 *Institute of vertebrate Paleontology and Paleoanthropology, Chinese Academy of Sciences*, Beijing 100044;
2 *University of Chinese Academy of Sciences*, Beijing 100049)

ABSTRACT

A brief history is reviewed and Chinese eggysodontids materials are under a brief discussion in this paper. Chinese eggysodontids belong to 4 genera and 7 species: *Proeggysodon quii, Guangnanodon youngi, Allacerops* cf. *A. Turgaica, Allacerops* sp., *Ardynia praecox, Ardynia altidentata, Ardynia* sp. An evolutionary relation is shown among *Proeggysodon, Guangnanodon* and *Allacerops*. Although the eggysodontids materials housed in China are almost rare, the prospect of research on this assemblage is cheerful, a significant breakthrough depends on rational use of materials.

Key words   Eggysodontids, evolution

贵州威宁大岩洞发掘简报*

张立召[1]　赵凌霞[1]　杜抱朴[1]　王新金[2]　蔡回阳[3]　郑远文[4]　刘仕明[5]

(1 中国科学院脊椎动物演化与人类起源重点实验室，中国科学院古脊椎动物与古人类研究所，北京 100044；
2 贵州省文物考古研究所，贵阳 550003；3 贵州省博物馆，贵阳 550001；
4 毕节市文物局，毕节 551700；5 威宁县文物管理所，威宁 553100)

摘　要　作者报告了贵州省威宁县羊街镇银华村发现的一处富含哺乳动物化石的洞穴沉积——大岩洞。2014 年 7-8 月，对大岩洞化石地点开展了野外地质调查和试掘工作，共收集到 330 余件哺乳动物化石。经对哺乳动物牙齿、角和肢骨等化石的初步研究，大岩洞发现的动物化石共 5 目 7 科 8 属 9 种哺乳动物，动物群成员多为华南"大熊猫-剑齿象"动物群的常见物种，生存时代可能是更新世中晚期。威宁羊街镇大岩洞是贵州地区海拔最高的更新世哺乳化石点之一，为贵州西部哺乳动物群演化、生态环境变迁提供了新的研究证据。

关键词　贵州威宁；更新世中晚期；哺乳动物群；大岩洞

1　前言

自 2004 年以来，在中国科学院古生物化石野外调查专项支持下，中科院古脊椎动物与古人类研究所赵凌霞研究员联合贵州省考古所、贵州博物馆同仁多次赴毕节地区进行野外考察研究，发现并报告了多个更新世哺乳动物及古人类化石点[1-9]，包括毕节何官屯扒耳岩—早更新世巨猿化石地点、团结乡麻窝口洞—中更新世晚期的古人类和猩猩化石地点、赫章松林坡—早更新世哺乳动物化石地点等。2010 年 10 月，赵凌霞等赴威宁、赫章、毕节、大方 4 县进行古人类及第四纪哺乳动物化石调查，据威宁县文管所提供的线索，威宁羊街镇银华村坡头上组群众开山辟田时剥露出大岩洞洞口，在洞内原生沉积物中发现哺乳动物化石，经鉴定有犀、貘、鹿、牛等[6]，经洞内实地考察认为该洞具有进一步发掘的潜力。2014 年 7-8 月，我们对该洞进行了试掘，发现了更为丰富的哺乳动物化石。作者在此概略介绍该化石点的基本情况、发掘成果和研究意义。

2　地质地理概况

威宁彝族回族苗族自治县位于贵州省境西部，与云南省昭通市毗邻。地处长江水系和珠江水系分水岭地带的古老夷平面上，县域中部为开阔平缓的高原台地，四周较为低矮，平均海拔 2 200 m，是贵州省面积最大、平均海拔最高的自治县，县城西南

---

* 基金项目：中国科学院古生物化石野外调查发掘专项、中科院古脊椎动物与古人类研究所重点部署项目
赵凌霞：女，50 岁，研究员，主要从事古人类学研究，zhaolingxia@ivpp.ac.cn

隔有贵州省最大的天然湖泊——草海。

大岩洞位于威宁县羊街镇银华村坡头上组，北距威宁城区约 25 km，地理坐标 27°02′09.36″N、104°18′42.90″E，海拔 2 164 m，洞口朝向东南方向 (图1)。大岩洞周边有羊街河，发源于草海，呈东北向流经羊街镇大片区域。大岩洞位于羊街河西北岸高地，接近缓丘顶部处，与羊街河直线距离约 1 500 m，相对高差 150 m。大岩洞东侧、东南侧区域向羊街河倾斜，地形起伏较大，岩溶发育。西侧和北侧区域宽缓，遍布岩溶缓丘和溶蚀洼地。

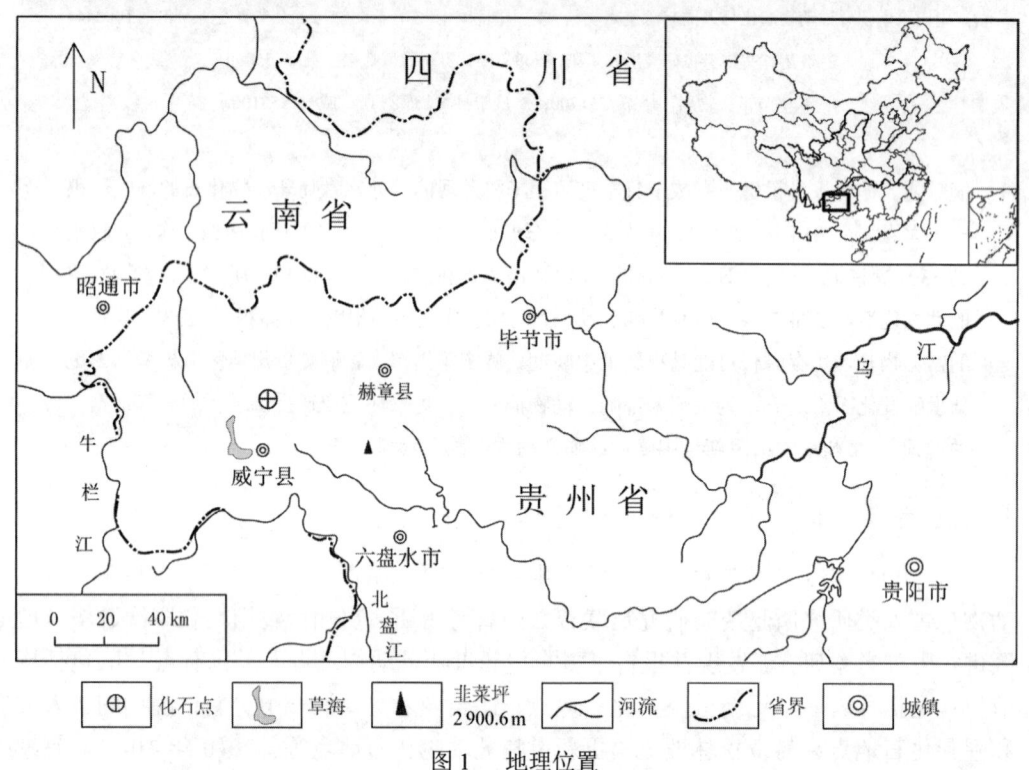

图 1　地理位置

Fig. 1　Location of Dayandong Cave

3　洞穴形态及堆积物

大岩洞洞口扁小，洞内宽大，洞体呈东南-西北走向。发掘区位于洞穴前部靠近左侧洞壁处(图2)，该处坡度较为平缓，堆积物较多。发掘区布设 21 个探方，其中有一探方掘至洞壁。每个探方长宽各 1 m，发掘深度约 1~2 m。从平行洞穴走向的剖面看，堆积物可分为两层(图3)。

黏土层：厚度 20~60 cm。深褐色，土质较为疏松，含水分多。黏土成分较为纯净，但也夹有少量碎石，与下层交界处可见少量碳屑。动物化石多为碎骨。

角砾层：厚度大于 50 cm。黄褐色，土质较硬，大块石灰岩角砾和钟乳石碎块增多，填隙物为砂质黏土，所含化石多发现于该层上部。本层未见底。

图 2　发掘平面

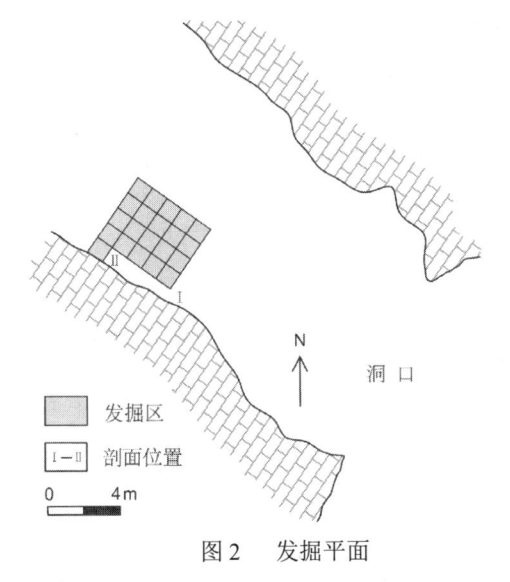

Fig. 2　Excavation area in Dayandong Cave

从地层剖面来看，洞穴堆积物有两种物质来源，一种来自洞穴本身，包括从洞顶、洞壁坍塌下来的石灰岩角砾、钟乳石碎块；另一种来自洞外，包括地表流水从洞口或落水洞携带而来的角砾、砂、黏土和动物碎骨。两种来源的物质混合在一起，经流水冲刷、改造、沉积，构成了两层堆积物。

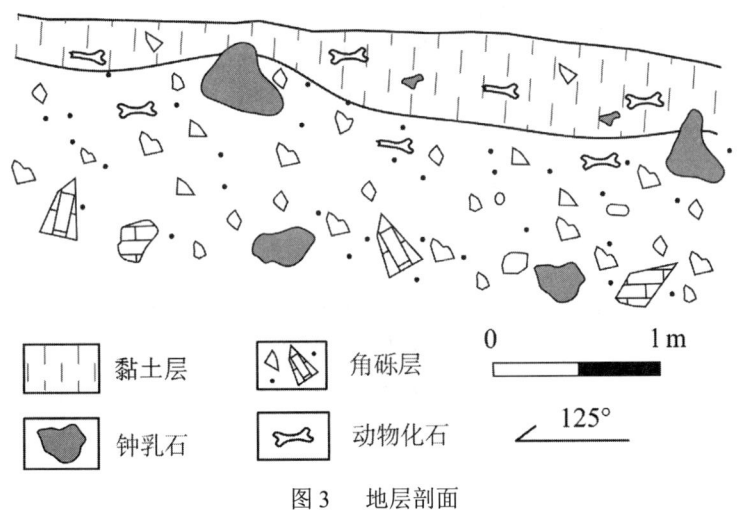

图 3　地层剖面

Fig. 3　Stratigraphic section in Dayandong Cave

4　动物化石

此次发掘共发现哺乳动物化石逾 300 件。其中，较完整的头后骨骼发现 47 件，以趾骨和肢骨为主，肢骨表面常可见啮齿类动物啃咬痕迹，发现牙齿及带牙齿的颌骨 37 件，鹿角 14 件。其他化石均为破碎的头后骨骼。大岩洞哺乳动物可归入 5 目 7 科 8 属 9 种(含未定种)。

啮齿目 Rodentia Bowdish, 1882
鼠科 Muridae Gray, 1821
长尾巨鼠属 *Leopoldamys* Ellerman, 1947-1948
爱氏巨鼠 *Leopoldamys edwardsi* Thomas, 1822

材料 1件左侧残破下颌带m1。

层位 黏土层。

鉴定和描述 下前中尖缺失。舌侧下前边尖比唇侧下前边尖大，并且位置更靠前，由于两尖磨蚀使得两尖中部呈V形相连。下原尖略大于下后尖，与两下前边尖未连接。未见唇侧后附尖发育。后齿带呈圆状，其宽度约为齿冠1/3。4齿根，其中前、后齿根比唇舌侧齿根更为粗壮，前齿根较圆，后齿根扁宽。

该标本形态特征明显属于长尾巨鼠属（*Leopoldamys*）。国内发现的长尾巨鼠属有拟爱氏巨鼠（*L. edwardsioides*）[10]、安徽长尾巨鼠（*L. anhuiensis* sp.）[11]和爱氏巨鼠[12]。其中拟爱氏巨鼠见于更新世早期的巫山龙骨坡、三合巨猿大洞等地，安徽长尾巨鼠见于更新世早期的繁昌人字洞，爱氏巨鼠的化石标本常见于华南更新世中、晚期地区的化石点，如重庆歌乐山、盐井沟、挖竹湾洞、岩灰洞、白岩脚洞等，现生的爱氏巨鼠则主要分布于甘肃和陕西南部、华南地区。大岩洞标本两下前边尖之间及后齿尖的连接较前位，唇侧后附尖较大且与下次尖较早融合等特征，明显与拟爱氏巨鼠和安徽长尾巨鼠差异显著，而与爱氏巨鼠形态更为相似，只是尺寸较小些。

食肉目 Carnivora Bodwich, 1821
鬣狗科 Hyaenidae Gray, 1869
鬣狗亚科 Hyaeninae Mivart, 1882
斑鬣狗属（？） *Crocuta* Kaup, 1828
最后斑鬣狗（？） *Crocuta ultima* Matsumoto, 1915

材料 1枚左c（图4: 1）。

层位 角砾层。

描述和鉴定 下犬齿整体呈圆锥状，齿根粗壮。齿冠基部横截面为椭圆形，外侧圆凸，内侧较平直，齿冠整体向内侧偏斜。齿尖磨耗较多，磨耗面微倾向内、后侧。齿冠内侧前后各发育一条棱脊，前棱脊较后棱脊发育，在齿冠基部形成三角形的突起，后棱脊被磨蚀，剥露处齿质。齿带发育微弱。

该标本与鬣狗科的下犬齿的形态特征较为一致。从单个犬齿来鉴定种属较为困难，但该犬齿的尺寸大小可以借鉴，大岩洞标本的尺寸明显低于桑氏硕鬣狗（*Pachycrocuta licenti*）和短吻硕鬣狗（*P. brevirostris*），与皮氏硕鬣狗（*P. perrieri*）和最后斑鬣狗（*Crocuta ultima*）的尺寸较为接近。桑氏硕鬣狗是更新世早期动物群的典型物种，发现于河北泥河湾、山西榆社、湖北建始、广西柳城和云南元谋等地。短吻硕鬣狗中国亚种，即中国鬣狗，则活跃在中国早更新世晚期至中更新世，如周口店第一地点、安徽和县和南京汤山等地，是更新世时期体型最大的鬣狗[9]。皮氏硕鬣狗生存在欧亚大陆上新世末与更新世早期。在欧洲，皮氏硕鬣狗发现于法国St-Vallier、西班牙的Villaroya、意大利Val d'arno等地，在我国，仅发现于山西和南京驼子洞[13-14]。最后斑鬣狗是广泛出现于我国中晚更新世地层中,如周口店第一地点、广西山洞、重庆盐井沟以及贵州黔西观音洞、桐梓人遗址等地,是我国晚更新世动物群的典型化石。本研究暂将这件标本归属于最后斑鬣狗。

长鼻目 Proboscidea Illiger, 1811
真象亚目 Elephantoidea Osborn, 1921
真象科（属种未定）Elephontidae gen. et sp. indet

材料　一件破损右侧尺骨(图 5: 2)。

层位　角砾层。

描述　近端鹰嘴和远端尺骨头均缺失,仅残留尺骨体近中段,骨干远端断面呈三角形。残存尺骨骨干长约 26.9 cm,骨干最小宽度为 64.6 mm,最小前后径为 67.0 mm,可能属于一幼年个体。

奇蹄目 Perissodactyla Owen, 1848
貘科 Tapiridae Burrett, 1830
巨貘属 *Megatapirus* Matthew et Granger, 1923
华南巨貘 *Megatapirus augustus* Matthew et Granger, 1923

材料　1 枚左下 m3 (图 4: 3)。

层位　当地群众采自该洞黏土层。

描述和鉴定　由前、后两叶构成,前叶比后叶稍大。下次脊与下后脊平行排列,但下次脊稍长于下后脊,两脊与齿列长轴近于垂直。前后齿带均相当发育,尤以后齿带为甚。大岩洞标本的齿冠尺寸明显大于安徽繁昌人字洞[11]、湖北建始龙骨洞[15]和重庆巫山龙骨坡[10]出土的山原貘(*Tapirus sanyuanensis*),也大于建始龙骨洞出土的中国貘(*Tapirus sinensis*),以及现生的马来貘(*Tapirus indicus*)[16],在盐井沟地点的华南巨貘(*Megatapirus augustus*)变异范围之内[17]。从上述特征可以判定大岩洞中貘类化石属于华南巨貘。

犀科 Rhinocerotidae Owen, 1840
犀亚科 Rhinocerotinae Dollo, 1885
犀属 *Rhinoceros* Linnaeus, 1758
中国犀 *Rhinoceros sinensis* Owen, 1870

材料　1 件左上 DP4 (图 4: 5),1 件右 P4,1 件左 m3。

地层　左 DP4 出自黏土层,右 P4 和左 m3 是当地群众采集于该洞,层位未知。

描述和鉴定　左 DP4,牙冠保存较完整,磨蚀程度微弱,釉质层较薄。冠面呈内宽外窄的倒置梯形,外脊外壁不平坦,前尖肋很发育,后尖肋则表现微弱。原脊上可见表现微弱的反前刺。后脊前刺与原脊内壁小刺发育,两者围成近似封闭形态的中凹,内可见其他小刺。后窝较深,呈封闭状。前齿带较发育,位置明显低于后齿带。后齿带则表现微弱。右 P4 牙冠磨损严重。前尖肋和后尖肋均较明显。冠面仅见两处封闭的凹陷,其中前凹和中凹融合在一起。左 m3 齿冠轻度磨损,齿脊明显分成前后两叶,前叶明显高于后叶。前后两侧均可见发育较微弱的齿带。

大岩洞的 DP4 标本的尺寸明显大于印度犀和爪哇犀[17],在龙骨洞中国犀的变异范围之内[15]。P4 和 m3 的大小与盐井沟的中国犀更为接近[17]。从牙齿形态特征及大小可以判定大岩洞发现的犀牛化石属于中国犀。

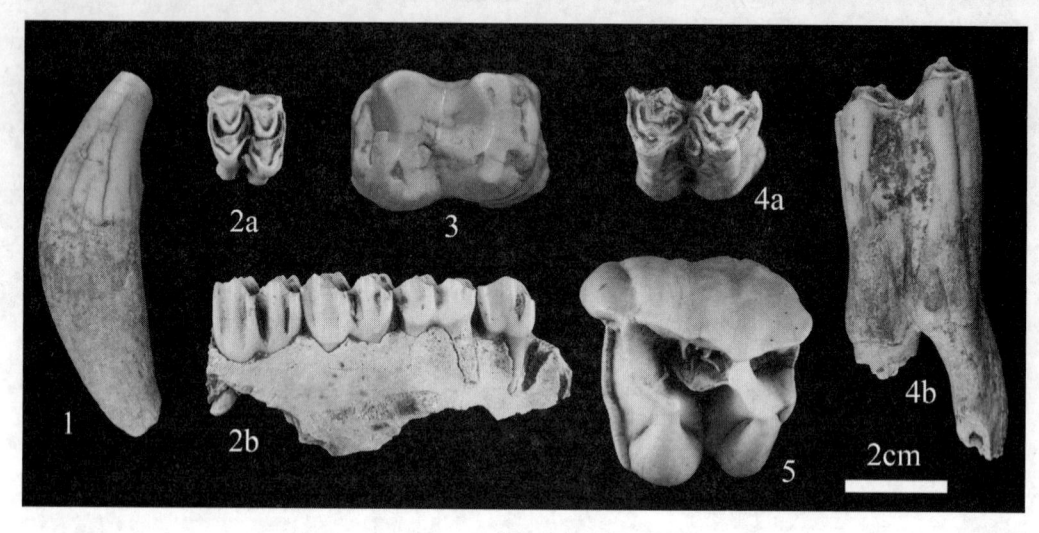

图 4 哺乳动物化石

Fig. 4 Mammalian fossils from Dayandong Cave

1: 最后斑鬣狗？*Crocuta ultima*，左下 c；2a: 水鹿 *Cervus unicolor*，右上 M3；2b: 水鹿 *Cervus unicolor*，残破左上颌带 P4-M3；3: 华南巨貘 *Megatapirus augustus*，左下 m3；4a~b：大额牛 *Bos* (*Bibos*)，右下 m2；5: 中国犀 *Rhinoceros sinensis*，左上 DP4

  偶蹄目 Artiodactyla Owen, 1848
   牛科 Bovidae Gray, 1821
    牛亚科 Bovinae Gray, 1821
     牛属 *Bos* Linnaeus, 1758
      大额牛亚属 *Bos* (*Bibos*) Hodgson, 1837
       大额牛（未定种）*Bos* (*Bibos*) sp. Hodgson, 1837

材料 1 件右 P2，2 件右 m2 (图 4: 4a-b)。

层位 黏土层，角砾层。

鉴定和描述 右 P2，缺失部分齿根，牙冠保存较为完整，但原尖破损。前附尖不太发育，后附尖则向远中方向发育，从而导致后附尖对应的肋看似向近中方向倾斜。

m2 齿冠保存完好，齿冠有 4 个齿尖，舌侧主尖比颊侧略大，高度也比颊侧高。舌侧主尖似圆柱型，颊侧主尖则呈新月型。m2 形态与 m1 相似，单个牙齿不易区分开，若在齿列上观察，m1 的尺寸比 m2 略小些，m2 的下齿柱看似比 m1 发育，本文暂且将其归入 m2。

从齿冠高、白齿齿柱发育、珐琅质表面覆盖有厚层白垩质等牙齿形态特征可知，上述标本可明确鉴定为牛亚科成员。区分牛亚科动物属种的方法主要依据于角心和头骨形态，而使用牙齿进行区别是比较困难的。第四纪牛亚科动物空前繁盛，大量的现生类群出现，牛亚科动物化石发现很多，目前已记录 7 个属近 30 种[18]。其中水牛

Bubalus 和大额牛 *Bos (Bibos)* 在中国华南地区均有大量化石记录。Colbert 和 Hooijer [17] 提出 m3 和 p2 具有鉴定水牛和大额牛差异的性状，但大岩洞化石点缺乏相应标本。大岩洞标本的测量数据或许可以作为鉴别的依据之一，齿冠尺寸与白龙洞地点的大额牛 *Bos (Bibos) gaurus* 尺寸相对更接近[18]。

  鹿科 Cervidae Gray, 1821
   轴鹿属 *Axis* Smith, 1827
    威宁轴鹿 *Axis weiningensis* Wu, 1983

  材料 1 件角的主枝(图 5: 1)，1 件角中部残段。

  层位 角砾层。

  描述和鉴定 第一件鹿角保留角环、角基、部分主枝及部分眉枝。角环截面近似圆形。眉枝大部分缺失，仅保留部分基部，眉枝分出部位距角环较近，与主枝之间角度大于 90°。主枝保存部分向上呈近似笔直的延伸，一侧受到啮齿类啃咬。角面的有棱和沟存在，但均较浅。第二件鹿角中部可见分枝痕迹，可能是第二枝从主枝分出的部分，其角面特征与第一件相似。

  大岩洞标本的形态和大小与威宁草海南岸王家院子村发现的威宁轴鹿相近[19]，本研究暂将这件标本归属为威宁轴鹿。

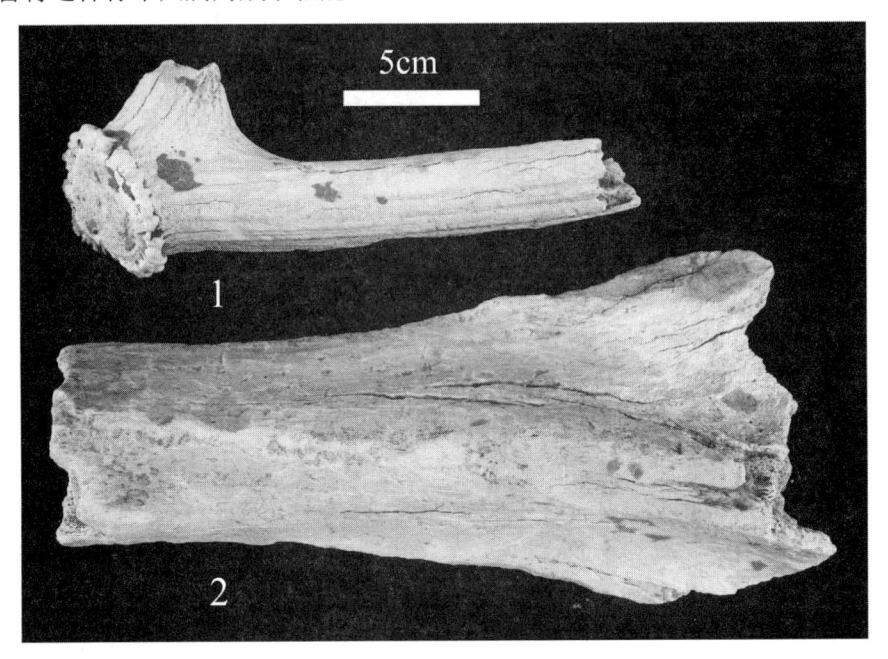

图 5 哺乳动物化石

Fig. 5 Mammalian fossils from Dayandong Cave

1：威宁轴鹿 *Axis weiningensis*；2：真象科 Elephontidae

  鹿属 *Cervus* Linnaeus, 1758
   水鹿 *Cervus unicolor* Kerr, 1792

  材料 1 件左上颌带 P4-M3 (图 4: 2b)；1 件右上颌带 P4-M3，1 件右上 M3 (图 4: 2a)，1 上右 M1，以及多件鹿角残段。

层位 黏土层与角砾层。

描述和鉴定 鹿角粗壮，表面粗糙，有表现显著的沟棱。主枝圆柱状，表面粗糙，纵向排列的沟棱十分显著，是水鹿亚属的特征。

牙齿较大，齿冠高，底柱发育。上臼齿由4个新月型的主尖构成，上臼齿的附尖较发育。其大小与湖北建始龙骨洞、贵州黔西观音洞发现的水鹿较为接近。

除上述水鹿化石外，另外还有一部分尺寸较小的鹿牙化石，属种未定。

5 讨论

大岩洞距离草海湖约25 km，其周边区域是海拔2 200 m左右的高原缓丘地貌。洞口的东、东南侧是向羊街河倾斜的宽阔地带。大岩洞海拔较高，且位于周边溶丘的顶部，保存在此洞中的哺乳动物化石的生存年代可能较早。经初步鉴定，大岩洞动物群成员均为华南"大熊猫-剑齿象"动物群的常见物种，含有的更新世绝灭种，如最后斑鬣狗、华南巨貘、中国犀等，均是生存于更新世中、晚期的代表性物种。大岩洞动物群缺乏贵州早更新世动物群的典型种类，如巨猿、山原貘、大熊猫小种和桑氏硕鬣狗等[5-6,9]，区别于毕节扒耳岩巨猿动物群和赫章松林坡的早更新世动物群。从中更新世一直延续至晚更新世末期，贵州地区大熊猫-剑齿象动物群广泛分布，包括中更新世的黔西观音洞动物群[20-21]、盘县大洞动物群[22]、毕节麻窝口洞动物群[7]、桐梓岩灰洞动物群[23]和挖竹湾洞动物群等[24]，晚更新世的水城硝灰洞动物群[25]、桐梓马鞍山遗址动物群[26]、毕节扁扁洞[27-28]和老鸦洞动物群[27,29]，以及威宁草海王家院子动物群[19]和威宁天桥裂隙动物群等[12]。其中威宁天桥裂隙动物群全部由小哺乳动物构成，时代大致与龙骨坡次生裂隙动物群相当，在早更新世[12]。桐梓挖竹湾洞动物群里中国貘和华南巨貘共存，考虑到广泛分布于华南中、晚更新世的巨貘由中国早更新世的中国貘演化形成[30]，因而我们判断只含华南巨貘的大岩洞动物群年代要晚于中更新世的挖竹湾洞。晚更新世晚期的威宁王家院子地点，发现的动物化石有剑齿象、马、牛、鹿、水鹿和威宁轴鹿[19]，与大岩洞地点相比缺少绝灭物种鬣狗、中国犀和巨貘，因而其动物群年代应晚于大岩洞。综合威宁大岩洞的地理位置、动物群整体特征以及更新世贵州地区哺乳动物群分布特点，作者认为威宁大岩洞动物群时代可能在中更新世晚期或晚更新世早期，更倾向于中更新世晚期。

依据现生哺乳动物属种的地理分布[31]，貘属于热带森林型动物，犀牛、水鹿、象则属于热带亚热带森林型，鬣狗则属于热带亚热带草原类型动物。此外，爱氏巨鼠则是一种亚热带山地鼠类，常栖息于森林靠近溪流的地方。因而，大岩洞周边区域当时的生态环境可能是热带亚热带的森林、灌木丛及草地相间的高原环境，气候温暖湿润。

贵州威宁地区地处海拔较高的贵州西北部，对该地区哺乳动物化石的调查和研究比较少，仅发现天桥裂隙和王家院子这两处地点，在第四纪哺乳动物和古人类研究方面具备很大潜力。贵州威宁羊街镇大岩洞是贵州地区海拔最高的中晚更新世化石点之一，它的发现为贵州西部哺乳动物群演化、生态环境变迁提供了新的研究证据。

致谢 动物化石种属鉴定得到郑绍华、同号文、刘金毅和董为研究员的指导帮助；贵州省博物馆周清、威宁县文管所孔庆达和仇学阳参加了野外考察；本项工作得到中科院古生物化石野外调查发掘专项及中科院古脊椎所重点部署项目的资助，在此一并表示衷心感谢。

参 考 文 献

1. 赵凌霞, 同号文, 许春华, 等. 贵州毕节发现的巨猿牙齿化石及其意义. 第四纪研究, 2006, 26(4): 48-554.

2. 赵凌霞, 蔡回阳, 王新金. 贵州大方响水发现石器时代遗址. 人类学学报, 2007, 26(4): 310.

3. 赵凌霞, 蔡回阳, 王新金. 贵州毕节何官屯新发现巨猿及早更新世哺乳动物化石. 人类学学报, 2008, 27(1): 65.

4. 赵凌霞, 张忠文, 戴犁. 贵州毕节团结乡麻窝口洞发现晚更新世猩猩化石. 人类学学报, 2009, 28(2): 191.

5. Zhao L X, Zhang L Z. New fossil evidence and diet analysis of *Gigantopithecus blacki* and its distribution and extinction in South China. Quaternary International, 2013, 286: 69-74.

6. 赵凌霞, 张立召, 许春华, 等. 贵州赫章发现早更新世哺乳动物化石. 人类学学报, 2013, 32(4): 477-484.

7. 赵凌霞, 张立召, 杜抱朴, 等. 贵州毕节发现古人类化石与哺乳动物群. 人类学学报, 2016, 35(1): 24-35.

8. 董为, 赵凌霞, 王新金, 等. 贵州毕节扒耳岩巨猿地点的偶蹄类. 人类学学报, 2010, 29(2): 214-226.

9. 刘金毅, 赵凌霞, 陈津, 等. 贵州毕节扒耳岩巨猿动物群的年代与环境——来自食肉类化石的分析和研究. 第四纪研究, 2011, 31(4): 654-666.

10. 黄万波, 方其仁. 巫山猿人遗址. 北京: 海洋出版社, 1991.

11. 金昌柱, 刘金毅. 安徽繁昌人字洞: 早期人类活动遗址. 北京: 科学出版社, 2009.

12. 郑绍华. 川黔地区第四纪啮齿类. 北京: 科学出版社, 1993.

13. Howell FC, Petter G. The Pachycrocuta and Hyaena lineages (Plio-Pleistocene and extant species of the Hyaenidae). Their relationships with Miocene ictitheres: Palhyaena and Hyaenictitherium. Geobios, 1980, 13(4): 579-623.

14. 刘金毅, 房迎三, 张镇洪. 第二章动物群分类记述——第二节食肉目. 见: 南京博物院, 江苏省考古所编著. 南京驼子洞早更新世哺乳动物群. 北京: 科学出版社, 2007. 25-68.

15. 郑绍华. 建始人遗址. 北京: 科学出版社, 2004.

16. Hooijer DA. On fossil and prehistoric remains of *Tapirus* from Java, Sumatra and China. Zool Meded Mus Leiden, 1947, 27: 253-299.

17. Colbert EH, Hooijer DA, Granger W. Pleistocene mammals from the limestone fissures of Szechwan, China. American Museum of Natural History, 1953.

18. 王晓敏, 许春华, 同号文. 湖北郧西白龙洞古人类遗址的大额牛化石. 人学学报, 2015, 34(3): 338-352.

19. 吴茂霖, 张森水, 林树基. 贵州省旧石器新发现. 人类学学报, 1983, 2(4): 320-330.

20. 裴文中, 袁振新, 林一璞, 等. 贵州黔西观音洞试掘报告. 古脊椎动物与古人类, 1965, 9(3): 270-279.

21. 李炎贤, 文本亨. 观音洞——贵州黔西旧石器时代初期文化遗址. 北京: 文物出版社, 1986.

22. 张镇洪, 刘军, 张汉刚, 等. 贵州盘县大洞遗址动物群的研究. 人类学学报, 1997, 16(3): 209-219.

23. 吴茂霖, 王令红, 张银运, 等. 贵州桐梓发现的古人类化石及其文化遗物. 古脊椎动物与古人类, 1975, 13(1): 14-23.

24. 董明星. 贵州桐梓挖竹湾洞中更新世哺乳动物群及古环境. 见: 王元青, 邓涛主编. 第七届中国古脊椎动物学学术年会论文集. 北京: 海洋出版社, 1999. 219-229.

25 曹泽田. 贵州水城硝灰洞旧石器文化遗址. 古脊椎动物与古人类, 1978, 16(1): 67-72.
26 龙凤骧. 马鞍山遗址出土碎骨表面痕迹的分析. 人类学学报, 1992, 11(1): 216-232.
27 许春华, 蔡回阳, 王新金. 贵州毕节旧石器地点发掘简况. 人类学学报, 1986, 5(3): 12.
28 蔡回阳, 王新金. 贵州毕节扁扁洞的旧石器. 人类学学报, 1991, 10(1): 50-57.
29 关莹, 蔡回阳, 王晓敏, 等. 贵州毕节老鸦洞遗址 2013 年发掘报告. 人类学学报, 2015, 34(4): 461-477.
30 同号文, 徐繁. 中国第四纪貘类的来源与系统演化问题. 见: 邓涛, 王原主编. 第八届中国古脊椎动物学学术年会论文集. 北京: 海洋出版社, 2001. 133-141.
31 张荣祖. 中国动物地理. 北京: 科学出版社, 2011.

A PRELIMINARY REPORT ON THE EXCAVATION OF DAYANDONG CAVE, WEINING, GUIZHOU

ZHANG Li-zhao[1]   ZHAO Ling-xia[1]   DU Bao-pu[1]   WANG Xin-jin[2]   CAI Hui-yang[3]
ZHENG Yuan-wen[4]   LIU Shi-ming[5]

(1 *Key Laboratory of Vertebrate Evolution and Human Origins, Institute of Vertebrate Paleontology and Paleoanthropology, Chinese Academy of Sciences,* Beijing 100044; 2 *Guizhou Provincial Institute of Cultural Relics and Archaeology,* Guiyang 550003; 3 *Guizhou Provincial Museum,* Guiyang 550001; 4 *Cultural Relics Bureau of Bijie,* Bijie 551700; 5 *Cultural Relics Administration of Weining,* Weining 553100)

ABSTRACT

In 2014, about 330 mammalian fossils were unearthed from Dayandong Cave (27°02′09.36″ N, 104°18′42.90″ E, 2164 m altitude), which is located in Weining Conuty, Guizhou Province. 9 species of the mammalian fossils have been identified (including unidentified species). Most of them were recongnized as members of *Ailuropoda-Stegodon* fauna. Initial faunal analysis indicates that the geological age of Dayandong fauna could be the late Middle Pleistocene or the early Late Pleistocene. The fauna of these mammalian species suggests an environment of warm and humid climate. Dayandong Cave is one of the altidudely highest mammalian fossil sites in Guizhou. The discovery of this site is helpful for studying of the evolution of mammlian faunas, ecological and geological environment changes in Quaternary in South-west China.

Key words   Weining, Guizhou Province, the mid-Late Pleistocene, mammalian fauna, Dayandong Cave

桑干河盆地庄洼化石地点 2016 年发掘简报[*]

刘文晖[1,2]　张立民[1]　董　为[1]

(1 中国科学院古脊椎动物与古人类研究所，中国科学院脊椎动物演化与人类起源重点实验室，北京 100044；
2 中国科学院大学，北京 100049)

摘　要　庄洼化石地点位于阳原县大田洼乡东谷它村北侧，岑家湾村南侧。2016 年 5-6 月对庄洼地点进行了正式发掘，出土象、犀、马、鹿等多个类别的哺乳动物化石。化石产出层位低于棕色厚砂层，时代应不晚于 Jaramillo 事件（1.1 Ma）。庄洼地点是迄今发现的岑家湾台地最东部的早更新世哺乳动物化石地点，扩大了岑家湾台地早更新世哺乳动物化石的分布范围，也为寻找早更新世人类活动遗迹提供了新的线索。

关键词　哺乳动物化石；庄洼地点；早更新世；岑家湾台地；泥河湾盆地

1　前言

桑干河盆地的古生物化石的科学考察与采集工作始于 1925 年，在下沙沟村附近一带出土了大量的古哺乳动物化石。此后，在盆地各地陆续发现许多的新近纪及第四纪古生物化石地点。据王希桐等 2013 年的统计，在桑干河盆地内发现的哺乳动物化石地点有 28 个[1]。2014 年初董为根据卫奇老师的建议在中国科学院古生物化石发掘与修理专项框架内申请了"河北桑干河盆地钱家沙洼和红崖化石点的野外发掘"课题并获得批准。课题组在当年夏季的野外工作中在桑干河盆地进行古生物化石调查时，根据东谷它村贾真岩提供的线索，发现了此地点并立即进行了试掘，出土了一些哺乳动物肢骨碎片。课题组于 2016 年继续在中国科学院古生物化石发掘与修理专项框架内申请了"河北阳原桑干河盆地红崖扬水站 II 层与红崖北海地点野外发掘"课题并获得批准，在 2016 年 5-6 月对红崖一带进行野外发掘期间根据 2014 年的试掘效果决定对庄洼化石地点也进行野外发掘。

2　地理地质概况

庄洼古生物化石地点（GPS：40°13'46.24" N, 114°40'33.49" E, 949 m；百度地图网址：http://j.map.baidu.com/BGgUB）位于阳原县大田洼乡东谷坨村北部，处于东谷坨村与岑家湾村之间。庄洼地点附近已发现丰富的旧石器和哺乳动物化石遗存，据不完全统计，有旧石器遗址（或地点）及哺乳动物化石地点约 30 处[2-3]。黑土沟、大长梁

---

[*] 基金项目：中国科学院古生物化石发掘与修理专项
刘文晖：男，26 岁，博士研究生，从事第四纪哺乳动物的研究. wenhuiliu89@126.com.

等地地层出露较全且保存完整，卫奇、裴树文等近来已经进行了细致的划分[2,4]。依据地层的岩相特征，以及湖扩与湖缩的较大沉积旋回，卫奇等将黑土沟地层划分为10段，由上往下依次为黄土段、后沟段、三棵树段、马梁段、东谷坨段、后石山段、山神庙咀段、小长梁段、黑土沟段、基岩段[2]，基本可以代表岑家湾台地完整的地层序列。

与黑土沟地层相比，庄洼地点附近地层并不完整，晚更新世黄土直接覆盖在马梁段棕色厚砂层（Thick Brown Sand 层，简称 TBS）之上，棕色厚砂层之下为一套约 2 m 厚的黏土质粉砂和砂砾层（化石层），再之下约 5 m（由于耕种和植被覆盖，岩性不明）即为基岩段。其余地层缺失。由于植被覆盖，地层追索对比困难，暂时还不能明确将棕色厚砂层之下基岩之上的庄洼化石层明确归于黑土沟某段。庄洼地点基岩出露位置较高以及地层不完整等，应与布朗断层有关[2]。

庄洼地点为两沟夹一梁的地貌景观。两条小冲沟将一向东南倾斜的山坡切割侵蚀，冲沟之间保留一条短窄的梁（称为中梁）。2014 年调查时，在中梁剖面及冲沟两侧剖面上，均发现有破碎的哺乳动物化石，于是在中梁末端及两侧紧邻的山坡上，3 个地点进行了试掘，分别编号为 A、B 和 C 地点。2016 年发掘时，将相应探方标号为探方 A、探方 B 和探方 C（图 1-3）。探方 A 位于中梁上，GPS 坐标为 40°13′46.5″ N, 114°40′54.5″ E, 949 m（±3 m）；探方 B 在探方 A 南部稍偏西 3.6 m 处山坡上，坐标为 40°13′45.7″ N, 114°40′54.0″ E, 949 m（±4 m）；探方 C 在探方 A 西南约 10 m，探方 B 西部约 9 m 处山坡上，坐为标 40°13′45.7″ N, 114°40′54″ E, 949 m（±4 m）；3 个探方近等腰三角形分布。

庄洼地点 3 个探方所见地层基本一致，以探方 C 地层（图 1）为例，记述如下：

①约 0.3 m，耕土层或坡积土壤层，超覆于所有地层之上，疏松，含大量植物根系；

②0.5 m，灰色粉砂层或黏土质粉砂层，质地单一，结构致密，胶结坚硬，发育有水平层理。探方 C 发掘区内较薄，应是上部被侵蚀的结果；探方 A 和 B 内不见此层，已经被完全侵蚀。沿冲沟向东北追索，一直可见此层，中梁亦有发育。厚达 2~4 m，根据岩性应为马梁段棕色厚砂层（TBS）；

③1.25 m，灰白色黏土质粉砂层，夹有一些黄褐色黏土质粉砂条带。黄褐色粉砂条带在探方 C 西部有的倾斜（图 1），但在探方 A 和 B 中均水平分布（图 2-3）。此层在探方 A 和探方 B 中更厚，探方 A 中厚度超过 2.6 m。此层产化石。

④0.55 m，黄褐色砂层，下部具水平层理，上部夹薄层砾石，砾石圆状，无分选。此层产化石。

第④层黄褐色砂层不见于探方 A 和 B。从探方 C 往西追索，一直可见此层，从探方 C 沿冲沟往东北追索，此层与上覆的灰白色黏土质粉砂层下部似存在水平相变关系。推测在某个枯水期，此地存在一个次级湖盆，沉积中心在探方 A 和 B 所在的位置或者更靠东北，而探方 C 往西则更靠近湖滨。故在探方 C 沉积第④层的同时，探方 A、B 沉积了第③层下部。湖泊扩大后，探方 C 处也开始沉积第③层黏土质粉砂。由于植被覆盖，且可观察剖面较短，分布范围有限，是否有断层作用也有待检验。

图 1 庄洼地点探方 C 地层

Fig. 1 Stratigraphic section of the Pit C at Zhuangwa locality

图 2 庄洼地点探方 B 地层

Fig. 2 Stratigraphic section of the Pit B at Zhuangwa locality

3 发掘经过

本次发掘使用探方发掘法，由上往下逐层清理。探方 A 方向正北（磁北，未校正；下同），东西长 2.5~2.9 m，南北长 2.5~2.8 m，发掘深度达 2.3 m。为了观察地层，另在探方 A 底部沿探方对角线发掘 1 条宽 0.7 m，长约 2.3 m，深 0.6 m 的探槽（图 3）。探方 B 北偏东 40°（东北壁），东西长 3.5 m，南北长约 2.4 m，发掘深度 1.4 m。探方 C 为北偏西 60°（北壁），东西长 2.7~3.1 m，南北长 1.9~2.4 m，发掘深度 2.6 m。由于山体形状限制，3 个探方均不甚规整。

化石暴露后，用专门的技术处理加固，之后编号、照相，取出。

图 3　庄洼地点探方 A
Fig. 3　The Pit A at Zhuangwa locality

4 发掘成果

庄洼地点化石分布都比较分散，并不富集。而且，庄洼地点化石保存较差，多深褐色，裂解成小块、个别较糟朽。

化石数量不多，不足 50 件，但代表了象、犀、马、鹿等多个类别（图 4），但是暂时没有发现食肉类化石。马的材料最多，包括牙齿、肱骨、桡尺骨、股骨、蹠骨、蹄骨等；其次是犀，材料包括 1 对下颌，零星的牙齿，以及若干肢骨；象的材料仅有 1 块腓骨和 1 块腕/跗骨；鹿的材料仅有有 1 件破碎的角。更准确的鉴定、研究有待修理完成后进行。

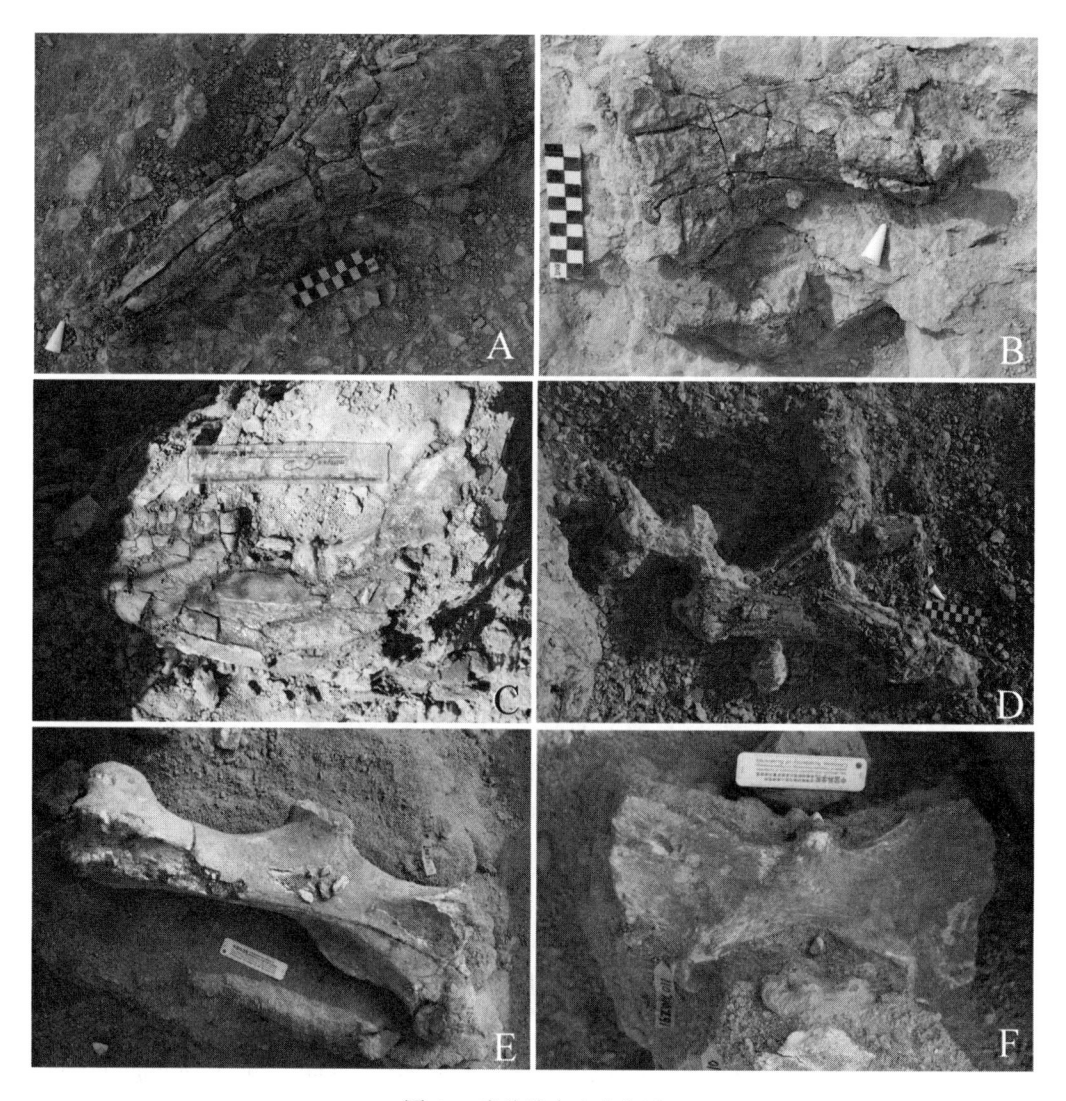

图 4 庄浪地点出土化石

Fig. 4 Fossils from Zhuangwa locality

A & B: 探方A出土；C & D: 探方B出土；E & F: 探方C出土

虽然庄洼地点地层并不完整，但这批化石产自棕色厚砂层（TBS）之下无疑，棕色厚砂层（TBS）下部为 Jaramillo 事件，距今约 1.1 Ma[5]。因此，庄洼化石地点的时代应不晚于距今 1.1 Ma。岑家湾台地迄今已经发现的早更新世旧石器遗址和哺乳动物化石地点，多分布在岑家湾台地西北缘的东谷它村和官厅村一带，庄洼地点是迄今发现的岑家湾台地最东部的早更新世哺乳动物化石地点，扩大了岑家湾台地早更新世哺乳动物化石的分布范围，也为寻找早更新世人类活动遗迹提供了新的线索。

致谢 笔者衷心感谢卫奇先生在野外地层对比和文章写作过程中的指导和帮助，感谢贾真岩、白瑞花等在野外工作中的帮助。

参考文献

1. 王希桐, 董为, 李凯清. 泥河湾盆地哺乳动物化石汇编. 石家庄：河北科学技术出版社，2013. 1-152
2. 卫奇, 裴树文, 贾真秀, 等. 泥河湾盆地黑土沟遗址. 人类学学报, 2016, 35(1): 43-62.
3. 裴树文, 马宁, 李潇丽. 泥河湾盆地东端2007年新发现的旧石器地点. 人类学学报, 2010, 29(1): 33-43.
4. 裴树文. 泥河湾盆地大长梁旧石器地点. 人类学学报, 2002, 21(2): 116-125.
5. Wang H, Deng C, Zhu R, et al. Magnetostratigraphic dating of the Donggutuo and Maliang Paleolithic sites in the Nihewan Basin, North China. Quaternary Research, 2005, 64(1): 1-11.

PRELIMINARY REPORT ON 2016'S EXCAVATION AT ZHUANGWA LOCALITY IN SANGGANHE BASIN

LIU Wen-hui[1,2]　　ZHANG Li-min[1]　　DONG Wei[1]

(1 *Key Laboratory of Vertebrate Evolution and Human Origins of Chinese Academy of Sciences, IVPP, CAS,* Beijing 100044;
2 *University of Chinese Academy of Sciences,* Beijing 100049)

ABSTRACT

A new fossil locality called Zhuangwa was discovered recently near Donggutuo and Cenjiawan Villages in the northeastern margin of the Cenjiawan Platform in Nihewan Basin, Northern China. An excavation was conducted from May to June in 2016 at the locality. Based on the preliminary identification, at least 4 mammalian taxa were collected, including four families: Elephantidae, Rhinocerotidae, Equidae, Cervidae. The horizon yielding fossils belongs to the Nihewan Formation and is definitely lower than the Thick Brown Sand, which is a representative of the Jaramillo. Zhuangwa locality is the east most one yielding the Early Pleistocene mammals at the Cenjiawan Platform in Nihewan basin.

Key words　　Mammalian fossils, Zhuangwa Locality, Lower Pleistocene, Cenjiawan Platform, Nihewan Basin

蓬勃发展的大庆博物馆*

张凤礼

(大庆博物馆，黑龙江　大庆市 163316)

摘　要　我国东北地区孕育着丰富的第四纪古生物资源，其中最富盛名的是晚更新世的猛犸象-披毛犀动物群，但以往该动物群的地点分布较为零散，化石也缺乏统一的收集和管理。黑龙江省大庆博物馆是国内首家以东北第四纪古环境、古动物与古人类为主题的综合性博物馆，经过十余年的努力，现已发展成为国内第四纪哺乳动物化石的收藏、展示和研究中心，馆藏化石 20 余万件，包括闻名于世的猛犸象和披毛犀化石骨架超过 50 具，已成为全国乃至世界上，专业性收藏猛犸象-披毛犀动物群化石种属最全、数量最多的博物馆之一，填补了东北地区第四纪古生物化石系统收藏的空白，为今后国内外对东北第四纪哺乳动物群和古环境的研究提供了丰富的化石基础和重要的科研基地，也为开展国际展示交流搭建了宽广的平台。

关键词　大庆博物馆；猛犸象-披毛犀动物群；晚更新世；东北地区

1　前言

我国第四纪哺乳动物群的研究具有悠久的历史，按地理分布可分为南方和北方的动物群。其中，产自华南地区洞穴堆积的有巨猿-中华乳齿象动物群（早更新世）、大熊猫-剑齿象动物群（狭义，中更新世）和亚洲象动物群（晚更新世），它们的演化具有持续性和传承性[1-3]。而我国北方第四纪哺乳动物群可大致划分为：早更新世的长鼻三趾马-真马动物群、中更新世的中国猿人-肿骨鹿动物群、晚更新世的赤鹿-最后斑鬣狗动物群以及东北地区晚更新世的猛犸象-披毛犀动物群[1, 4-5]。

猛犸象-披毛犀动物群是地球上第四纪期间覆盖陆地面积最广的哺乳动物群，在更新世晚期曾占据整个北半球中-高纬度地区，这一动物群所覆盖的生态环境也被一些学者称为"猛犸象草原（mammoth steppe）"，横贯欧亚大陆和北美洲的中-高纬度地区[6]。生活在该地区的哺乳动物群由数十种动物组成，虽说各个地区之间有一定差异，但它们的骨干成员如：猛犸象、披毛犀和野牛等的分布却十分广泛，该动物群是晚更新世期间古北区最重要的生物地层对比标志和最重要的古环境指标之一，也是化石产出数量最为丰富的动物群[7]。

---

* 张凤礼：男，50 岁，黑龙江省大庆博物馆馆长，从事古生物化石的保护、管理和研究工作. Email：dqszfl@163.com

我国东北地区晚更新世猛犸象-披毛犀动物群的研究也有悠久的历史。早在1959年，中科院古脊椎研究所高等脊椎动物组（周明镇等）根据当时收集的顾乡屯及东北地区其他地点的标本，对东北第四纪哺乳动物化石进行了首次综合性记述，编著了《东北第四纪哺乳动物志》，确立了东北地区晚更新世的猛犸象-披毛犀哺乳动物群（*Mammuthus-Coelodonta* Fauna）[4]。

虽说进行了化石的简单描述和化石点的报道及古动物地理研究[4-5, 8-11]，但东北地区猛犸象-披毛犀动物群的地点分布仍较为零散，化石也缺乏统一的收集和管理，也缺乏专注于该动物群成员的系统古生物学研究，导致了至今对我国东北地区猛犸象-披毛犀动物群的演化历史仍然了解不够。

2 大庆博物馆简介

众所周知，大庆是一座因油而生、因油而兴的年轻城市，近年来，以"绿色油化之都、天然百湖之城、北国温泉之乡"美誉而闻名中外的大庆，以其日新月异的发展和崛起，引起了世人的瞩目。有人说，看一个城市的文化内涵，就看这座城市的博物馆，因为一座博物馆生动地记录着一座城市的变迁发展史。大庆博物馆的前身为大庆展览馆，组建于1964年，在20世纪七八十年代的油田开发建设时期曾经为宣传大庆精神、铁人精神发挥了重要作用。1998年，更名为大庆博物馆。2005年7月，大庆市博物馆新馆破土动工。2009年7月，被国家文物局公布为国家二级博物馆。2009年12月，被评为全国科普教育基地。2011年11月，大庆市博物馆二期布展工程结束，面向社会全面开放。建成后的大庆博物馆建筑面积达18 700 m^2，馆藏化石、标本和文物逾20万件。大庆博物馆自2002年以来，先后抢救性发掘和征集了第四纪哺乳动物化石骨架180余具，零星化石10余万件。其中猛犸象20余具，披毛犀30余具，野马10余具，蒙古野驴6具，鹿、狼和最后斑鬣狗等20余具，原始牛、水牛和东北野牛骨架80余具，已成为全国乃至世界上，专业性收藏猛犸象—披毛犀动物群化石种属最全、数量最多的博物馆之一。

大庆博物馆十年磨一剑，在举步维艰之时独辟蹊径，确立了可操作性强又极具发展前景的东北第四纪哺乳动物群及环境背景的主题，全面推动收藏、展示、研究工作，深入挖掘、研究东北地区古自然环境变迁史、古动物生息演化史及古人类发展活动史，实现超常规、跨越式发展。从零收藏到馆藏化石20余万件，填补了东北第四纪古生物化石系统收藏的空白；从无陈列展示到建成国内首家集古环境、古动物与古人类为一体的综合性博物馆，填补了大庆市没有综合性博物馆的空白。

大庆博物馆新馆大厅是全馆陈列主题和特色的综合体现。大厅展示由花岗岩浮雕、铸铜雕塑和地下化石埋藏3部分构成。巨大的环形花岗岩浮雕展现了东北第四纪古自然环境、古代人类、古动物和谐共存的美好画面。猛犸象、披毛犀、东北野牛是东北第四纪哺乳动物群的典型代表，号称大庆博物馆的三剑客，三组形态各异，栩栩如生的铸铜雕塑彰显了动物群的庞大气势和共融关系（图1）。环形的化石复原埋藏现场再现了第四纪地层中动物化石埋藏的原貌。

图 1 大庆博物馆的三剑客—猛犸象、披毛犀和野牛

Fig. 1 Three landmarks of Daqing Museum - woolly mammoth, woolly rhino and bison

3 大庆博物馆的陈列展示

大庆博物馆常设《东北第四纪自然环境》、《东北第四纪哺乳动物》和《大庆地区古代人类文明》3 个陈列；展出大量珍贵的东北第四纪哺乳动物化石和松嫩平原古代文物，讲述这片地域数百万年的演化历史，使人们认识大庆乃至松嫩平原远古自然的沧桑巨变和古代先民创造的灿烂文化。

《东北第四纪自然环境》展区属自然历史类陈列，主要展示东北尤其是大庆地区自然生态的演变过程和资源的丰富性。陈列采用了湖泊湿地、湖底隧道景观展示、地层岩心标本陈列及多媒体沙盘模型演示等手法，将大庆湖泊湿地的成因和状况与第四纪地质地貌有机结合，直观、科学地讲述水下生态，远古时期的地质地貌的形成及演变过程。展示内容源远流长、丰富多彩，划分为"走进第四纪"、"探索古大湖"、"解析古环境"、"追寻古动物"4 个单元。

在"走进第四纪"单元，综合运用文字说明、图表展示、机械沙盘、景观复原、湖底景观等展示手段，并配以 3 种形式的多媒体展示，集声光电于一体，使观众获得直观的感受，激发观众对第四纪的兴趣。还可以穿越湖底，尽情领略第四纪松辽古大湖奇幻的湖底风光。

在"探索古大湖"单元，运用平实的语言，由简入难、环环相扣，将大庆湖泊湿地的成因和状况与第四纪地质地貌有机结合，直观、科学地讲述水下生态，远古时期的地质地貌的形成及演变过程。通过阐明钻孔岩心的获取及分析、沉积速率和古地磁测试，使观众直观地了解到科学家们关于古大湖的具体范围、演化变迁及形成年代等结论的推断过程。"第四纪大事记"是面积达 104 m² 的复原的第四纪地层墙，同时展出的还有博物馆采集的 40 m 长的第四纪岩心柱，并运用了新颖的滑动电视，向观众讲述第四纪长达 2.58 Ma 间的大事记。

在"解析古环境"单元，从解析化石的概念、化石的形成过程入手，利用展板、模型、复原景观及大量栩栩如生的动物标本，展现东北第四纪不同时期的草原环境、森林环境、湖泊湿地环境的面貌。

在"追寻古动物"单元，驻足欣赏大象、角马、斑马成群迁徙的多媒体画面，它们穿越河流，踏过平原，披着霞光，迎着暮霭以及与大自然奋力抗争的精神引人遐思。猛犸象、披毛犀、东北野牛、大角鹿等，这些曾经繁盛于我们脚下的动物如何走向灭绝，让人不禁陷入深思。

《东北第四纪哺乳动物》陈列是大庆博物馆最大的特色。内容丰富，精选丰富而珍贵的古生物化石，采取极具震撼而又细腻的陈列形式和手段，重点展示了第四纪哺乳动物的分类叙述、进化比对，大庆博物馆对第四纪化石的收藏保护，第四纪与人类的关系等内容，用多媒体等形式高写真地营造出远古第四纪动植物的生态变化，打造了极具品牌特色的古生物陈列展示，揭示了动物群繁衍生息的历程。展区分为"神奇的长毛巨兽"、"丰富的动物种群"、"繁盛的草原大军"、"不懈的探索研究"4个单元。猛犸象-披毛犀动物群是我国晚更新世最具代表性的哺乳动物群，主要发现于东北地区，该动物群包括了 50 余种，这些种类已基本被大庆博物馆成功收藏，具有极高的学术科研价值以及科普展示价值。

在"神奇的长毛巨兽"单元，运用图板、化石、模型、图像系统介绍了长鼻类的起源与演化、猛犸象的分类、还有东北地区猛犸象化石的发现。最激动人心的是 12 具猛犸象化石骨架浩浩荡荡的庞大场景，它们有的气定神闲，有的桀骜不驯，有的旁若无人，场面震撼富有感染力。在猛犸象群中，昂首领先的两具真猛犸象王者之风尽现，它们就是大庆博物馆的"镇馆之宝"（图2）。其中一具 2002 年出土于黑龙江省宾县，站立时高 3.35 m、长 6.5 m，同一个体的化石完整率达 85%以上；另一具真猛犸象骨架化石于 2009 年在黑龙江省的青岗发现出土，站立时高 4.35 m、长 7.5 m，同一个体的化石完整率达 90%以上。它们是迄今为止国内发现个体保存最完整的真猛犸象化石骨架。

"丰富的动物种群"单元，展示了猛犸象－披毛犀动物群里啮齿类、食肉类、兔形类、奇蹄类和偶蹄泪等众多的动物成员。

"繁盛的草原大军"单元，穿越丰富的第四纪古动物陈列通道，扑面而来的是由 50 具牛化石骨架组成的气势庞大的"沸腾牛群"（图3），每一头牛的形状和神态都各有不同，仿佛在诉说各自不同的心事，它向人们展示了野牛、水牛、原始牛迁徙，嬉戏、游曳的活动场景，这种矩阵式的陈展艺术具有的美感和新意给人带来强大的视觉冲击力。而旁边展墙上陈列的 105 个野牛头骨化石组成的牛头墙却是安静祥和、趣味十足，与狂奔的野牛群动静相衬，引人深思。看过此处展示的国内外权威专家无不感叹到：全世界从未见过任何一个博物馆，能象大庆博物馆这样收藏到如此多的同一种动物化石骨架和头骨化石，太震憾、太壮观了！堪称"中国唯一、世界仅有"！

图 2　大庆博物馆的"镇馆之宝"—两具近乎完整的真猛犸象化石骨架

Fig. 2　Treasures of Daqing Museum - two nearly complete fossil skeletons of woolly mammoth

图 3　大庆博物馆内 50 具牛化石骨架组成的气势庞大的"沸腾牛群"

Fig. 3　A huge pool of boiling cattle in Daqing Museum composed of 50 fossil skeletons of bison

"不懈的探索研究"单元,介绍了大庆博物馆自 2002 年以来与中国科学院等单位合作,在东北第四纪的探索研究过程中不寻常的发展历程,以及为未来的科研所做的精心准备。化石从无到有,到目前东北第四纪哺乳动物化石收藏量已达 20 余万件;从当初不识化石,到现在已获得国家文物局颁发的全国唯一第四纪古化石修复制作二级资质,并已成功装配化石骨架达百余具。

《大庆地区古代人类文明》展区属社会历史类陈列,突出大庆地域古代历史进程中的亮点和特色。该展区是大庆地区古代历史文化的缩影,集中表现古代先民文化的多元性、独特性和重要性。其设计要点是以时间为序列,采用场景复原(微缩景观)、多媒体、沙盘、雕塑、图版等展示手段,将历史实物和文字说明融会贯通,突出地方色彩和民族风格,使观众能够直观地感受到大庆地区人类历史的时代风范,具有知识性、系统性、顺序性的特点。

4 结语

我国东北地区的古气候、古地理、古环境孕育了丰富的第四纪古生物资源,这也是大自然所赋予的得天独厚的自然文化遗产。猛犸象-披毛犀动物群是东北地区晚更新世最典型和最具代表性的哺乳动物群,在第四纪地层断代、区域对比、古地理、古环境重建上具重要意义。大庆博物馆是国内首家以东北第四纪古环境、古动物与古人类为主题的综合性博物馆,经过十余年的努力,现已发展成为国内第四纪哺乳动物化石的收藏中心、展示中心和研究中心,馆藏化石 20 余万件,填补了东北第四纪古生物化石系统收藏的空白,为今后国内外对东北第四纪的研究提供了丰富的化石基础和重要的科研基地,为开展国际展示交流搭建了宽广的平台。

时光荏苒,大庆博物馆的十年探索之路,在逶迤的历史长河中如白驹过隙。大庆博物馆人愿与大家共同欣赏大庆远古自然雄伟瑰丽的景象,共同感叹东北第四纪的博大精深和大庆地区古代人类文明的永恒魅力,共同领略大庆这座新兴城市的历史风华和蓬勃生机。

参 考 文 献

1　裴文中. 中国第四纪哺乳动物群的地理分布. 古脊椎动物学报, 1957, 1(1): 19-24.

2　Jin C Z, Wang Y, Deng C L, et al. Chronological sequence of the early Pleistocene *Gigantopithecus* faunas from cave sites in the Chongzuo, Zuojiang River area, South China. Quaternary International, 2014, 354: 4-14.

3　Jin C Z, Pan W S, Zhang Y Q, et al. The *Homo sapiens* Cave hominin site of Mulan Mountain, Jiangzhou District, Chongzuo, Guangxi with emphasis on its age. Chinese Science Bulletin, 2009, 54: 3848-3856.

4　古脊椎动物研究所高等脊椎动物组. 东北第四纪哺乳动物化石志. 甲种专刊第三号. 北京: 科学出版社, 1959. 1-82.

5　姜鹏. 东北猛犸象披毛犀动物群初探. 东北师大学报自然科学版, 1982 (1): 105-115.

6　Guthrie R D. Origin and causes of the mammoth steppe: a story of cloud cover, woolly mammal tooth pits, buckles, and

	inside-out Beringia. Quaternary Science Reviews, 2001, 20(6): 549-574.
7	Kahlke R D. The origin of Eurasian Mammoth Faunas (*Mammuthus–Coelodonta* Faunal Complex). Quaternary Science Reviews, 2014, 96(1): 32-49.
8	周本雄. 披毛犀和猛犸象的地理分布古生态与有关的古气候问题. 古脊椎动物与古人类, 1978, 16(1): 47-59.
9	金昌柱, 徐钦琦, 郑家坚. 中国晚更新世猛犸象（*Mammuthus*）扩散事件的探讨. 古脊椎动物学报, 1998, 36(1): 47-53.
10	同号文. 从化石组合探讨披毛犀所反映的古环境. 人类学学报, 2004, 23(4): 306-314.
11	张虎才. 我国东北地区晚更新世中晚期环境变化与猛犸象-披毛犀动物群绝灭研究综述. 地球科学进展, 2009, 24(1): 49-60.

AN INTRODUCTION OF THE BOOMING DAQING MUSEUM, HEILONGJIANG PROVINCE

ZHANG Feng-li

(*Daqing Museum*, Daqing 163001, Heilongjiang)

ABSTRACT

The Northeast China is rich in Quaternary paleontological resources, the most famous of which is the Late Pleistocene *Mammuthus-Coelodonta* fauna. However, the distribution of this fauna was relatively fragmented and the fossils were lack of unified collection and management in the past. The Daqing museum from Heilongjiang Province is the first domestic comprehensive museum with the theme of Quaternary paleoenvironment, vertebrate paleontology and paleoanthropology of northeast China, and has developed into one of the important centers of collection, exhibition and research on Quaternary mammalian fossils in China. There have been more than 200 thousand pieces of fossil specimens in Daqing Museum after over ten years' effort, including more than 50 woolly mammoth (*Mammuthus*) and woolly rhino (*Coelodonta*) fossil skeletons. The Daqing museum has been one of the most professional museums in China even the world technically to collect fossils on *Mammuthus-Coelodonta* fauna. The large collections of Daqing Museum fill the domestic gaps in the systematic collection of the Quaternary fossils of northeast China, and more importantly, provide rich information of the systematic study on Quaternary fauna and paleoenvironment of northeast China in the future, and set up a broad platform for the development of international communication.

Key words   Daqing Museum,   *Mammuthus-Coelodonta* fauna,   Late Pleistocene, Northeast China

编 后 记
POSTSCRIPT

  中国古脊椎动物学会与第四纪古人类—旧石器专业委员会将于 2016 年 8 月在黑龙江省大庆市召开中国古脊椎动物学第十五届学术年会、中国第四纪古人类—旧石器专业委员会第六次年会。年会组委会在 2015 年起向全体会员发出了通知，征集古脊椎动物学、古人类学、旧石器考古学、地层学、第四纪地质学及古环境学等方面的论文。通知发出后得到了广大会员的积极响应。本人非常荣幸地再次受到学会理事会与年会组织者的委托主编这届学术年会的论文集，继续为学会的学术活动服务。这是学会继前八届学术年会圆满完成论文集的编辑出版工作之后第九次组织编辑出版学术年会的论文集。在此编者衷心感谢中国古脊椎动物学分会理事会与第四纪古人类—旧石器专业委员会及本届学术年会组织者对本人的信任。特别感谢本届年会论文集全体撰稿人对本届学术年会的积极支持，还要感谢海洋出版社对本学会的论文集出版工作一如既往的支持。

  按惯例，本届学术年会论文集的论文编排顺序也是在论文内容的基础上按照脊椎动物的进化序列从低等脊椎动物起到哺乳动物、古人类，然后按旧、新石器考古、第四纪地质、古环境、博物馆学、理论与方法的顺序，同时兼顾时代上由远到近等的顺序进行编排。截稿日期后收到的稿件按收稿日期的顺序编排。编者根据论文集的风格及出版社对版面质量等技术上的要求对所有稿件做了不同程度的修改编辑。大部分的稿件在做了修改编辑后都与作者进行了沟通协商。但是由于联络上的一些问题未能与个别作者建立联系。如果出现与作者原意不符的改动请予谅解。衷心感谢各位作者和各位会员对学会工作的支持，相信大家在来年的工作中会取得更多、更好的业绩。

  最后，尽管编者尽了最大努力，但因水平有限，加上工作繁多、时间紧迫，难免存在一些错误和遗漏，希望读者原谅并欢迎提出宝贵意见，同时也希望广大会员继续支持学会的工作。

编者

2016 年 6 月